U0255679

"十三五"国家重点图书出版规划项目
中国河口海湾水生生物资源与环境出版工程
庄 平 主编

# 珠江口鱼类多样性与资源保护

李桂峰 主编

中国农业出版社
北 京

**图书在版编目（CIP）数据**

珠江口鱼类多样性与资源保护 / 李桂峰主编．—北京：中国农业出版社，2018.12
中国河口海湾水生生物资源与环境出版工程 / 庄平主编
ISBN 978-7-109-24762-8

Ⅰ.①珠… Ⅱ.①李… Ⅲ.①珠江—河口—鱼类—生物多样性②珠江—河口—鱼类资源—资源保护 Ⅳ.①Q959.408②S922.6

中国版本图书馆 CIP 数据核字（2018）第 240399 号

中国农业出版社出版
（北京市朝阳区麦子店街 18 号楼）
（邮政编码 100125）
策划编辑 郑 珂 黄向阳
责任编辑 林珠英 黄向阳

---

北京通州皇家印刷厂印刷 新华书店北京发行所发行
2018 年 12 月第 1 版 2018 年 12 月北京第 1 次印刷

---

开本：787mm×1092mm 1/16 印张：18.75
字数：390 千字
定价：130.00 元

# 内容简介

本书在对珠江口水域鱼类资源调查的大量数据进行分析和实地考察及对比过往研究工作的基础上编撰完成。内容包括珠江口浮游生物与底栖生物概况、鱼类多样性、常见鱼类的遗传分析与资源评估等多个方面。书中内容综合反映了近一个时期有关珠江口鱼类多样性及保护的研究成果，对开展珠江口鱼类多样性与鱼类资源的保护具有科学参考价值。本书适合水产养殖、生物多样性、环境保护、鱼类资源等相关领域的科研人员与管理工作者阅读参考。

# 丛书编委会

# 本书编写人员


**主　编**　李桂峰

**副主编**　周　磊　叶四化　杨玉敏　翁少萍

**参　编**　曾　雷　郭丁力　唐琴冬　黄泽强

李　娜　汪功培　赖　瀚　毕　胜

陈　挚　赵晓品　刘　爽　朱巧莹

陈肖丽

# 丛书序

中国大陆海岸线长度居世界前列，约18 000 km，其间分布着众多具全球代表性的河口和海湾。河口和海湾蕴藏丰富的资源，地理位置优越，自然环境独特，是联系陆地和海洋的纽带，是地球生态系统的重要组成部分，在维系全球生态平衡和调节气候变化中有不可替代的作用。河口海湾也是人们认识海洋、利用海洋、保护海洋和管理海洋的前沿，是当今关注和研究的热点。

以河口海湾为核心构成的海岸带是我国重要的生态屏障，广袤的滩涂湿地生态系统既承担了“地球之肾”的角色，分解和转化了由陆地转移来的巨量污染物质，也起到了“缓冲器”的作用，抵御和消减了台风等自然灾害对内陆的影响。河口海湾还是我们建设海洋强国的前哨和起点，古代海上丝绸之路的重要节点均位于河口海湾，这里同样也是当今建设“21世纪海上丝绸之路”的战略要地。加强对河口海湾区域的研究是落实党中央提出的生态文明建设、海洋强国战略和实现中华民族伟大复兴的重要行动。

最近20多年是我国社会经济空前高速发展的时期，河口海湾的生物资源和生态环境发生了巨大的变化，亟待深入研究河口海湾生物资源与生态环境的现状，摸清家底，制定可持续发展对策。庄平研究员任主编的“中国河口海湾水生生物资源与环境出版工程”经过多年酝酿和专家论证，被遴选列入国家新闻出版广电总局“十三五”国家重点图书出版规划，并且获得国家出版基金资助，是我国河口海湾生物资源和生态环境研究进展的最新展示。

该出版工程组织了全国20余家大专院校和科研机构的一批长期从事河口海湾生物资源和生态环境研究的专家学者，编撰专著28部，系统总结了我国最近20多年来在河口海湾生物资源和生态环境领域的最新研究成果。北起辽河口，南至珠江口，选取了代表性强、生态价值高、对社会经济发展意义重大的10余个典型河口和海湾，论述了这些水域水生生物资源和生态环境的现状和面临的问题，总结了资源养护和环境修复的技术进展，提出了今后的发展方向。这些著作填补了河口海湾研究基础数据资料的一些空白，丰富了科学知识，促进了文化传承，将为科技工作者提供参考资料，为政府部门提供决策依据，为广大读者提供科普知识，具有学术和实用双重价值。

中国工程院院士 唐启升

2018年12月

# 前 言

珠江口水域辽阔，水网纵横，是我国河口鱼类多样性与渔业资源丰富的水域之一。自20世纪80年代中期对珠江口水域系统开展了渔业资源调查后，一直没有再系统、持续地开展相关工作。几十年来，随着珠江口区域社会与经济的发展，珠江口渔业水域生态环境及渔业资源也发生了明显的结构性变化。为此，原农业部科技教育司通过国家公益性行业（农业）科研专项，专门设立了“珠江及其河口渔业资源评价和增殖养护技术研究与示范”项目，以期弄清珠江口鱼类多样性及资源状况。自2013年项目实施以来，科研人员历经艰辛，在珠江口的万山、东澳、庙湾、伶仃洋、竹洲、南沙、南水、斗门、崖门及珠江三角洲的江门、高明、三水、九江等渔业水域开展了10余个航次的鱼类资源与鱼类多样性科研调查和声学走航，调查了当地渔获市场，现场走访了作业渔民，并在渔民的协助下，获取了大量具有科学价值的调查数据。本书是在对比过往研究工作的基础上，依据调查材料、数据从河口浮游生物与底栖生物、鱼类多样性、常见鱼类的遗传分析与资源评估等多个方面进行综合分析，总结形成的近一个时期有关珠江口鱼类资源及多样性的研究成果。

本书的出版凝聚了所有参与珠江口鱼类资源及多样性调查的科研人员的辛勤劳动和无私贡献。在本书出版之际，感谢所有参加和支持珠江口鱼类资源及鱼类多样性调查的科研工作者和科研单位。

衷心感谢农业农村部科技教育司、广东省海洋与渔业厅对珠江口鱼类资源及鱼类多样性科研工作的高度重视及对本书出版所给予的大

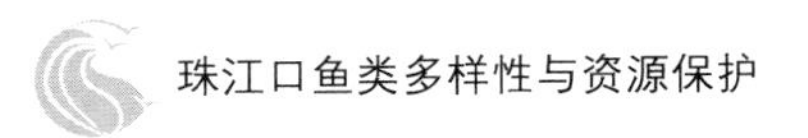


力支持。

本书出版得到国家公益性行业（农业）科研专项“珠江及其河口渔业资源评价和增殖养护技术研究与示范”、现代农业人才支撑计划（2016—2020）项目支持，在此表示感谢！

由于作者写作水平有限，书中的遗漏和错误在所难免，敬请各位读者批评指正。

编　者

2018年9月

# 目　录

# 第一章
# 珠江口水域的生态环境

# 第一节　珠江口概况

## 一、珠江口地理位置与基本特征

珠江水系由西、北、东江及其他支流构成，是华南地区最大的水系。主要干支流河道总长度为 $1.1\times10^{4}$ km，流域面积达 $45.07\times10^{4}$ $km^{2}$。珠江口位于北回归线以南，21°52′—22°46′N、112°58′—114°03′E，含伶仃洋、黄茅海和横琴岛、南水岛附近水域，周边陆域由东到西有香港特别行政区、深圳市、东莞市、广州市番禺区、中山市、珠海市、澳门特别行政区、江门市新会区和台山市。珠江口在上游纳汇了西江、北江、东江、潭江和流溪河等河流后进入三角洲河网区，再经由虎门、蕉门、洪奇门、横门、磨刀门、鸡啼门、虎跳门、崖门等八大口门注入珠江出海口入南海。珠江水系径流量大，每年平均入海水量约为 $3.36\times10^{3}$ 亿 $m^{3}$，平均流量约为 $1.052\,48\times10^{4}$ $m^{3}/s$，仅次于长江，居全国第 2 位。其中，西江约为 $2.38\times10^{3}$ 亿 $m^{3}$，北江约为 $3.94\times10^{2}$ 亿 $m^{3}$，东江约为 $2.38\times10^{2}$ 亿 $m^{3}$，三角洲河网约为 $3.48\times10^{2}$ 亿 $m^{3}$（赵焕庭，1989；林祖亨，1996）。

珠江口属于南亚热带季风气候型。其主要气候特征是：日照时间长，光能充足，但早春阴雨寡照；累年平均气温高，热量丰富；气温年较差不大。珠江口水域海水温度表层为 14～31 ℃，底层为 14～30 ℃，夏季水温表层高于底层，冬季水温底层高于表层。温度垂向差异春季最大，且越向南差异越大。珠江口水域海水盐度表层为 4～34，底层盐度为 11～34，表、底层盐度可相差 0～14。垂向盐度差冬季大于夏季，且越向南垂向盐度相差越大。温度和盐度分布除受径流和潮汐条件的限制外，上升流对它也有很大影响。上升流所到之处，温度下降约 4 ℃，盐度上升 3（赵焕庭，1989；中国海湾志编纂委员会，1998）。珠江口潮汐主要受太平洋潮波影响。太平洋潮波经过我国台湾岛和菲律宾吕宋岛之间的吕宋海峡后进入南海北部，随后进入珠江口地区，受珠江口地区特殊的地形影响，形成特殊的潮流。枯季为强潮弱径流型，洪季为强径流弱潮型。径流季节性变化较大，径流量在 4—9 月显示出明显的洪季特征。珠江口水域的潮汐属于不正规半日潮。在珠江口从外到内，潮差逐渐增大，东海岸的潮差又比西海岸的大，平均潮差因区域位置而异（林祖亨，1996；中国海湾志编纂委员会，1998）。

## 二、珠江口水环境概况

珠江口水域及其邻近的三角洲地区在我国的社会、经济发展中占有重要的战略地位。

沿岸经济发展迅速，各类企业较多，陆源污染物逐年增加，上游及沿岸的工业区和居民生活污水均排往珠江，对水域水质造成了极大的影响（柯东胜，2007）。《2015年上半年广东省环境质量状况》数据显示珠江口部分水域水质为劣四类。另外，《2015年中国海洋环境质量公报》数据显示珠江口与辽东湾、长江口、杭州湾等近岸水域成为我国重度富营养化水域。而由富营养化引起的赤潮灾害等环境问题势必对珠江口水域渔业环境、渔业资源、鱼类多样性及渔业生产产生影响。

## （一）珠江三角洲水资源

2010—2015年珠江三角洲水资源总量为208.7亿～337.1亿$m^3$，地表水资源量变化范围为204.9亿～333.3亿$m^3$，地下水资源量变化范围为39.2亿～86.9亿$m^3$（表1-1）。

表1-1　2010—2015年珠江三角洲水资源量

单位：亿$m^3$

| 年份 | 水资源总量 | 地表水资源量 | 地下水资源量 |
|---|---|---|---|
| 2010 | 310.5 | 307 | 58 |
| 2011 | 208.7 | 204.9 | 39.2 |
| 2012 | 309.7 | 306.1 | 57.8 |
| 2013 | 337.1 | 333.3 | 86.9 |
| 2014 | 271.2 | 267.4 | 51.7 |
| 2015 | 305.3 | 301.4 | 57.5 |

资料来源：2010—2015年《珠江片水资源公报》。

## （二）珠江三角洲水资源利用

根据2010—2015年《珠江片水资源公报》，珠江三角洲水资源利用情况如表1-2所示，其中工业用水所占比重最大，达到43.42%以上，生态环境用水最少，占当年用水总量的1.74%～3.02%。珠江三角洲水资源利用总体情况为工业用水>居民生活用水>农田灌溉用水>林牧渔用水>城镇公共用水>生态环境用水。

表1-2　2010—2015年珠江三角洲水资源利用

单位：亿$m^3$

| 年份 | 农田灌溉用水 | 林牧渔业用水 | 工业用水 | 城镇公共用水 | 居民生活用水 | 生态环境用水 | 总用水 |
|---|---|---|---|---|---|---|---|
| 2010 | 32.2 | 17.4 | 93.3 | 14.3 | 31 | 5.6 | 193 |
| 2011 | 31.4 | 16.7 | 88.5 | 15.4 | 32.3 | 5.74 | 189.9 |
| 2012 | 30.3 | 17.7 | 79.9 | 17.6 | 31.8 | 4.5 | 181.9 |
| 2013 | 28.4 | 18.3 | 79.3 | 17.4 | 31.4 | 3.1 | 178 |
| 2014 | 28.7 | 18.1 | 76.5 | 17.7 | 32 | 3.2 | 176.2 |
| 2015 | 27.5 | 16.9 | 74.7 | 18.1 | 32.9 | 3.2 | 173.3 |

资料来源：2010—2015年《珠江片水资源公报》。

## (三) 珠江口主要入海化合物

据有关公报和研究结果显示：每年都有大量陆源化合物排入珠江口，致使河口区域水环境质量下降，富营养化进程加速，赤潮发生次数明显增加，生物资源衰退，生态环境遭到破坏。农药的广泛使用，以及未经处理的工业废水和生活污水的排入，引起鱼类中毒，影响鱼类的生长发育，甚至直接导致鱼类死亡，导致渔业资源衰退。有毒物质在鱼体内聚集，通过食物链传递，对人类健康及栖息在珠江口的国家一级保护动物中华白海豚的保育也造成了危害。有关研究结果（张景平，2010）表明，珠江口水域的污染等级处于中度污染至严重污染之间。

据2004—2015年《广东省海洋环境质量公报》，2004—2010年每年化合物入海总量呈减少趋势，污染情况有所好转（表1-3）。由2004年的248.186 1万t降低为2010年的71.672 9万t；2010年以后至2015年呈增加趋势，2015年为243.678 5万t，基本恢复到2004年状况，污染情况没有根本性改变。

**表1-3 2004—2015年主要化合物入海量**

单位：万t

| 年份 | 化学需氧量（$COD_{Cr}$） | 营养盐 | 石油类化合物 | 重金属类化合物 | 砷类化合物 | 总计 |
|---|---|---|---|---|---|---|
| 2004 | 229.064 4（92.3） | 11.982 6（4.83） | 5.985 3（2.41） | 0.865 5（0.35） | 0.288 3（0.11） | 248.186 1 |
| 2005 | 183（90.92） | 13.08（6.5） | 4.24（2.10） | 0.680 8（0.34） | 0.284 0（0.14） | 201.284 8 |
| 2006 | 214（85.2） | 28.9（11.50） | 7.09（2.82） | 0.845 7（0.34） | 0.342 0（0.14） | 251.177 7 |
| 2007 | 204（92.1） | 11.41（5.15） | 4.87（2.2） | 0.899 6（0.41） | 0.319 0（0.14） | 221.498 6 |
| 2008 | 155（92.76） | 6.81（4.07） | 4.02（2.41） | 0.881 3（0.53） | 0.376 0（0.23） | 167.087 3 |
| 2009 | 71.551（91.01） | 5.376 8（6.84） | 1.254 4（1.6） | 0.330 8（0.42） | 0.101 9（0.13） | 78.614 9 |
| 2010 | 63.201 6（88.18） | 6.680 8（9.32） | 1.404 5（1.96） | 0.293 4（0.41） | 0.092 6（0.13） | 71.672 9 |
| 2011 | 65.856（86.76） | 8.121 1（10.7） | 1.411 2（1.86） | 0.432 4（0.57） | 0.080 6（0.11） | 75.901 3 |
| 2012 | 46.458 5（41.45） | 64.191 8（57.28） | 0.978 3（0.87） | 0.372 6（0.33） | 0.072 5（0.07） | 112.073 7 |
| 2013 | 53.618（57.62） | 37.975 6（40.81） | 1.128 8（1.21） | 0.288 8（0.31） | 0.045 2（0.05） | 93.056 4 |
| 2014 | 116.28（65.83） | 58.595 9（33.18） | 1.224（0.69） | 0.478 1（0.27） | 0.058 1（0.03） | 176.636 1 |
| 2015 | 191.331 6（78.52） | 50.722 6（20.81） | 1.269 9（0.52） | 0.292 3（0.12） | 0.062 1（0.03） | 243.678 5 |

注：括号内数字表示百分比。

### 1. 化学需氧量

化学需氧量是指示水体有机污染的一项重要指标。由表1-3显示，2004—2009年（除2006年外），每年的化学需氧量占当年化合物总量的百分比均超过90%，2010年和2011年分别为88.18%和86.76%，2012年最低，为41.45%，2013—2015年逐年增加，分别为57.62%、65.83%和78.52%。从2004年到2012年入海水体的化学需氧量每年呈下降趋势，但从2012年到2015年逐年增加，呈升高趋势。

**2. 营养盐**

大量的工业废水及生活污水排入，使得珠江口水域营养盐含量持续增长，引起水体富营养化，导致浮游植物大量繁殖，形成赤潮，严重影响鱼类的生存，威胁到水产养殖及渔业资源保护，造成了巨大的经济损失。林植青等（1985）于1982—1984年对珠江广州至虎门河段水体营养盐进行调查研究显示，水体中氮和磷都比较丰富，其中氮含量在夏季和冬季变化不大，而磷含量夏季高于冬季。张景平等（2009）在其研究中发现珠江口水域的富营养化程度较高，属于磷限制潜在性富营养区；在时空分布上，珠江口水域富营养化程度呈现由湾内向湾外递减的趋势，不同水期的富营养化水平从高到低的顺序依次为：枯水期、丰水期、平水期。黄小平（2010）对珠江口水域富营养化特征的研究表明，过量的氮磷输入已导致水体高度富营养化，并指出富营养化是诱发该水域赤潮发生的重要因素。根据《2015年中国海洋环境质量公报》检测结果显示，珠江口与辽东湾、长江口、杭州湾等近岸水域成为我国重度富营养化水域，其中无机氮、活性磷酸盐和石油类成为珠江口近岸水域主要污染要素。《2015年广东省海洋环境状况公报》数据显示：珠江口内伶仃岛以北水域，黄埔港、狮子洋、虎门、交椅湾、深圳宝安近岸及大铲湾水域出现劣于第四类海水水质标准的站位，超标要素为无机氮和活性磷酸盐。内伶仃岛至三角岛水域，全年出现无机氮含量劣于第四类海水水质标准的站位。万山群岛水域，春季和冬季，未出现劣于第四类海水水质标准的站位；夏季三角岛、大万山岛、外伶仃岛出现第四类或劣于第四类海水水质标准的站位，超标要素为活性磷酸盐和无机氮；秋季三角岛出现无机氮劣于第四类海水水质标准的站位。磨刀门至高栏列岛近岸水域，春季磨刀门出现无机氮含量劣于第四类海水水质标准的站位；夏季和秋季，磨刀门至高栏列岛出现无机氮和活性磷酸盐劣于第四类海水水质标准的站位；冬季未出现无机氮含量劣于第四类海水水质标准。黄茅海全年出现无机氮和活性磷酸盐含量劣于第四类海水水质标准。

2004—2015年每年入海的营养盐变化特征为（表1-3）：2004—2011年，除2006年（28.9万t），其他年份均不超过12万t，所占当年入海化合物总量的百分比在4.07%～11.50%；2012—2015年，营养盐每年入海量急剧上升，分别为64.191 8万t、37.975 6万t、58.595 9万t和50.722 6万t，2012年入海营养盐占当年入海化合物总量57.28%，之后每年营养盐所占百分比逐渐降低，分别为40.81%（2013年）、33.18%（2014年）和20.81%（2015年）。

**3. 石油类化合物**

珠江口水域海上交通航运、港口业相当发达。其中深入珠江口腹地的广州港是华南地区最大的枢纽港，年吞吐量位居全国各大港口前列（柯东胜，2007），海上运输过程中不可避免地带来大量石油类化合物。港口发展、船舶运输等产生的大量含油污水以及泄油事故的发生会对渔业养殖及渔业资源造成严重影响。科学研究结果表明：当水中的石油浓度达到 0.001mg/L 时，低级微生物的有机体组织就会遭到破坏；当含量达到 0.01 mg/L时，鱼类就会受到致命伤害。石油中的毒性物质能聚集于生物体内，也会使海洋食物链和人类食物来源中混入致癌物质（如芳香族碳氢化合物）（李连健，2002），基于同样的原因推测，这一状况也同样会对生活在珠江口的中华白海豚产生影响。

据公开的数据显示（表 1-3）：2004—2015 年石油类化合物入海量占当年入海化合物总量比例不高，总体上呈下降趋势，范围在 0.52%～2.82%。2004—2015 年石油类化合物变化特征为：2004—2008 年每年入海量较高，在 4.02 万～7.09 万 t，2009—2015 年每年入海量开始大量下降，为 0.978 3 万～1.404 5 万 t。

**4. 重金属类化合物**

珠江口水域海水和沉积物中重金属含量分布特征的研究表明（表 1-3），珠江口及附近水域海水中铜、铅、锌、镉、铬、汞、砷的含量平均值均符合国家一类海水水质标准。2004—2015 年重金属类化合物入海量占当年入海化合物总量比例不高，范围在 0.12%～0.57%。2004—2015 年间，重金属类化合物每年入海量在 2004—2008 年较高，变化范围在 0.680 8 万～0.899 6 万 t，2009 年重金属类化合物每年入海量开始减少，仅为 2008 年的 0.375 倍，2009—2015 年每年入海量变化范围不大，在 0.288 8 万～0.478 1 万 t。2004—2015 年砷类化合物入海量占当年入海化合物总量比例最低，范围在 0.03%～0.23%。2004—2015 年砷类化合物入海量变化特征为：2004—2008 年每年入海量较高，为 0.284 万～0.376 万 t，2009 年起每年入海量开始减少，为 0.452 万～0.102 万 t。

## 第二节　饵料生物

### 一、浮游植物概况

浮游植物是水生态系统中的初级生产者，又是鱼类和其他经济动物的直接或间接饵料，是渔业生态的基础环节，其种类组成、群落结构和丰度变化制约着水域生产力的发展，也反映环境的变化，对于渔业资源的开发利用及了解水域生态环境状况具有重要意义。

#### （一）浮游植物种类组成

**1. 珠江口浮游植物常见类群**

珠江口浮游植物种类繁多，常见的藻类门类包括硅藻门、甲藻门、蓝藻门、绿藻门、金藻门和黄藻门（王超，2013；陆奎贤，1988；黄小平，2007）。《中国南海珠江口污染防治与生态保护》中将珠江口水域浮游植物划分出三个群落：一是河口群落，群落主要组成以淡水群落为主，包括颗粒直链藻、盘星藻、纤维藻、十字藻和平裂藻等。二是近岸群落，以洛氏角毛藻、旋链角毛藻、中肋骨条藻、柔弱菱形藻、窄隙角毛藻、伏氏海毛藻和尖刺菱形藻等为代表种。三是外海群落，即在 40 m 以深区域，以翼根管藻、翼根管藻纤细变型、距端根管藻、笔尖形根管藻、颤藻、束毛藻和丛毛辐杆藻等高温高盐种类为代表（黄小平，2007）。

珠江口内浮游植物种类季节变化较明显，春季多于夏季、秋季，都是以近岸性种类为主。而珠江口外，春季少于夏季、秋季，大都是以近海性种类为主。由于潮流的影响，河口区有一广阔淡水群落和近岸群落交叉重叠过渡带，河口区上层是淡水群落占优势，而下层由近岸群落组成一个交错区（黄小平，2007）。珠江口浮游植物常见种类见表1-4。

**表 1-4 珠江口浮游植物常见种类**

| 类别 | 常见种类 |
| --- | --- |
| 硅藻门 | 中肋骨条藻、洛氏角毛藻、旋链角毛藻、爱氏角毛藻、窄隙角毛藻、菱形海线藻、伏氏海毛藻、尖刺菱形藻、太阳漂流藻、星脐圆筛藻、蛇目圆筛藻、虹彩圆筛藻、布氏双尾藻、颗粒直链藻、中华盒形藻、太平洋海链藻、细弱海链藻、颗粒盒形藻、变异辐杆藻、丹麦细柱藻、掌状冠盖藻、柔弱菱形藻、叉状辐杆藻、克氏星脐藻、日本星杆藻、肘状针杆藻、等片藻、尖布纹藻、优美伪菱形藻、异极藻、双喙马鞍藻、萎软几内亚藻、距端根管藻、笔尖形根管藻等 |
| 甲藻门 | 夜光藻、纺锤角藻、大角角藻、美丽角藻、海洋多甲藻、三叉角藻、短角角藻、大角角藻、五角多甲藻和新月球甲藻等，外海性种长刺角甲藻、双刺足甲藻、纺锤梨甲藻、叉角藻、短角角藻、梭状角藻、叉状角藻、大角角藻、具齿原甲藻、海洋多甲藻、扁平多甲藻等 |
| 绿藻门 | 单角盘星藻、双射盘星藻、二形栅藻、角星鼓藻和新月藻等 |
| 蓝藻门 | 铁氏束毛藻、螺旋藻、红海束毛藻、微囊藻、中华尖头藻、细丝螺旋藻、镰头颤藻、孤生皮果藻、鱼腥藻、颤藻等 |
| 金藻门 | 六异刺硅鞭藻和小等刺硅鞭藻等 |
| 黄藻门 | 绿海球藻、小型黄丝藻、黄丝藻等 |

**2. 浮游植物优势种类**

珠江口水域浮游植物优势种类分布时空差异明显。刘玉等（2001）对珠江口伶仃水道水域浮游藻类群落结构的研究显示中肋骨条藻为绝对优势种。Huanglm（2004）等分别对 1999 年 7 月（雨季）和 2001 年 1 月（旱季）珠江口浮游植物群落结构进行了分析，其中 1999 年 7 月（雨季）优势种为中肋骨条藻；2001 年 1 月（旱季）优势种为浮动弯角藻。刘凯然（2008）于 2005 年和 2006 年对珠江口浮游植物生物多样性变化趋势的研究结果表明，主要优势种有中肋骨条藻和尖刺拟菱形藻、优美拟菱形藻、旋链角毛藻等。雷光英等于 2005 年 1—12 月对珠江广州河段浮游植物群落特征进行了周年调查，发现浮游植物主要优势种为颗粒直链藻、假鱼腥藻（雷光英，2007）。2008—2010 年冯洁娉对珠江口广州段浮游植物进行的调查显示中肋骨条藻和颗粒直链藻及其最窄变种为主要优势种（冯洁娉，2012）。其他出现的优势种类还有洛氏角毛藻、变异辐杆藻、掌状冠盖藻、透明辐杆藻、柔弱菱形藻、伏氏海毛藻、细弱海链藻、窄隙角毛藻、日本星杆藻、菱形海线藻等中的一种或几种。

### （二）近年来珠江口浮游植物多样性特征

根据2011—2015年《广东省海洋环境状况公报》和《中国海洋环境质量公报》数据：2011—2015年珠江口夏季浮游植物物种数变化趋势为，2011年（100种）和2013年（103种）物种数相差不大，2012（62种）、2014（75种）和2015（88种）年浮游植物物种数相对较少，近5年来的主要优势种有柔弱角毛藻、柔弱伪菱形藻、中肋骨条藻、梭角藻和琼氏圆筛藻（表1-5）。

通过2011—2015年珠江口夏季浮游植物密度变化数据发现，2012—2013年珠江口浮游植物密度在（235～3 300）$\times 10^4$个/$m^3$变化，2013年是2012年的14倍，浮游植物密度年季变化较大。2011—2015年珠江口浮游植物Shannon-Weaver多样性指数呈现先下降后上升的趋势，变化范围在1.65～2.39，多样性等级在2013年和2014年为较差，2011年、2012年和2015年为中等（表1-5）。

**表1-5　2011—2015年珠江口夏季浮游植物生物指标**

| 年份 | 物种数 | 细胞密度（$\times 10^4$个/$m^3$） | 多样性指数 | 多样性指数等级 | 主要优势种 |
|---|---|---|---|---|---|
| 2011 | 100 | 253 | 2.39 | 中 | 中肋骨条藻、琼氏圆筛藻 |
| 2012 | 62 | 235 | 2.03 | 中 | 中肋骨条藻、柔弱菱形藻 |
| 2013 | 103 | 3 300 | 1.65 | 较差 | 中肋骨条藻、柔弱菱形藻 |
| 2014 | 75 | 319 | 1.67 | 较差 | 中肋骨条藻、梭角藻 |
| 2015 | 88 | 2 195 | 2.23 | 中 | 柔弱角毛藻、柔弱伪菱形藻 |

注：引自2011—2015年《广东省海洋环境状况公报》、2011—2015年《中国海洋环境质量公报》。

### （三）赤潮灾害

珠江口水域陆源排污严重，海水富营养化由来已久。大量陆源有机污染物质及营养盐的排入，导致珠江口水域已成为富营养化十分严重和赤潮频发的区域。对珠江口水域生态环境和渔业资源带来了严重的负面影响（袁国明，2005）。

1980—1990年间，珠江口至大亚湾一带共发生大型灾害性赤潮22次（柯东胜，2007）。根据2006—2015年《广东省海洋环境状况公报》统计显示，珠江口及其邻近水域发生的赤潮事件累计31次；受灾面积累计1 915.69 $km^2$，2009年累计受灾面积最大，为662 $km^2$（表1-6，图1-1、图1-2）。

表 1-6 2006—2015 年珠江口水域赤潮事件详情

| 年份 | 序号 | 发生时间 | 消亡时间 | 地点 | 面积（$km^2$） | 赤潮生物 |
|---|---|---|---|---|---|---|
| 2006 | 1 | 2月9日 | 2月23日 | 珠江口澳门机场到淇澳岛北部沿岸海区及深圳后海湾 | 300 | 球形棕囊藻 |
| | 2 | 4月26日 | 4月29日 | 珠江口桂山港和东澳岛码头附近水域 | 2 | 多环旋沟藻 |
| | 3 | 10月23日 | 11月8日 | 珠海内伶仃岛附近水域、香洲公务码头对出水域至香炉湾一带水域 | 300 | 多环旋沟藻、红色中缢虫 |
| 2007 | 1 | 2月8日 | 2月12日 | 珠海香洲渔港至海滨泳场沿岸水域 | 5 | 球形棕囊藻 |
| | 2 | 5月30日 | 6月1日 | 珠海香洲渔港沿岸水域 | 1 | 中肋骨条藻 |
| | 3 | 5月31日 | 6月3日 | 珠海桂山海水网箱养殖区附近水域 | 70 | 中肋骨条藻、多环旋沟藻、米氏凯伦藻、链状裸甲藻 |
| | 4 | 6月5日 | 6月8日 | 深圳湾西部通道至妈湾港附近水域 | 70 | 无纹环沟藻 |
| | 5 | 11月16日 | 11月20日 | 深圳蛇口码头至妈湾港水域 | 7 | 旋沟藻 |
| 2008 | 1 | 2007年12月22日 | 1月15日 | 珠海桂山岛以西水域 | 0.1 | 球形棕囊藻 |
| | 2 | 12月4日 | 12月5日 | 中山二茅岛以南水域 | 0.1 | 双眉藻 |
| 2009 | 1 | 5月19日 | 5月21日 | 珠海香洲渔港的防波堤围港池内外 | 2 | 丹麦细柱藻 |
| | 2 | 10月22日 | 10月24日 | 深圳内伶仃岛附近水域 | 5 | 条纹环沟藻 |
| | 3 | 10月26日 | 10月30日 | 深圳蛇口 SCT 码头至赤湾 | 5 | 条纹环沟藻 |
| | 4 | 10月25日 | 11月16日 | 珠海淇澳岛至九洲岛附近水域 | 350 | 旋沟藻 |
| | 5 | 11月4日 | 12月21日 | 珠江口北部水域 | 300 | 球形棕囊藻 |
| 2010 | 1 | 4月1日 | 4月2日 | 珠海市美丽湾疗养院附近水域 | 300 | 夜光藻 |
| 2011 | 1 | 4月11日 | 4月21日 | 珠海高栏岛东部至蚊洲水域 | 8.3 | 血红哈卡藻 |
| | 2 | 4月27日 | 5月5日 | 深圳西部通道至赤湾水域 | 9 | 短角弯角藻 |
| | 3 | 8月12日 | 8月23日 | 深圳内伶仃岛东南水域 | 10 | 双胞旋沟藻 |
| | 4 | 8月12日 | 8月26日 | 珠海渔女、海滨浴场、九洲岛东南至大蜘洲岛西北附近水域 | 89 | 双胞旋沟藻 |
| 2012 | 1 | 3月7日 | 3月9日 | 深圳蛇口附近水域 | 4 | 红色赤潮藻 |
| | 2 | 10月12日 | 10月29日 | 珠海野狸岛、珠海渔女和银坑对开水域 | 0.02 | 双胞旋沟藻 |
| | 3 | 10月21日 | 10月25日 | 深圳西部赤湾附近水域 | 65 | 双胞旋沟藻 |
| 2013 | 1 | 3月18日 | 3月25日 | 珠海高栏港中化格力码头对开水域 | 2 | 红色赤潮藻 |
| | 2 | 10月13日 | 10月25日 | 珠海野狸岛-契爷岭-银坑对开水域和海滨泳场-珠海渔女附近水域 | 6.5 | 双胞旋沟藻 |
| 2014 | 1 | 2月8日 | 2月10日 | 深圳市珠江口水域 | 2.5 | 赤潮异弯藻 |
| | 2 | 2月27日 | 3月3日 | 深圳市深圳湾水域 | 2 | 红色赤潮藻 |
| | 3 | 11月30日 | 12月1日 | 珠海市香洲近岸水域 | 0.01 | 夜光藻 |
| 2015 | 1 | 1月4日 | 1月13日 | 珠海市香洲近岸水域 | 0.01 | 夜光藻 |
| | 2 | 1月5日 | 1月8日 | 深圳市大铲湾附近水域 | 0.08 | 夜光藻 |
| | 3 | 1月28日 | 2月5日 | 珠海市香洲近岸水域 | 0.07 | 赤潮异弯藻 |

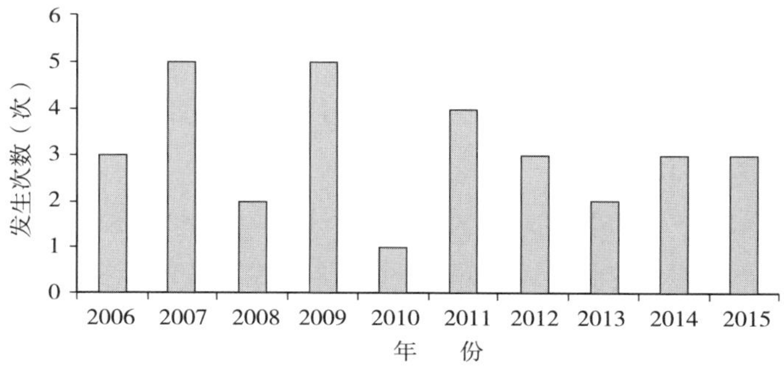


图 1－1　2006—2015 年珠江口水域赤潮发生次数

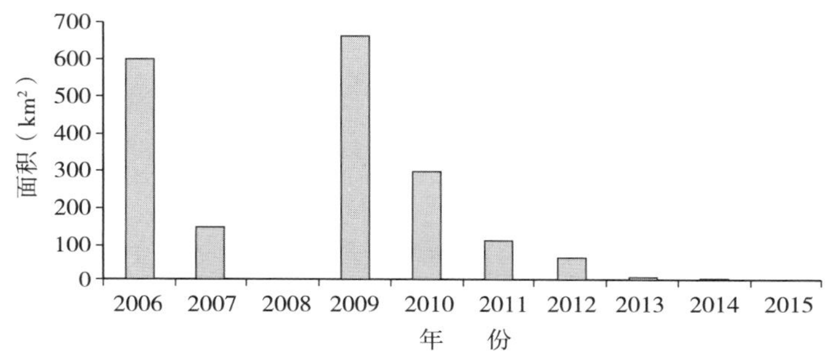


图 1－2　2006—2015 年珠江口水域赤潮灾害累计面积

## 二、浮游动物概况

浮游动物是珠江口生物群落的重要组成部分。珠江口水域因受珠江径流带来的淡水、沿岸低盐海水和外海高温高盐海水的相互作用，水环境复杂，浮游动物的群落结构也较为复杂。

### （一）浮游动物种类组成

综合相关研究报道，珠江口浮游动物种类主要有水母类、介形类、桡足类、磷虾类、樱虾类、毛颚类、多毛类、被囊类、浮游幼虫类、翼足类、端足类、莹虾类、海樽类和有尾类等，其中桡足类所占比例最大。一般认为，珠江口浮游动物群落分为三个群落：①河口半咸水群落：由淡水或半咸水浮游动物组成。如火腿伪镖蚤、球状伪镖蚤、淡水裸腹蚤、刺尾糠虾和中华异水蚤，分布在海水与淡水交汇区，属低盐广温群落。②沿岸群落：适应沿岸、河口和港湾的生活种类。如伪三角蚤、刺尾纺锤水蚤、锯缘拟哲水蚤、右突歪水蚤、真刺唇角水蚤、双生水母、壮丽水母和球状侧腕水母等，分布在珠江口大部分区域。③近海群落：该群落适盐适温范围较广，介于外海高温高盐群落和沿岸低盐广温群落之间，代表种类有亚强次真哲水蚤、达氏筛哲水蚤、近缘大眼水蚤、刺长腹水蚤、锥形宽水蚤、中型莹虾和瘦尾胸刺水蚤等（国家海洋局，1989；章淑珍，1993；王庆，2007；茹鹏凌 2007；侯磊，2011；Fu Y Y，1995；Tan Y H，2004；刘玉，2001；方宏达，2009；李开枝，2005；高原，2008；袁丹妮，2014）。

**1. 珠江口浮游动物常见类群**

（1）桡足类　是各种经济鱼类，如鲱、鲐和各种幼鱼、须鲸类的重要饵料。珠江口常见桡足类有红纺锤水蚤、刺尾纺锤水蚤、中华异水蚤、驼背隆哲水蚤、微驼隆哲水蚤、伯氏平头水蚤、异尾平头水蚤、微刺哲水蚤、背针胸刺水蚤、叉胸刺水蚤、奇桨剑水蚤、近缘大眼剑水蚤、精致真刺水蚤、驼背羽刺大眼水蚤、圆唇角水蚤、中华窄腹剑水蚤、挪威小毛猛水蚤、小哲水蚤、瘦新哲水蚤、短角长腹剑水蚤、小拟哲水蚤、瘦尾简角水蚤、火腿伪镖水蚤、胃叶剑水蚤、黑点叶剑水蚤、圆矛叶剑水蚤、强次真哲水蚤、亚强次真哲水蚤、异尾宽水蚤、锥形宽水蚤、右突歪水蚤和瘦歪水蚤等。

（2）介形类　重要饵料生物之一。常见种类有尖尾海萤、针刺真浮萤、细长真浮萤、后圆真浮萤、球大额萤、多毛拟弯喉萤和同心假浮萤等。

（3）水母类　是浮游植物、浮游动物、鱼类卵和仔稚鱼的主要消费者，可以通过捕食竞争影响鱼类的种群数量（张芳，2009）。常见种类有拟双生水母、双生水母、异双生水母、短腺和平水母、细颈和平水母、尖角水母、真囊水母、东方真瘤水母、正型单手水母、海笔螅水母、拟铃浅室水母、锥体浅室水母、拟细浅室水母和四叶小舌水母等。

（4）磷虾类　是许多经济鱼类的重要饵料，也是渔业的捕捞对象。常见种类有长额磷虾、小型磷虾、瘦线脚磷虾、宽额假磷虾、中华假磷虾和磷虾幼体等。

（5）毛颚类　以浮游动物为食，许多桡足类都是它的重要饵料生物，也吞食一些浮游植物如硅藻类等。毛颚类的繁殖和摄食活动，在保持浮游动物和浮游植物群落数量平衡上起了一定的作用。同时毛颚类又是许多鱼类、水母类、栉水母类的食物。常见种类有飞龙翼箭虫、百陶箭虫、狭长箭虫、囊开形箭虫、肥胖箭虫、凶形箭虫、圆囊箭虫、海龙箭虫、新多变箭虫、太平洋箭虫和毛颚类幼体等。

**2. 浮游动物优势种类**

研究发现，珠江口浮游动物优势种类分布存在时空差异。刘玉等（2001）对珠江口伶仃水道水域浮游动物群落结构分析，共发现有 9 大类 30 种，浮游动物最高数量为 606 个/L，绝对优势种桡足类的中华异水蚤。方宏达等（2009）根据 2005 年 4 月至 2006 年 9 月珠江口的调查资料，发现优势种中，除了刺尾纺锤水蚤、强额拟哲水蚤和中华异水蚤等过去常见的优势种外，还出现枝角类和被囊类的种类，其中夜光虫是春季的第一优势种。李开枝等（2005）根据 2002 年 4 月至 2003 年 6 月珠江口的调查资料，对丰水期（4—9 月）和枯水期（10—3 月）浮游动物的研究中共发现终生浮游动物 71 种和阶段性浮游幼虫 7 个类群，优势种为刺尾纺锤水蚤。高原等（2008）在 2006—2007 年珠江口八大口门丰水期、平水期、枯水期的浮游动物群落结构特征研究中共采集浮游动物 94 种，珠江口浮游动物的优势种主要有河口半咸水种中华异水蚤、指状许水蚤、中华窄腹剑水蚤、短角异剑水蚤和轮虫类萼花臂尾轮虫、镰状臂尾轮虫、前节晶囊轮虫以及枝角类长额象鼻溞。袁丹妮（2014）在其研究中共发现浮游动物69种，其中珠江口广州城市河段浮游动物优势种有温中剑水蚤、台湾温剑水蚤、微型裸腹溞、裂痕龟纹轮虫、角突臂尾轮虫、萼花臂尾轮虫；珠江口南沙—珠海水域优势种有强额孔雀哲水蚤、中华异水蚤、象鼻溞属、微型裸腹溞、广布多肢轮虫和角突臂尾轮虫。

### （二）近年来珠江口浮游动物多样性特征

根据2011—2015年《广东省海洋环境状况公报》和《中国海洋环境质量公报》检测结果显示：2011—2015年夏季珠江口浮游动物物种数、密度、多样性及主要优势种，详见表1-7。

**表1-7　2011—2015年夏季珠江口浮游动物的种类组成**

| 年份 | 物种数 | 细胞密度（$\times 10^4$个/$m^3$） | 多样性指数 | 多样性指数等级 | 主要优势种 |
|---|---|---|---|---|---|
| 2011 | 89 | 96 | 2.38 | 中 | 肥胖箭虫、鸟喙尖头溞 |
| 2012 | 135 | 384 | 3.06 | 较好 | 鸟喙尖头溞、火腿伪镖水蚤 |
| 2013 | 157 | 71 | 2.29 | 中 | 肥胖箭虫、中华异水蚤 |
| 2014 | 91 | 811 | 2.14 | 中 | 背针胸刺水蚤、太平洋纺锤水蚤 |
| 2015 | 119 | 125 | 3.95 | 较好 | 鸟喙尖头溞、中华异水蚤 |

注：引自2011—2015年《广东省海洋环境状况公报》，2011—2015年《中国海洋环境质量公报》。

2011—2015年珠江口夏季浮游动物物种数每年变化较大。2011年种类数最低，为89种，2013年物种数最多，为157种。2012年135种，2014年91种，2105年115种。近5年来的主要优势种有鸟喙尖头溞、中华异水蚤、背针胸刺水蚤、太平洋纺锤水蚤、肥胖箭虫和火腿伪镖水蚤。2011—2015年5年来珠江口浮游动物细胞密度变化范围在$71\times 10^4$（2013年）～$811\times 10^4$个/$m^3$（2014年），2014年是2013年的11.4倍，浮游动物密度年季变化较大。2011—2015年5年来珠江口夏季浮游植物多样性指数呈现先下降后上升的趋势，变化范围在2.14～3.95。根据多样性等级评价，2012年和2015年为较好，2011年、2013年和2014年为中等。总体来看，珠江口浮游动物多样性水平较高，群落结构比较稳定。

## 三、底栖动物概况

底栖动物不仅是鱼类或其他动物捕食的对象，部分种类（如经济虾、蟹和贝类，以及少数鱼类）还是人类食用、渔业采捕和养殖的对象，具有重要的经济价值。

## （一）底栖动物种类组成

### 1. 珠江口底栖动物常见类群

综合相关研究报道，珠江口底栖生物主要有脊索动物（鱼类）、棘皮动物、节肢动物、纽形动物、软体动物、环节动物（包括多毛类和寡毛类）、腔肠动物、扁形动物、星虫动物和螠虫动物等。依种类组成，珠江口水域底栖生物种类最多的为节肢动物，其他主要类群有脊索动物（鱼类）、软体动物、环节动物、棘皮动物和腔肠动物，种类较少的类群有半索动物、纽形动物、螠虫动物（刘玉，2001；张敬怀，2009；彭松耀，2010；黄道建，2011；袁俏君，2012）。

（1）脊索动物门（鱼类）种类　犬牙珠虾虎鱼、妆饰珠虾虎鱼、珠虾虎鱼、三角珠虾虎鱼、眶棘双边鱼、细条天竺鲷、四线天竺鲷、纤羊舌鲆、丝棘鱼衔、李氏鱼衔、游鳍叶鲹、舌虾虎鱼、矛尾虾虎鱼、花鲦、凤鲦、棘头梅童鱼、长吻红舌鳎、线纹舌鳎、少鳞舌鳎、斑头舌鳎、紫斑舌鳎、棘线蛹、龙头鱼、叫姑鱼、六齿金线鱼、红狼牙虾虎鱼、触角沟虾虎鱼、拟矛尾虾虎鱼、褐篮子鱼和孔虾虎鱼等。

（2）节肢动物门种类　双凹鼓虾、鲜明鼓虾、刺螯鼓虾、鼓虾、七刺栗壳蟹、脊七刺栗壳蟹、美人虾、近亲蟳、锈斑蟳、直额蟳、疾进蟳、变态蟳、下齿细螯、寄居蟹、伪装关公蟹、聪明关公蟹、狭颗绒螯蟹、阿氏强蟹、隆线强蟹、长额拟鞭腕虾、脊尾白虾、小蝼蛄、颗粒仿六足蟹、鞭腕虾、拉氏大眼蟹、须赤虾、近缘新对虾、刀额新对虾、长臂蟹、模糊新短眼蟹、无刺口虾姑、黑斑口虾姑、广东长臂虾、锯齿长臂虾、绒毛细足蟹、亨氏仿对虾、细巧仿对虾、强壮菱蟹、橄榄拳蟹、豆形拳蟹、矛形梭子蟹、红星梭子蟹和中华管鞭虾等。

（3）软体动物门种类　衣角樱蛤、配景轮螺、对称拟蚶、台湾东风螺、黄短口螺、笠帆螺、鸟蛤、假主棒螺、肋变角贝、截形紫云蛤、绣理螺、白龙骨乐飞螺、美女白樱蛤、中华莫利加螺、浅逢骨螺和西格织纹螺等。

（4）环节动物门种类　东方内卷齿蚕、内卷齿蚕、鳞沙蚕、磷虫、双形拟单指虫、格鳞虫、长吻沙蚕、丝异须虫、含糊拟刺虫、异足索沙蚕、岩虫、毡毛岩虫、中蚓虫、背毛背蚓虫、背蚓虫、欧努菲虫、莫氏白毛虫、杂毛虫、不倒翁虫、梳鳃虫和多丝独毛虫等。

（5）棘皮动物门种类　海地瓜、光滑倍棘蛇尾、扁拉文海胆、蛇尾幼体、棘刺锚参等。

（6）腔肠动物门种类　美丽海葵、海仙人掌和蕨形角海葵等。

### 2. 底栖动物优势种类

刘玉等（2001）对珠江口伶仃水道水域底栖生物群落结构进行的研究中报道了 27 种底栖动物，绝对优势种为软体动物类的红肉河篮蛤。彭松耀等（2010）于 2008 年 8 月至

2009 年 5 月，对珠江口水域大型底栖动物季节分布的研究中共鉴定出大型底栖动物 34 种，其中多毛类和软体动物是该水域大型底栖动物的主要类群。张敬怀等对珠江口附近水域的大型底栖生物进行多次调查：于 2006 年夏季和冬季分别对珠江口附近水域的调查研究显示：共鉴定出大型底栖生物 10 大门类 245 种，多毛类种类最多，其中夏季共获大型底栖生物 153 种，冬季共获大型底栖生物 157 种；夏季珠江口大型底栖生物平均生物量为 14.313 $g/m^2$，平均丰度为 205.3 个/$m^2$；冬季珠江口大型底栖生物平均生物量为 13.077 $g/m^2$，平均丰度为 168.8 个/$m^2$；大型底栖生物种类数、生物量和丰度均呈现由河口内向外海增加的趋势；张敬怀（2009，2014）于 2006 年的 3 月和 7 月对珠江口东南部水域进行的大型底栖生物调查研究中，鉴定出大型底栖生物共 156 种，其中多毛类种类最多，其次是甲壳动物。袁俏君（2012）对珠江口水域进行小型底栖生物取样分析，鉴定出小型底栖生物 16 个类群，小型底栖生物平均丰度为每 10 $cm^2$（183±174）个，平均生物量为每 10 $cm^2$（345±334）$\mu g$，小型底栖生物群落多样性处于中等偏下水平。黄道建（2011）对珠江口横琴岛水域底栖生物进行调查采样分析，共发现底栖物种 33 种，包括多毛类、软体类、甲壳类和棘皮类 4 种类型，以奇异稚齿虫、异蚓虫和栉状长手沙蚕为主要优势种。

综合相关资料珠江口底栖生物的主要优势种通常由：红狼牙虾虎鱼、杂色蛤仔、狭颚绒螯蟹、刀额新对虾、棘刺锚参、奇异稚齿虫、花蜒蛇尾、小头虫、隆线强蟹、洼鄂倍棘蛇尾、背蚓虫、不倒翁虫、西格织纹螺、波纹巴非蛤、刺足掘沙蟹、贪食鼓虾、异足索沙蚕、婆罗囊螺、奇异稚齿虫、异蚓虫和栉状长手沙蚕等组成（刘玉，2001；张敬怀，2009；彭松耀，2010；黄道建，2011；袁俏君，2012）。

## （二）近年来珠江口大型底栖生物多样性特征

2011—2015 年《广东省海洋环境状况公报》和 2011—2015 年《中国海洋环境质量公报》检测结果显示：2011—2015 年夏季珠江口大型底栖生物物种数、密度、多样性指数及主要优势种如表 1-8 所示。

表 1-8　2011—2015 年夏季珠江口大型底栖生物主要优势种

| 年份 | 物种数 | 密度（$\times 10^4$ 个/$m^2$） | 多样性指数 | 多样性指数等级 | 主要优势种 |
|---|---|---|---|---|---|
| 2011 | 193 | 421 | 1.85 | 较差 | 棒锥螺、长吻红舌鳎 |
| 2012 | 201 | 29 | 1.25 | 较差 | 模糊新短眼蟹、双形拟单指虫 |
| 2013 | 175 | 55 | 1.57 | 较差 | 双形拟单指虫 |
| 2014 | 83 | 147 | 2.48 | 中 | 钩虾、丝异须虫 |
| 2015 | 208 | 92 | 1.36 | 较差 | 光滑河篮蛤、异丝须虫 |

注：引自 2011—2015 年《广东省海洋环境状况公报》，2011—2015 年《中国海洋环境质量公报》。

2011—2015年夏季珠江口底栖生物物种数年季变化较大。2014年物种数最低，为83种；2015年物种数最多，为208种。近5年来的主要优势种有光滑河篮蛤、异丝须虫、钩虾、双形拟单指虫、模糊新短眼蟹、棒锥螺和长吻红舌鳎。2011—2015年夏季珠江口大型底栖生物密度变化范围在$29\times10^4$（2012年）～$421\times10^4$个/$m^2$（2011年），2011年是2012年的11.4倍，2013年为$55\times10^4$个/$m^2$，2014年为$147\times10^4$个/$m^2$，2015年为$92\times10^4$个/$m^2$，大型底栖生物密度年季变化较大。2011—2015年夏季珠江口底栖生物多样性指数变化范围为1.25～2.48，根据多样性等级评价，除2014年（2.48）为中等水平，其他4年多样性等级为较差。总体来说，珠江口底栖动物多样性水平及群落结构稳定性较差。同时，与过往调查研究分析的主要优势种种类比较也发生了种类的变化。

# 第二章 珠江口鱼类组成与资源现状

20 世纪 80 年代有关学者先后对珠江口水域进行过多次不同规模的鱼类资源调查，调查范围涉及珠江口局部水域到整个珠江口的渔业资源。1986—1987 年何宝全等较系统地开展了珠江口渔业资源的调查，共记录珠江口鱼类 208 种，隶属于 18 目 69 科 135 属，其中鲈形目种类最多，计有 106 种。此外，《珠江水系渔业资源》（陆奎贤，1990）记载了珠江三角洲珠江口鱼类 16 目 52 科 14 属 146 种，《广东淡水鱼类志》（潘炯华 等，1991）中记录珠江三角洲河口江段鱼类 159 种，《珠江鱼类志》（郑慈英，1989）记录珠江口鱼类 61 种。此外，还有其他一些关于珠江口鱼类包括单鱼种或群落结构的零星报道。

本章以 2013—2016 年珠江口水域的 12 航次调查为基础（调查站点分别为 S1 三水、S2 高明、S3 九江、S4 江门、S5 斗门、S6 神湾、S7 南沙、S8 崖门、S9 南水和 S10 伶仃洋，S11 万山），结合 20 世纪 80 年代何宝全等、郑慈英（1989）、陆奎贤（1990）和潘炯华（1991）对鱼类种类组成与分布的历史记录，对珠江口鱼类组成与特点、鱼类资源现状、珠江口外来鱼类进行了分析与评价。

# 第一节　鱼类组成与特点

## 一、种类组成

依据 2013—2016 年珠江口水域的调查结果，珠江口共记录鱼类 285 种（附录一），隶属于 2 纲 20 目 88 科 195 属。而 20 世纪 80 年代的 4 次调查共记录到鱼类物种数 330 种，其中有 95 种在本次调查中未发现，说明相关物种数量较稀少（表 2-1），主要包括条纹斑竹鲨、古氏新魟、花点无刺鲼、无斑鹞鲼、中华鲟、黄带圆腹鲱、沙丁脂眼鲱、缝鳞小沙丁鱼、花点鲥、鲥、云鲥、后鳍鱼和日本鳀等。与 20 世纪 80 年代相比，本次调查新增种类 50 种（表 2-2），主要包括短盖巨脂鲤、条纹鲮脂鲤、粗唇拟鲶、多辐翼甲鲇、革胡子鲇、斑点叉尾鮰、五指多指马鲅、大口黑鲈、蓝鳃太阳鱼和云纹石斑鱼等。珠江口鱼类种类减失率为 25%，种类增补率为 13%，种类更替率为 19%，珠江口水域鱼类种类数较过往调查的种类结果比整体上呈下降趋势。两次调查 Jaccard 相似性指数为 0.62，处于 0.50～0.75，说明珠江口鱼类与历史调查（20 世纪 80 年代）群落结构为中等相似水平，种类多样性发生了明显的变化。但相比而言，珠江内陆江河左江、右江、郁江、桂江 2013—2015 年调查与历史调查（20 世纪 80 年代）的 Jaccard 相似性指数在 0.35～0.42（曾雷，2016），珠江口鱼类种类更替相对较小，反映了河口较高的鱼类多样性，有利于维持其群落的稳定性。

表 2-1 2013—2016 年调查与历史数据比较减少的种类

| 种类 | 拉丁名 | 分类地位 | | |
|---|---|---|---|---|
| 条纹斑竹鲨 | *Chiloscyllium plagiosum* | 须鲨目 | 长尾须鲨科 | 斑竹鲨属 |
| 古氏新魟 | *Neotrygon kuhlii* | 鲼目 | 魟科 | 新魟属 |
| 花点无刺鲼 | *Aetomylaeus maculatus* | 鲼目 | 鲼科 | 无刺鲼属 |
| 无斑鹞鲼 | *Aetobatus flagellum* | 鲼目 | 鲼科 | 鹞鲼属 |
| 中华鲟 | *Acipenser sinensis* | 鲟形目 | 鲟科 | 鲟属 |
| 黄带圆腹鲱 | *Dussumieria elopsoides* | 鲱形目 | 鲱科 | 圆腹鲱属 |
| 沙丁脂眼鲱 | *Etrumeus sadina* | 鲱形目 | 鲱科 | 脂眼鲱属 |
| 缝鳞小沙丁鱼 | *Sardinella fimbriata* | 鲱形目 | 鲱科 | 小沙丁鱼属 |
| 花点鲥 | *Hilsa kelee* | 鲱形目 | 鲱科 | 花点鲥属 |
| 鲥 | *Tenualosa reevesii* | 鲱形目 | 鲱科 | 鲥属 |
| 云鲥 | *Tenualosa ilisha* | 鲱形目 | 鲱科 | 鲥属 |
| 后鳍鱼 | *Opisthopterus tardoore* | 鲱形目 | 锯腹鳓科 | 后鳍鱼属 |
| 日本鳀 | *Engraulis japonicus* | 鲱形目 | 鳀科 | 鳀属 |
| 遮目鱼 | *Chanos chanos* | 鼠鱚目 | 遮目鱼科 | 遮目鱼属 |
| 短吻新银鱼 | *Neosalanx brevirostris* | 鲑形目 | 银鱼科 | 新银鱼属 |
| 裸鳍虫鳗 | *Muraenichthys gymnopterus* | 鳗鲡目 | 蛇鳗科 | 虫鳗属 |
| 中华须鳗 | *Cirrhimuraena chinensis* | 鳗鲡目 | 蛇鳗科 | 须鳗属 |
| 大鳍蚓鳗 | *Moringua macrochir* | 鳗鲡目 | 蚓鳗科 | 蚓鳗属 |
| 大头蚓鳗 | *Moringua macrocephalus* | 鳗鲡目 | 蚓鳗科 | 蚓鳗属 |
| 长海鳝 | *Strophidon sathete* | 鳗鲡目 | 海鳝科 | 长海鳝属 |
| 墨头鱼 | *Garra imberba* | 鲤形目 | 鲤科 | 墨头鱼属 |
| 四须盘鮈 | *Discogobio tetrabarbatus* | 鲤形目 | 鲤科 | 盘鮈属 |
| 泉水鱼 | *Pseudogyrinocheilus prochilus* | 鲤形目 | 鲤科 | 泉水鱼属 |
| 白云山波鱼 | *Rasbora volzii* | 鲤形目 | 鲤科 | 波鱼属 |
| 侧条波鱼 | *Rasbora laternstriata* | 鲤形目 | 鲤科 | 波鱼属 |
| 异鱲 | *Parazacco spilurus* | 鲤形目 | 鲤科 | 异鱲属 |
| 宽鳍鱲 | *Zacco platypus* | 鲤形目 | 鲤科 | 鱲属 |
| 唐鱼 | *Tanichthys albonubes* | 鲤形目 | 鲤科 | 唐鱼属 |
| 拟细鲫 | *Nicholsicypris normalis* | 鲤形目 | 鲤科 | 拟细鲫属 |
| 鳤 | *Ochetobius elongatus* | 鲤形目 | 鲤科 | 鳤属 |
| 细鳊 | *Rasborinus lineatus* | 鲤形目 | 鲤科 | 细鳊属 |
| 油䱗 | *Hemiculter bleekeri* | 鲤形目 | 鲤科 | 䱗属 |
| 寡鳞飘鱼 | *Pseudolaubuca engraulis* | 鲤形目 | 鲤科 | 飘鱼属 |
| 美丽小条鳅 | *Traccatichthys pulcher* | 鲤形目 | 鳅科 | 小条鳅属 |
| 平头岭鳅 | *Oreonectes platycephalus* | 鲤形目 | 鳅科 | 岭鳅属 |
| 花斑副沙鳅 | *Parabotia fasciata* | 鲤形目 | 鳅科 | 副沙鳅属 |
| 拟平鳅 | *Liniparhomaloptera disparis* | 鲤形目 | 平鳍鳅科 | 拟平鳅属 |
| 麦氏拟腹吸鳅 | *Pseudogastromyzon myersi* | 鲤形目 | 平鳍鳅科 | 拟腹吸鳅属 |

（续）

| 种类 | 拉丁名 | 分类地位 | | |
|---|---|---|---|---|
| 青鳉 | *Oryzias latipes* | 颌针鱼目 | 怪颌鳉科 | 青鳉属 |
| 无斑柱颌针鱼 | *Strongylura leiura* | 颌针鱼目 | 颌针鱼科 | 柱颌针鱼属 |
| 简牙下鱵 | *Hyporhamphus gernaerti* | 颌针鱼目 | 鱵科 | 下鱵属 |
| 少耙下鱵 | *Hyporhamphus paucirastris* | 颌针鱼目 | 鱵科 | 下鱵属 |
| 麦氏犀鳕 | *Bregmaceros mcclellandi* | 鳕形目 | 犀鳕科 | 犀鳕属 |
| 锯粗吻海龙 | *Trachyrhamphus serratus* | 刺鱼目 | 海龙科 | 粗吻海龙属 |
| 黄带冠海龙 | *Corythoichthys flavofasciatus* | 刺鱼目 | 海龙科 | 冠海龙属 |
| 前鳍多环海龙 | *Hippichthys heptagonus* | 刺鱼目 | 海龙科 | 多环海龙属 |
| 黄鲻 | *Ellochelon vaigiensis* | 鲻形目 | 鲻科 | 黄鲻属 |
| 叶鲷 | *Glaucosoma buergeri* | 鲈形目 | 叶鲷科 | 叶鲷属 |
| 黑边天竺鱼 | *Jaydia ellioti* | 鲈形目 | 天竺鲷科 | 天竺鱼属 |
| 半线天竺鲷 | *Ostorhinchus semilineatus* | 鲈形目 | 天竺鲷科 | 鹦天竺鲷属 |
| 少鳞鱚 | *Sillago japonica* | 鲈形目 | 鱚科 | 鱚属 |
| 六带鲹 | *Caranx sexfasciatus* | 鲈形目 | 鲹科 | 鲹属 |
| 牛眼凹肩鲹 | *Selar boops* | 鲈形目 | 鲹科 | 凹肩鲹属 |
| 黑纹条鰤 | *Seriolina nigrofasciata* | 鲈形目 | 鲹科 | 条鰤属 |
| 马拉巴若鲹 | *Carangoides malabaricus* | 鲈形目 | 鲹科 | 若鲹属 |
| 白氏叫姑鱼 | *Johnius carutta* | 鲈形目 | 石首鱼科 | 叫姑鱼属 |
| 印度白姑鱼 | *Argyrosomus indicus* | 鲈形目 | 石首鱼科 | 白姑鱼属 |
| 黑斑鲾 | *Leiognathus daura* | 鲈形目 | 鲾科 | 鲾属 |
| 长鲾 | *Leiognathuse longatus* | 鲈形目 | 鲾科 | 鲾属 |
| 线尾鲷 | *Pentapodus setosus* | 鲈形目 | 线尾鲷科 | 线尾鲷属 |
| 吕宋绯鲤 | *Upeneus luzonius* | 鲈形目 | 羊鱼科 | 绯鲤属 |
| 马六甲绯鲤 | *Upeneus moluccensis* | 鲈形目 | 羊鱼科 | 绯鲤属 |
| 双带副绯鲤 | *PParupeneus ciliatus* | 鲈形目 | 羊鱼科 | 副绯鲤属 |
| 印度棘赤刀鱼 | *Acanthocepola indica* | 鲈形目 | 赤刀鱼科 | 棘赤刀鱼属 |
| 南非鳄齿鱼 | *Champsodon capensis* | 鲈形目 | 鳄齿鱼科 | 鳄齿（鳍）属 |
| 海氏䲗 | *Callionymus hindsii* | 鲈形目 | 䲗科 | 䲗属 |
| 丝棘美尾䲗 | *Callionymus doryssus* | 鲈形目 | 䲗科 | 䲗属 |
| 丝棘䲗 | *Callionymus flagris* | 鲈形目 | 䲗科 | 䲗属 |
| 香斜棘䲗 | *Repomucenus olidus* | 鲈形目 | 䲗科 | 斜棘䲗属 |
| 印度无齿鲳 | *Ariomma indicum* | 鲈形目 | 无齿鲳科 | 无齿鲳属 |
| 褐塘鳢 | *Eleotris fusca* | 鲈形目 | 塘鳢科 | 塘鳢属 |
| 海南新沙塘鳢 | *Neodontobutis hainanensis* | 鲈形目 | 沙塘鳢科 | 新沙塘鳢属 |
| 中华沙塘鳢 | *Odontobutis sinensis* | 鲈形目 | 沙塘鳢科 | 沙塘鳢属 |
| 深虾虎鱼 | *Bathygobius fuscus* | 鲈形目 | 虾虎鱼科 | 深虾虎鱼属 |
| 红丝虾虎鱼 | *Cryptocentrus russus* | 鲈形目 | 虾虎鱼科 | 丝虾虎鱼属 |
| 斑鳍刺虾虎鱼 | *Acanthogobius stigmothonus* | 鲈形目 | 虾虎鱼科 | 刺虾虎鱼属 |
| 马都拉叉牙虾虎鱼 | *Apocryptodon madurensis* | 鲈形目 | 虾虎鱼科 | 叉牙虾虎鱼属 |
| 大鳞孔虾虎鱼 | *Trypauchen taenia* | 鲈形目 | 虾虎鱼科 | 孔虾虎鱼属 |
| 巴布亚沟虾虎鱼 | *Oxyurichthys papuensis* | 鲈形目 | 虾虎鱼科 | 沟虾虎鱼属 |
| 大鳞鳍虾虎鱼 | *Gobiopterus macrolepis* | 鲈形目 | 虾虎鱼科 | 鳍虾虎鱼属 |
| 黏皮鲻虾虎鱼 | *Mugilogobius myxodermus* | 鲈形目 | 虾虎鱼科 | 鲻虾虎鱼属 |
| 青斑细棘虾虎鱼 | *Acentrogobius viridipunctatus* | 鲈形目 | 虾虎鱼科 | 细棘虾虎鱼属 |

（续）

| 种类 | 拉丁名 | 分类地位 | | |
|---|---|---|---|---|
| 三角捷虾虎鱼 | *Drombus triangularis* | 鲈形目 | 虾虎鱼科 | 捷虾虎鱼属 |
| 小鳞沟虾虎鱼 | *Oxyurichthys microlepis* | 鲈形目 | 虾虎鱼科 | 沟虾虎鱼属 |
| 眼瓣沟虾虎鱼 | *Oxyurichthys ophthalmonema* | 鲈形目 | 虾虎鱼科 | 沟虾虎鱼属 |
| 妆饰衔虾虎鱼 | *Istigobius ornatus* | 鲈形目 | 虾虎鱼科 | 衔虾虎鱼属 |
| 勒氏蓑鲉 | *Pterois russelli* | 鲉形目 | 鲉科 | 蓑鲉属 |
| 翼红娘鱼 | *Lepidotrigla alata* | 鲉形目 | 鲂鮄科 | 红娘鱼属 |
| 鳄鲬 | *Cociella crocodilus* | 鲉形目 | 鲬科 | 鳄鲬属 |
| 斑鲆 | *Pseudorhombus arsius* | 鲽形目 | 鲆科 | 斑鲆属 |
| 冠鲽 | *Samaris cristatus* | 鲽形目 | 鲽科 | 冠鲽属 |
| 短吻红舌鳎 | *Cynoglossus joyneri* | 鲽形目 | 舌鳎科 | 舌鳎属 |
| 双线舌鳎 | *Cynoglossus bilineatus* | 鲽形目 | 舌鳎科 | 舌鳎属 |
| 三刺鲀 | *Triacanthus biaculeatus* | 鲀形目 | 三刺鲀科 | 三刺鲀属 |
| 尖吻假三刺鲀 | *Pseudotriacanthus strigilifer* | 鲀形目 | 三刺鲀科 | 假三刺鲀属 |

表 2-2　2013—2016 年调查与历史数据比较增加的种类

| 种类 | 拉丁名 | 分类地位 | | |
|---|---|---|---|---|
| 金色小沙丁鱼 | *Sardinella aurita* | 鲱形目 | 鲱科 | 小沙丁鱼属 |
| 前肛鳗 | *Dysomma anguillare* | 鳗鲡目 | 前肛鳗科 | 前肛鳗属 |
| 纹唇鱼 | *Osteochilus salsburyi* | 鲤形目 | 鲤科 | 纹唇鱼属 |
| 麦瑞加拉鲮 | *Cirrhinus mrigala* | 鲤形目 | 鲤科 | 鲮属 |
| 麦穗鱼 | *Pseudorasbora parva* | 鲤形目 | 鲤科 | 麦穗鱼属 |
| 银鮈 | *Squalidus argentatus* | 鲤形目 | 鲤科 | 银鮈属 |
| 大眼近红鲌 | *Ancherythroculter lini* | 鲤形目 | 鲤科 | 近红鲌属 |
| 鳊 | *Parabramis pekinensis* | 鲤形目 | 鲤科 | 鳊属 |
| 翘嘴鲌 | *Culter alburnus* | 鲤形目 | 鲤科 | 鲌属 |
| 黄尾鲴 | *Xenocypris davidi* | 鲤形目 | 鲤科 | 鲴属 |
| 短盖巨脂鲤 | *Piaractus brachypomus* | 脂鲤目 | 脂鲤科 | 巨脂鲤属 |
| 条纹鲮脂鲤 | *Prochilodus lineatus* | 脂鲤目 | 鲮脂鲤科 | 鲮脂鲤属 |
| 粗唇拟鲿 | *Pseudobagrus crassilabris* | 鲇形目 | 鲿科 | 拟鲿属 |
| 多辐翼甲鲇 | *Pterygoplichthys multiradiatus* | 鲇形目 | 甲鲇科 | 翼甲鲇属 |
| 革胡子鲇 | *Clarias gariepinus* | 鲇形目 | 胡子鲇科 | 胡子鲇属 |
| 斑点叉尾鮰 | *Ictalurus punctatus* | 鲇形目 | 鮰科 | 鮰属 |
| 五指多指马鲅 | *Polydactylus plebeius* | 鲻形目 | 马鲅科 | 多指马鲅属 |
| 大口黑鲈 | *Micropterus salmoides* | 鲈形目 | 太阳鱼科 | 黑鲈属 |
| 蓝鳃太阳鱼 | *Lepomis macrochirus* | 鲈形目 | 棘臀鱼科 | 太阳鱼属 |
| 云纹石斑鱼 | *Epinephelus moara* | 鲈形目 | 鮨科 | 石斑鱼属 |
| 拟双带天竺鲷 | *Apogonichthyoides pseudotaeniatus* | 鲈形目 | 天竺鲷科 | 似天竺鲷属 |
| 斑鱚 | *Sillago maculata* | 鲈形目 | 鱚科 | 鱚属 |
| 斑鳍方头鱼 | *Branchiostegus auratus* | 鲈形目 | 方头鱼科 | 方头鱼属 |
| 金带细鲹 | *Selaroides leptolepis* | 鲈形目 | 鲹科 | 细鲹属 |
| 卵形鲳鲹 | *Trachinotus ovatus* | 鲈形目 | 鲹科 | 鲳鲹属 |
| 黄姑鱼 | *Nibea albiflora* | 鲈形目 | 石首鱼科 | 黄姑鱼属 |
| 眼斑拟石首鱼 | *Sciaenops ocellatus* | 鲈形目 | 石首鱼科 | 拟石首鱼属 |

（续）

| 种类 | 拉丁名 | 分类地位 | | |
|---|---|---|---|---|
| 颈斑鲾 | *Leiognathus nuchalis* | 鲈形目 | 鲾科 | 鲾属 |
| 条鲾 | *Leiognathus rivulatus* | 鲈形目 | 鲾科 | 鲾属 |
| 长体银鲈 | *Gerres oblongus* | 鲈形目 | 银鲈科 | 银鲈属 |
| 金焰笛鲷 | *Lutjanus fulviflamma* | 鲈形目 | 笛鲷科 | 笛鲷属 |
| 黄牙鲷 | *Dentex tumifrons* | 鲈形目 | 鲷科 | 牙鲷属 |
| 黑鲷 | *Acanthopagrus schlegelii* | 鲈形目 | 鲷科 | 鲷属 |
| 金线鱼 | *Nemipterus virgatus* | 鲈形目 | 金线鱼科 | 金线鱼属 |
| 三线矶鲈 | *Parapristipoma trilineatum* | 鲈形目 | 石鲈科 | 矶鲈属 |
| 黑斑绯鲤 | *Upeneus tragula* | 鲈形目 | 羊鱼科 | 绯鲤属 |
| 印度副绯鲤 | *Parupeneus indicus* | 鲈形目 | 羊鱼科 | 副绯鲤属 |
| 单鳍鱼 | *Pempheris molucca* | 鲈形目 | 单鳍鱼科 | 单鳍鱼属 |
| 奥利亚罗非鱼 | *Oreochromis aureus* | 鲈形目 | 丽鱼科 | 罗非鱼属 |
| 细刺鱼 | *Microcanthus strigatus* | 鲈形目 | 蝎鱼科 | 细刺鱼属 |
| 惠琪豆娘鱼 | *Abudefduf vaigiensis* | 鲈形目 | 雀鲷科 | 豆娘鱼属 |
| 云斑海猪鱼 | *Halichoeres nigrescens* | 鲈形目 | 龙头鱼科 | 海猪鱼属 |
| 点篮子鱼 | *Siganus guttatus* | 鲈形目 | 篮子鱼科 | 篮子鱼属 |
| 乌鳢 | *Channa argus* | 鲈形目 | 鳢科 | 鳢属 |
| 月鳢 | *Channa asiatica* | 鲈形目 | 鳢科 | 鳢属 |
| 大刺鳅 | *Mastacembelus armatus* | 鲈形目 | 刺鳅科 | 刺鳅属 |
| 日本瞳鲬 | *Inegocia japonica* | 鲉形目 | 鲬科 | 瞳鲬属 |
| 东方豹鲂鮄 | *Dactyloptena orientalis* | 鲉形目 | 豹鲂鮄科 | 豹鲂鮄属 |
| 虫纹东方鲀 | *Takifugu vermicularis* | 鲀形目 | 鲀科 | 东方鲀属 |
| 铅点东方鲀 | *Takifugu alboplumbeus* | 鲀形目 | 鲀科 | 东方鲀属 |

## 二、分类组成与特点

2013—2016 年珠江口水域调查所记录的 285 种鱼类中，软骨鱼类 2 种（赤魟和宽尾斜齿鲨），硬骨鱼类 283 种。鲈形目鱼类 139 种，占调查总鱼类的 48.77%；鲤形目 35 种，占 12.28%；鲱形目 20 种，占 7.02%。这 3 个目是珠江口优势类群，合计占 68.07%。鲇形目 14 种，占 4.91%；鲻形目 13 种，占 4.56%；鲀形目 12 种，占 4.21%；鲽形目 12 种，占 4.21%；其他各目所占比例均小于 4%，合计为 14.04%（表 2-3）。与历史调查相比较，鼠鱚目、须鲨目、鳕形目和鲟形目 4 个目的鱼类在本次调查中未采集到，而新增了脂鲤目的鱼类 2 种。此外，其他目百分比变化相对较小。

表 2-3　珠江口鱼类种类分类

| 纲 | 目 | 科 | 属 | 种 | 占比（%） |
|---|---|---|---|---|---|
| 软骨鱼纲 | 鲼目 | 1 | 1 | 1 | 0.35 |
| | 真鲨目 | 1 | 1 | 1 | 0.35 |

（续）

| 纲 | 目 | 科 | 属 | 种 | 占比（%） |
|---|---|---|---|---|---|
| 硬骨鱼纲 | 鲈形目 | 40 | 95 | 139 | 48.77 |
| | 鲤形目 | 2 | 31 | 35 | 12.28 |
| | 鲱形目 | 3 | 10 | 20 | 7.02 |
| | 鲇形目 | 8 | 10 | 14 | 4.91 |
| | 鲻形目 | 3 | 6 | 13 | 4.56 |
| | 鲽形目 | 3 | 6 | 12 | 4.21 |
| | 鲀形目 | 2 | 4 | 12 | 4.21 |
| | 鳗鲡目 | 6 | 7 | 11 | 73.87 |
| | 鲉形目 | 5 | 6 | 6 | 22.12 |
| | 灯笼鱼目 | 2 | 3 | 5 | 1.75 |
| | 鲑形目 | 1 | 3 | 4 | 1.40 |
| | 颌针鱼目 | 2 | 3 | 3 | 1.05 |
| | 刺鱼目 | 2 | 2 | 2 | 0.70 |
| | 海鲢目 | 2 | 2 | 2 | 0.70 |
| | 脂鲤目 | 2 | 2 | 2 | 0.70 |
| | 合鳃鱼目 | 1 | 1 | 1 | 0.35 |
| | 鳉形目 | 1 | 1 | 1 | 0.35 |
| | 银汉鱼目 | 1 | 1 | 1 | 0.35 |

（1）鲈形目种类组成　鲈形目是本次调查的最大类群。该目共有 40 科，95 属，139 种，占调查总种数的 48.77％。如图 2－1 所示，其中虾虎鱼科的鱼类 22 种，占鲈形目总种类的 15.82％；石首鱼科的鱼类 16 种，占鲈形目总种类的 11.51％；鲾科的鱼类 9 种，占鲈形目总种类的 6.47％；鲷科和鲹科的鱼类各 7 种，各占鲈形目总种类的 5.04％；天竺鲷科的鱼类 6 种，占鲈形目总种类的 4.32％；其他科种类所占比例小于 4％，合计占鲈形目总种类的 51.80％。

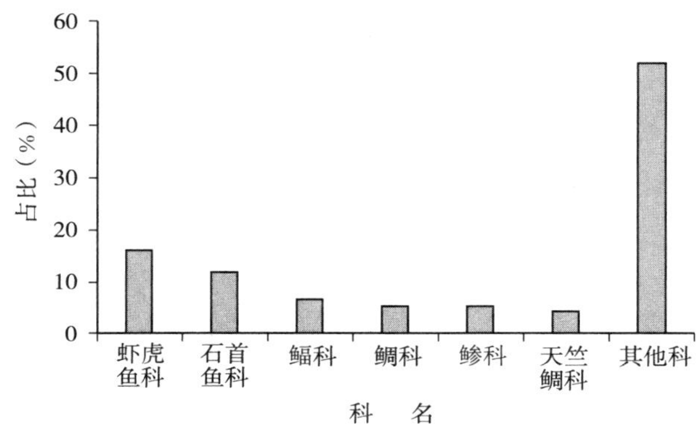


图 2－1　珠江口鲈形目鱼类各科种类数占比

（2）鲤形目种类组成　本目共有 2 科，35 种鱼类，占调查总种数的 12.28％。如图 2－2所示，其中鲤科鱼类 34 种，占鲤形目总种数的 97.14％，占调查总种数的 11.93％，说明鲤科鱼类仍是珠江口鱼类主要的组成部分。鲤科鱼类尤其是三角鲂、鲮、鲢、鳙、鲩、赤眼鳟和鲤等鱼类在珠江口的三角洲水域捕捞的渔获物中属常见种。鳅科鱼类1种，占鲤形目种数的2.86%。

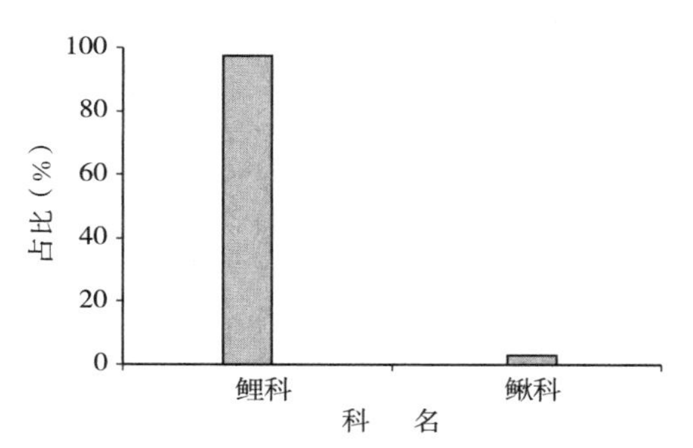

图2-2　珠江口鲤形目鱼类各科种类数占比

（3）鲱形目种类组成　本目共有3科，20种，占调查总种数的7.02%。如图2-3所示，其中的鳀科鱼类11种，占鲱形目总种类的55%；鲱科鱼类8种，占鲱形目总种类的40%；宝刀鱼科鱼类1种，占鲱形目总种类的5%。鲱形目中的花鰶、七丝鲚和鳓等在珠江口渔获物中有较大的比重。

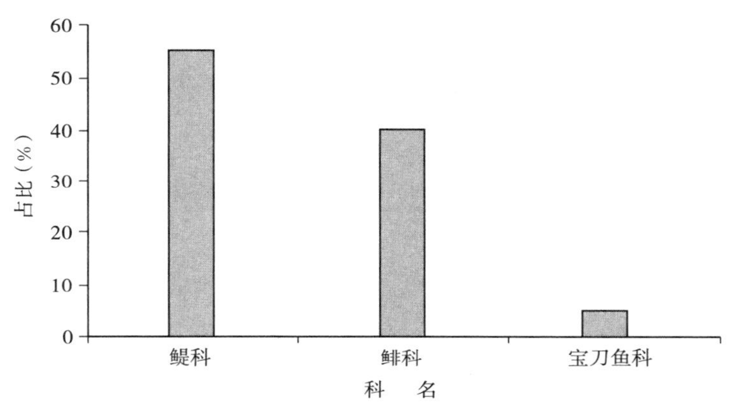

图2-3　珠江口鲱形目鱼类各科种类数占比

## 三、鱼类生态类群组成

**1. 适温性**

珠江口水域鱼类的生态类型丰富多样。从适温性来看，珠江口鱼类种群组成具明显的亚热带特征。记录的285种鱼类中，以暖水性为主，计212种，占74.39%；暖温性73种，占25.61%；未发现冷温种和冷水种。2013—2016年调查与历史调查（暖水种和暖温种分别占75.76%和24.24%）相比差异不大（图2-4）。

**2. 栖息水层**

就栖息水层而言，珠江口鱼类主要空间生态类群为底层、近底层鱼类，该类群一生中大部分时间栖息于海洋或内陆水域的底层或近底层，其食物多是鱼类或底栖生物，大部分游泳能力相对较差。此类群鱼体外形多为平扁或延长等体型，如舌鳎、鲆、鲽类、虾虎鱼类、鳗鲡类和鲀类等，由于水底生境多样，底质各异，因此这类鱼的种数较中上层鱼类为多。珠江口该类群有 183 种，占总种类的 64.21%；中上层鱼类计 102 种，占 35.79%。2013—2016 年调查与历史调查相比变化较小（图 2－5）。

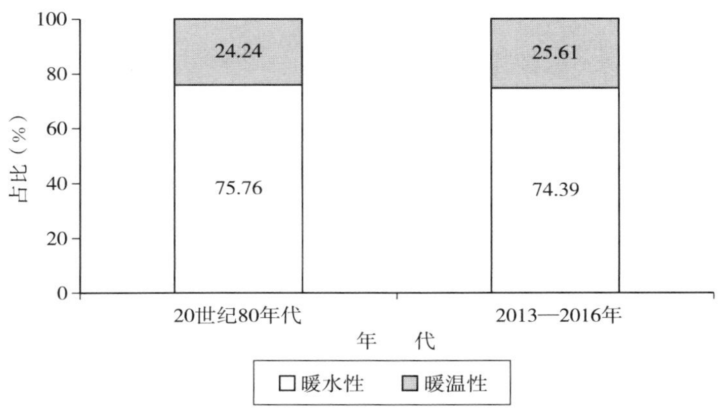


图 2－4 珠江口鱼类适温性种类组成

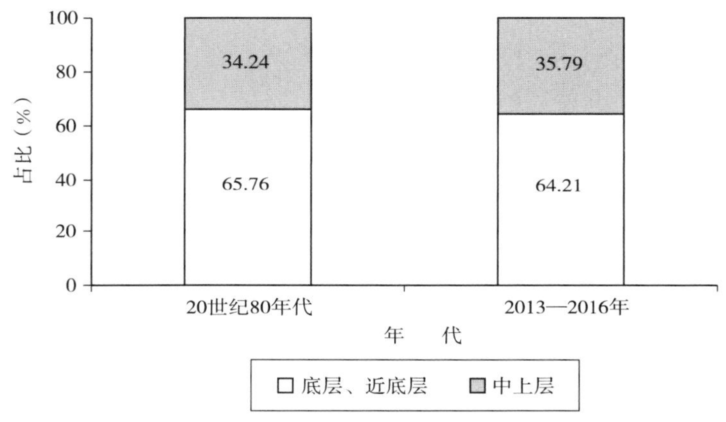


图 2－5 珠江口不同栖息水层种类组成

**3. 食性**

从食性来看，珠江口鱼类以肉食性为主，计 210 种，占总种类的 73.69%，肉食性鱼类以螺蛳、蚌类、小虾、小鱼和浮游动物等动物性饵料为主要食物，如粗唇拟鲿、赤魟、乌鲳、鳡和海南鲌等。多数具有特殊的摄食器官和摄食方式，一般都游泳活泼、口裂大，善于追逐猎食，有的具有发达的吻部，或具有坚硬颌部，或上下颌具有锐利的颌齿，而适于撕裂食物；有的鳃耙两侧呈齿状，利于阻拦食物脱逃。如长蛇鲻、油魣、龙头鱼、鳡和海南鲌等；杂食性种类在珠江口水域也有一定的比例，计 62 种，占 21.75%，这类鱼类的口多数为下位或前位，都有不同程度发达的唇部，有的有触须，有的下颌还特别坚硬呈角质化。这类鱼所摄取食物的种类比较广泛，往往有的种类是以动物性食物为主，兼食其他植物性食料，反之亦然。常见种类包括三角鲂、鲤、鲫、鳌条、泥鳅、细鳞鯻和金钱鱼等。植食性鱼类最少，计 13 种，占 4.56%，这类鱼类以水生植物或浮游植物为食，摄食器官也有相应的构造，如有的具有发达的下咽齿或坚硬或锋利的颌缘。常见的种类有草鱼、团头鲂和黄尾鲴。与适温性和栖息水层类似，2013—2016 年调查与历史调查相比变化较小（图 2-6）。

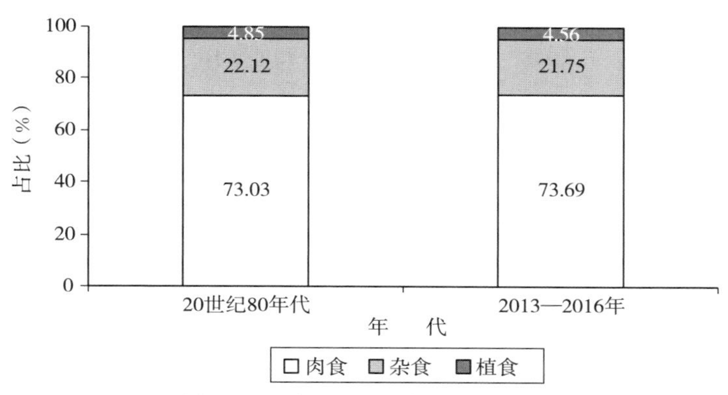


图 2-6 珠江口不同食性鱼类组成

**4. 口位**

与栖息水层相适应，2013—2016 年调查珠江口鱼类口位以口前位和口下位为主，分别有 183 种和 73 种，占比达 64.21%和 25.61%；口上位鱼类 29 种，仅占 10.18%。同样，2013—2016 年调查与历史调查相比变化较小（图 2-7）。口上位多为生活于水域中上层的鱼类，如海南鲌、麦穗鱼、鳓、长颌宝刀鱼和鹿斑仰口鲾等。口下位一般多生活于水体之底层、近底层，以底栖生物为食，如丝鳍海鲇、鲮、前肛鳗和三线舌鳎、条纹叫姑鱼。口前位的鱼类理论上能适应任何水层的栖息，如中上层鱼类鲐、斑点马鲛、鲢和鳙等，底层、近底层鱼类紫红笛鲷、斑鰶、大头狗母鱼、大头彭纳石首鱼、弹涂鱼和短棘银鲈等。

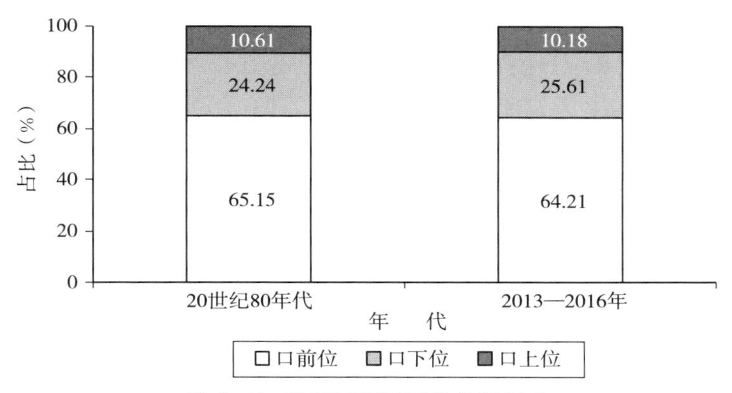


图 2-7 珠江口不同口位鱼类组成

**5. 个体大小**

从个体大小来看，珠江口水域以中小型（145 种）和小型鱼类（75 种）为主，分别占 50.88%和 26.31%；中型鱼类占 18.95%，大型鱼类仅占 3.86%（图 2-8）。与历史调查相比较，中型和中小型鱼类比例有增加的趋势，分别增加 4.1%和 4.82%，而小型鱼类比例则下降9.14%。这主要是由于本次调查很多中型、中小型的适应性较强的外来物种，如尼罗罗非鱼、莫桑比克罗非鱼、奥利亚罗非鱼、眼斑拟石首鱼、革胡子鲇、露斯塔野鲮、多辐翼甲鲇、麦瑞加拉鲮和条纹鲮脂鲤加入，同时一些受环境影响较大的小型鱼类如鳅科、平鳍鳅科的美丽小条鳅、平头岭鳅、花斑副沙鳅、拟平鳅和麦氏拟腹吸鳅，鲤科的白云山波鱼、侧条波鱼、异鱲、唐鱼和拟细鲫，虾虎鱼科的深虾虎鱼、红丝虾虎鱼、斑鳍刺虾虎鱼、马都拉叉牙虾虎鱼和大鳞孔虾虎鱼等在本次调查中未采集到所导致。

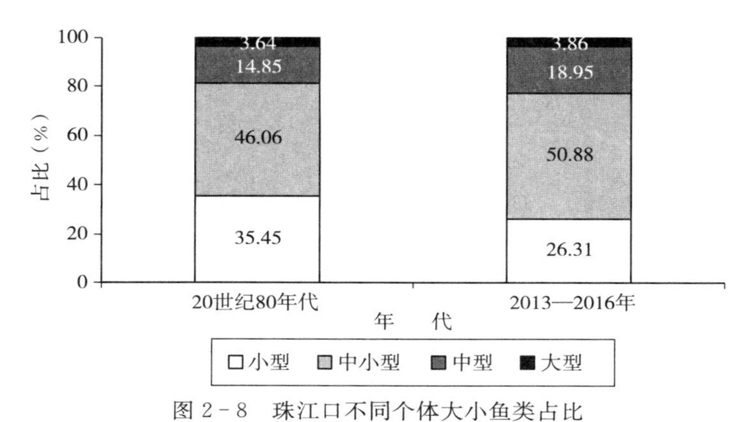


图2-8　珠江口不同个体大小鱼类占比

**6. 生态类型**

珠江口是广盐性河口，盐度最小值0.01，最大值34.49（贾后磊 等，2011），因此淡水鱼类、海水鱼类和洄游性鱼类均出现在河口区。Elliott et al（2007）将生态类型划分为：海洋偶见鱼类（MS）、海洋洄游鱼类（OC）、海淡水无方向迁移鱼类（AM）、溯河洄游鱼类（AN）、河口定居鱼类（ES）、降海洄游鱼类（CA）、淡水洄游鱼类（PO）和淡水鱼类（FS）。

珠江口种类数最多的生态类型是海洋偶见鱼类（MS），有75种，占总种类的26.32%，该类群属于海洋狭盐性鱼类，在海洋产卵，只有少量个体在河口下游水域出现，如黄鳍马面鲀、鳓和中华侧带小公鱼等。

其次是海淡水无方向迁移鱼类（AM），经常在海水和淡水之间双向洄游，但目的不是产卵。在珠江口有54种，占18.95%，如黄吻棱鳀、凤鲚、鳗和鲇等。

海洋洄游鱼类（OC）44种，占15.44%，该类型鱼类往往在距离大于100 km的产卵水域和育肥水域洄游，幼鱼经常成群洄游至河口或近岸，如斑点马鲛、大黄鱼和斑条魣等。银鲳繁殖期由冬天到翌年夏天，成群在珠江口沿岸的中水层产下浮性卵，在秋天往外海移动，孵化后的幼鱼成长至3 cm即游往外海。

淡水鱼类（FS）有43种，占15.09%，如鲇、胡子鲇和海南鲌等，该类群往往出现在珠江口的低盐水域如上游珠江三角洲河网。

河口定居鱼类（ES）23种，占8.07%，该类群适应河口水域的环境并能在河口水域完成整个生活史过程，如髭缟虾虎鱼、斑头舌鳎和大弹涂鱼等。

淡水洄游鱼类（PO）是指淡水鱼类部分个体集群规律性地洄游至河口寡盐水域生活，该类群在珠江口水域有 21 种，占 7.37%，如三角鲂、鲢和鳙等。淡水鱼类的洄游完全在内陆水域中生活和洄游，其洄游距离一般都较短。洄游情况较为多样化。有的鱼生活于流水中，产卵时到静水处；有的则在静水中生活，到流水中去产卵。鲤科鱼类中的青鱼、草鱼、鲢、鳙等通常在湖中育肥，秋末到江河的中下游越冬，次年春再溯至江河的中上游产卵。

降海洄游鱼类（CA）有 13 种，占 4.56%，该类群在淡水中育肥，进入海洋中产卵，如鲻、硬头鲻、日本鳗鲡、花鲈和花鳗鲡等。日本鳗鲡在淡水中生活 5～8 年育肥达成体，成鱼降海繁殖，性腺在向产卵场洄游过程中逐渐成熟，孵化后的幼鱼需经变态发育成为幼鳗，每年 12 月到翌年 5 月幼鳗成群溯河向河口游动，洄游进入淡水河流以后，栖居于江河、湖泊、水库等水体，常隐居在近岸洞穴中，喜暗怕光，昼伏夜出，有时还可以上到陆地，经潮湿处移到附近其他水体。珠江口水域由于咸淡水交汇，饵料生物丰富，生态环境良好，是鳗苗集中保护与利用的重点区域。据监测，珠江口珠海地区监测点鳗苗资源量 2011—2012 年为 $901.22\times10^4$ 尾，2012—2013 年为 $893.88\times10^4$ 尾，2013—2014 年为 $3\,487.35\times10^4$ 尾（帅方敏 等，2015）。

溯河洄游鱼类（AN）有 12 种，占 4.20%，该类群在海洋中育肥，性成熟后经河口洄游至河流淡水中产卵，如花鰶、七丝鲚、弓斑东方鲀和白肌银鱼等。七丝鲚性成熟个体体长，雌性在 100～290 mm，性成熟最小个体体长 102 mm，体重 4.5 g；雄性在 90～220 mm，性成熟最小个体体长为 90 mm，体重 3 g。七丝鲚性腺发育雄鱼和雌鱼基本相同，出现Ⅳ、Ⅵ期的时间在 3—9 月。亲鱼每年产卵 2 次：第一次产卵期为 2—3 月，至 4 月产卵完毕，以后亲鱼群体向外海转移，至 5 月发现的幼鱼体长已达 40～50 mm，至秋季产卵鱼群再次群集在河口处，于 8—9 月作第二次产卵。

2013—2016 年调查与历史调查相比各生态类型组成差异较小（图 2－9）。

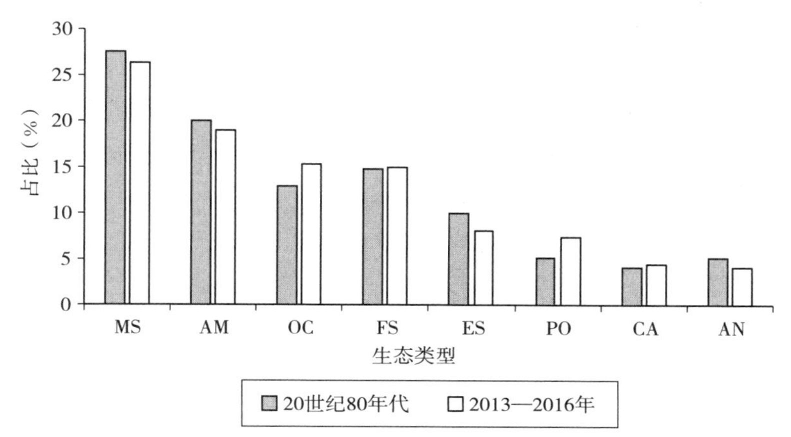


图 2－9 珠江口不同生态类型鱼类分布

MS. 海洋偶见鱼类 OC. 海洋洄游鱼类 AM. 海淡水无方向迁移鱼类 AN. 溯河洄游鱼类

ES. 河口定居鱼类 CA. 降海洄游鱼类 PO. 淡水洄游鱼类 FS. 淡水鱼类

## 四、鱼类种类数的时空分布格局

### (一) 种类数的季节和年际变化

2013 年 12 月至 2016 年 9 月三年间珠江口水域鱼类种类数的变化如图 2-10 所示。在季节尺度上，总的来说种类数夏季>秋季>春季>冬季。冬季（12 月）调查平均捕获鱼类 105 种，春季（3 月）调查平均捕获鱼类 109 种，夏季（6 月）调查平均捕获鱼类 139 种，秋季（9 月）调查平均捕获鱼类 121 种。各季节鱼类种类数差异显著（$P<0.05$），多重比较结果显示，夏季鱼类种类数显著大于其他 3 个季节，秋季种类数显著大于冬季，而与春季没有显著差异，冬季种类数与春季没有显著差异。年际比较来看（图 2-11），从 2013 年至 2016 年种类数略有增加，但差异不显著（$P>0.05$）。2013 年 12 月至 2014 年 9 月各季节平均捕获鱼类 117 种，2014 年 12 月至 2015 年 9 月各季节平均捕获鱼类 118 种，2015 年 12 月至 2016 年 9 月各季节平均捕获鱼类 122 种。不同季节各生态类型鱼类种类数见表 2-4。

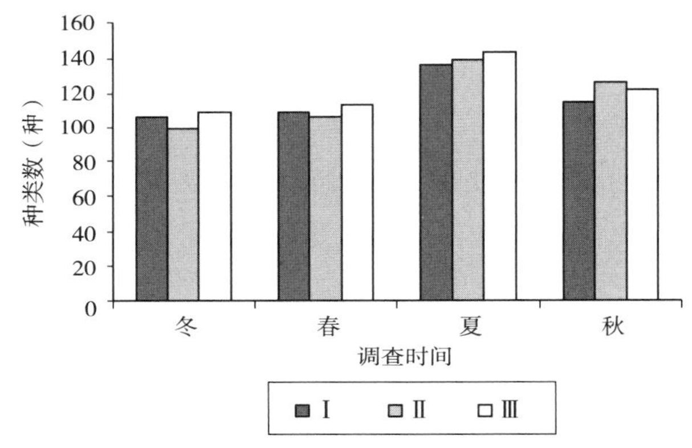


图 2-10　珠江口不同季节鱼类种类数的变化

Ⅰ. 2013 年 12 月—2014 年 9 月调查　Ⅱ. 2014 年 12 月—2015 年 9 月调查　Ⅲ. 2015 年 12 月—2016 年 9 月调查

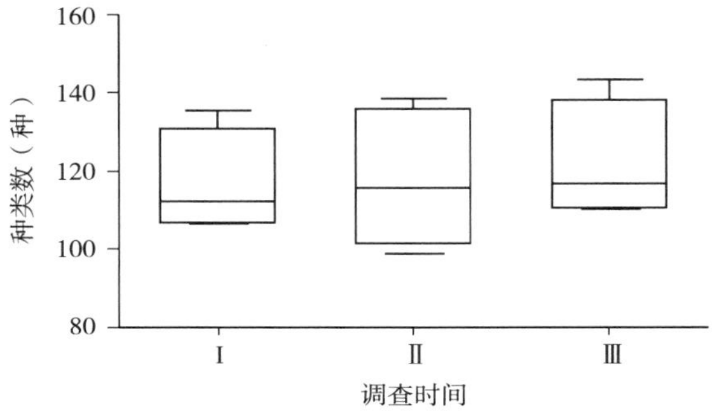


图 2-11　珠江口不同年际间鱼类种类数

Ⅰ. 2013 年 12 月—2014 年 9 月调查　Ⅱ. 2014 年 12 月—2015 年 9 月调查　Ⅲ. 2015 年 12 月—2016 年 9 月调查

表 2-4　不同季节各生态类型鱼类种类数

单位：种

| 生态类型 | 春 | 夏 | 秋 | 冬 |
|---|---|---|---|---|
| 海洋偶见鱼类（MS） | 25 | 50 | 39 | 26 |
| 海淡水无方向迁移鱼类（AM） | 37 | 47 | 36 | 32 |
| 淡水鱼类（FS） | 26 | 33 | 23 | 18 |
| 海洋洄游鱼类（OC） | 21 | 32 | 31 | 22 |
| 淡水洄游鱼类（PO） | 18 | 20 | 19 | 18 |
| 河口定居鱼类（ES） | 14 | 16 | 16 | 14 |
| 溯河洄游鱼类（AN） | 8 | 9 | 6 | 8 |
| 降海洄游鱼类（CA） | 10 | 8 | 8 | 10 |

## （二）种类数的空间分布

珠江口下游鱼类种类数多于上游，上游三角洲河网段种类数较少，各站点种类在 65 种或以下，其中三水站点捕获鱼类 62 种，高明 54 种，九江 40 种，江门 46 种，斗门 57 种，神湾 65 种，三角洲站点种类数从上游到入海口呈现两头高、中间低的趋势。说明上游和入海口鱼类多样性比中游高。下游口门段种类数较多，各站点在 90 种以上，其中南沙 92 种，崖门 116 种，南水 117 种，伶仃洋 114 种，万山 156 种（图 2-12）。根据 Jaccard相似性系数分析，珠江口上游河网段站点三水、高明、九江、江门、斗门、神湾聚为一大类，下游口门段站点南沙、崖门、南水、伶仃洋、万山聚为一大类（图 2-13）。距离相近站点往往种类相似度较高，各站点种类组成显示出沿上而下呈带分布的格局。不同生态类型种类数也表现出相似的特点。淡水性种类［淡水鱼类（FS）、淡水洄游鱼类（PO）］自上而下种类数逐渐减少，而河口性种类［海淡水无方向迁移鱼类（AM）、溯河洄游鱼类（AN）、河口定居鱼类（ES）］和海洋性鱼类［海洋偶见鱼类（MS）、海洋洄游鱼类（OC）］自上而下种类数逐渐增加（图 2-14）。

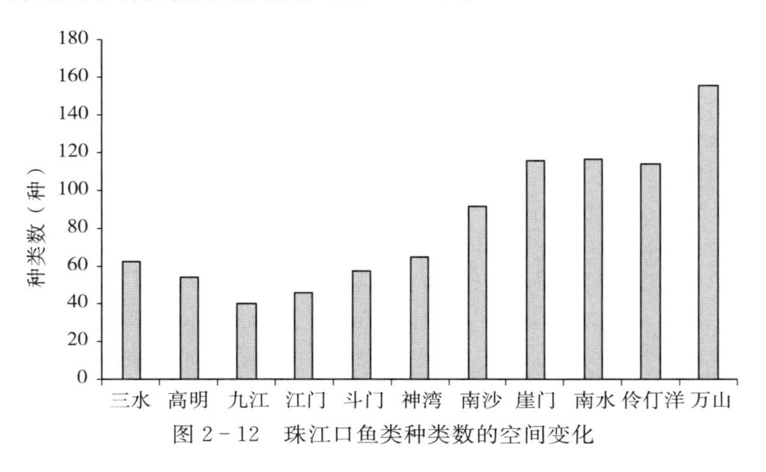


图 2-12　珠江口鱼类种类数的空间变化

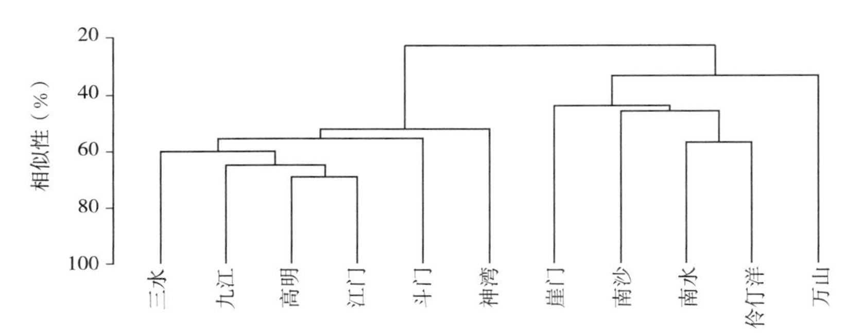


图 2-13　基于 Jaccard 相似性系数的珠江口鱼类种类的空间聚类分析

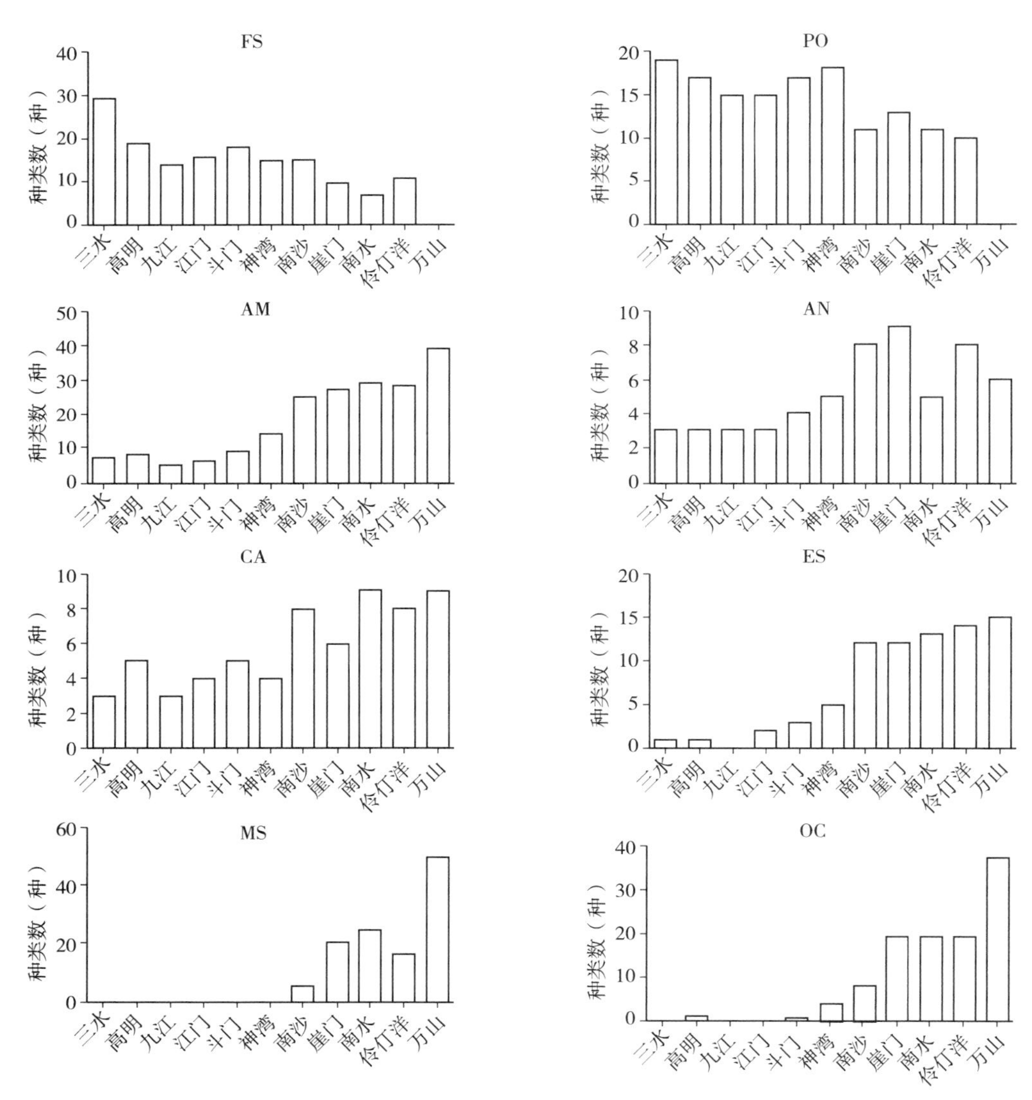


图 2-14　不同生态类型种类数的空间分布

MS. 海洋偶见鱼类　OC. 海洋洄游鱼类　AM. 海淡水无方向迁移鱼类　AN. 溯河洄游鱼类

ES. 河口定居鱼类　CA. 降海洄游鱼类　PO. 淡水洄游鱼类　FS. 淡水鱼类

# 第二节 鱼类资源现状

## 一、丰度组成特点

珠江口鱼类丰度呈现由少数鱼类占据优势、稀有种种类数较多的特征。图 2-15 显示，珠江口鱼类丰度排序前 10 名的鱼类有花鰶、棘头梅童鱼、三角鲂、鲮、七丝鲚、鳘、短吻鲾、凤鲚、拉氏狼牙虾虎鱼和赤眼鳟，其累计丰度达 57.18%。除这 10 种鱼类外，丰度百分比>1%的种类还有舌虾虎鱼、鲻、尼罗罗非鱼、丽副叶鲹、棱鲛、鲢、麦瑞加拉鲮、须鳗虾虎鱼、黄尾鲴和泥鳅。这 20 种鱼类累计丰度达 77.24%。根据体型大小划分，目前小型、中小型鱼类占据了群落（丰度）的主导地位。

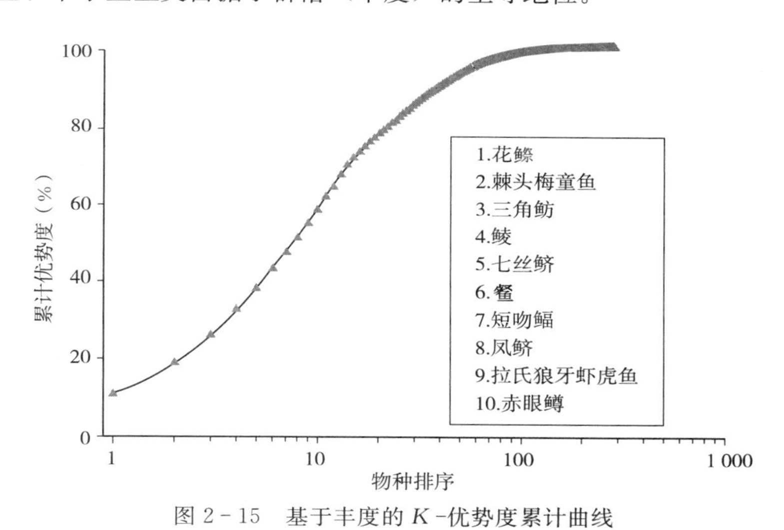


图 2-15 基于丰度的 *K*-优势度累计曲线

### （一）丰度的时间变化

春季珠江口鱼类丰度优势种（丰度排序前 10）有花鰶、棘头梅童鱼、三角鲂、拉氏狼牙虾虎鱼、鳘、短吻鲾、鲮、七丝鲚、尼罗罗非鱼和鲻，分别占总丰度的 11.92%、9.54%、6.24%、4.79%、4.48%、4.37%、4.32%、4.25%、3.87%和 3.69%。夏季鱼类丰度优势种有花鰶、鳘、三角鲂、鲮、舌虾虎鱼、七丝鲚、棘头梅童鱼、赤眼鳟、凤鲚和拉氏狼牙虾虎鱼，分别占总丰度的 9.80%、9.28%、7.54%、6.58%、5.39%、5.00%、4.91%、4.19%、4.15%和 2.86%。秋季鱼类丰度优势种有三角鲂、鲮、花鰶、七丝鲚、棘头梅童鱼、短吻鲾、赤眼鳟、拉氏狼牙虾虎鱼、凤鲚和鲻，分别占总丰度的

9.74%、9.58%、9.22%、7.95%、6.49%、4.65%、3.91%、3.73%、3.60%和3.36%。冬季棘头梅童鱼、短吻鲾、三角鲂、鲮、花鰶、丽副叶鲹、凤鲚、鳘、七丝鲚和拉氏狼牙虾虎鱼，分别占总丰度的11.61%、6.22%、6.01%、5.99%、5.94%、5.89%、5.53%、4.52%、4.28%和3.97%（图2-16，附录二）。

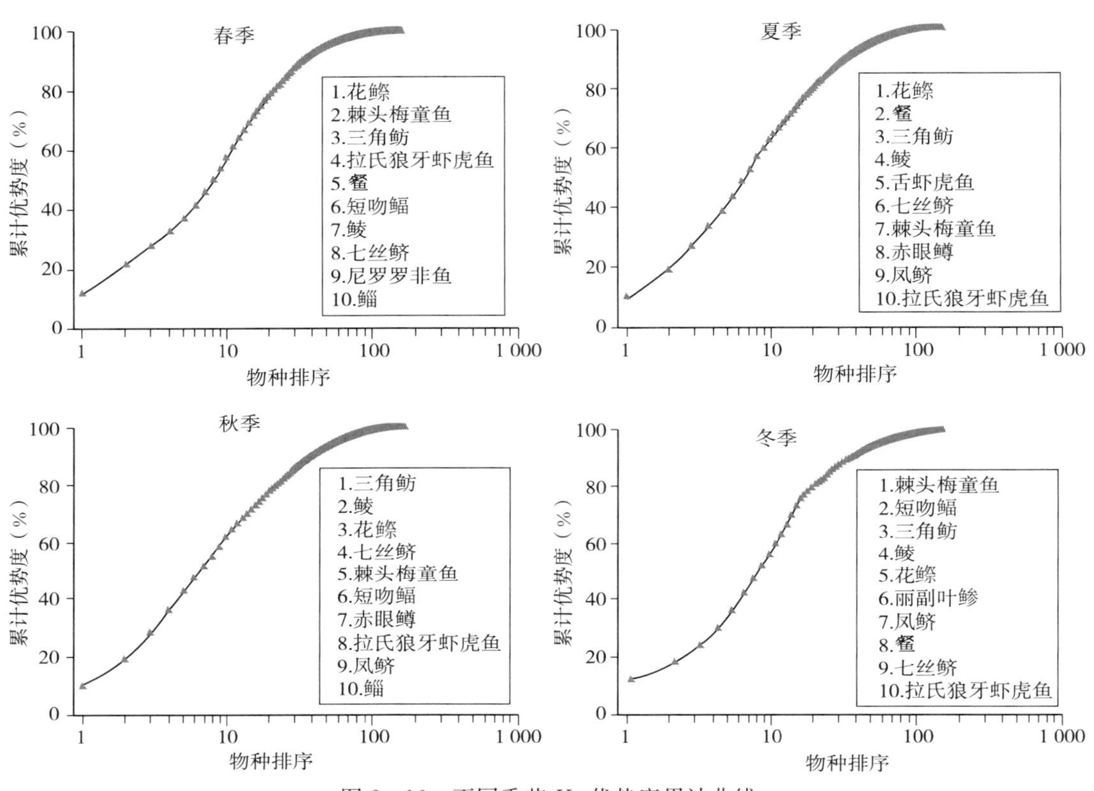


图2-16 不同季节K-优势度累计曲线

## （二）丰度的区域变化

根据种类组成和地理位置，将调查站点分为三角洲河网（三水、高明、九江、江门、斗门、神湾）和口门段（南沙、崖门、南水、伶仃洋、万山）。三角洲河网丰度优势种有鲮、三角鲂、鳘、花鰶、赤眼鳟、尼罗罗非鱼、七丝鲚、舌虾虎鱼、麦瑞加拉鲮和鲢，分别占该区域总丰度的14.31%、13.26%、11.66%、8.59%、7.46%、5.36%、5.20%、5.19%、3.16%和2.95%，累计比例达77.14%。口门段丰度优势种有棘头梅童鱼、花鰶、凤鲚、短吻鲾、拉氏狼牙虾虎鱼、七丝鲚、丽副叶鲹、鲻、棱鲮和三角鲂，分别占该区域总丰度的14.31%、9.64%、6.98%、6.86%、6.71%、5.44%、4.65%、3.29%、3.09%和2.87%，累计比例达63.84%。由此可见，三角洲河网鱼类丰度的优势度更集中。与珠江口丰度的季节变化相比，其区域变化更明显。河网段以淡水性种类占优势，但花鰶、七丝鲚和舌虾虎鱼等河口性种类也有一定的比例。而口门段河口性种类占主导，仅三角鲂一种淡水性种类是丰度优势种。河网段和口门段仅有花鰶、七丝鲚和三角鲂为共同优势种（图 2－17，附录二）。

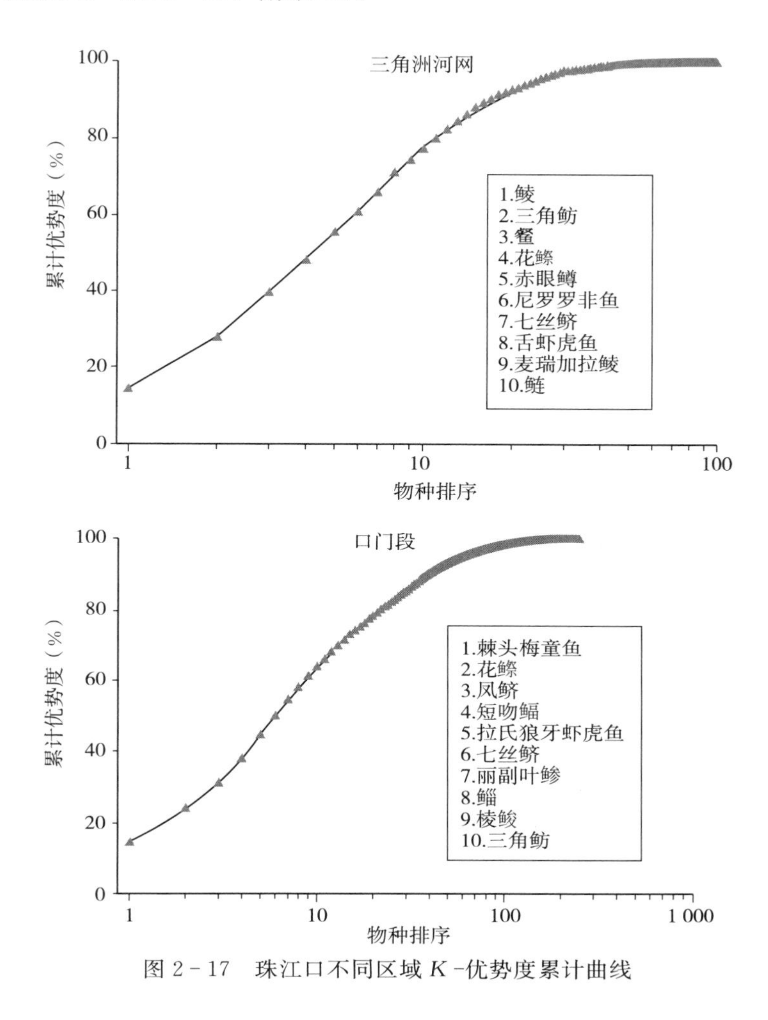


图 2－17 珠江口不同区域 $K$－优势度累计曲线

## 二、生物量组成特点

珠江口鱼类生物量同样呈现由少数鱼类占据优势、稀有种种类数较多的特征（图 2－18）。生物量排序前 10 名的鱼类有三角鲂、赤眼鳟、鲻、鲮、鲢、尼罗罗非鱼、花鰶、鲤、麦瑞加拉鲮和鳙，其累计生物量达 67.82%。除这 10 种鱼类外，生物量百分比>1%种类还有棱鮻、棘头梅童鱼、草鱼、黄尾鲴、䱗、花鲈、鲫、海南鲌。这 20 种鱼类累计丰度达 80.54%。与丰度百分比不同，按体型大小划分，目前中型、中小型鱼类占据了群落（生物量）的主导地位。

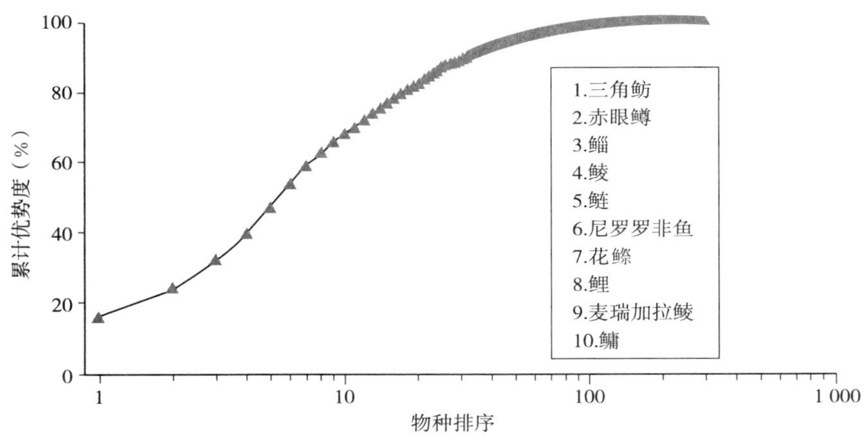


图 2-18　基于生物量的 K-优势度累计曲线

## （一）生物量的时间变化

春季珠江口鱼类生物量优势种（生物量排序前 10）有三角鲂、尼罗罗非鱼、赤眼鳟、鲢、鲻、鲤、花鲦、鲮、黄尾鲴和草鱼，分别占总生物量的 12.13%、8.79%、8.70%、8.65%、8.64%、6.07%、5.74%、3.94%、3.31%和 2.16%。夏季鱼类生物量优势种有三角鲂、鲢、鲮、赤眼鳟、花鲦、鲤、尼罗罗非鱼、𩾃、鳙和鲻，分别占总生物量的 16.86%、9.06%、9.02%、8.77%、6.65%、4.40%、3.82%、3.23%、2.98% 和 2.74%。秋季鱼类生物量优势种有三角鲂、鲮、赤眼鳟、鲻、鲢、花鲦、尼罗罗非鱼、麦瑞加拉鲮、鲤和棘头梅童鱼，分别占总生物量的 19.50%、10.22%、8.92%、7.64%、5.85%、5.64%、5.10%、4.31%、2.68%和 1.93%。冬季鱼类生物量优势种有三角鲂、鲻、尼罗罗非鱼、赤眼鳟、鲮、鲢、棱鲅、棘头梅童鱼、鳙和花鲦，分别占总生物量的 14.04%、12.84%、9.03%、6.55%、6.45%、5.85%、4.44%、3.55%、3.13% 和 2.93%。三角鲂在不同季节均为珠江口生物量第一优势种，其他种类排序在不同季节有一定差异（图 2-19，附录三）。

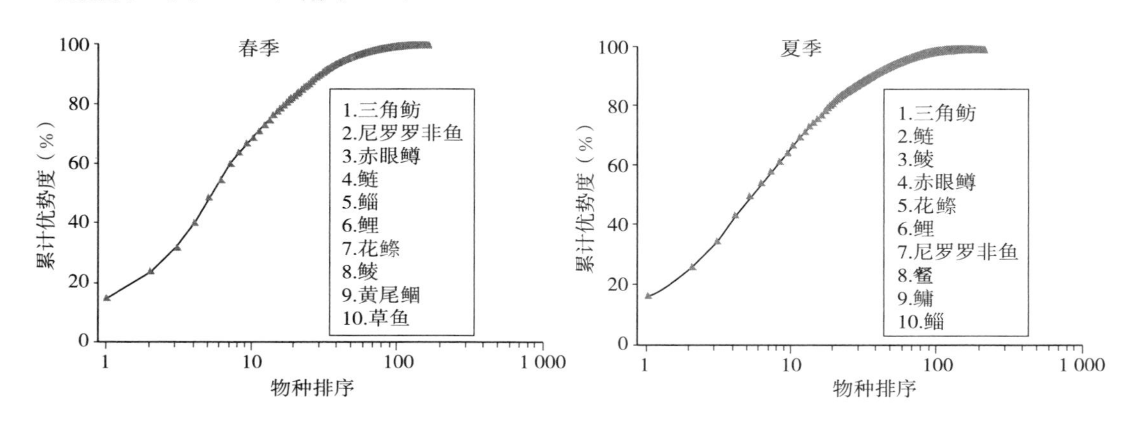

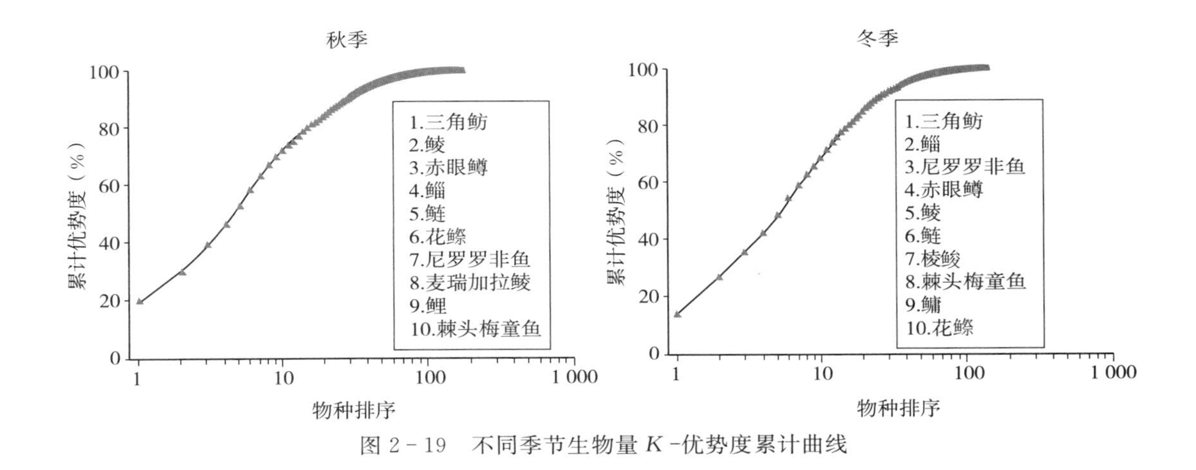


图 2-19　不同季节生物量 $K$-优势度累计曲线

## （二）生物量的区域变化

三角洲河网生物量优势种有三角鲂、赤眼鳟、鲮、尼罗罗非鱼、鲢、鲤、鲻、麦瑞加拉鲮、花鲈和草鱼，分别占该区域总生物量的 19.30%、11.58%、10.86%、8.77%、8.41%、5.57%、4.59%、4.13%、4.03%和 2.66%，累计比例达 79.90%。口门段生物量优势种有鲻、三角鲂、花鲈、棘头梅童鱼、棱鲅、鲢、尼罗罗非鱼、龙头鱼、鳙和黄鳍鲷，分别占该区域总生物量的 14.28%、9.22%、7.19%、5.77%、5.53%、5.32%、3.20%、2.44%、2.35%和 2.32%，累计比例达 57.62%。与丰度组成类似，三角洲河网鱼类生物量的优势度比口门段更集中。三角洲河网生物量优势种除花鲈外均为淡水性鱼类，而口门段生物量优势种以河口性鱼类为主，三角鲂、鲢和鳙也占有一定的比例（图 2-20，附录三）。

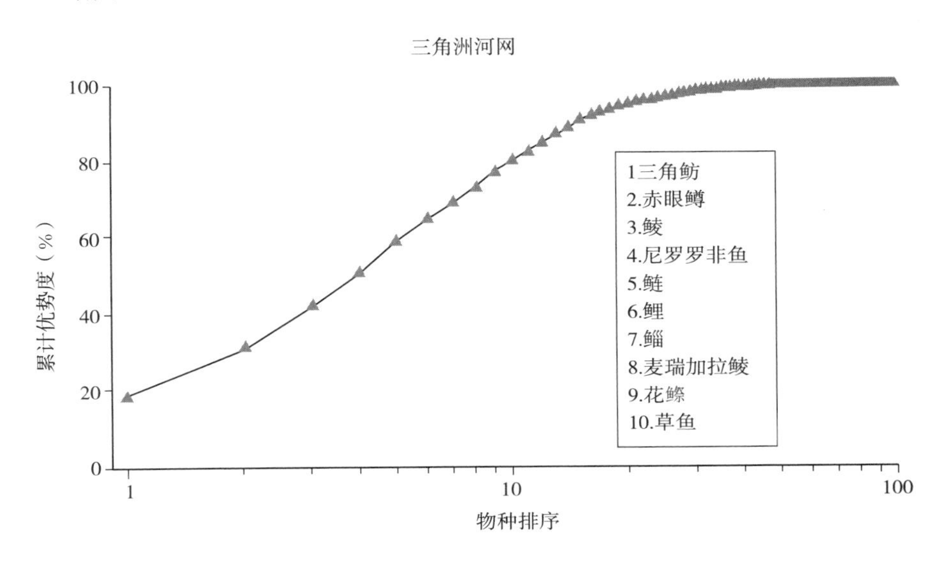

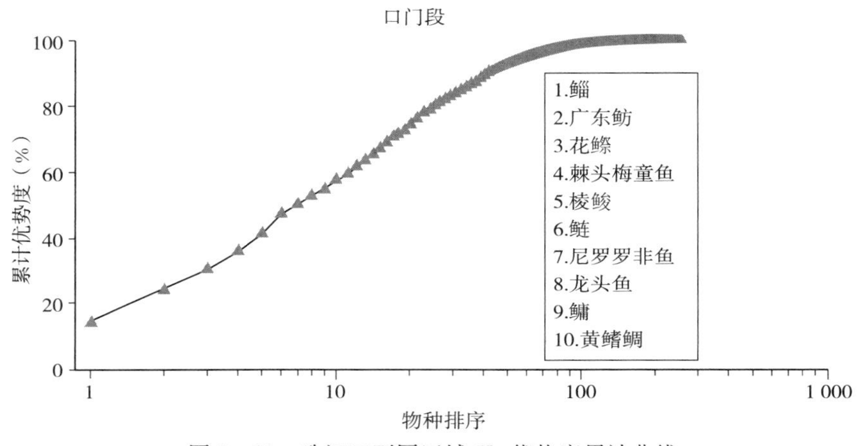


图 2-20　珠江口不同区域 $K$-优势度累计曲线

## 三、主要优势种及其时空差异

### （一）珠江口鱼类优势度特征

鱼类群落中优势种依据 Pinkas et al.（1971）提出的相对重要性指数（IRI）来进行计算，IRI 综合考虑鱼类丰度、生物量及其在各调查位点出现频次，比较适合种类优势度的分析。

$$IRI = (N\% + W\%) \times F\%$$

式中　$N\%$——某一种类丰度占总丰度的百分比；

$W\%$——某一种类生物量占总生物量的百分比；

$F\%$——某一种类出现的站位数占调查总站位数的百分比。

$IRI$ 值大于 500 的物种定义为优势种；$IRI$ 值为 100～500 的物种为常见种；$IRI$ 值为 10～100 的物种为一般种；$IRI$ 值为 1～10 的为少见种；小于 1 的为稀有种。珠江口鱼类相对重要性指数和分类见表 2-5，图 2-21。

根据相对重要性指数，珠江口鱼类优势种有三角鲂、花鰶、鲮、赤眼鳟、鲻、尼罗罗非鱼和鲢，其相对重要性指数分别为 2 056.6、1 208.5、965.6、928.7、786.1、759.2 和 631.8。常见种有 13 种，依次为七丝鲚、棘头梅童鱼、鲤、鳘、舌虾虎鱼、麦瑞加拉鲮、短吻鲾、拉氏狼牙虾虎鱼、鳙、凤鲚、棱鮻、鲫和草鱼。

一般种有 26 种，依次为花鲈、黄尾鲴、鮻、黄鳍鲷、海南鲌、斑鳢、丽副叶鲹、丝鳍海鲇、泥鳅、须鳗虾虎鱼、胡子鲇、尖头塘鳢、叫姑鱼、前鳞鮻、莫桑比克罗非鱼、孔虾虎鱼、龙头鱼、鳓、弓斑东方鲀、海鳗、黄颡鱼、斑纹舌虾虎鱼、银鲳、三线舌鳎、褐篮子鱼和金钱鱼。

少见种有 35 种，依次为斑鰶、勒氏枝鳔石首鱼、多鳞鱚、露斯塔野鲮、硬头鲻、鲬、鲇、条纹鲮脂鲤、康氏侧带小公鱼、带鱼、细鳞鯻、多辐翼甲鲇、鳊、刺鲳、卵形鲳鲹、革胡子鲇、长棘银鲈、尖吻鯻、斑头舌鳎、杜氏棱鳀、黄斑篮子鱼、金带细鲹、赤鼻棱鳀、日本鳗鲡、中华舌鳎、中华侧带小公鱼、大弹涂鱼、黑斑多指马鲅、大黄鱼、条斑东方鲀、白肌银鱼、黄鳝、红鳍原鲌、短棘银鲈和大眼海鲢。

稀有种有越南隐鳍鲇、云斑海猪鱼、棕斑兔头鲀、断斑石鲈、黄唇鱼、内尔褶囊海鲇、青缨鲆、条纹小鲃、中国鲳、日本瞳鲬、十棘银鲈、滕头鲉、银鮈、花斑蛇鲻、双斑东方鲀、长颌宝刀鱼、蒙古鲌、前肛鳗、虫纹东方鲀、单鳍鱼、横纹东方鲀、鳞烟管鱼、尖吻蛇鳗、绿鳍鱼、宽条天竺鱼、犬牙细棘虾虎鱼和长丝虾虎鱼等 204 种。从相对重要性指数来看，珠江口水域稀有种类较多，达总种类数的 71.6%，从生物多样性保护角度出发，应加大对稀有种类的保护。

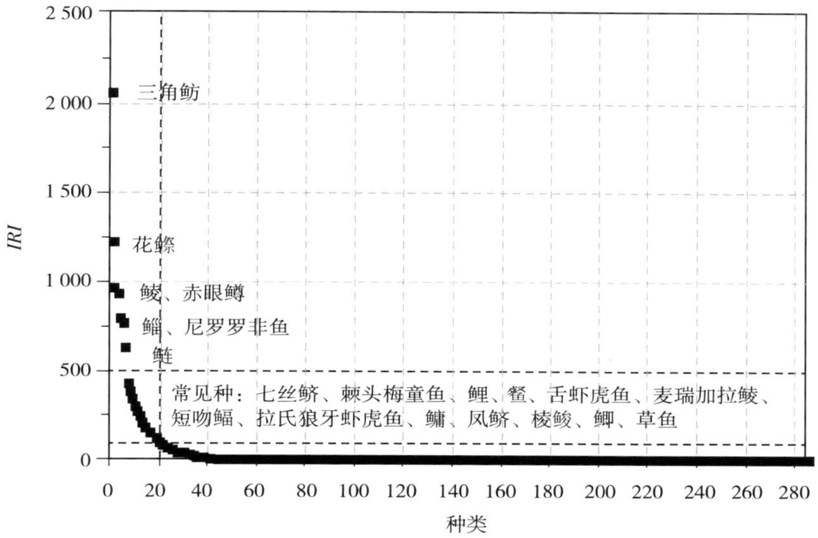


图 2-21　珠江口各鱼类相对重要性指数

**表 2-5　珠江口鱼类相对重要性指数（IRI）和分类**

| 序号 | 种类 | 拉丁名 | *IRI* | 分类 |
|---|---|---|---|---|
| 1 | 三角鲂 | *Megalobrama terminalis* | 2 056.6 | ★ |
| 2 | 花鰶 | *Clupanodon thrissa* | 1 208.5 | ★ |
| 3 | 鲮 | *Cirrhinus molitorella* | 965.6 | ★ |
| 4 | 赤眼鳟 | *Squaliobarbus curriculus* | 928.7 | ★ |
| 5 | 鲻 | *Mugil cephalus* | 786.1 | ★ |
| 6 | 尼罗罗非鱼 | *Oreochromis niloticus* | 759.2 | ★ |
| 7 | 鲢 | *Hypophthalmichthys molitrix* | 631.8 | ★ |
| 8 | 七丝鲚 | *Coilia grayii* | 417.5 | ▲ |

（续）

| 序号 | 种类 | 拉丁名 | IRI | 分类 |
|---|---|---|---|---|
| 9 | 棘头梅童鱼 | *Collichthys lucidus* | 364.5 | ▲ |
| 10 | 鲤 | *Cyprinus carpio* | 312.1 | ▲ |
| 11 | 䱗 | *Hemiculter leucisculus* | 288.1 | ▲ |
| 12 | 舌虾虎鱼 | *Glossogobius giuris* | 265.9 | ▲ |
| 13 | 麦瑞加拉鲮 | *Cirrhinus mrigala* | 222.4 | ▲ |
| 14 | 短吻鲾 | *Leiognathus brevirostris* | 200.9 | ▲ |
| 15 | 拉氏狼牙虾虎鱼 | *Odontamblyopus lacepedii* | 167.9 | ▲ |
| 16 | 鳙 | *Aristichthys nobilis* | 166.6 | ▲ |
| 17 | 凤鲚 | *Coilia mystus* | 158.3 | ▲ |
| 18 | 棱鲛 | *Chelon carinatus* | 152.9 | ▲ |
| 19 | 鲫 | *Carassius auratus* | 122.8 | ▲ |
| 20 | 草鱼 | *Ctenopharyngodon idella* | 110.1 | ▲ |
| 21 | 花鲈 | *Lateolabrax japonicus* | 96.6 | ■ |
| 22 | 黄尾鲴 | *Xenocypris davidi* | 90.9 | ■ |
| 23 | 鲛 | *Chelon haematocheilus* | 74.9 | ■ |
| 24 | 黄鳍鲷 | *Acanthopagrus latus* | 72.4 | ■ |
| 25 | 海南鲌 | *Culter recurviceps* | 67.7 | ■ |
| 26 | 斑鳢 | *Channa maculata* | 58.5 | ■ |
| 27 | 丽副叶鲹 | *Alepes kalla* | 51.3 | ■ |
| 28 | 丝鳍海鲇 | *Arius arius* | 49.8 | ■ |
| 29 | 泥鳅 | *Misgurnus anguillicaudatus* | 45.3 | ■ |
| 30 | 须鳗虾虎鱼 | *Taenioides cirratus* | 43.1 | ■ |
| 31 | 胡子鲇 | *Clarias fuscus* | 41.7 | ■ |
| 32 | 尖头塘鳢 | *Eleotris oxycephala* | 33.5 | ■ |
| 33 | 叫姑鱼 | *Johnius belangerii* | 27.4 | ■ |
| 34 | 前鳞鲛 | *Chelon affinis* | 26.8 | ■ |
| 35 | 莫桑比克罗非鱼 | *Oreochromis mossambicus* | 26.8 | ■ |
| 36 | 孔虾虎鱼 | *Trypauchen vagina* | 21.6 | ■ |
| 37 | 龙头鱼 | *Harpadon nehereus* | 21.0 | ■ |
| 38 | 鳓 | *Ilisha elongata* | 20.3 | ■ |
| 39 | 弓斑东方鲀 | *Takifugu ocellatus* | 19.3 | ■ |
| 40 | 海鳗 | *Muraenesox cinereus* | 18.8 | ■ |
| 41 | 黄颡鱼 | *Tachysurus fulvidraco* | 18.8 | ■ |
| 42 | 斑纹舌虾虎鱼 | *Glossogobius olivaceus* | 14.4 | ■ |
| 43 | 银鲳 | *Pampus argenteus* | 12.0 | ■ |
| 44 | 三线舌鳎 | *Cynoglossus trigrammus* | 11.5 | ■ |
| 45 | 褐篮子鱼 | *Siganus fuscescens* | 11.1 | ■ |
| 46 | 金钱鱼 | *Scatophagus argus* | 10.0 | ■ |
| 47 | 斑鰶 | *Konosirus punctatus* | 9.5 | ● |
| 48 | 勒氏枝鳔石首鱼 | *Dendrophysa russelii* | 8.7 | ● |
| 49 | 多鳞鱚 | *Sillago sihama* | 8.7 | ● |
| 50 | 露斯塔野鲮 | *Labeo rohita* | 8.2 | ● |
| 51 | 硬头鲻 | *Moolgarda cunnesius* | 8.0 | ● |
| 52 | 鲬 | *Platycephalus indicus* | 7.8 | ● |

（续）

| 序号 | 种类 | 拉丁名 | IRI | 分类 |
|---|---|---|---|---|
| 53 | 鲇 | *Silurus asotus* | 7.6 | ● |
| 54 | 条纹鲮脂鲤 | *Prochilodus lineatus* | 7.3 | ● |
| 55 | 康氏侧带小公鱼 | *Stolephorus commersonii* | 6.3 | ● |
| 56 | 带鱼 | *Trichiurus lepturus* | 5.8 | ● |
| 57 | 细鳞鯻 | *Terapon jarbua* | 5.5 | ● |
| 58 | 多辐翼甲鲇 | *Pterygoplichthys multiradiatus* | 5.1 | ● |
| 59 | 鳊 | *Parabramis pekinensis* | 4.6 | ● |
| 60 | 刺鲳 | *Psenopsis anomala* | 3.5 | ● |
| 61 | 卵形鲳鲹 | *Trachinotus ovatus* | 3.4 | ● |
| 62 | 革胡子鲇 | *Clarias gariepinus* | 2.9 | ● |
| 63 | 长棘银鲈 | *Gerres filamentosus* | 2.6 | ● |
| 64 | 尖吻鯻 | *Rhynchopelates oxyrhynchus* | 2.5 | ● |
| 65 | 斑头舌鳎 | *Cynoglossus puncticeps* | 2.4 | ● |
| 66 | 杜氏棱鳀 | *Thryssa dussumieri* | 2.4 | ● |
| 67 | 黄斑篮子鱼 | *Siganus canaliculatus* | 2.3 | ● |
| 68 | 金带细鲹 | *Selaroides leptolepis* | 2.3 | ● |
| 69 | 赤鼻棱鳀 | *Thryssa kammalensis* | 2.2 | ● |
| 70 | 日本鳗鲡 | *Anguilla japonica* | 2.2 | ● |
| 71 | 中华舌鳎 | *Cynoglossus sinicus* | 1.7 | ● |
| 72 | 中华侧带小公鱼 | *Stolephorus chinensis* | 1.6 | ● |
| 73 | 大弹涂鱼 | *Boleophthalmus pectinirostris* | 1.6 | ● |
| 74 | 黑斑多指马鲅 | *Polydactylus sextarius* | 1.5 | ● |
| 75 | 大黄鱼 | *Larimichthys crocea* | 1.5 | ● |
| 76 | 条斑东方鲀 | *Takifugu xanthopterus* | 1.4 | ● |
| 77 | 白肌银鱼 | *Leucosoma chinensis* | 1.3 | ● |
| 78 | 黄鳝 | *Monopterus albus* | 1.1 | ● |
| 79 | 红鳍原鲌 | *Cultrichthys erythropterus* | 1.1 | ● |
| 80 | 短棘银鲈 | *Gerres limbatus* | 1.0 | ● |
| 81 | 大眼海鲢 | *Elops machnata* | 1.0 | ● |
| 82 | 燕尾鲳 | *Pampus nozawac* | 0.9 | ☆ |
| 83 | 鯻 | *Terapon theraps* | 0.9 | ☆ |
| 84 | 斑点鸡笼鲳 | *Drepane punctata* | 0.8 | ☆ |
| 85 | 须鲫 | *Carassioides acuminatus* | 0.8 | ☆ |
| 86 | 四指马鲅 | *Eleutheronema tetradactylum* | 0.8 | ☆ |
| 87 | 纹缟虾虎鱼 | *Tridentiger trigonocephalus* | 0.8 | ☆ |
| 88 | 日本金线鱼 | *Nemipterus japonicus* | 0.7 | ☆ |
| 89 | 灰鳍彭纳石首鱼 | *Pennahia anea* | 0.7 | ☆ |
| 90 | 黄吻棱鳀 | *Thryssa vitirostris* | 0.7 | ☆ |
| 91 | 蓝圆鲹 | *Decapterus maruadsi* | 0.7 | ☆ |
| 92 | 乌塘鳢 | *Bostrychus sinensis* | 0.7 | ☆ |
| 93 | 点篮子鱼 | *Siganus guttatus* | 0.6 | ☆ |
| 94 | 眶棘双边鱼 | *Ambassis gymnocephalus* | 0.6 | ☆ |
| 95 | 青鱼 | *Mylopharyngodon piceus* | 0.5 | ☆ |
| 96 | 间下鱵 | *Hyporhamphus intermedius* | 0.5 | ☆ |

（续）

| 序号 | 种类 | 拉丁名 | IRI | 分类 |
|---|---|---|---|---|
| 97 | 陈氏新银鱼 | *Neosalanx tangkahkei* | 0.5 | ☆ |
| 98 | 黑体塘鳢 | *Eleotris melanosoma* | 0.5 | ☆ |
| 99 | 四带牙鯻 | *Pelates quadrilineatus* | 0.5 | ☆ |
| 100 | 鳡 | *Elopichthys bambusa* | 0.5 | ☆ |
| 101 | 长蛇鲻 | *Saurida elongata* | 0.5 | ☆ |
| 102 | 瓦氏拟鲿 | *Pseudobagrus vachellii* | 0.4 | ☆ |
| 103 | 红牙鰔 | *Otolithes ruber* | 0.4 | ☆ |
| 104 | 竹筴鱼 | *Trachurus japonicus* | 0.4 | ☆ |
| 105 | 平鲷 | *Rhabdosargus sarba* | 0.4 | ☆ |
| 106 | 金色小沙丁鱼 | *Sardinella aurita* | 0.3 | ☆ |
| 107 | 黄斑蝠 | *Leiognathus bindus* | 0.3 | ☆ |
| 108 | 斑鳠 | *Mystus guttatus* | 0.3 | ☆ |
| 109 | 紫红笛鲷 | *Lutianus argentimaculatus* | 0.3 | ☆ |
| 110 | 斑点马鲛 | *Scomberomorus guttatus* | 0.3 | ☆ |
| 111 | 子陵吻虾虎鱼 | *Rhinogobius giurinus* | 0.3 | ☆ |
| 112 | 花鲆 | *Tephrinectes sinensis* | 0.3 | ☆ |
| 113 | 灰鳍鲮 | *Chelon melinopterus* | 0.3 | ☆ |
| 114 | 长颌棱鳀 | *Thryssa setirostris* | 0.2 | ☆ |
| 115 | 大海鲢 | *Megalops cyprinoides* | 0.2 | ☆ |
| 116 | 勒氏笛鲷 | *Lutjanus russellii* | 0.2 | ☆ |
| 117 | 静仰口蝠 | *Secutor insidiator* | 0.2 | ☆ |
| 118 | 尖吻鲈 | *Lates calcarifer* | 0.2 | ☆ |
| 119 | 大眼鳜 | *Siniperca knerii* | 0.2 | ☆ |
| 120 | 宽尾斜齿鲨 | *Scoliodon laticaudus* | 0.2 | ☆ |
| 121 | 鳗鲇 | *Plotosus anguillaris* | 0.2 | ☆ |
| 122 | 黑斑绯鲤 | *Upeneus tragula* | 0.2 | ☆ |
| 123 | 金线鱼 | *Nemipterus virgatus* | 0.1 | ☆ |
| 124 | 条纹叫姑鱼 | *Johnius fasciatus* | 0.1 | ☆ |
| 125 | 灰鳍鲷 | *Acanthopagrus berda* | 0.1 | ☆ |
| 126 | 弹涂鱼 | *Periophthalmus modestus* | 0.1 | ☆ |
| 127 | 赤虹 | *Dasyatis akajei* | 0.1 | ☆ |
| 128 | 条鳎 | *Zebrias zebra* | 0.1 | ☆ |
| 129 | 五指多指马鲅 | *Polydactylus plebeius* | 0.1 | ☆ |
| 130 | 卵鳎 | *Solea ovata* | 0.1 | ☆ |
| 131 | 斑尾刺虾虎鱼 | *Synechogobius ommturus* | 0.1 | ☆ |
| 132 | 鲐 | *Pneumatophorus japonica* | 0.1 | ☆ |
| 133 | 乌鳢 | *Channa argus* | 0.1 | ☆ |
| 134 | 犬齿背眼虾虎鱼 | *Oxuderces dentatus* | 0.1 | ☆ |
| 135 | 居氏银鱼 | *Salanx cuvieri* | 0.1 | ☆ |
| 136 | 攀鲈 | *Anabas testudineus* | 0.1 | ☆ |
| 137 | 髭缟虾虎鱼 | *Tridentiger barbatus* | 0.1 | ☆ |
| 138 | 绿斑细棘虾虎鱼 | *Acentrogobius chlorostigmatoides* | 0.1 | ☆ |
| 139 | 尖头黄鳍牙鰔 | *Chrysochir aureus* | 0.1 | ☆ |
| 140 | 黑鲷 | *Acanthopagrus schlegelii* | 0.1 | ☆ |

（续）

| 序号 | 种类 | 拉丁名 | IRI | 分类 |
|---|---|---|---|---|
| 141 | 杂食豆齿鳗 | *Pisodonophis boro* | 0.1 | ☆ |
| 142 | 麦穗鱼 | *Pseudorasbora parva* | 0.1 | ☆ |
| 143 | 大头狗母鱼 | *Trachinocephalus myops* | 0.1 | ☆ |
| 144 | 圆斑东方鲀 | *Takifugu orbimaculatus* | 0.1 | ☆ |
| 145 | 短盖巨脂鲤 | *Piaractus brachypomus* | 0.1 | ☆ |
| 146 | 黄姑鱼 | *Nibea albiflora* | 0.1 | ☆ |
| 147 | 中颌棱鳀 | *Thryssa mystax* | 0.1 | ☆ |
| 148 | 长尾大眼鲷 | *Priacanthus tayenus* | 0.1 | ☆ |
| 149 | 拟矛尾虾虎鱼 | *Parachaeturichthys polynema* | 0.1 | ☆ |
| 150 | 眼镜鱼 | *Mene maculata* | 0.0 | ☆ |
| 151 | 鳗形鳗虾虎鱼 | *Taenioides anguillaris* | 0.0 | ☆ |
| 152 | 大鳞舌鳎 | *Cynoglossus melampetalus* | 0.0 | ☆ |
| 153 | 乌鲳 | *Parastromateus niger* | 0.0 | ☆ |
| 154 | 拟双带天竺鲷 | *Apogonichthyoides pseudotaeniatus* | 0.0 | ☆ |
| 155 | 蜥形副平牙虾虎鱼 | *Parapocryptes serperaster* | 0.0 | ☆ |
| 156 | 细刺鱼 | *Microcanthus strigatus* | 0.0 | ☆ |
| 157 | 黄泽小沙丁鱼 | *Sardinella lemuru* | 0.0 | ☆ |
| 158 | 海南似鲚 | *Toxabramis houdemeri* | 0.0 | ☆ |
| 159 | 银鲴 | *Xenocypris argentea* | 0.0 | ☆ |
| 160 | 月鳢 | *Channa asiatica* | 0.0 | ☆ |
| 161 | 斑条魣 | *Sphyraena jello* | 0.0 | ☆ |
| 162 | 花鳗鲡 | *Anguilla marmorata* | 0.0 | ☆ |
| 163 | 食蚊鱼 | *Gambusia affinis* | 0.0 | ☆ |
| 164 | 尾斑柱颌针鱼 | *Strongylura strongylura* | 0.0 | ☆ |
| 165 | 粗鳞鮻 | *Chelon subviridis* | 0.0 | ☆ |
| 166 | 团头鲂 | *Megalobrama amblycephala* | 0.0 | ☆ |
| 167 | 纹唇鱼 | *Osteochilus salsburyi* | 0.0 | ☆ |
| 168 | 斑鳍方头鱼 | *Branchiostegus auratus* | 0.0 | ☆ |
| 169 | 大刺鳅 | *Mastacembelus armatus* | 0.0 | ☆ |
| 170 | 中国长臀鮠 | *Cranoglanis bouderius* | 0.0 | ☆ |
| 171 | 银飘鱼 | *Pseudolaubuca sinensis* | 0.0 | ☆ |
| 172 | 斑点叉尾鮰 | *Ictalurus punctatus* | 0.0 | ☆ |
| 173 | 颈斑鲾 | *Leiognathus nuchalis* | 0.0 | ☆ |
| 174 | 锯嵴塘鳢 | *Butis koilomatodon* | 0.0 | ☆ |
| 175 | 乔氏吻鱵 | *Rhynchorhamphus georgii* | 0.0 | ☆ |
| 176 | 短棘鲾 | *Leiognathus equulus* | 0.0 | ☆ |
| 177 | 矛尾虾虎鱼 | *Chaeturichthys stigmatias* | 0.0 | ☆ |
| 178 | 东方豹鲂鮄 | *Dactyloptena orientalis* | 0.0 | ☆ |
| 179 | 斑鱚 | *Sillago maculata* | 0.0 | ☆ |
| 180 | 裘氏小沙丁鱼 | *Sardinella jussieu* | 0.0 | ☆ |
| 181 | 阿部鲻虾虎鱼 | *Mugilogobius abei* | 0.0 | ☆ |
| 182 | 汉氏棱鳀 | *Thryssa hamiltonii* | 0.0 | ☆ |
| 183 | 翘嘴鲌 | *Culter alburnus* | 0.0 | ☆ |
| 184 | 杜氏叫姑鱼 | *Johnius dussumieri* | 0.0 | ☆ |

（续）

| 序号 | 种类 | 拉丁名 | IRI | 分类 |
|---|---|---|---|---|
| 185 | 五点斑鲆 | *Pseudorhombus quinquocellatus* | 0.0 | ☆ |
| 186 | 线纹舌鳎 | *Cynoglossus lineolatus* | 0.0 | ☆ |
| 187 | 黄带绯鲤 | *Upeneus sulphureus* | 0.0 | ☆ |
| 188 | 三线矶鲈 | *Parapristipoma trilineatum* | 0.0 | ☆ |
| 189 | 有明银鱼 | *Salanx ariakensis* | 0.0 | ☆ |
| 190 | 恵琪豆娘鱼 | *Abudefduf vaigiensis* | 0.0 | ☆ |
| 191 | 大头彭纳石首鱼 | *Pennahia macrocephalus* | 0.0 | ☆ |
| 192 | 奥利亚罗非鱼 | *Oreochromis aureus* | 0.0 | ☆ |
| 193 | 多齿蛇鲻 | *Saurida tumbil* | 0.0 | ☆ |
| 194 | 云纹石斑鱼 | *Epinephelus moara* | 0.0 | ☆ |
| 195 | 二长棘鲷 | *Parargyrops edita* | 0.0 | ☆ |
| 196 | 斑鳍彭纳石首鱼 | *Pennahia pawak* | 0.0 | ☆ |
| 197 | 四线天竺鲷 | *Ostorhinchus fasciatus* | 0.0 | ☆ |
| 198 | 中线天竺鲷 | *Ostorhinchus kiensis* | 0.0 | ☆ |
| 199 | 高体鳑鲏 | *Rhodeus ocellatus* | 0.0 | ☆ |
| 200 | 粗纹鲾 | *Leiognathus lineolatus* | 0.0 | ☆ |
| 201 | 青弹涂鱼 | *Scartelaos histophorus* | 0.0 | ☆ |
| 202 | 大眼近红鲌 | *Ancherythroculter lini* | 0.0 | ☆ |
| 203 | 黄鳍马面鲀 | *Thamnaconus hypargyreus* | 0.0 | ☆ |
| 204 | 印度鳓 | *Ilisha indica* | 0.0 | ☆ |
| 205 | 银彭纳石首鱼 | *Pennahia argentata* | 0.0 | ☆ |
| 206 | 黄鲫 | *Setipinna tenuifilis* | 0.0 | ☆ |
| 207 | 月腹刺鲀 | *Gastrophysus lunaris* | 0.0 | ☆ |
| 208 | 铅点东方鲀 | *Takifugu alboplumbeus* | 0.0 | ☆ |
| 209 | 尖海龙 | *Syngnathus acus* | 0.0 | ☆ |
| 210 | 凡氏下银汉鱼 | *Hypoatherina valenciennei* | 0.0 | ☆ |
| 211 | 南方拟䱗 | *Pseudohemiculter dispar* | 0.0 | ☆ |
| 212 | 暗纹东方鲀 | *Takifugu fasciatus* | 0.0 | ☆ |
| 213 | 粗唇拟鲿 | *Pseudobagrus crassilabris* | 0.0 | ☆ |
| 214 | 半滑舌鳎 | *Cynoglossus semilaevis* | 0.0 | ☆ |
| 215 | 蓝鳃太阳鱼 | *Lepomis macrochirus* | 0.0 | ☆ |
| 216 | 羽鳃鲐 | *Rastrelliger kanagurta* | 0.0 | ☆ |
| 217 | 蛇鮈 | *Saurogobio dabryi* | 0.0 | ☆ |
| 218 | 小带鱼 | *Eupleurogrammus muticus* | 0.0 | ☆ |
| 219 | 长体银鲈 | *Gerres oblongus* | 0.0 | ☆ |
| 220 | 朴蝴蝶鱼 | *Chaetodon modestus* | 0.0 | ☆ |
| 221 | 乌耳鳗鲡 | *Anguilla nigricans* | 0.0 | ☆ |
| 222 | 鹿斑仰口鲾 | *Secutor ruconius* | 0.0 | ☆ |
| 223 | 叉尾斗鱼 | *Macropodus opercularis* | 0.0 | ☆ |
| 224 | 尖尾鳗 | *Uroconger lepturus* | 0.0 | ☆ |
| 225 | 乳香鱼 | *Lactarius lactarius* | 0.0 | ☆ |
| 226 | 沙带鱼 | *Lepturacanthus savala* | 0.0 | ☆ |
| 227 | 弯棘鰤 | *Callionymus curvicornis* | 0.0 | ☆ |
| 228 | 双带黄鲈 | *Diploprion bifasciatum* | 0.0 | ☆ |

（续）

| 序号 | 种类 | 拉丁名 | IRI | 分类 |
|---|---|---|---|---|
| 229 | 油魣 | *Sphyraena pinguis* | 0.0 | ☆ |
| 230 | 长颌鲹鲹 | *Scomberoides lysan* | 0.0 | ☆ |
| 231 | 条纹鸡笼鲳 | *Drepane longimana* | 0.0 | ☆ |
| 232 | 星点东方鲀 | *Takifugu niphobles* | 0.0 | ☆ |
| 233 | 眼斑拟石首鱼 | *Sciaenops ocellatus* | 0.0 | ☆ |
| 234 | 大口黑鲈 | *Micropterus salmoides* | 0.0 | ☆ |
| 235 | 大鳞鲮 | *Chelon macrolepis* | 0.0 | ☆ |
| 236 | 黄牙鲷 | *Dentex tumifrons* | 0.0 | ☆ |
| 237 | 大甲鲹 | *Megalaspis cordyla* | 0.0 | ☆ |
| 238 | 细纹鲾 | *Leiognathus berbis* | 0.0 | ☆ |
| 239 | 短尾大眼鲷 | *Priacanthus macracanthus* | 0.0 | ☆ |
| 240 | 真鲷 | *Pagrus major* | 0.0 | ☆ |
| 241 | 马口鱼 | *Opsariichthys bidens* | 0.0 | ☆ |
| 242 | 马拉邦虫鳗 | *Muraenichthys malabonensis* | 0.0 | ☆ |
| 243 | 细条天竺鱼 | *Jaydia lineata* | 0.0 | ☆ |
| 244 | 嵴塘鳢 | *Butis butis* | 0.0 | ☆ |
| 245 | 褐菖鲉 | *Sebastiscus marmoratus* | 0.0 | ☆ |
| 246 | 宽体舌鳎 | *Cynoglossus robustus* | 0.0 | ☆ |
| 247 | 溪吻虾虎鱼 | *Rhinogobius duospilus* | 0.0 | ☆ |
| 248 | 康氏马鲛 | *Scomberomorus commerson* | 0.0 | ☆ |
| 249 | 山口海鳗 | *Muraenesox yamaguchiensis* | 0.0 | ☆ |
| 250 | 斑鰭天竺鱼 | *Jaydia carinatus* | 0.0 | ☆ |
| 251 | 大眼似青鳞鱼 | *Herklotsichthys ovalis* | 0.0 | ☆ |
| 252 | 条鲾 | *Leiognathus rivulatus* | 0.0 | ☆ |
| 253 | 斜纹大棘鱼 | *Macrospinosa cuja* | 0.0 | ☆ |
| 254 | 卷口鱼 | *Ptychidio jordani* | 0.0 | ☆ |
| 255 | 金焰笛鲷 | *Lutjanus fulviflamma* | 0.0 | ☆ |
| 256 | 深水金线鱼 | *Nemipterus bathybius* | 0.0 | ☆ |
| 257 | 食蟹豆齿鳗 | *Pisodonophis cancrivorous* | 0.0 | ☆ |
| 258 | 印度副绯鲤 | *Parupeneus indicus* | 0.0 | ☆ |
| 259 | 越南隐鳍鲇 | *Pterocryptis cochinchinensis* | 0.0 | ☆ |
| 260 | 云斑海猪鱼 | *Halichoeres nigrescens* | 0.0 | ☆ |
| 261 | 棕斑兔头鲀 | *Lagocephalus spadiceus* | 0.0 | ☆ |
| 262 | 断斑石鲈 | *Pomadasys argenteus* | 0.0 | ☆ |
| 263 | 黄唇鱼 | *Bahaba taipingensis* | 0.0 | ☆ |
| 264 | 内尔褶囊海鲇 | *Plicofollis nella* | 0.0 | ☆ |
| 265 | 青缨鲆 | *Crossorhombus azureus* | 0.0 | ☆ |
| 266 | 条纹小鲃 | *Puntius semifasciolatus* | 0.0 | ☆ |
| 267 | 中国鲳 | *Pampus chinensis* | 0.0 | ☆ |
| 268 | 日本瞳鲬 | *Inegocia japonica* | 0.0 | ☆ |
| 269 | 十棘银鲈 | *Gerres decacanthus* | 0.0 | ☆ |
| 270 | 騰头鲉 | *Polycaulus uranoscopa* | 0.0 | ☆ |
| 271 | 银鮈 | *Squalidus argentatus* | 0.0 | ☆ |
| 272 | 花斑蛇鲻 | *Saurida undosquamis* | 0.0 | ☆ |

（续）

| 序号 | 种类 | 拉丁名 | IRI | 分类 |
|---|---|---|---|---|
| 273 | 双斑东方鲀 | *Takifugu bimaculatus* | 0.0 | ☆ |
| 274 | 长颌宝刀鱼 | *Chirocentrus nudus* | 0.0 | ☆ |
| 275 | 蒙古鲌 | *Culter mongolicus mongolicus* | 0.0 | ☆ |
| 276 | 前肛鳗 | *Dysomma anguillare* | 0.0 | ☆ |
| 277 | 虫纹东方鲀 | *Takifugu vermicularis* | 0.0 | ☆ |
| 278 | 单鳍鱼 | *Pempheris molucca* | 0.0 | ☆ |
| 279 | 横纹东方鲀 | *Takifugu oblongus* | 0.0 | ☆ |
| 280 | 鳞烟管鱼 | *Fistularia petimba* | 0.0 | ☆ |
| 281 | 尖吻蛇鳗 | *Ophichthus apicalis* | 0.0 | ☆ |
| 282 | 绿鳍鱼 | *Chelidonichthys kumu* | 0.0 | ☆ |
| 283 | 宽条天竺鱼 | *Jaydia striata* | 0.0 | ☆ |
| 284 | 犬牙细棘虾虎鱼 | *Acentrogobius caninus* | 0.0 | ☆ |
| 285 | 长丝虾虎鱼 | *Cryptocentrus filifer* | 0.0 | ☆ |

注：★代表优势种；▲代表常见种；■代表一般种；●代表少见种；☆代表稀有种。

### （二）优势种组成季节和年度差异

珠江口优势种的相对重要性指数和季节变化如表 2-6 所示，春季主要优势种为三角鲂、花鰶、尼罗罗非鱼、鲻、赤眼鳟、鲢和棘头梅童鱼；夏季优势种为三角鲂、花鰶、赤眼鳟、鲮、鲢、䱗和舌虾虎鱼；秋季优势种为三角鲂、鲮、花鰶、赤眼鳟、鲻、七丝鲚、尼罗罗非鱼和鲢；冬季优势种为三角鲂、鲻、尼罗罗非鱼、鲮、赤眼鳟、花鰶和棘头梅童鱼。与季节变化相比，优势种的年际变化较小，仅鲢在 2013 年 12 月至 2014 年 9 月优势度略有下降，降为一般种，七丝鲚 2014 年 12 月至 2015 年 9 月的优势度略有提高，上升为优势种。三角鲂、花鰶、赤眼鳟、鲻、鲮和尼罗罗非鱼均为 3 年的优势种（表 2-7）。

**表 2-6 珠江口不同季节优势种及其相对重要性指数（*IRI*）**

| 种类 | 拉丁名 | 春季 | 夏季 | 秋季 | 冬季 |
|---|---|---|---|---|---|
| 三角鲂 | *Megalobrama terminalis* | 1 614.4 | 2 225.9 | 2 658.2 | 1 761.8 |
| 花鰶 | *Clupanodon thrissa* | 1 445.2 | 1 547.9 | 1 260.1 | 671.5 |
| 尼罗罗非鱼 | *Oreochromis niloticus* | 1035.4 | 377.9 | 620.8 | 1027.0 |
| 鲻 | *Mugil cephalus* | 1 008.5 | 198.7 | 833.4 | 1 228.7 |
| 赤眼鳟 | *Squaliobarbus curriculus* | 883.9 | 1 024.5 | 1 049.7 | 760.9 |
| 鲢 | *Hypophthalmichthys molitrix* | 729.4 | 864.5 | 546.3 | 431.0 |
| 棘头梅童鱼 | *Collichthys lucidus* | 506.6 | 165.8 | 306.1 | 505.4 |
| 鲮 | *Cirrhinus molitorella* | 475.2 | 1 233.1 | 1 320.4 | 904.9 |
| 七丝鲚 | *Coilia grayii* | 227.5 | 468.3 | 699.5 | 333.2 |
| 䱗 | *Hemiculter leucisculus* | 211.4 | 645.4 | 93.7 | 213.0 |
| 舌虾虎鱼 | *Glossogobius giuris* | 205.0 | 574.0 | 134.9 | 204.1 |

表 2-7　珠江口不同年际优势种及其相对重要性指数（IRI）

| 种类 | 拉丁名 | Ⅰ | Ⅱ | Ⅲ |
|---|---|---|---|---|
| 三角鲂 | *Megalobrama terminalis* | 1 887.4 | 2 276.7 | 1 998.6 |
| 花鰶 | *Clupanodon thrissa* | 1 185.2 | 1 572.7 | 875.6 |
| 赤眼鳟 | *Squaliobarbus curriculus* | 986.8 | 951.1 | 840.1 |
| 鲻 | *Mugil cephalus* | 946.3 | 592.2 | 831.3 |
| 鲮 | *Cirrhinus molitorella* | 945.8 | 952.4 | 1 001.4 |
| 尼罗罗非鱼 | *Oreochromis niloticus* | 855.3 | 756.2 | 676.3 |
| 鲢 | *Hypophthalmichthys molitrix* | 488.8 | 678.5 | 690.5 |
| 七丝鲚 | *Coilia grayii* | 387.8 | 514.7 | 342.3 |

注：Ⅰ. 2013 年 12 月至 2014 年 9 月调查；Ⅱ. 2014 年 12 月至 2015 年 9 月调查；Ⅲ. 2015 年 12 月至 2016 年 9 月调查。

## （三）优势种组成的空间变化

各调查站点优势种组成及相对重要性指数如表 2-8 所示。各站点优势种差异较大，未发现全站点的共同优势种。三角鲂是除万山站点外其他所有站点的优势种，而花鰶是除江门站点外其他所有站点的优势种。其他优势群体的分布表现出一定的地域性。如餐、鲮、赤眼鳟、鲢、鲤和尼罗罗非鱼等多为三角洲河网的优势种；拉氏狼牙虾虎鱼、鲻、棘头梅童鱼、短吻鲾和凤鲚等多为口门段的优势种；麦瑞加拉鲮为三水、江门、神湾的优势种，而在其他站点优势度较低；草鱼仅为三水站点的优势种，尖头塘鳢仅为九江站点的优势种，胡子鲇仅为江门站点的优势种，前鳞鲅和棱鲅仅为南水站点的优势种，丝鳍海鲇仅为崖门站点的优势种，叫姑鱼、丽副叶鲹、龙头鱼和银鲳仅为万山站点的优势种。

表 2-8　珠江口各站点优势种组成及相对重要性指数

| 种类 | 三水 | 高明 | 九江 | 江门 | 斗门 | 神湾 | 南沙 | 崖门 | 南水 | 伶仃洋 | 万山 |
|---|---|---|---|---|---|---|---|---|---|---|---|
| 三角鲂 | 3 105.9 | 3 827.4 | 5 104.0 | 3 035.8 | 2 464.1 | 2 677.6 | 2 040.0 | 2 013.6 | 1 638.9 | 565.6 | 0.0 |
| 餐 | 2 725.3 | 869.8 | 93.9 | 386.2 | 860.9 | 146.9 | 8.5 | 0.0 | 0.0 | 0.2 | 0.0 |
| 鲮 | 2 225.4 | 3 622.5 | 2 108.6 | 3 628.7 | 1 885.0 | 2 121.5 | 301.4 | 605.8 | 0.0 | 0.5 | 0.0 |
| 赤眼鳟 | 1 607.9 | 2 608.6 | 2 976.5 | 2 240.7 | 1 145.2 | 1 812.5 | 778.6 | 391.8 | 14.8 | 35.5 | 0.0 |
| 鲢 | 1 402.1 | 1 646.4 | 1 219.4 | 224.3 | 596.2 | 822.7 | 519.4 | 1 717.1 | 77.7 | 68.9 | 0.0 |
| 麦瑞加拉鲮 | 1 311.1 | 127.9 | 195.3 | 1 153.4 | 0.2 | 691.0 | 106.2 | 113.2 | 5.1 | 32.8 | 0.0 |
| 尼罗罗非鱼 | 868.9 | 621.8 | 463.1 | 1 167.9 | 3 366.1 | 1 101.2 | 808.3 | 473.0 | 283.7 | 199.8 | 0.0 |
| 花鰶 | 732.3 | 852.0 | 687.3 | 63.1 | 2 248.7 | 1 516.7 | 1 623.8 | 2 997.4 | 1 526.4 | 1 681.4 | 765.9 |
| 鲤 | 624.6 | 392.6 | 993.6 | 614.2 | 731.8 | 781.5 | 409.0 | 21.8 | 1.0 | 21.5 | 0.0 |
| 黄尾鲴 | 588.7 | 929.3 | 314.9 | 237.0 | 4.4 | 32.2 | 0.9 | 0.3 | 0.0 | 0.0 | 0.0 |
| 草鱼 | 569.4 | 281.9 | 181.1 | 106.2 | 101.8 | 4.9 | 55.5 | 8.6 | 10.7 | 24.3 | 0.0 |
| 七丝鲚 | 458.4 | 42.5 | 55.5 | 157.6 | 1 131.3 | 800.5 | 952.7 | 1 726.0 | 118.1 | 546.0 | 10.8 |
| 舌虾虎鱼 | 149.0 | 221.7 | 1 686.4 | 1 293.6 | 268.3 | 381.2 | 844.9 | 102.9 | 18.3 | 68.7 | 2.8 |
| 泥鳅 | 129.0 | 251.3 | 80.0 | 1 086.2 | 23.7 | 9.6 | 1.9 | 2.8 | 1.5 | 0.1 | 0.0 |
| 鲻 | 77.3 | 10.1 | 10.0 | 4.5 | 2 203.6 | 1 357.8 | 1 930.6 | 1 864.9 | 2 131.2 | 1 921.5 | 672.3 |

（续）

| 种类 | 三水 | 高明 | 九江 | 江门 | 斗门 | 神湾 | 南沙 | 崖门 | 南水 | 伶仃洋 | 万山 |
|---|---|---|---|---|---|---|---|---|---|---|---|
| 尖头塘鳢 | 75.2 | 96.3 | 515.2 | 154.4 | 15.7 | 64.7 | 1.9 | 0.0 | 0.4 | 0.9 | 0.0 |
| 胡子鲇 | 74.4 | 244.2 | 4.7 | 519.0 | 76.9 | 101.5 | 1.0 | 5.5 | 0.6 | 4.2 | 0.0 |
| 棱鲅 | 0.0 | 0.0 | 0.0 | 0.0 | 2.0 | 143.2 | 375.0 | 371.3 | 3 267.2 | 138.9 | 257.8 |
| 短吻鲾 | 0.0 | 0.0 | 0.0 | 0.0 | 0.9 | 278.6 | 596.7 | 344.6 | 1 911.2 | 500.5 | 491.7 |
| 丝鳍海鲇 | 0.0 | 0.0 | 0.0 | 0.0 | 0.0 | 37.9 | 0.1 | 629.6 | 302.8 | 395.1 | 175.5 |
| 凤鲚 | 0.0 | 0.0 | 0.0 | 0.0 | 0.0 | 15.9 | 54.6 | 419.6 | 238.3 | 1 042.5 | 1 304.1 |
| 拉氏狼牙虾虎鱼 | 0.0 | 0.0 | 0.0 | 0.0 | 0.0 | 2.0 | 1 380.0 | 426.2 | 63.4 | 1 234.6 | 333.6 |
| 棘头梅童鱼 | 0.0 | 0.0 | 0.0 | 0.0 | 0.0 | 0.0 | 1 186.7 | 124.0 | 640.2 | 3 120.1 | 2 887.9 |
| 叫姑鱼 | 0.0 | 0.0 | 0.0 | 0.0 | 0.0 | 0.0 | 1.9 | 3.9 | 52.5 | 267.9 | 575.0 |
| 前鳞鲅 | 0.0 | 0.0 | 0.0 | 0.0 | 0.0 | 0.0 | 1.7 | 18.4 | 608.0 | 42.6 | 355.9 |
| 丽副叶鲹 | 0.0 | 0.0 | 0.0 | 0.0 | 0.0 | 0.0 | 0.0 | 26.9 | 4.4 | 100.9 | 1 925.4 |
| 龙头鱼 | 0.0 | 0.0 | 0.0 | 0.0 | 0.0 | 0.0 | 0.0 | 1.4 | 23.8 | 33.4 | 1 247.2 |
| 银鲳 | 0.0 | 0.0 | 0.0 | 0.0 | 0.0 | 0.0 | 0.0 | 0.0 | 11.2 | 24.8 | 556.8 |

## 第三节　珠江口外来鱼类

20 世纪 80 年代以来，随着国际社会对保护生物多样性和生态环境的重视，外来物种及其入侵带来的诸多难题已引起人们的广泛关注，成为近几年生物多样性和生态领域的研究热点。

在生物入侵的定义中，外来物种（non - native species）是指那些能够在其过去或现在的自然分布区域及扩散力以外出现的物种、亚种或以下分类单元，任何非本地的生物都叫外来物种（万方浩 等，2002）。外来物种入侵（biological invasion）是指某一种类的生物在人为因素的作用下或自发地从原产地扩散到新的区域，并在新区域通过定居、建群、扩散逐渐占领该区域且对该区域的生态系统构成威胁的一种生态现象。外来生物在某一生态系统成功建群、入侵后，就会在入侵地迅速繁殖和扩散，改变入侵地的生态环境，对本土生物的生存构成威胁，造成巨大的经济损失，并改变生态系统的功能、影响生物多样性和威胁人类的健康（Williamson et al，1996；吴昊和丁建清，2014）。它也是导致生物多样性丧失的主要原因之一，对全球环境和生物多样性保护构成严重威胁，与气候变化和生物栖息地丧失并列为全球环境面临的三大问题（郦珊 等，2016）。

### 一、外来鱼类及其入侵机制

#### （一）外来鱼类概念

外来鱼类指某种鱼类由于人类干预到达其在自然条件下没有分布的水域系统，并且能够自然繁殖，维持种群稳定，则该鱼种相对于这一引入地而言为外来鱼类（王迪，2009）。这些鱼类在新的生境中繁殖、建群、扩散之后，会对新生境的生物多样性、生态系统、人类健康和经济社会的发展造成危害和损失（潘勇　等，2007）。

世界上大多数水域生态系统都或多或少受到外来鱼类的影响，据统计，目前世界各个地区存在的外来鱼类总计高达624种，是30年前的2倍多，并大多以丽鱼科和鲤科种类为主（Gozlan et al，2008）。其中有些恶性入侵鱼类的分布区域已经扩散至全球范围（丁慧萍，2014）。以食蚊鱼为例，食蚊鱼原产于美洲，作为一种生物灭蚊工具被广泛引入世界各国，由于引种后疏于管理，目前已成为土著鱼类灭绝和水域生态损害的重要因素，是世界恶性外来生物之一（陆庆光，2001）。

我国也是长期遭受外来物种入侵最严重的国家之一。我国幅员辽阔，地跨多个气候带，拥有广阔的海岸线以及发达的内陆水域系统，适合各种鱼类生存（蒋文志　等，2010）。近几十年来，我国外来水产养殖鱼类引种十分频繁（图2-22），特别是在20世纪80—90年代，外来水产养殖鱼类引种达到高峰期（刘晴，2003），仅这20年间，鱼类外来引种数高达50多种，这使得鱼类入侵更易发生（Wen Xiong et al，2015）。资料显示，现在我国引进有记录的外来水产养殖鱼类有89种，常见的外来观赏鱼类有103种，中国境内异地引种鱼类有26种（窦寅　等，2011）。这些引进的外来鱼类发展迅速，有的已在野外广泛分布。如露斯塔野鲮原产于恒河流域，主要作为饵料鱼池塘养殖品种于1978年从泰国引进，短短30年时间，现已在华南地区广泛建群，局部水域中成为入侵物种（倪勇　等，2006）。目前，水产引种较多的水域如新疆的塔里木河、博斯腾湖、额尔齐斯河等，鱼类入侵的问题也日渐突出（潘勇　等，2006）。鱼类入侵珠江流域的问题也开始引起学界及公众的关注。

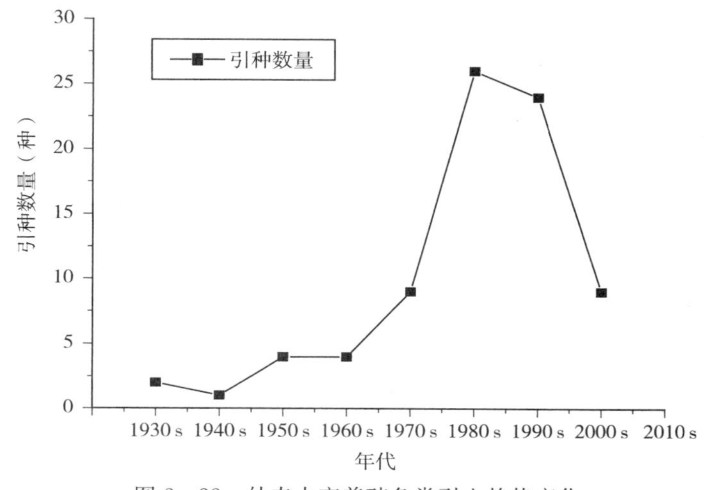


图2-22　外来水产养殖鱼类引入趋势变化

［引自《中国渔业统计年鉴》（注：1930 s表示20世纪30年代，依此类推）］

## （二）入侵机制和途径

生物入侵过程极其复杂，外来生物能成功入侵存在诸多原因，可能是某一单一因子的决定性作用，也可能是多方面因子共同决定的（丁建清和解炎，1996），迄今为止尚未有公认的理论对这一机制进行普适性描述（张林艳 等，2003）。但关于生物入侵机制的研究多可从以下两个方面来进行分析：一是外来入侵种自身的入侵性，这被认为是入侵物种生物学特性；二是侵入地的可入侵性，这被看作是入侵的生态学基础（黄建辉 等，2003；高增祥 等，2003；齐相贞 等，2005）。目前关于鱼类入侵机制研究也是主要集中在这两方面。

**1. 入侵鱼类的生物学特性**

成功入侵的外来鱼类一般都具有很强的环境适应力（ArbaČIauskas et al，2013）、表型适应性（Giery et al，2015）、繁殖力（Grabowska，2005）和竞争力（MacNeil& Prenter，2000）以及丰富的遗传多样性。

（1）*环境适应力* 引入地生态环境不一定是入侵种的最优生境，但成功入侵的鱼类往往能迅速找到适合生存的生境。以霍氏食蚊鱼为例，它表现出了较宽的盐幅和温幅，可以在 40 ℃的生境生存，也可以在 0 ℃的生境中越冬，还可以在严重污染的水体及低溶氧的环境中生存。所以即使在恶劣环境中，它也能迅速繁衍（Staub et al，2004）。

（2）*表型适应性* 入侵物种和本地物种在应对相同的环境压力时也可表现出不同的表型适应性，如入侵雄性食蚊鱼可在同一环境压力下表现出不同颜色和花纹的变化，从而在交配中对异性发出更有效的信号（Giery et al，2015）。

（3）*繁殖力* 入侵鱼类一般都具有很强的繁殖力，表现为产卵量高、孵化成功率高、性成熟早、繁殖周期短等方面。例如入侵华南地区的革胡子鲇，其绝对繁殖力为 2 850～605 720 粒，均值（234232±175498）粒；相对繁殖力为 20～445 粒/g，均值（165±99）粒/g，绝对繁殖力和相对繁殖力都远远大于常见的鲇科鱼类，能迅速在野外建立起稳定的种群（朱赟杰，2016）。

（4）*竞争力* ArbaČIauskas 等（2013）通过同位素分析发现化学适应力与鱼类捕食习性相关，而化学适应性强的鱼类具备更强的竞争力，入侵鱼类往往具备这种特点。并且入侵鱼类在入侵地的竞争中占优势后，本地种往往会被迫改变习性和栖息地，从而导致本地种数量急剧下降。鳙因口裂大，鳃耙长而密，具有更强的滤食能力，与云南抚仙湖等湖泊中的土著鱼类相比具有更强的摄食能力，从而导致了本地鱼类数量的下降（李振宇和解炎，2002）。

（5）*遗传多样性* 外来鱼类的遗传多样性十分丰富，较丰富的遗传多样性和较强的遗传适应性会让外来鱼类到达新的水域获得遗传变异后，优选出能迅速适应环境的个体，稳定完成世代更迭。也正是因为这些遗传变异影响了其进化潜力，其后代更具有竞争力

（李宏和许惠，2016）。

**2. 入侵地的生态特征**

鱼类的成功入侵与被入侵地生物的多样性、生态位空缺、人为干扰情况以及水文地理情况息息相关。鱼类的成功入侵往往发生在生物多样性低、生态结构不稳固的地区。如欧洲波罗的海地区和北美五大湖地区相对年轻且物种本地化程度低，使得外来鱼类易成功入侵（Reid & Orlova，2002）。若生态系统处于失衡状态，需要新的物种进行补充，而达到新的平衡。Hill 等（2015）就通过同位素的分析得知入侵物种至少能填补入侵地某一维度的空缺生态位。此外，人类对入侵地的环境干扰和入侵地的环境变化也通常被认为是促使外来鱼类成功入侵重要原因。

**3. 入侵途径**

与植物和鸟类入侵的途径不同，鱼类入侵大多是由有意引种或者随有意引种的无意带入造成的（郦珊，2016）。已有研究结果表明，外来鱼类主要通过水产养殖、观赏渔业、休闲垂钓、渔业捕捞运输等多种途径被引进（Gozlan et al，2010），并对本土鱼类种群造成严重影响，甚至导致了部分地方本土种群的灭绝（Gozlan et al，2008）。表 2－9 为中国和世界外来鱼类出于不同目的被引入情况，其中我国外来鱼类绝大部分以水产养殖和观赏这两种途径进行引种。

**表 2－9　不同途径下外来鱼类引入种类数量**

（引自 Wen Xiong，2015）

| 引入目的 | 中国 | 世界 | $X^2$ |
|---|---|---|---|
| 水产养殖 | 91 | 495 | 57.248 |
| 观赏鱼类 | 327 | 130 | 722.046 |
| 控害 | 1 | 82 | n. a |
| 运动 | 0 | 191 | n. a |
| 放生 | 0 | 165 | n. a |
| 偶然引入 | 0 | 139 | n. a |

注：$X^2$拟合优度检验；$X^2$＝757.80，$P$＜0.001。

## 二、珠江口外来鱼类组成与生物学特性

珠江口是我国生物多样性较丰富的地区，具有较多的物种和大量的特有鱼类，由于其处在我国改革开放的前沿，对外交流和进出口贸易相对频繁，且广东省大部分地区气候温暖，适合生长的物种相对较多，这使得珠江口成为我国遭受外来生物入侵较严重区域之一（Radhakrishnan et al，2011）。随着时间和环境条件的改变，尤其是近 30 年来过度的渔业捕捞、滩涂围垦等不合理的资源利用，导致众多本地鱼种生态位的缺失，珠江

口鱼类的群落结构发生了重大变化，这为外来鱼类建群、扩散提供了有利契机。因此，对珠江口地区外来水生生物的分布情况进行调查，以期为进一步开展不同生境下外来水生生物的入侵机制研究和防治工作提供基础数据。

## （一）珠江口外来鱼类组成

为了建立一个翔实可靠的外来鱼类基本信息库，我们于 2013 年 12 月至 2016 年 9 月季节对珠江口水域 11 个站点（三水、高明、九江、江门、斗门、神湾、南沙、崖门、南水、伶仃洋、万山）进行了 12 航次调查。每个站点每航次调查为 6～9 船次。记录鱼类每一种类的尾数和总质量，随机对部分标本进行体长测定。并结合重要站点全年渔民渔获日志进行综合分析，从而获得鱼类种类组成、丰度百分比和生物量百分比数据，并做进一步分析。同时也查询网络和地方鱼类志等文献著作，通过以上几种途径收集外来鱼类和鱼类入侵相关的资料，对重复的信息加以取舍、删减，对有冲突的信息进行对比、确认，从而整合出最终的外来鱼类基本信息。所建立的引种鱼类数据库包含的生物学信息有物种名称、拉丁名、分类、原产地、生活环境、外形特征、生活习性、繁殖特点、食性、首次引进时间、引进地区、入侵史和入侵风险等相关信息，部分信息见表 2－10。对于在珠江口水域已经建立自然种群或有发现踪迹的外来鱼种做了详细的描述，并介绍其大致分布地区。

表 2－10　珠江口地区引进鱼类基本信息

| 种类 | 拉丁名 | 分　类 | 原产地 | 引入时间 | 早期传入省份 | 风险评估 |
|---|---|---|---|---|---|---|
| 麦瑞加拉鲮 | *Cirrhinus mrigala* (Hamilton，1822) | 鲤形目、野鲮亚科 | 印度洋沿岸 | 1982 年从印度 | 广东省 | 低风险 |
| 露斯塔野鲮 | *Labeo rohita* (Hamilton，1822) | 鲤形目、野鲮亚科 | 恒河流域 | 1978 年从泰国 | 广东省 | 高风险 |
| 革胡子鲇 | *Clarias gariepinus* (Burchell，1822) | 鲇形目、胡子鲇科 | 非洲尼罗河流域 | 1981 年从埃及 | 广东省 | 高风险 |
| 斑点叉尾鮰 | *Ictalurus punctatus* (Rafinesque，1818) | 鲇形目、鮰科 | 美国中部、加拿大南部流域 | 1984 年从美国 | 湖北省 | 高风险 |
| 多辐翼甲鲇（清道夫） | *Pterygoplichthys multiradiatus* (Hancock，1828) | 鲇形目、甲鲇科 | 拉丁美洲 | 1978 年 | 台湾省 | 不详 |
| 食蚊鱼 | *Gambusia affinis* (Baird and Girard，1853) | 鳉形目、胎鳉科 | 中、北美洲的江河湖泊 | 1927 年经菲律宾 | 上海市 | 不详 |
| 尼罗罗非鱼 | *Oreochromis niloticus* (Linnaeus，1758) | 鲈形目、丽鱼科 | 尼罗河等水系和埃及湖泊 | 1978 年经苏丹 | 江苏省 | 高风险 |
| 莫桑比克罗非鱼 | *Oreochromis mossambicus* (Peters，1852) | 鲈形目、丽鱼科 | 东非及南非沿岸水域 | 1957 年从越南 | 广东省 | 高风险 |
| 奥利亚罗非鱼 | *Oreochromis aureus* (Steindachner，1864) | 鲈形目、丽鱼科 | 非洲及尼罗河下游 | 1981 年经香港从台湾省 | 广东省 | 高风险 |
| 大口黑鲈 | *Micropterus salmoides* (Lacepede，1802) | 鲈形目、棘臀鱼科 | 美国密西西比河水系 | 1983 年经香港 | 广东省 | 不详 |
| 尖吻鲈 | *Lates calcarifer* (Bloch，1790) | 鲈形目、尖吻鲈科 | 太平洋、印度洋 | 1983 年从泰国 | 广东省 | 低风险 |

（续）

| 种类 | 拉丁名 | 分　类 | 原产地 | 引入时间 | 早期传入省份 | 风险评估 |
|---|---|---|---|---|---|---|
| 蓝鳃太阳鱼 | *Lepomis macrochirus* (Rafinesque，1819) | 鲈形目、棘臀鱼科 | 北美洲淡水水域 | 1987年经日本 | 湖北省 | 不详 |
| 眼斑拟石首鱼（美国红鱼） | *Sciaenops ocellatus* (Linnaeus，1766) | 鲈形目、石首鱼科 | 北美大西洋沿岸及墨西哥湾 | 1991年从美国 | 山东省 | 不详 |
| 条纹鲮脂鲤 | *Prochilodus lineatus* (Valenciennes 1837) | 脂鲤目、鲮脂鲤科 | 南美 | 1998年 | 浙江省 | 不详 |
| 短盖巨脂鲤 | *Piaractus brachypomus* (Cuvier 1818) | 脂鲤目、脂鲤科 | 亚马孙河及非洲地区 | 1985年经香港、从台湾省 | 广东省 | 高风险 |

资料来源：楼允东，2000；赵淑江，2006。

以上外来鱼类共计5目11科15种，物种数量较多的有丽鱼科（3种）、野鲮亚科（2种）和棘臀鱼科（2种）。这3科的鱼类占珠江口外来鱼类总数的46.7%，接近一半，其余8科鱼类共占53.3%，组成比例如图2-23所示。

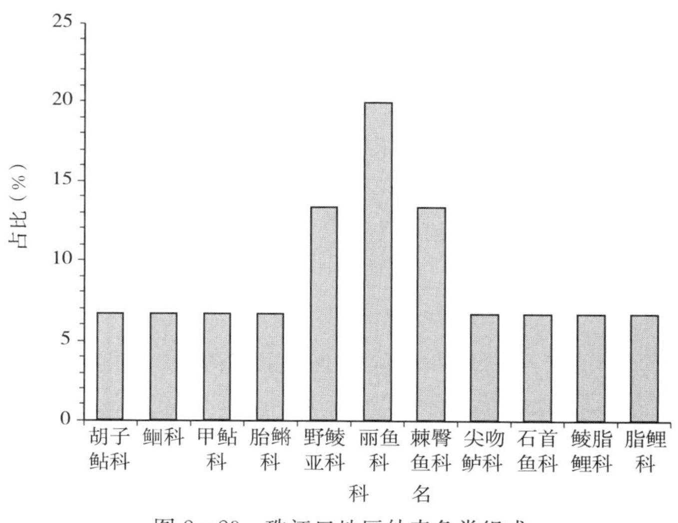


图2-23　珠江口地区外来鱼类组成

## （二）珠江口外来鱼类的生物学特征

### 1. 麦瑞加拉鲮

麦瑞加拉鲮原产于恒河流域印度、巴基斯坦等地，是南亚国家的传统养殖鱼类，1982年作为经济鱼类从孟加拉国引进。体呈梭形，略侧扁、头短。体上部青灰色，腹部银白色，各鳍（除背鳍外）末端均呈赤红色。为底层杂食性鱼类，喜跳跃，主要摄食浮游生物、有机碎屑、浮生藻类等。每年6—10月生长速度较快，但抗寒能力较差。2～3周龄达性成熟，繁殖季节为5—8月，池养需进行人工繁殖，卵为浮性，受精后在水温29℃约经14 h便孵出幼鱼，因适应性强、生长迅速、食性广、成本低、群体产量高以及生活水层与鳜鱼相似等特点，而成为我国大多数区域鳜鱼养殖的首选配套饵料鱼，20 世纪 90 年代开始在广东地区大力引进并推广养殖。

**2. 露斯塔野鲮**

露斯塔野鲮体梭形，腹部圆，头部扁平。口下位横生呈弧状，鳞片大，侧线颇直，自腹鳍基部至肛门有一肉棱，尾鳍深叉状。体色为青绿色，体背色较深，腹部灰白，各鳍呈粉红色，鳍条尤为明显和鲜艳。为暖水性底层鱼类，最适生长温度 30～36 ℃，极限低温为 6～7 ℃。杂食性，以植物性饵料为主，食量大，摄食能力强，生长快。2 龄性成熟，繁殖能力强，一年内可多次产卵。

**3. 革胡子鲇**

革胡子鲇俗称埃及塘虱。体延长型，头部扁平，后部侧扁。口稍下位，触须 4 对，眼小。胸鳍棘发达，具有御敌和支撑行动的作用。体表光滑无鳞，体侧呈灰褐色，有许多不规则灰色和黑色斑块。耐低氧能力很强，具有形似树枝状的鳃上辅助呼吸器官，能直接利用空气中的氧，只要皮肤保持湿润，长时间离开水也不会死亡。迁徙能力强，可利用强壮的硬棘，在陆上支撑身体爬行，能从一个水体迁移到另一个水体。为底层鱼类，厌强光，夜间活动频繁，喜集群索饵。好食肉，且食量极大。10 个月便性成熟，一年产卵 4～5 次。适应能力强，对水质要求不高，生长速度快，产量高，曾作为优良品种推广。我国在 20 世纪 80 年代末，革胡子鲇开始逸为野生，其环境适应能力强，很快在珠江形成优势种群，对珠江水域生态环境已造成极大危害，目前已在南方大部分天然水域形成自然种群（陈素芝，1998）。

**4. 斑点叉尾 鮰**

斑点叉尾 鮰原产于北美洲，天然分布于美国中部流域、加拿大南部和大西洋沿岸部分地区。体型较长，体前部宽于后部，头小吻尖。触须 4 对，颌须最长，末端超过胸鳍基部。体表光滑无鳞，黏液丰富，背部淡灰色，腹部乳白，各鳍深灰色，具有脂鳍，尾鳍分叉较深。幼鱼体两侧有明显而不规则的斑点，成鱼斑点不明显或消失。广温性底层鱼类，适温范围 0～38 ℃，最适生长温度为 15～32 ℃。盐度适应范围为 0.2～8.5。底栖鱼类，昼伏夜出，杂食性，喜光线阴暗条件下集群摄食。雄鱼是典型的筑巢鱼类，在与雌鱼交尾后赶走雌鱼，并守护受精卵发育直至鱼苗孵化。其他地区如长江中也已发现其野生种群，也是我国三峡库区外来入侵水生生物专家系统记录的入侵种之一。

**5. 多辐翼甲鲇**

多辐翼甲鲇体形似“琵琶”，又名琵琶鼠鱼。主要分布在以亚马孙河流域为中心的中、南美洲全境。头扁平，背鳍高耸，尾部侧扁，吻圆钝，口唇像吸盘，口下位，须 1 对。胸鳍、背鳍发达，胸腹棘能支撑身体爬行。体表粗糙，全身被盾鳞。因其体色花纹不同，种类繁多，如红琵琶、斑马琵琶等。昼伏夜出。喜中碱性、溶氧高的水质，适宜水温为 23～26 ℃，杂食性，以藻类、其他鱼类的粪便或者是养分丰富的腐殖质为食，更喜食植物饵料。在水族箱中它会清食掉附着在缸壁上的藻类和沉入缸底的残饵，故又名为“清道夫”。

**6. 食蚊鱼**

食蚊鱼原产于北美洲及中美洲的淡水水系，于1913年引入台湾省，1927年从台湾省经香港引进内地。体延长，前部略呈楔状，后部侧扁。雌雄存在差异，雄鱼的臀鳍第3～5鳍条特化成一延长的交接器，交接器远长于腹鳍。体色为淡金黄色或灰色，略透明。背侧暗褐色，腹面浅白，雌鱼的腹部后端有一黑色斑。表层鱼类，大多成群地在水体的表层活动。喜栖于低海拔溪河的缓流区，以及湖泊、田间、渠道等，亦可进入河口区半淡咸水域。对于环境污染的耐受力强，可以在污染的水域或低溶氧的环境下生存。杂食偏肉食性，以浮游动物、水栖昆虫及碎屑为食。现已普遍存在于珠三角地区，并有迹象表明，在香港引进的食蚊鱼和几种胎鳉已经减少了当地鱼的种群数量（台湾省鱼类资料库）。

**7. 尼罗罗非鱼**

尼罗罗非鱼俗称非洲鲫鱼，原产于非洲坦噶尼喀湖。体型侧扁，与鲫十分相似。背鳍高，鳞大。体色黄棕色，腹部白色，体侧有黑色纵条纹。食性杂，成鱼喜食浮游生物、底栖生物，摄食力强，生长迅速，雄鱼生长速度大于雌鱼。临界低温为（8.61±0.15）℃，最适生长的温度为28～32℃。广盐性，海、淡水中均能生活，可在17以下的海水中生长，适宜pH4.5～10。喜高温、耐低氧。性成熟早，繁殖力强。受精卵被含于口腔中孵育，成长至卵黄囊消失并具有一定能力的幼鱼时才离开母体，繁殖成功率高，也因此被称为口孵鱼。目前，尼罗罗非鱼已是家喻户晓的典型外来入侵种，在我国南部，如云南、福建、广东、广西、海南、台湾等地野外水域均有发现。它们会吞食土著鱼类的受精卵，并依靠强大的繁殖能力挤占生存空间，对台湾、广西和福建等地区的水域生态环境造成了巨大的影响。但由于它对低温的耐受性差，长江中都很难自然越冬，因而还未在我国中北部地区大量建群。

**8. 莫桑比克罗非鱼**

莫桑比克罗非鱼原产于非洲莫桑比克纳塔尔等地。它与尼罗罗非鱼的区别在于：尾鳍黑色条纹不成垂直状；头背外形呈内凹；喉、胸部暗褐色；背鳍边缘红色，腹鳍末端可达臀鳍起点；尾柄高约等于尾柄长。生存的临界温度为8～40℃，13℃以下生长极差。广盐性鱼类，耐盐度范围很大，最大盐度可达35～40，但其繁殖会受到影响，其最适合的盐度是8.5～17。栖息于中下层水域。在阳光充足水温升高的情况下，也常游到水的表层。属杂食性鱼类，摄食浮游植物、底栖藻类和泥中有机质以及昆虫幼虫、水蚯蚓等。成鱼在繁殖季节有明显的婚姻色，雄鱼比雌鱼的色彩更为鲜艳。

**9. 奥利亚罗非鱼**

奥利亚罗非鱼原产于西非尼罗河下游和以色列等地。喉、胸部银灰色；背鳍、臀鳍具暗色斜纹；尾鳍圆形，具银灰色斑点，体色发蓝，又叫蓝罗非鱼。罗非鱼一般不耐低温，但奥利亚罗非鱼的抗寒能力优于其他罗非鱼，在 8 ℃的水中能正常生活，临界温度为 7 ℃左右，最适生长温度为 30 ℃。广盐性鱼类，咸淡水都能生存，繁殖最高盐度为 19，但可以在 36～45 盐度下驯化生长。其食性很广，喜食植物性食物，特别是浮游生物，有机碎屑及底栖生物，但有时也会吞食同类小鱼，体重在 8—9 月增长最快。成鱼性成熟为 4—6 月，每年成熟多次，分批产卵；受精卵在雌鱼口中孵化。在淡水中，奥利亚罗非鱼生长比尼罗罗非鱼慢，但其具有耐盐性、耐寒性、抗逆性等优点，所以在高盐度水域其生长更佳。

**10. 大口黑鲈**

大口黑鲈俗称加州鲈鱼，原产于北美洲。体侧扁，呈纺锤形，背肉稍厚。头中等大，口裂大，超过眼后缘，颌能伸缩，上、下颌内侧布满锯齿状角质化突起。体淡金黄色，头、背部散布密集黑色斑，呈带状，从吻端开始直至尾鳍基部。属温水淡水性鱼类，生长水温为 12～30 ℃，最适水温 20～25 ℃。喜栖息于沙质或沙泥质且混浊度低的静水环境。杂食性，幼体以食浮游动物和水蚯蚓为主，成体捕食小鱼虾以及水生昆虫等。性凶猛，通过吞食其他鱼类受精卵或幼鱼来影响土著鱼类的种群数量。因其适应性强、生长快、易起捕、养殖周期短等优点，加之肉质鲜美细嫩，无肌间刺，外形美观，在我国南方多个地区广泛养殖。

**11. 尖吻鲈**

尖吻鲈亦称尼罗河鲈，原产于非洲尼罗河流域。体长而侧扁，背面弧状弯曲较大，腹缘平直。吻尖而短，口中等大，微倾斜，下颌突出。幼鱼暗褐色，成鱼体灰白，各鳍灰黑或淡色，胸鳍无色，眼有红斑。为热带及亚热带沿岸水域鱼类，喜栖岩岸礁石与泥沙交汇处，而常活动于半淡咸水水域。广盐性但不耐低温，肉食性鱼类。

**12. 蓝鳃太阳鱼**

蓝鳃太阳鱼原产于北美、墨西哥淡水水域。背高侧扁，吻短而高，口小位低，体型似罗非鱼，肉质丰厚。体色偏蓝绿，背部淡青灰色，间有一些淡灰黑色的纵纹。广温性鱼类，在 1～38 ℃水温下都能生存，8 ℃以下或 38 ℃以上时停止摄食，2 ℃仍能在自然环境下安全越冬。攻击性摄食，肉食性为主。喜集群游动，雄鱼有护巢习性。在我国南方水域多有分布，常被当成罗非鱼捕捉食用。

**13. 眼斑拟石首鱼**

眼斑拟石首鱼俗称美国红鱼，属于广温性鱼类，其适温范围为 2～33 ℃，最适生长水温 18～30 ℃。盐幅宽，咸淡水中均能生长，存活率相似，一般海水中的生长率高于淡水，盐度适应范围为 0～40，最适为 10～30。适宜 pH 6～9，耐低氧能力强。食性广泛，偏肉食性，幼鱼主要摄食浮游动物，成鱼主要捕食多毛类、小型虾、蟹和小鱼。其生长快，8 mm的仔鱼养殖 1 周年，平均体重为 500 g 左右。喜集群，具有溯河性，成熟个体在早秋集群，从深水游向近岸浅水区和河口进行繁殖。自然条件下，雄鱼 1 年性成熟，雌鱼性成熟 4～5 年，一般在秋季产卵。

**14. 条纹鲮脂鲤**

条纹鲮脂鲤俗称小口脂鲤，原分布于南美洲巴拉圭河及巴拉那河流域。体侧扁，尾叉型，体银白色，胸、腹、臀鳍为红色，背鳍和尾鳍的末端发红，中间有一脂鳍。暖水性淡水鱼类，栖于河川中底层水域。对水质要求不高，适宜 pH 范围 6.0～7.5，适温范围 9～39 ℃，最佳生长水温为 26～32 ℃，水温低于 20 ℃食欲下降，低于 9 ℃死亡，耐盐范围 0～8。杂食偏植食性，幼鱼阶段主要以轮虫、枝角类和桡足类为食，也摄食绿藻和硅藻，成鱼摄食水生昆虫的幼虫、孑孓、水蚯蚓和水生昆虫等动物。2 龄以上达性成熟。

**15. 短盖巨脂鲤**

短盖巨脂鲤俗称淡水白鲳，原产南美亚马孙河。体侧扁，背部较厚，头较小，口端位，眼大。背部有脂鳍，起点与腹鳍起点相对。尾鳍上叶稍长于下叶，边缘呈黑色。体被细小圆鳞，自胸鳍基部至肛门有略呈锯齿状的棱鳞。体呈银灰色，胸、腹、臀鳍呈红色，在缺乏阳光的水体中体色较深，呈深灰至黑色。喜栖于微酸性的水体中，溶氧要求在 4～6 mg/L。幼鱼以食浮游生物为主，成鱼食性杂，可食各种水生及陆生植物、人工配合饲料、有机碎屑、腐殖质等。生长温度为 21～32 ℃，最低临界温度为 10 ℃，长江流域无法自然越冬，是热带和亚热带食用和观赏兼备的大型热带鱼类，也是第一批在我国形成入侵的外来鱼类之一，在我国南方水域有大量自然种群存在（王迪，2010）。

以上 15 种鱼类大多数都是作为养殖品种从国外引进，在国内均能进行人工繁殖或自然繁殖，一般都具有适应力强、食量大、生长快、病害少、生活史周期短、营养价值高等特点，具有一定的经济价值。上述不少外来物种，每年经各种方式逃逸或者逃逸到自然水体中的物种有极强的生存及繁殖能力，导致这些外来物种的补充群体数量持续不断，占据了各自的生态位，成为珠江口水域的优势种、常见种等。

## 三、外来鱼类进入对河口生态系统影响初步分析

据 20 世纪 80 年代调查资料显示，珠江口地区仅存在罗非鱼、露斯塔野鲮和食蚊鱼 3 种外来鱼类（潘炯华，1991）。本次调查发现珠江口外来鱼类种类速增至 15 种，而且分布范围逐渐扩大（表 2-11）。

目前，外来鱼类生物量占珠江口总生物量的 11.05%，这已显示出珠江口鱼类群落结构发生了变化，外来鱼类的影响在逐步加深，并且呈上升态势。在这 15 种外来鱼类之中，麦瑞加拉鲮、条纹鲮脂鲤、罗非鱼等已有相当数量出现，且形成了稳定的繁殖群体。在调查渔获物中，罗非鱼中的尼罗罗非鱼和麦瑞加拉鲮占比最大，生物量分别占总生物量的 6.75%和 2.88%（图 2-24），个体规格分别在 3.5～30.2 cm 和 5.5～40.8 cm，大小均有，龄幅较宽；分布范围最广，两种鱼类除万山站点外，其他 10 个站点均有分布。据

统计显示，尼罗罗非鱼已成为珠江口水域优势种，在三角洲水域如三水、江门、斗门等江段平均生物量占比达 8.77%，在口门段如南沙、崖门等平均生物量占比 3.20%，李桂峰等（2013）指出尼罗罗非鱼已在除鉴江外广东全流域均有分布，麦瑞加拉鲮在珠江主要流域也均有分布。

表 2-11　珠江口外来鱼类组成与分布

| 种类 | 三水 | 高明 | 九江 | 江门 | 斗门 | 神湾 | 南沙 | 崖门 | 南水 | 伶仃洋 | 万山 |
|---|---|---|---|---|---|---|---|---|---|---|---|
| 麦瑞加拉鲮 | + | + | + | + | + | + | + | + | + | + | |
| 露斯塔野鲮 | + | + | + | + | | + | | | | | |
| 多辐翼甲鲇 | + | + | + | + | | + | + | | | + | |
| 革胡子鲇 | + | + | + | + | + | + | | | + | | |
| 斑点叉尾鮰 | + | | | | + | | | | | | |
| 食蚊鱼 | | | | | | + | | | | | |
| 奥利亚罗非鱼 | | | | | + | + | | | | | + |
| 莫桑比克罗非鱼 | + | + | + | + | + | + | + | + | | | |
| 尼罗罗非鱼 | + | + | + | + | + | + | + | + | + | + | |
| 蓝鳃太阳鱼 | | | | | | | | | | + | |
| 眼斑拟石首鱼 | | | | | | | | | | + | |
| 大口黑鲈 | + | | | | | | + | | | | |
| 尖吻鲈 | | | | | + | | | | + | + | + |
| 条纹鲮脂鲤 | + | + | + | + | | + | | | | + | |
| 短盖巨脂鲤 | + | | | | | | | + | | | |

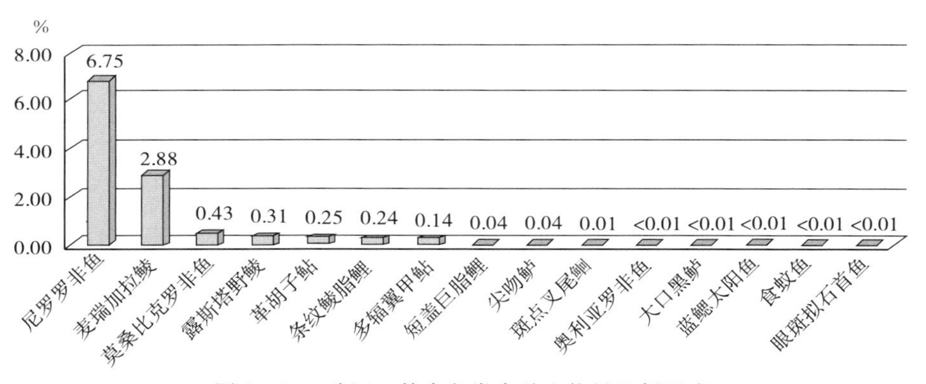


图 2-24　珠江口外来鱼类占总生物量比例组成

在相对重要性指数（IRI）分类中（表 2-12），尼罗罗非鱼为珠江口水域鱼类里的优势种，麦瑞加拉鲮为常见种，莫桑比克罗非鱼为一般种，其他外来鱼类为少见种和稀有种。珠江口的外来鱼类不同种类建群状况存在着较大差异，这为我们建立外来鱼类风险评估体系，采取具体针对性防治措施提供了重要依据。

表 2 - 12　珠江口外来鱼类相对重要性指数（*IRI*）和分类

| 种类 | 拉丁名 | *IRI* | 分类 |
| --- | --- | --- | --- |
| 尼罗罗非鱼 | *Oreochromis niloticus* | 759.2 | ★ |
| 麦瑞加拉鲮 | *Cirrhinus mrigala* | 222.4 | ▲ |
| 莫桑比克罗非鱼 | *Oreochromis mossambicus* | 26.8 | ■ |
| 露斯塔野鲮 | *Labeo rohita* | 8.2 | ● |
| 条纹鲮脂鲤 | *Prochilodus lineatus* | 7.3 | ● |
| 多辐翼甲鲇 | *Pterygoplichthys multiradiatus* | 5.1 | ● |
| 革胡子鲇 | *Clarias gariepinus* | 2.9 | ● |
| 尖吻鲈 | *Lates calcarifer* | 0.2 | ☆ |
| 短盖巨脂鲤 | *Piaractus brachypomus* | 0.1 | ☆ |
| 食蚊鱼 | *Gambusia affinis* | <0.1 | ☆ |
| 斑点叉尾鮰 | *Ictalurus punctatus* | <0.1 | ☆ |
| 奥利亚罗非鱼 | *Oreochromis aureus* | <0.1 | ☆ |
| 蓝鳃太阳鱼 | *Lepomis macrochirus* | <0.1 | ☆ |
| 眼斑拟石首鱼 | *Sciaenops ocellatus* | <0.1 | ☆ |
| 大口黑鲈 | *Micropterus salmoides* | <0.1 | ☆ |

注：★代表优势种；▲代表常见种；■代表一般种；●代表少见种；☆代表稀有种。

有关专家指出：这些外来鱼类的引入与广东省水产养殖引种密不可分。广东省是一个主要水产养殖鱼类外来引种省份，罗非鱼、革胡子鲇、麦瑞加拉鲮、露斯塔野鲮、斑点叉尾鮰、大口黑鲈等都是作为养殖对象引入，特别是罗非鱼，已成为我国重要的养殖鱼类，年产量在 150 万 t 以上，其中广东省年产量在 60 万 t 以上，占全国的 42%左右，养殖产量仍在逐年攀升，并且广东各地均有养殖（图 2 - 25）（雷光英　等，2011；顾党恩，2012）。

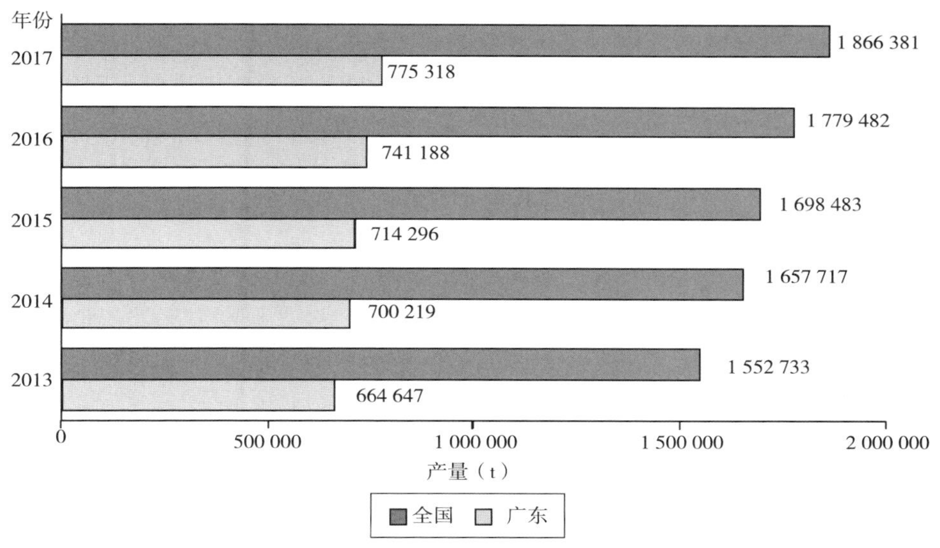


图 2 - 25　全国与广东省罗非鱼近 5 年养殖产量对比

（资料来源：2013—2017 年《中国渔业统计年鉴》）

## 四、外来鱼类管理建议

大量研究表明，目前外来鱼类都已在珠江口水域建立了自然种群，成为河口土著鱼类资源衰退的重要原因之一。因此，迫切需要采取积极有效的措施对外来鱼类进行防治。防治外来鱼类可从以下几个方面考虑：

（1）严格管控养殖的外来鱼类　近十几年来，珠江口的水产养殖业发展迅猛，水产引种司空见惯，因疏于管理，使得外来鱼类野外广泛建群，入侵的概率倍增，部分外来鱼类已成为珠江口鱼类中的优势种。因此，要加强养殖管理和养殖动态监测，首先应全面了解养殖引进品种的生活史特征、资源利用特征等，有选择地引种；养殖户在养殖过程中要加强管理，特别是在与河、湖相通的水道等地方建立栏网等，防止养殖品种的逃逸；渔政部门也应加强对养殖户的监管，聘请相关专家对养殖户进行技术指导和培训（丁慧萍，2014）。鼓励当地居民养殖土著鱼类。

（2）健全外来鱼类管理的法律法规　虽然我国的《渔业法》《水生野生动物保护实施条例》《海洋环境保护法》等多项法规都有涉及关于生物入侵法律条款，但我国目前尚没有专门针对外来物种的法律法规，并且对外来鱼类引种、物流运输等可能引发鱼类入侵的行为也缺乏有效的监督检查措施，因此及时健全完善防治区域间生物入侵的法律法规十分迫切（方平 等，2011）。各级政府也应该制定和完善符合本区域生态实际的一些法规，加强对引种的管控，实现外来鱼类的依法管理。

（3）完善外来物种风险评估体系　对外来物种入侵风险进行有效评估是防止入侵的最有效手段之一。牟希东 等（2008）就指出根据外来物种的种类、引进途径、生物学和生态学特征以及危害特点的差异，建立起外来鱼类生境模拟实验模型，确定一个适应不同类型区的外来鱼类入侵风险评价指标体系，根据不同的风险程度进行不同等级的许可、准入制度，以便正确决策，尽早采取有效控制和防治措施。我国虽然也已制定了风险评估标准、并建立起了中国外来物种入侵数据库，但内容仍极其不完备，其有关外来鱼类分布区域、安全性评价等信息都有待补充。

（4）控制已形成入侵鱼类的种群密度　可号召当地渔民在外来鱼类大量分布的水域设置地笼、网簖等，对外来鱼类进行长期高强度捕捞，最大限度清除外来鱼类，降低其种群密度。也可以通过一些新兴技术降低外来鱼类的威胁，如珠江水产研究所研制“灭非灵”能高效杀灭尼罗罗非鱼，并且对其他常见鱼类的生长无显著影响，可应用于小水域内外来入侵物种尼罗罗非鱼的应急防控（马光明 等，2014）。

（5）加强外来鱼类相关的宣传教育　广泛宣传生物入侵危害以及防控知识，提高全民防范意识，从源头上减少对外来有害生物的有意或无意引进。考虑到放生的习俗，在当地居民中加强有关外来鱼类鉴别和危害的宣传教育，能够有选择地进行鱼类放生，鼓励放生土著鱼类。

## 第四节　珠江口鱼类组成与资源现状评价

### 一、珠江口鱼类组成特点与历史变化

入海河口及其邻近水域是冲淡水与咸水的混合区域，潮汐的涨落和上游径流量的影响使河口经常处于动态变化中，河口水域具有盐度范围变化大、水深相对较浅、底质泥泞且浑浊度较高、栖息地类型多样、饵料生物丰富等特点，使河口鱼类在等盐度适应方面与其他水域存在较大的差异，并通过河口咸淡水分界、营养物质以及浊度等方式形成了特定的生态格局（Elliott & Dewailly，1995；Peterson，2003；陈吉余和陈沈良，2003；Barletta et al，2005；于海成，2008；Whitfield et al，2012；顾洪静，2014）。本研究中珠江口鱼类组成具明显的亚热带特征（陆奎贤，1990）。珠江口鱼类以暖水性为主，占比达74.39%，暖温性鱼类占比25.61%，未发现冷温种和冷水种。与同为亚热带河口的九龙江河口（64.78%；顾洪静，2014）、长江口（34.5%；黄良敏，2011）相比，珠江口由于纬度较低，暖水性亚热带种类比例更高，且未发现冷温性种类。从洄游生态类型来看，珠江口是广盐性河口，盐度最小值0.01，最大值34.49（贾后磊 等，2011），因此海洋偶见鱼类、海洋洄游鱼类、海淡水无方向迁移鱼类、溯河洄游鱼类、河口定居鱼类、降海洄游鱼类、淡水洄游鱼类和淡水鱼类均出现在河口区。珠江口种类数最多的生态类型是海洋偶见种（75种），占总种类的26.32%，与瓯江口（沈盎绿和徐兆礼，2008）、长江口（史赟荣，2012）等亚热带河口类似。然而，珠江口河口定居性鱼类计23种，占总种类的8.07%，在珠江口该生态类型中占比较低，这很大程度是由于河口水动力和盐度等环境特性使得仅少数定居性种类适应长期生存在河口（Potter & Hyndes et al，1999）。此外，不同河口定居性种类比例不同，如长江口（53种，16.0%；庄平，2006），西非Gambia河口（24种，35.8%；Simier et al，2006），葡萄牙Mondego河口（7种，20.6；Leitão et al，2007），法国Canche河口（4种，14.3；Selleslagh et al，2008），德国Elbe河口（2种，3.5%；Thiel & Potter，2001），土耳其Koycegiz河口（1种，3.6%；Akin et al，2005），相关研究表明，河口定居性鱼类种类数量与比例一方面取决于潮汐强弱，另一方面，由于生态类群划分是相对的，即使同一种鱼在不同生态系统中类型也可能不同，因而造成统计数据的差异（Potter & Hyndes et al，1999；史赟荣，2012）。就栖息水层而言，珠江口鱼类主要空间生态类群为底层、近底层鱼类，占总

种类比例达 64.21%；中上层鱼类占 35.79%。底层、近底层鱼类一生中大部分时间栖息于海洋或内陆水域的底层或近底层，其食物多是鱼类或底栖生物，大部分游泳能力相对较差。该类群鱼体外形多具平扁或延长等体型，如舌鳎、魟、鲽类、虾虎鱼类、鳗鲡类、鲀类等，由于珠江口水底生境多样，底质各异（中国海湾志编纂委员会，1998），因此，这类鱼的种数较中上层鱼类为多。与栖息水层相适应，珠江口鱼类口位以口前位和口下位为主，分别占 64.21%和 25.61%；口上位鱼类仅占 10.18%。从食性来看，珠江口鱼类以肉食性为主，占总种类的 73.69%，杂食性种类在珠江口水域也有一定的比例（占 21.75%），植食性鱼类最少（占 4.56%）。从个体大小来看，珠江口水域以中小型（145 种）、小型鱼类（75 种）为主，分别占 50.88%和 26.31%；中型鱼类占 18.95%，大型鱼类仅占 3.86%。与历史调查相比较，中型和中小型鱼类比例有增加的趋势，分别增加 4.1%和 4.82%，而小型鱼类比例则下降 9.14%。这主要是由于本次调查很多中型、中小型的适应性较强的外来物种，如尼罗罗非鱼、莫桑比克罗非鱼、奥利亚罗非鱼、眼斑拟石首鱼、革胡子鲇、露斯塔野鲮、多辐翼甲鲇和麦瑞加拉鲮、条纹鲮脂鲤等加入珠江口水域生态系统，同时一些受环境影响较大的小型鱼类如鳅科、平鳍鳅科的美丽小条鳅、平头岭鳅、花斑副沙鳅、拟平鳅和麦氏拟腹吸鳅，鲤科的白云山波鱼、侧条波鱼、异鱲、唐鱼和拟细鲫，虾虎鱼科深虾虎鱼、红丝虾虎鱼、斑鳍刺虾虎鱼、马都拉叉牙虾虎鱼和大鳞孔虾虎鱼等在本次调查中未采集到所导致。除个体大小外，适温性、栖息水层、食性、口位、洄游生态类型与历史调查相比差异较小，功能生态类群并没有发生多大变化。但从种类数来说，本研究结果与 20 世纪 80 年代调查结果相比，珠江口水域鱼类种类数整体上呈下降趋势，由原来的 330 种下降为 285 种。其中有 95 种在本次调查中未发现，而新发现种类 50 种。鼠鱚目、须鲨目、鳕形目和鲟形目 4 个目的鱼类在本次调查中未采集到，而新增脂鲤目的鱼类 2 种。珠江口鱼类种类减失率为 25%，种类增补率为 13%，种类更替率为 19%。两次调查 Jaccard 相似性指数为 0.62，位于 0.5～0.75，珠江口鱼类与历史调查（20 世纪 80 年代）群落结构为中等相似水平，说明珠江口鱼类组成发生了明显的变化。根据生态位理论（Elton，1927；Gause，1934；Grubb，1977；Leibold，1995），同一地区的不同物种可以占据环境中的不同生态位。竞争排斥原理（Gause - Volterra 原理）指出：生态位决定了特定的物种在群落中占据的位置如生境、食物和生活方式等，如果出现在一个稳定群落中的两个物种受同时利用同一资源的限制，那么其中某一种将具有竞争优势而另一个种则将被排斥。种类的改变而功能生态类群的相对稳定验证了竞争排斥原理在珠江口鱼类的适用性。珠江口水域尼罗罗非鱼、多辐翼甲鲇、麦瑞加拉鲮和条纹鲮脂鲤等外来物种入侵，其结果是引起群落内生态位相似的土著鱼类部分死亡或生态位分化才得以生存（Peterson et al，2003；Siemers & Schnitzler，2004；Gause，2010），从而导致了种类的更替。从渔业管理和生物多样性保护的角度来看，本研究一方面证明了控制外来物种的必要性，另一方面由于功能类群并未发生变化，说明能承载物种的环境容量并未达到使功能类群发生改变的地步。

## 二、种类组成的季节变化和空间分布

鱼类总是受其周边环境的影响，鱼类处于生态系统的高营养水平，改变周围的环境会产生“上行效应”进而对鱼类产生影响，鱼类的栖息地环境的变化会造成鱼类群落组成在空间和时间上的分布格局发生变化（Cyrus & Blaber，1992；Selleslagh et al，2008）。河口水域由于径流和潮汐的周期性节律及径流和潮汐引起生境的上下游梯度分布特征，其鱼类种类组成也呈现出相对应的时空分布格局（Zwanenburg，2000；Sabates et al，2007）。相关研究指出，盐度、潮汐、径流的强弱是影响河口鱼类空间分布的最主要因素（Whitfield et al，2006；Mansor & Khairun，2012；黄良敏 等，2013）。研究表明，珠江口鱼类种类数存在明显的区域特征，即从口门段到三角洲河网鱼类种类数逐渐降低，但在河网上游又有增加的趋势。Martino & Able（2002）在美国新泽西 Mullica 河口也发现类似的空间分布格局。珠江三角洲河网段种类数较少，各站点在 65 种或以下，下游口门段种类数较多，各站点在 90 种以上。三角洲站点种类数从上游到入海口呈现两头高、中间低的趋势。主要是因为入海口咸淡水种类较多，而上游淡水种类增加。Jaccard 相似性系数将珠江口上游河网段站点三水、高明、九江、江门、斗门和神湾聚为一大类，下游口门段站点南沙、崖门、南水、伶仃洋和万山聚为一大类。距离相近站点种类相似度较高，各站点种类组成显示出沿上而下成带分布的格局。不同生态类型种类数也表现出相似的梯度分布格局。淡水性种类［淡水种（FS）和淡水洄游种（PO）］自上而下种类数逐渐减少，而河口性种类［海淡水无方向迁移鱼类（AM）、溯河洄游鱼类（AN）和河口定居鱼类（ES）］和海洋性鱼类［海洋偶见鱼类（MS）和海洋洄游鱼类（OC）］自上而下种类数逐渐增加（图 2－14）。说明珠江口和三角洲河网由于潮汐、径流的影响力强弱，在鱼类种类组成和生态类型上也反映出上下游梯度变化的特征。同时珠江口上游河网段各站点相似性相对较高，而下游口门段各站点相似性较低。这是由于河网段为淡水水域，盐度差异较小，而下游口门段盐度差异较大导致。该结果验证了詹海刚（1998）指出的珠江口鱼类群落组成具有明显的生境生态梯度及其协同适应的特征，而盐度是决定鱼类空间分布的主导因子的观点。

河口区鱼类种类数往往具有明显的季节变化特征，但与空间结构受盐度、潮汐、径流影响不同的是，河口鱼类季节变化与水温变化最为密切（Akin et al，2005），并与水温触发的产卵索饵规律有关（王迪和林昭进，2006；Mansor & Khairun，2012；Mukherjee et al，2013）。珠江口各季节鱼类种类数差异显著（$P<0.05$），冬季调查平均捕获鱼类 105 种，春季调查平均捕获鱼类 109 种，夏季调查平均捕获鱼类 139 种，秋季调查平均捕获鱼类 121 种。种类数夏季（6 月）＞秋季（9 月）＞春季（3 月）＞冬季（12 月）。产生

这种现象的主要原因是春季珠江口的气候开始回暖，水温上升，许多海淡水无方向迁移鱼类（较冬季增加5种）和淡水鱼类（较冬季增加8种）开始进入珠江口产卵或者索饵，所以种类数较冬季增多。夏季水温继续升高，海淡水无方向迁移鱼类和淡水鱼类种类继续增加，同时一些海洋偶见鱼类（较春季增加25种）和海洋洄游鱼类（较春季增加9种）也大量进入河口，使得夏季种类数也达到最多，秋冬水温开始下降，许多鱼类产卵结束或进入尾声，活动量减少，更难捕获，外海种类也开始逐渐退回至深水区准备越冬。

## 三、珠江口鱼类优势群体

河口海岸水域是海洋和大陆交互作用最为频繁、剧烈的地带（Ecoutin et al，2010；宋琪，2012）。一方面巨大径流量以及河口邻近的上升流为河口区及其邻近水域带来了丰富的营养物质，使其成为地球上生产力最高的区域之一，成为许多海洋生物的重要营养物质来源地（Feyrer & Healey，2003；庄平，2006；张衡，2007）。另一方面入海河口及其邻近水域是冲淡水与咸水的混合区域，呈现着巨大的环境空间梯度和季节异质性（Cyrus & Blaber，1992；Elliott & Dewailly，1995；Whitfield et al，2012）。仅少数优势种类能适应环境剧烈变化而更好地利用河口丰富的饵料和空间等资源，而潜在竞争者因不能适应波动的环境而无法大量出现成为优势种，因此，河口优势种也表现出种类数较少而优势度较高的特点（Whitfield et al，1999；Potter & Hyndes et al，1999；Maes et al，2005）。本研究调查范围从上游三角洲河网的三水、九江等到口门段的伶仃洋、万山等站点，覆盖范围广，综合各航次和各站点调查，仅三角鲂、花鰶、鲮、赤眼鳟、鲻、尼罗罗非鱼和鲢等7种鱼类成为全年全河口优势种，其相对重要性指数分别达2 056.6、1 208.5、965.6、928.7、786.1、759.2和631.8。值得注意的是，珠江口鱼类优势种在空间分布上存在错位分布现象，在时间上存在错峰分布现象。这种错位分布和错峰分布反映不同物种对生境利用的差异，是长期适应河口生态环境，同时减少竞争而维持高多样性与种群平衡的结果（Martino & Able，2002；Hagan & Able，2003；史赟荣，2012；Mukherjee et al，2013）。如三角鲂是除万山站点外其他所有站点的优势种，花鰶是除江门站点外其他所有站点的优势种，其他优势群体的分布表现出一定的地域性。鳘、鲮、赤眼鳟、鲢、鲤和尼罗罗非鱼等多为三角洲河网的优势种；拉氏狼牙虾虎鱼、鲻、棘头梅童鱼、短吻鲾和凤鲚等多为口门段的优势种；麦瑞加拉鲮为三水、江门和神湾的优势种，而在其他站点优势度较低；草鱼仅为三水站点的优势种，尖头塘鳢仅为九江站点的优势种，胡子鲇仅为江门站点的优势种，前鳞鲮和棱鲮仅为南水站点的优势种，丝鳍海鲇仅为崖门站点的优势种，叫姑鱼、丽副叶鲹、龙头鱼和银鲳仅为万山站点的优势种。考虑到优势群体的区域分布特征，可在特定地点对特定优势群体采取有效的保护或种群控制措施，以防本土区域性优势群体的资源衰退，以及外来区域性优势群体的扩散。从优势群体季节变化来看，三角鲂、花鰶和赤眼鳟为各个季节的共有优势种。其他优势种存在明显的季节差异。鳘和舌虾虎鱼仅在夏季成为优势种，而七丝鲚仅在秋季为优势种；棘头梅童鱼是春季和冬季的优势种；尼罗罗非鱼和鲻是春、秋、冬三季的优势种；鲮是夏、秋、冬三季的优势种，鲢是春、夏、秋三季的优势种。鱼类数量与优势度特征的变动往往与鱼类的繁殖、索饵洄游等行为相关（Rose，1993；Sabates et al，2007；李敏等，2016），考虑到优势种类的季节性，在合理开发利用优势群体时，应因时因地结合其特点给予适当的保护。

与历史记载相比较，珠江口水域鱼类优势群体也发生了较大的变化。1980—1982 年调查（陆奎贤，1990），三角洲河网主要经济鱼类有花鰶、斑鰶、日本鳗鲡、青鱼、草鱼、赤眼鳟、鲮、三角鲂、鳙、鲢、斑鳠、鲇、胡子鲇、丝鳍海鲇和蜥形副平牙虾虎鱼等。属名贵珍稀鱼类的有中华鲟、鲥、花鳗鲡、斑鳠、黄鳍鲷、黄唇鱼、乌塘鳢和三线舌鳎等。研究表明，三角洲河网水域主要渔业对象数目减少，中华鲟、鲥、黄唇鱼、花鳗鲡和斑鳠等重要种类难见，四大家鱼的青鱼、草鱼在渔获物中的比例减少。名贵优质鱼类比重降低，目前主要渔获物多为三角鲂、鲮、赤眼鳟、花鰶、尼罗罗非鱼、鲢和舌虾虎鱼等。对于伶仃洋—万山水域，1986—1987 年调查（何宝全 等，内部调查报告），优势种有 8 种：丽副叶鲹、棘头梅童鱼、凤鲚、杜氏棱鳀、银鲳、带鱼、黄斑蝠和赤鼻棱鳀。而目前优势种主要为棘头梅童鱼、花鰶、凤鲚、丽副叶鲹、龙头鱼、银鲳、短吻蝠和拉氏狼牙虾虎鱼等。可见目前保留的优势种以杂食性（如三角鲂、鲮、赤眼鳟等）或繁殖量大个体小（如棘头梅童鱼、凤鲚、丽副叶鲹等）等适应性强的鱼类为主，相关研究指出食物来源广、繁殖力强的鱼类更能适应环境的改变而成为优势种（Karr，1981；Peterson et al，2006）。

## 四、珠江口鱼类组成与资源变化的主要胁迫因素

### （一）上游水利工程

鱼类种类组成的变化和更替是人类活动的干预和生态系统中鱼类种间或与其他生物间相互作用的结果（McKinney，2006；Francesco et al，2010）。在人类影响的诸多干扰形式中，水工设施是其中最普遍、最典型的一种人为干扰（Rosenberg et al，1997），截至 2003 年，全球的大型水坝累计 49697 座（王红，2012）。珠江流域有各类水坝超过 10 000座（Tan et al，2010），珠江三角洲具有大型水闸 22 门，中、小型水闸 2 550 门（李桂峰，2013）。这些水工设施通过对径流量的调控，改变了河口区温、盐、水动力和初级生产力条件，同时阻碍了河口洄游性鱼类的洄游通道（Dynesius & Nilsson，1994；朱鑫华，2000；线薇薇 等，2004；Shaffer et al，2009；Morita et al，2009）。珠江口水

工设施如防咸潮水闸、上游大型水利枢纽等对洄游性的中华鲟、鲥等鱼类影响最明显。20 世纪 80 年代初期，珠江鲥鱼的年均产量还有近百吨，峰值年产量有 300 t，且能捕获到中华鲟（陆奎贤，1990），现在中华鲟和鲥鱼已很难捕获，本次调查未采集到中华鲟和鲥鱼标本。此外，珠江口洄游性的七丝鲚、凤鲚虽然在渔获数量中还有一定的比例，但陆奎贤（1990）记载的农历三月前后 2 个月的春汛和农历八月前后 3 个月的秋汛 2 个渔汛期消失，数量减少。一些大型水坝的周期性运作而引起下游河流流量周期性的变化，其河道侵蚀作用破坏或使鱼类的关键生境如产卵场、索饵场等发生变迁（韩瑞，2013）。而生境的变化，也为外来鱼类入侵创造了有利条件（Marchetti & Moyle，2001）。

### （二）不合理的采沙和滩涂围垦

随着城市化进程的不断加快，基础设施建设、房地产业也得到快速的发展。采沙作业将引起局部水体的悬浮物浓度增加，不合理采沙对水生态的破坏不可忽视，影响水体的感官性状，对附近江段取水产生不利影响：在开采过程中，由于泥沙中吸附的重金属解吸，也可能造成重金属的二次污染。采沙船的含油污水、生活污水和垃圾的排放，造成采沙区及附近水域的水质污染。其直接影响了贝类生长，致使河蚬产量下降，使依赖小贝为食物来源的鱼类减产。采沙的其他生态影响是使沙床消失、贝类失去生长场所，进而使江河生物净化链断裂，加剧河水污染，造成水生生态系统改变，使水生生物生存环境受到多重威胁。中华白海豚主要栖息地为红树林水道、海湾、热带河流三角洲或沿岸的咸水中。中国沿岸的中华白海豚有时进入江河中。珠江口的中华白海豚曾进入珠江到达广州的海珠桥，并曾进入西江约 300 km 之远。采沙河段大部分是中华白海豚的活动通道，采沙活动的水下噪声可能会严重干扰白鳍豚和江豚的声呐系统，从而影响中华白海豚的活动。洄游性鱼类如七丝鲚、白肌银鱼、花鰶、鲻和日本鳗鲡等繁衍生息需要通过珠江口往返于珠江、南海之间。采沙作业将影响这些种类的洄游通道，进而带来不利影响。

滩涂湿地是复杂而脆弱的生态系统，拥有丰富的生物多样性，具有强大的生态、经济和社会功能，被称为地球之肾，是生命和文化的源泉。滩涂围垦为经济社会发展提供了土地和空间资源，但随着围垦规模的扩大，围垦范围也从高滩发展导入低滩，这对本身比较脆弱和敏感的滩涂生态系统造成了影响，主要表现在：沿海滩涂湿地损失、滩涂生态系统退化、生物多样性降低、生物栖息地减少和围区污染物排放造成海岸污染等方面（季文荣，2008）。围垦造田工程自 1949 年至 1980 年在珠江口滩涂围垦作业的速度缓慢，总围垦面积约为 18 666.7 $hm^2$。主要集中在番禺、中山近河口地区及鸡啼门和磨刀门水道之间的滩涂。20 世纪 80 年代起，珠江口开始了大规模的滩涂围垦开发，至 2003 年，共围垦面积达到 53 466.7 $hm^2$。滩涂围垦造田等使河道变窄，迫使鱼类的栖息场地缩小，导致鱼类产量减少。

## （三）水环境变化

环境污染等造成的水环境变化也被认为是鱼类组成与资源发生改变的重要原因。生态环境恶化导致生态失衡，进一步导致渔业资源衰退。一方面营养盐和其他污染物质含量的升高以及溶解氧的降低直接影响着游泳动物成体的生存环境；另一方面作为渔业资源重要补充的游泳动物幼体对污染物较为敏感，对污染物的承受能力较低。一定浓度的污染物就会降低幼体的成活率，从而影响到幼体对成体的补充。珠江口及其附近水域，每年通过珠江入海的重金属（铜、铅、锌、汞、铬、砷、镍）超过 3.44 万 t，油类超过 4.9 万 t，各种污染物质进入海水和底质中，会在生物体内富集，再通过食物链进入人体，对人体健康造成危害。据调查，珠江口底栖生物总生物量从 1960 年以后开始渐趋下降，珠江海区的污染使栖息该海区的鲷科、石首科、带鱼、乌贼、中国对虾等经济鱼类和经济虾类连续出现大量死亡，使洄游产卵繁殖的鲥、马鲛等鱼类数量锐减。珠江口著名的“万山鱼汛”已不成汛（崔伟中，2006）。20 世纪 90 年代初珠江口鱼卵和仔稚鱼为 40 余种，而近几年来珠江口鱼卵和仔稚鱼仅为 20 余种，相比 20 世纪 90 年代初减少了一半。而且近几年鱼卵和仔稚鱼主要优势种已改变为低值种类，经济种类所占比例较低（肖瑜璋 等，2010）。虎门口邻近水域 20 世纪 80 年代始，黄埔水道至虎门水道就属轻度污染水域。到 21 世纪 10 年代，随着沿岸大中城市进入后工业化发展阶段，城市人口激增，大量的工业废水和生活污水注入狮子洋等水域，水质迅速恶化，普遍属渔用水质Ⅲ～Ⅳ类，多处水域劣于Ⅳ类，深圳东宝河口水域荒漠化、鱼类生存空间受一定程度挤压（张邦杰 等，2015）。

## （四）过度捕捞

渔业捕捞是人类活动中对水域生态系统影响最为普遍且最为直接的作业方式之一。过度捕捞，一方面将引起鱼类种群的衰退甚至灭绝，另一方面可改变鱼类群落的部分属性和特征。近些年来，过度捕捞对鱼类资源及鱼类群落结构的影响已越来越引起人们的关注，特别是对仔幼鱼的捕捞。有研究指出，过度捕捞会使鱼类资源及其栖息地生境遭受极大的破坏，进而导致鱼类群落生物多样性降低、个体趋于小型化等资源衰退现象（陈吉余和陈沈良，2003）。此外，长期过度的渔业捕捞，一方面会使大型鱼类种群数量迅速减少，从而降低了小型鱼类的捕食压力，使得小型鱼类数量急剧增加；另一方面鱼类为了适应外界环境的变化维持种群的延续，在进化上可能导致鱼类性成熟年龄提早，个体变小，从而达到维持生态平衡的目的。20 世纪七八十年代后，珠江口产卵场滥捕亲鱼，密眼网具酷捕幼鱼，“三无”渔船毒、炸、电非法捕捞等现象相当严重，使一定水域内鱼类荡然无存（张邦杰 等，2015）。20 世纪 50～60 年代，东莞水域黄唇鱼年产量约为 180 t；到 20 世纪 80 年代初，黄唇鱼还是虎门水域的优势种，在渔获个体中排第五，生物量排第四，出现频率仍处于第六位，占渔获重量的9.0%；2000年，该水域黄唇鱼的年产量为2.5 t（卢伟华和叶普仁，2002）。本次调查仅在南沙附近水域采集到黄唇鱼3尾，表明黄唇鱼已处于资源匮乏的状态。一方面，水质污染影响了黄唇鱼的饵料生物的集群和生长，危害黄唇鱼的洄游索饵及繁殖孵化；另一方面，黄唇鱼由于其高价值，非法过度捕捞的现象相当严重（卢伟华和叶普仁，2002）。

### （五）外来物种入侵

外来物种通过有意或无意的人类活动进入新的生境，并在新的生境中形成了有自我再生能力的群体。外来物种通常具有生长迅速、抗逆性较强、食性杂、繁殖能力强等特点；而土著鱼类在特定的生境条件下通过长期的进化而来，具有特定生活习性和生活史周期。因此，外来物种在与土著群体生存竞争中常处于优势地位，表现出较强的生态入侵性，进而破坏生态系统原有的结构和功能。在自然生境中，生物群落的组成是生态系统长期选择、适应和协同进化的产物，是一个相互依存的统一整体。因而，当外界条件发生改变时，外来物种的引入会造成生态系统的连锁反应，从而使生物多样性下降及生态系统功能失调。目前，外来物种已成为珠江口三角洲河网段中鱼类组成部分，并且数量不断增加。外来物种产生的间接经济损失在威胁物种多样性、对生态系统的健康构成的影响、遗传资源的破坏等方面，目前难以评估。尼罗罗非鱼、革胡子鲇、大口黑鲈、麦瑞加拉鲮以及短盖锯脂鲤都是我国引入的养殖种类。如果在养殖的过程中管理不慎，便会流入到河流中去。而且，这些种类都具有极强的生存习性，例如尼罗罗非鱼具有护卵和护幼习性，这些对于物种的繁殖和生存较土著鱼类更具优势。多辐翼甲鲇是近年来引进的一种清污或观赏的鱼类，作为一种生物灭蚊工具被引入，同样也会因人为的原因流入到河流中。

外来鱼类具有的对盐度、温度、溶氧等环境适应范围广，繁殖量大，食性杂的特性，能更加适应变化的生境（Grammer et al，2012）。相反，而特有、土著种类对环境变化更为敏感，更容易受到威胁（张春光和赵亚辉，2016）。这也是减少种类多为环境敏感性的土著种类（如黄唇鱼、花点鲥、古氏新魟、条纹斑竹鲨、鳠、拟细鲫和泉水鱼等），而新增种类中外来物种（如麦瑞加拉鲮、条纹鲮脂鲤、多辐翼甲鲇、短盖巨脂鲤、革胡子鲇和斑点叉尾鮰等）占有相当大比例的原因。尼罗罗非鱼也已成为珠江口水域优势种，在三角洲水域如三水、江门、斗门等江段平均生物量占比达8.77%，在口门段如南沙、崖门等平均生物量占比3.20%。外来物种通过捕食（Yonekura et al，2007）、空间和食物竞争（Zimmerman & Vondracek，2006）等方式与土著鱼类争夺生态位，导致土著鱼类的种群数量下降或分布范围缩小，使食物链（网）结构与功能发生变化，形成了新的种间相互作用，进一步改变了鱼类群落组成。

# 第三章
# 珠江口鱼类群落结构和多样性

鱼类群落是指在一定时间和水域范围内，具有相互依赖、彼此作用（捕食与被捕食、共存与竞争等）关系的不同鱼类种群的组合体，群落内部及其与周边生境之间存在着复杂的物质循环和能量转换关系，因而具有一定的结构特点和内在联系。生态系统中能量的流动、物质的循环、生物生产与代谢以及信息传递等方面都是以群落为基础，通过群落的运转来实现的（Evnas et al，1987；殷名称，1993；李圣法，2005）。群落是阐明生态系统功能的最好单元，控制着生态系统中物质的循环与能量的流动。因此，通过生态系统中鱼类群落结构、功能及其动态变化的研究，能够很好地反映其所处生态系统的状态与变化趋势，同时还能用作生态系统健康状况评价的重要指标（Nicholson & Jennings，2004；Schmolcke & Ritches，2010）。此外，通过对特定水域范围内鱼类群落结构时空格局的研究及其变动规律的分析，可以为研究水域渔业资源的合理利用与科学管理提供重要参考。

生物多样性可以分为遗传多样性、物种多样性和生态系统多样性三个层次。生态多样性通常用生态学意义上的物种多样性指数表示，如 Simpson 指数（Simpson，1949）、Pielou 指数（Pielou，1975）、Margalef 种类丰富度指数（Margalef，1958）和 Shannon - Wiener 多样性指数（Shannon &Weaver，1949）等，已在鱼类群落中得到广泛应用。为了研究群落的分类学关系，相继出现了一些分类学多样性指数，如 Clarke & Warwick（1998，2001，2003），不但依据渔获种类数量，而且考虑了每个个体在分支树中的分支路径长度。当只有渔获种类名录时，在总名录中随机任意两个种类来计算其分类等级路径的长度，其值不随种类数增加而增加，仅在种类很少时才发生数值偏小的情况（Clarke & Warwick，1998）。同时许多研究表明，功能多样性才是与生态过程密切相关的生物多样性因素（江小雷和张卫国，2010），生态系统功能不仅取决于种类的数目，而且取决于物种所具有的功能特征。功能多样性较高的系统，由于其能够对有效资源实现互补性利用，因而可使系统更加有效地运行（刘士辉，2008；江小雷和张卫国，2010）。因此，生物多样性是通过群落内物种间功能特征的差异性，即功能多样性（Functional diversity）而对生态系统功能产生实质性的影响。此外，随着大数据多元分析技术的发展，聚类（cluster）、多维度分析（MDS）、主成分分析（PCA）等手段已被广泛应用于鱼类群落结构时空差异等方面的研究（Clarke & Warwick，2001；Braak & Smilauer，2002）。本章综合采用物种多样性指数、分类学多样性指数、功能多样性指数，多元排序、ABC 曲线等群落分析技术对珠江口鱼类群落和生物多样性进行了研究。

# 第一节　珠江口鱼类群落结构分析

## 一、群落相似性

### （一）Cluster 等级聚类分析和非度量多维尺度排序（NMDS）

Cluster 等级聚类分析是指将物理或抽象对象的集合分组，由类似的对象组成的多个类的分析过程。其目的在于衡量不同数据源间的相似性，进而把数据源分配到不同的簇中。NMDS 就是把样本间复杂的生物相似性关系转变成二维平面样点间的距离来表示，群落结构越相似，代表这些群落结构的点在 NMDS 上的距离就越近，群落结构差异越大，则相应位点在 NMDS 图上的距离越远。但是，将群落结构多维相似性关系转变成二维平面关系，难免会有一定程度上的失真，因此用 Stress 值的大小来评估 NMDS 拟合的准确性。当 Stress＜0.1 时，说明 NMDS 分析的结果能较好地解释样点间群落结构的相似性；当 0.1＜Stress＜0.2 时，NMDS 分析的结果对样点间群落结构的相似性具有一定的解释意义；当 Stress＞0.2 时，则认为 NMDS 所呈现的结果不能正确解释样点间群落结构的相似性，应改用更高维度的图形表示（Clark & Warwick，2001）。

根据珠江口各航次采样鱼类群落聚类分析和 NMDS 结果（图 3-1）可知，珠江口各航次调查的空间变化要比季节变化大，鱼类群落结构不同站点被明显分成了两组，上游三角洲河网段（三水、高明、九江、江门、斗门、神湾）一组，口门段（南沙、崖门、南水、伶仃洋、万山）一组。NMDS 分析结果 Stress 为 0.12，说明排序结果对不同航次群落结构的相似性具有一定的解释意义。

ANOSIM 分析表明，珠江口流域鱼类群落存在显著的空间变化（Average Rho＝0.712，$P$＝0.1%）和季节变化（Average Rho＝0.029，$P$＝3.3%），但年度变化不显著（Average Rho＝−0.005，$P$＝59%）。为了更好显示各航次调查的季节和空间变化，分别对不同季节和不同调查站点进行分析。珠江口各调查站位鱼类群落 NMDS 和聚类分析（图 3-2）表明，鱼类群落从上游站点到入海口站点呈梯度变化，总体可以把上游三角洲河网段（三水、高明、九江、江门、斗门、神湾）一组，口门段（南沙、崖门、南水、伶仃洋、万山）一组，同时各站点不同年度间有较大的相似性。NMDS 分析结果 Stress 为 0.05，说明排序结果能较好地解释站点间鱼类群落结构的相似性。

根据珠江口各季度鱼类群落聚类分析结果（图 3-3）可知，NMDS 分析结果 Stress

为 0.14，鱼类群落结构不同季节被明显分成了两组，夏季一组，春、秋、冬一组。同时 2013—2016 年调查结果具有较好的一致性。

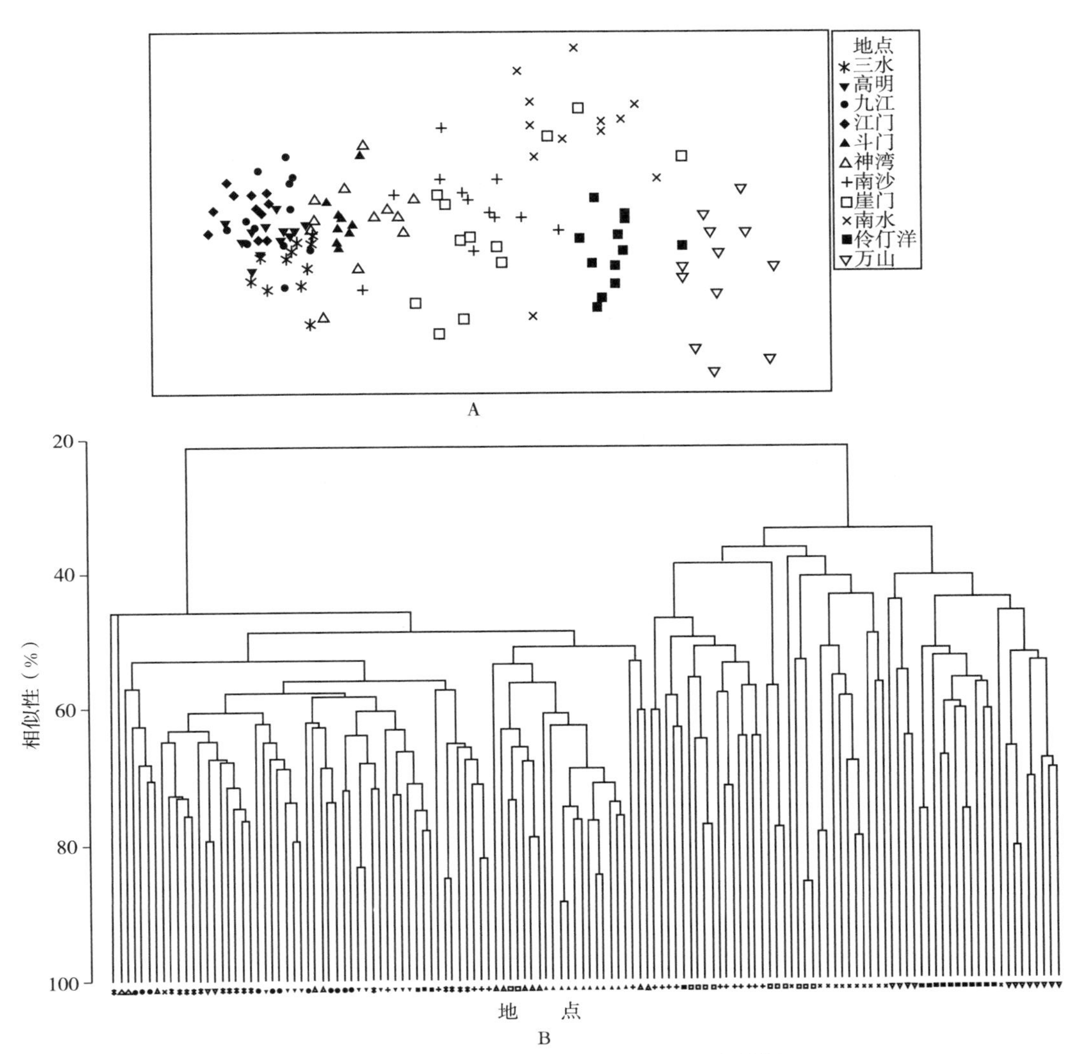


图 3-1　珠江口鱼类群落 NMDS（A）和聚类分析（B）

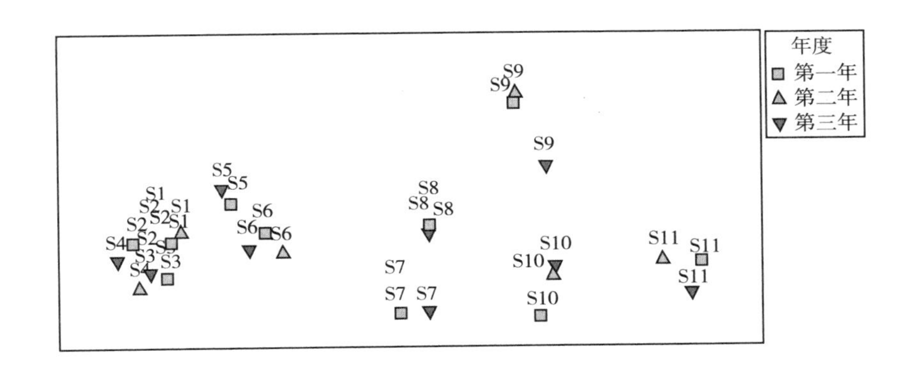

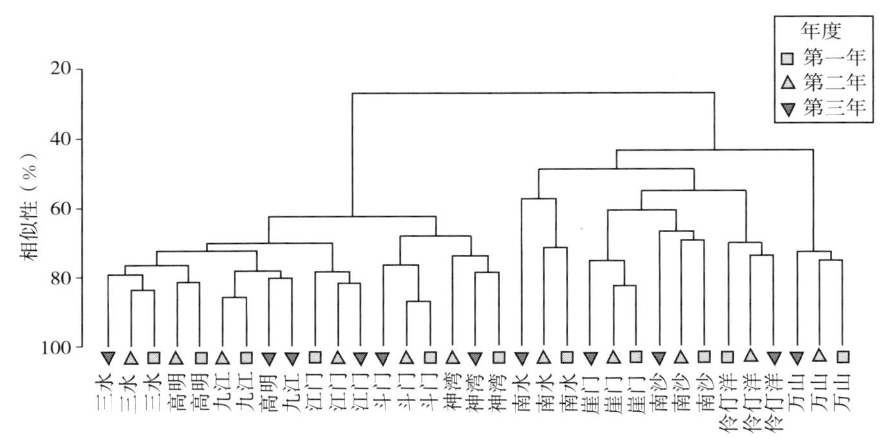


图 3-2 珠江口鱼类群落 NMDS 和聚类分析（站点，年度）

（第一年表示 2013 年 12 月—2014 年 9 月调查；第二年表示 2014 年 12 月—2015 年 9 月调查；第三年表示 2015 年 12 月—2016 年 9 月调查）

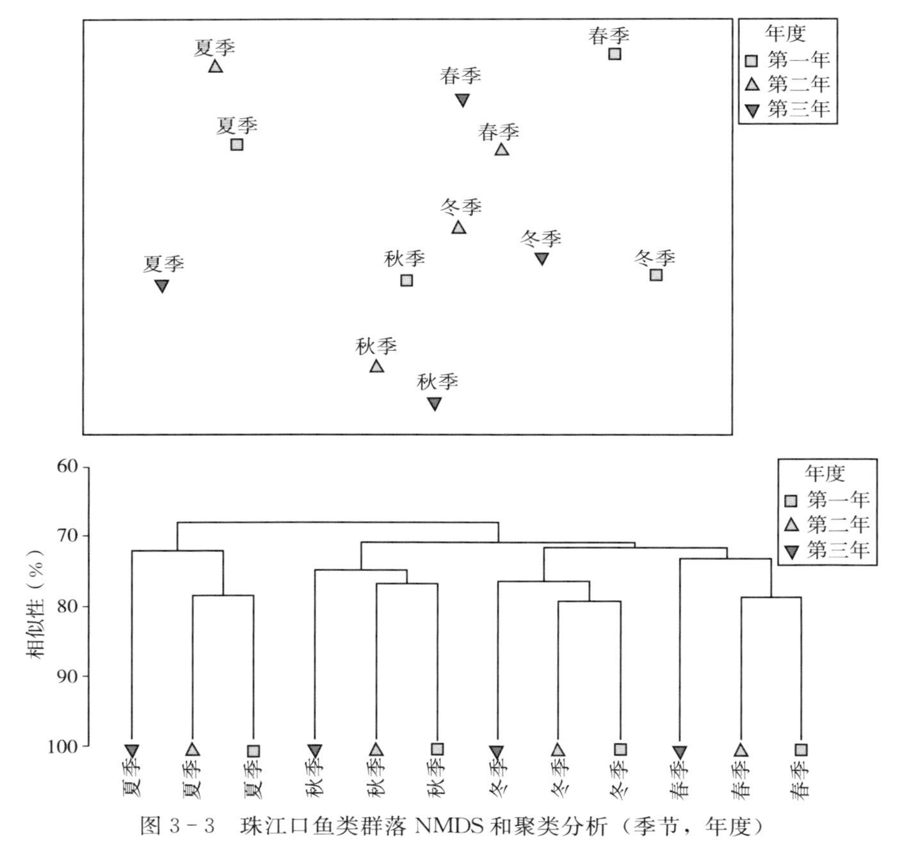


图 3-3 珠江口鱼类群落 NMDS 和聚类分析（季节，年度）

（第一年表示 2013 年 12 月—2014 年 9 月调查；第二年表示 2014 年 12 月—2015 年 9 月调查；第三年表示 2015 年 12 月—2016 年 9 月调查）

## （二）群落相似性百分比分析（SIMPER）

由于珠江口鱼类群落存在极强的空间分布特征，根据 NMDS 和聚类分析结果，将各调查站点分为三角洲河网段（三水、高明、九江、江门、斗门、神湾）、口门段（南沙、崖门、南水、伶仃洋、万山）进行分析。SIMPER 分析显示（表 3-1、表 3-2、表 3-3），三角洲河网段各调查位点间鱼类群落平均相似性（Average similarity）为 54.74，口门段各调查位点间鱼类群落平均相似性为 38.35，三角洲河网段和口门段鱼类群落相异性（Average dissimilarity）为 78.13。三角洲河网段相似性累积贡献率＞90%的种类有三角鲂、鲮、赤眼鳟、尼罗罗非鱼、花鰶、舌虾虎鱼、鳘、鲢、七丝鲚、鲤、鲫、麦瑞加拉鲮、黄尾鲴、泥鳅、海南鲌、鲻和尖头塘鳢共 17 种。口门段相似性累积贡献率＞90%的种类有花鰶、棘头梅童鱼、短吻鲾、鲻、拉氏狼牙虾虎鱼、凤鲚、三角鲂、七丝鲚、棱鮻、黄鳍鲷、丝鳍海鲇、须鳗虾虎鱼、舌虾虎鱼、尼罗罗非鱼、鮻、孔虾虎鱼、丽副叶鲹、叫姑鱼、前鳞鮻、赤眼鳟、鲢、多鳞鱚、鳓、弓斑东方鲀、花鲈、鲮和龙头鱼共 27 种。三角洲河网段和口门段相异性累计比例＞90%的种类有鲮、棘头梅童鱼、赤眼鳟、短吻鲾、拉氏狼牙虾虎鱼、三角鲂、凤鲚、鳘、舌虾虎鱼、七丝鲚、花鰶和尼罗罗非鱼等 69 种。这些种类的空间分布差异造成了珠江口鱼类群落的显著性差异。相异性贡献率大于 3%的种类中，鲮、赤眼鳟、三角鲂、鳘在三角洲河网段的相对多度明显高于口门段，而棘头梅童鱼、短吻鲾、拉氏狼牙虾虎鱼和凤鲚的相对多度在口门段更高（图 3-4）。

表 3-1　三角洲河网段相似性累积贡献率＞90%的种类

| 种类 | 拉丁名 | 平均相似性 | 贡献率（%） | 累积贡献率（%） |
|---|---|---|---|---|
| 三角鲂 | *Megalobrama terminalis* | 8.67 | 15.84 | 15.84 |
| 鲮 | *Cirrhinus molitorella* | 8.09 | 14.78 | 30.62 |
| 赤眼鳟 | *Squaliobarbus curriculus* | 6.58 | 12.03 | 42.65 |
| 尼罗罗非鱼 | *Oreochromis niloticus* | 3.55 | 6.49 | 49.13 |
| 花鰶 | *Clupanodon thrissa* | 3.5 | 6.39 | 55.52 |
| 舌虾虎鱼 | *Glossogobius giuris* | 3.17 | 5.79 | 61.31 |
| 鳘 | *Hemiculter leucisculus* | 2.62 | 4.78 | 66.09 |
| 鲢 | *Hypophthalmichthys molitrix* | 2.41 | 4.41 | 70.49 |
| 七丝鲚 | *Coilia grayii* | 1.92 | 3.5 | 74 |
| 鲤 | *Cyprinus carpio* | 1.72 | 3.14 | 77.13 |
| 鲫 | *Carassius auratus* | 1.61 | 2.94 | 80.08 |
| 麦瑞加拉鲮 | *Cirrhinus mrigala* | 1.36 | 2.48 | 82.56 |
| 黄尾鲴 | *Xenocypris davidi* | 1.2 | 2.19 | 84.75 |
| 泥鳅 | *Misgurnus anguillicaudatus* | 1.18 | 2.16 | 86.91 |
| 海南鲌 | *Culter recurviceps* | 0.89 | 1.63 | 88.54 |
| 鲻 | *Mugil cephalus* | 0.73 | 1.33 | 89.87 |
| 尖头塘鳢 | *Eleotris oxycephala* | 0.72 | 1.31 | 91.18 |

表 3-2 河口段相似性累积贡献率>90%的种类

| 种类 | 拉丁名 | 平均相似性 | 贡献率（%） | 累计贡献率（%） |
|---|---|---|---|---|
| 花鰶 | *Clupanodon thrissa* | 5.36 | 13.98 | 13.98 |
| 棘头梅童鱼 | *Collichthys lucidus* | 3.88 | 10.12 | 24.1 |
| 短吻鲾 | *Leiognathus brevirostris* | 3.47 | 9.06 | 33.16 |
| 鲻 | *Mugil cephalus* | 2.72 | 7.11 | 40.26 |
| 拉氏狼牙虾虎鱼 | *Odontamblyopus lacepedii* | 2.7 | 7.03 | 47.29 |
| 凤鲚 | *Coilia mystus* | 2.58 | 6.73 | 54.03 |
| 三角鲂 | *Megalobrama terminalis* | 2.12 | 5.54 | 59.57 |
| 七丝鲚 | *Coilia grayii* | 2.09 | 5.45 | 65.02 |
| 棱鲛 | *Chelon carinatus* | 1.59 | 4.14 | 69.16 |
| 黄鳍鲷 | *Acanthopagrus latus* | 0.9 | 2.35 | 71.51 |
| 丝鳍海鲇 | *Arius arius* | 0.76 | 1.98 | 73.49 |
| 须鳗虾虎鱼 | *Taenioides cirratus* | 0.71 | 1.85 | 75.34 |
| 舌虾虎鱼 | *Glossogobius giuris* | 0.59 | 1.54 | 76.88 |
| 尼罗罗非鱼 | *Oreochromis niloticus* | 0.58 | 1.5 | 78.38 |
| 鲛 | *Chelon haematocheilus* | 0.52 | 1.35 | 79.73 |
| 孔虾虎鱼 | *Trypauchen vagina* | 0.51 | 1.32 | 81.05 |
| 丽副叶鲹 | *Alepes kalla* | 0.42 | 1.09 | 82.14 |
| 叫姑鱼 | *Johnius belangerii* | 0.41 | 1.07 | 83.21 |
| 前鳞鲛 | *Chelon affinis* | 0.37 | 0.96 | 84.17 |
| 赤眼鳟 | *Squaliobarbus curriculus* | 0.37 | 0.96 | 85.14 |
| 鲢 | *Hypophthalmichthys molitrix* | 0.31 | 0.8 | 85.94 |
| 多鳞鱚 | *Sillago sihama* | 0.3 | 0.79 | 86.72 |
| 鳓 | *Ilisha elongata* | 0.29 | 0.76 | 87.48 |
| 弓斑东方鲀 | *Takifugu ocellatus* | 0.27 | 0.7 | 88.19 |
| 花鲈 | *Lateolabrax japonicus* | 0.25 | 0.66 | 88.85 |
| 鲮 | *Cirrhinus molitorella* | 0.24 | 0.64 | 89.49 |
| 龙头鱼 | *Harpadon nehereus* | 0.24 | 0.62 | 90.11 |

表 3-3 三角洲河网段和口门段相异性累计比例>90%的种类

| 种类 | 拉丁名 | 平均相异性 | 贡献率（%） | 累计贡献率（%） |
|---|---|---|---|---|
| 鲮 | *Cirrhinus molitorella* | 3.85 | 4.93 | 4.93 |
| 棘头梅童鱼 | *Collichthys lucidus* | 3.32 | 4.25 | 9.17 |
| 赤眼鳟 | *Squaliobarbus curriculus* | 3 | 3.85 | 13.02 |
| 短吻鲾 | *Leiognathus brevirostris* | 2.78 | 3.56 | 16.58 |
| 拉氏狼牙虾虎鱼 | *Odontamblyopus lacepedii* | 2.51 | 3.21 | 19.8 |
| 三角鲂 | *Megalobrama terminalis* | 2.5 | 3.2 | 22.99 |
| 凤鲚 | *Coilia mystus* | 2.48 | 3.17 | 26.16 |
| 鳘 | *Hemiculter leucisculus* | 2.37 | 3.03 | 29.19 |
| 舌虾虎鱼 | *Glossogobius giuris* | 2.31 | 2.96 | 32.15 |
| 七丝鲚 | *Coilia grayii* | 2.21 | 2.83 | 34.98 |
| 花鰶 | *Clupanodon thrissa* | 2.17 | 2.77 | 37.75 |
| 尼罗罗非鱼 | *Oreochromis niloticus* | 2.14 | 2.73 | 40.49 |
| 鲻 | *Mugil cephalus* | 1.91 | 2.45 | 42.93 |

（续）

| 种类 | 拉丁名 | 平均相异性 | 贡献率（%） | 累计贡献率（%） |
|---|---|---|---|---|
| 棱鲛 | *Chelon carinatus* | 1.89 | 2.41 | 45.35 |
| 鲢 | *Hypophthalmichthys molitrix* | 1.64 | 2.1 | 47.45 |
| 麦瑞加拉鲮 | *Cirrhinus mrigala* | 1.48 | 1.9 | 49.35 |
| 黄尾鲴 | *Xenocypris davidi* | 1.44 | 1.84 | 51.19 |
| 泥鳅 | *Misgurnus anguillicaudatus* | 1.41 | 1.81 | 52.99 |
| 鲫 | *Carassius auratus* | 1.3 | 1.67 | 54.66 |
| 鲤 | *Cyprinus carpio* | 1.2 | 1.53 | 56.19 |
| 须鳗虾虎鱼 | *Taenioides cirratus* | 1.1 | 1.41 | 57.61 |
| 丝鳍海鲇 | *Arius arius* | 1.07 | 1.37 | 58.98 |
| 丽副叶鲹 | *Alepes kalla* | 1.02 | 1.3 | 60.28 |
| 尖头塘鳢 | *Eleotris oxycephala* | 1 | 1.28 | 61.57 |
| 黄鳍鲷 | *Acanthopagrus latus* | 0.97 | 1.24 | 62.81 |
| 孔虾虎鱼 | *Trypauchen vagina* | 0.92 | 1.17 | 63.98 |
| 鲮 | *Chelon haematocheilus* | 0.9 | 1.15 | 65.13 |
| 叫姑鱼 | *Johnius belangerii* | 0.88 | 1.13 | 66.26 |
| 海南鲌 | *Culter recurviceps* | 0.85 | 1.09 | 67.35 |
| 前鳞鲛 | *Chelon affinis* | 0.83 | 1.06 | 68.41 |
| 莫桑比克罗非鱼 | *Oreochromis mossambicus* | 0.77 | 0.98 | 69.4 |
| 草鱼 | *Ctenopharyngodon idella* | 0.76 | 0.98 | 70.37 |
| 花鲈 | *Lateolabrax japonicus* | 0.75 | 0.96 | 71.33 |
| 斑纹舌虾虎鱼 | *Glossogobius olivaceus* | 0.72 | 0.92 | 72.25 |
| 胡子鲇 | *Clarias fuscus* | 0.71 | 0.9 | 73.15 |
| 斑鳢 | *Channa maculata* | 0.65 | 0.84 | 73.99 |
| 康氏侧带小公鱼 | *Stolephorus commersonnii* | 0.65 | 0.83 | 74.82 |
| 银鲳 | *Pampus argenteus* | 0.63 | 0.8 | 75.63 |
| 鳙 | *Aristichthys nobilis* | 0.62 | 0.8 | 76.43 |
| 龙头鱼 | *Harpadon nehereus* | 0.62 | 0.79 | 77.22 |
| 多鳞鱚 | *Sillago sihama* | 0.56 | 0.72 | 77.93 |
| 黄颡鱼 | *Tachysurus fulvidraco* | 0.53 | 0.68 | 78.61 |
| 鳓 | *Ilisha elongata* | 0.53 | 0.67 | 79.29 |
| 三线舌鳎 | *Cynoglossus trigrammus* | 0.52 | 0.67 | 79.95 |
| 褐篮子鱼 | *Siganus fuscescens* | 0.51 | 0.65 | 80.61 |
| 弓斑东方鲀 | *Takifugu ocellatus* | 0.49 | 0.62 | 81.23 |
| 硬头鲻 | *Moolgarda cunnesius* | 0.43 | 0.55 | 81.78 |
| 勒氏枝鳔石首鱼 | *Dendrophysa russelii* | 0.42 | 0.54 | 82.32 |
| 斑鰶 | *Konosirus punctatus* | 0.42 | 0.53 | 82.86 |
| 鲬 | *Platycephalus indicus* | 0.41 | 0.52 | 83.38 |
| 带鱼 | *Trichiurus lepturus* | 0.4 | 0.52 | 83.89 |
| 金钱鱼 | *Scatophagus argus* | 0.37 | 0.47 | 84.36 |
| 海鳗 | *Muraenesox cinereus* | 0.35 | 0.44 | 84.81 |
| 条纹鲮脂鲤 | *Prochilodus lineatus* | 0.33 | 0.43 | 85.24 |
| 赤鼻棱鳀 | *Thryssa kammalensis* | 0.33 | 0.42 | 85.66 |
| 露斯塔野鲮 | *Labeo rohita* | 0.31 | 0.4 | 86.05 |
| 长棘银鲈 | *Gerres filamentosus* | 0.3 | 0.39 | 86.44 |

（续）

| 种类 | 拉丁名 | 平均相异性 | 贡献率（%） | 累计贡献率（%） |
| --- | --- | --- | --- | --- |
| 细鳞鯻 | *Terapon jarbua* | 0.3 | 0.38 | 86.82 |
| 斑头舌鳎 | *Cynoglossus puncticeps* | 0.27 | 0.35 | 87.17 |
| 黄斑篮子鱼 | *Siganus canaliculatus* | 0.26 | 0.33 | 87.5 |
| 鳊 | *Parabramis pekinensis* | 0.26 | 0.33 | 87.83 |
| 杜氏棱鳀 | *Thryssa dussumieri* | 0.25 | 0.32 | 88.15 |
| 大弹涂鱼 | *Boleophthalmus pectinirostris* | 0.25 | 0.32 | 88.47 |
| 刺鲳 | *Psenopsis anomala* | 0.24 | 0.31 | 88.78 |
| 金带细鲹 | *Selaroides leptolepis* | 0.24 | 0.31 | 89.09 |
| 白肌银鱼 | *Leucosoma chinensis* | 0.23 | 0.3 | 89.39 |
| 尖吻鯻 | *Rhynchopelates oxyrhynchus* | 0.23 | 0.29 | 89.68 |
| 中华侧带小公鱼 | *Stolephorus chinensis* | 0.22 | 0.28 | 89.95 |
| 短棘银鲈 | *Gerres limbatus* | 0.21 | 0.27 | 90.22 |

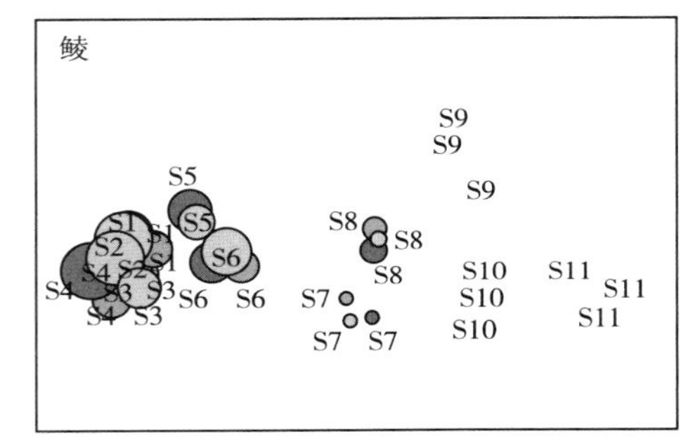


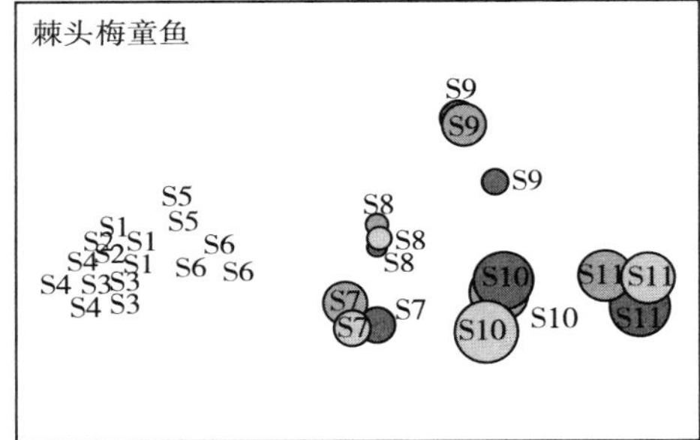


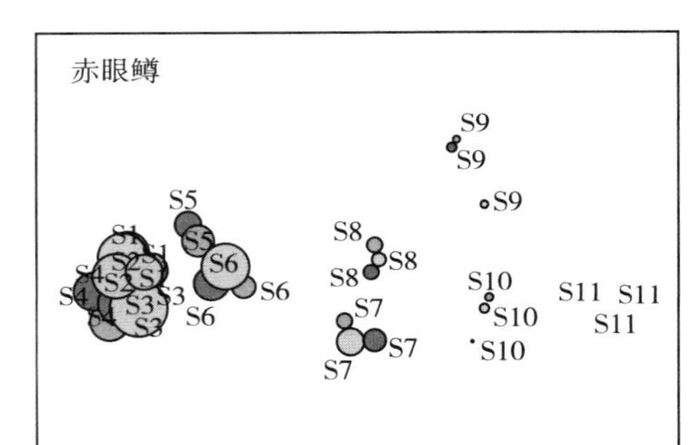


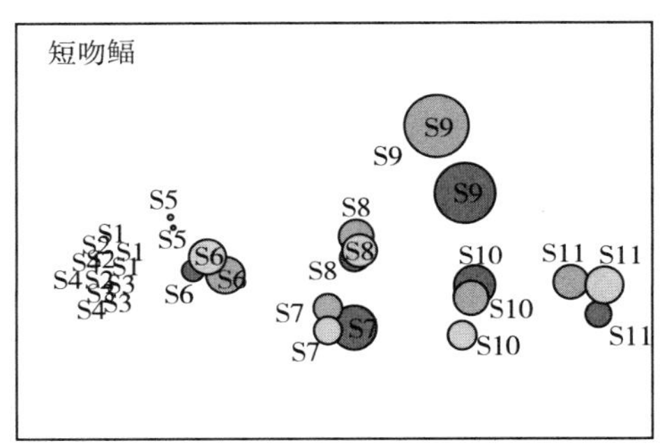


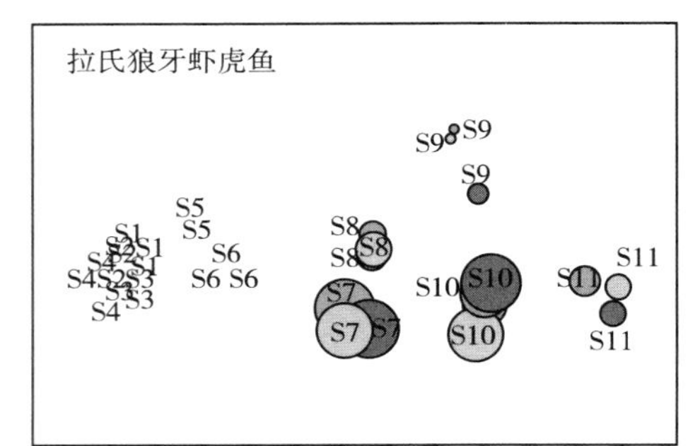


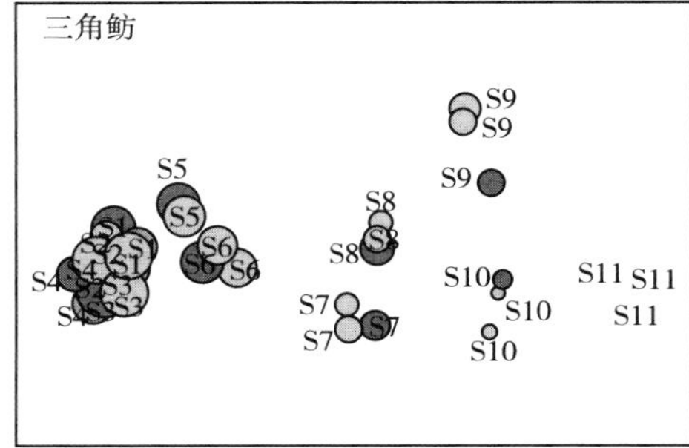

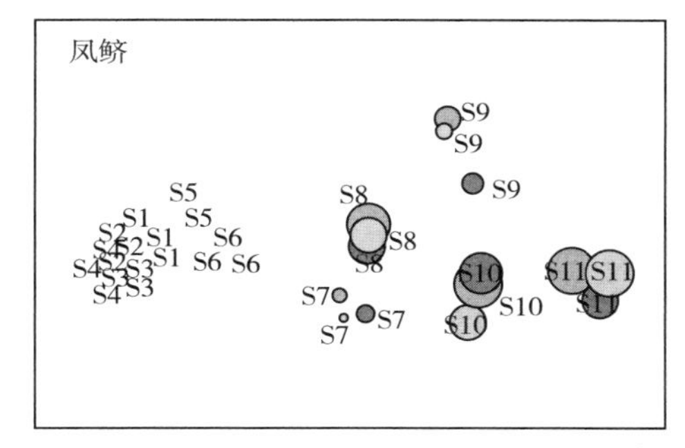


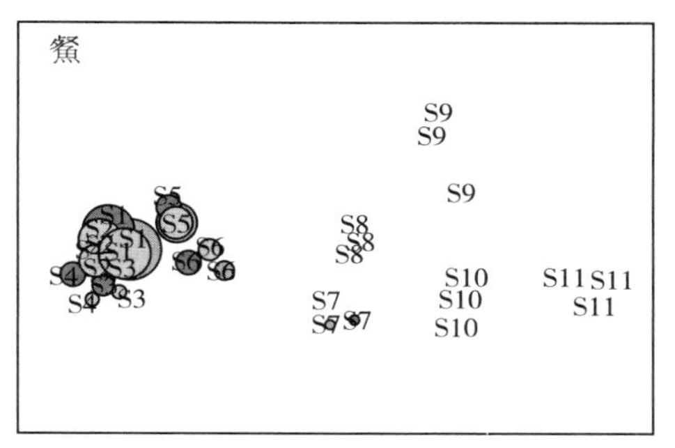


图 3－4　相异性贡献率＞3％的种类在珠江口各采样站点的分布

S1. 三水　S2. 高明　S3. 九江　S4. 江门　S5. 斗门　S6. 神湾　S7. 南沙

S8. 崖门　S9. 南水　S10. 伶仃洋　S11. 万山

SIMPER 分析显示，春季相似性累积贡献率＞90％的种类有三角鲂、花鰶、尼罗罗非鱼、赤眼鳟、鲻、鲮、鲢和鲫等共 29 种；夏季相似性累积贡献率＞90％的种类有三角鲂、花鰶、鲮、舌虾虎鱼、七丝鲚、赤眼鳟、鲢和尼罗罗非鱼等共 29 种；秋季相似性累积贡献率＞90％的种类有三角鲂、花鰶、七丝鲚、鲮、赤眼鳟、尼罗罗非鱼、鲢和麦瑞加拉鲮等共 29 种；冬季相似性累积贡献率＞90％的种类有三角鲂、鲮、赤眼鳟、尼罗罗非鱼、花鰶、鲻、七丝鲚和舌虾虎鱼等共 27 种。各季节平均相似性＞90％的共有种有鳘、草鱼、赤眼鳟、三角鲂、胡子鲇、花鰶、花鲈、黄鳍鲷、鲫、拉氏狼牙虾虎鱼、鲤、鲢、鲮、尼罗罗非鱼、七丝鲚、舌虾虎鱼、鳙和鲻共 18 种。根据上节各季度鱼类群落聚类结果，珠江口鱼类群落结构夏季与其他季节差异相对较大。进一步对夏季与其他季节进行 SIMPER 相异性分析，结果表明，对夏季与春季鱼类群落差异贡献较大的种类有鲮、赤眼鳟、舌虾虎鱼、三角鲂、尼罗罗非鱼、七丝鲚、鳘、花鰶、黄尾鲴、鲻、鲢、棘头梅童鱼和短吻鲾等。对夏季与秋季群落差异贡献较大的种类有鲮、赤眼鳟、舌虾虎鱼、鳘、麦瑞加拉鲮、七丝鲚、三角鲂、泥鳅、花鰶、鲻和尼罗罗非鱼等。对夏季与冬季群落差异贡献较大的种类有鲮、舌虾虎鱼、鳘、赤眼鳟、尼罗罗非鱼、七丝鲚、鲻、三角鲂、花鰶、短吻鲾、泥鳅和鲢等（表 3－4、表 3－5）。

**表 3－4　基于 SIMPER 分析的各季节相似性累计贡献率＞90％的种类（％）**

| 种类 | 拉丁名 | 春季 | 夏季 | 秋季 | 冬季 |
|---|---|---|---|---|---|
| 三角鲂 | *Megalobrama terminalis* | 9.36 | 10.5 | 11.1 | 11.77 |
| 花鰶 | *Clupanodon thrissa* | 9.27 | 10.28 | 8.95 | 7.24 |
| 鲮 | *Cirrhinus molitorella* | 4.88 | 7.58 | 6.47 | 8.07 |
| 舌虾虎鱼 | *Glossogobius giuris* | 3.67 | 7.49 | 3.72 | 4.17 |
| 七丝鲚 | *Coilia grayii* | 2.44 | 6.88 | 6.96 | 4.8 |
| 赤眼鳟 | *Squaliobarbus curriculus* | 7.05 | 6.42 | 5.88 | 7.97 |
| 鲢 | *Hypophthalmichthys molitrix* | 4.35 | 4.07 | 4.47 | 3.76 |

（续）

| 种类 | 拉丁名 | 春季 | 夏季 | 秋季 | 冬季 |
|---|---|---|---|---|---|
| 尼罗罗非鱼 | *Oreochromis niloticus* | 7.5 | 3.25 | 4.92 | 7.38 |
| 鲤 | *Cyprinus carpio* | 3.79 | 2.9 | 2.95 | 2.48 |
| 鳌 | *Hemiculter leucisculus* | 1.52 | 2.89 | 2.49 | 1.87 |
| 花鲈 | *Lateolabrax japonicus* | 1.05 | 2.59 | 1.07 | 0.96 |
| 海南鲌 | *culter recurviceps* | 1.57 | 2.38 |  | 0.72 |
| 泥鳅 | *Misgurnus anguillicaudatus* | 0.97 | 2.07 | 1.15 |  |
| 尖头塘鳢 | *Eleotris oxycephala* | 0.91 | 1.93 | 0.84 |  |
| 鲻 | *Mugil cephalus* | 6.28 | 1.68 | 4.2 | 6.44 |
| 凤鲚 | *Coilia mystus* | 0.77 | 1.61 | 2.06 | 0.67 |
| 黄鳍鲷 | *Acanthopagrus latus* | 1.22 | 1.58 | 1.05 | 1.24 |
| 鲫 | *Carassius auratus* | 3.95 | 1.55 | 2.66 | 1.72 |
| 鳙 | *Aristichthys nobilis* | 1.43 | 1.48 | 1.44 | 2.46 |
| 麦瑞加拉鲮 | *Cirrhinus mrigala* |  | 1.43 | 4.35 | 1.69 |
| 胡子鲇 | *Clarias fuscus* | 0.83 | 1.34 | 1.14 | 0.84 |
| 拉氏狼牙虾虎鱼 | *Odontamblyopus lacepedii* | 1.57 | 1.27 | 1.44 | 1.02 |
| 弓斑东方鲀 | *Takifugu ocellatus* |  | 1.25 |  |  |
| 草鱼 | *Ctenopharyngodon idella* | 0.82 | 1.24 | 1.01 | 1.48 |
| 黄颡鱼 | *Tachysurus fulvidraco* |  | 1.17 |  |  |
| 斑鳢 | *Channa maculata* | 1.22 | 1.06 | 1.44 | 1.16 |
| 莫桑比克罗非鱼 | *Oreochromis mossambicus* |  | 1.02 | 1.1 |  |
| 孔虾虎鱼 | *Trypauchen vagina* |  | 0.84 |  |  |
| 黄尾鲴 | *Xenocypris davidi* | 2.14 | 0.8 | 1.36 |  |
| 斑纹舌虾虎鱼 | *Glossogobius olivaceus* |  |  | 2.26 | 1 |
| 短吻鲾 | *Leiognathus brevirostris* | 3.81 |  | 1.68 | 3.11 |
| 棘头梅童鱼 | *Collichthys lucidus* | 2.98 |  | 1.24 | 1.55 |
| 棱鲅 | *Chelon carinatus* | 2.12 |  |  | 2.11 |
| 鲅 | *Chelon haematocheilus* | 1.96 |  |  | 2.42 |
| 丝鳍海鲇 | *Arius arius* | 0.77 |  | 1.21 |  |

**表 3-5 基于 SIMPER 分析的鱼类群落夏季与其他季节相异性累计比例>90%的种类**

| 夏季与春季 | | 夏季与秋季 | | 夏季与冬季 | |
|---|---|---|---|---|---|
| 种类 | 贡献率（%） | 种类 | 贡献率（%） | 种类 | 贡献率（%） |
| 鲅 | 3 | 鲅 | 2.99 | 鲅 | 3.16 |
| 赤眼鳟 | 2.79 | 赤眼鳟 | 2.64 | 舌虾虎鱼 | 3.1 |
| 舌虾虎鱼 | 2.75 | 舌虾虎鱼 | 2.59 | 鳌 | 2.62 |
| 三角鲂 | 2.54 | 鳌 | 2.54 | 赤眼鳟 | 2.61 |
| 尼罗罗非鱼 | 2.53 | 麦瑞加拉鲮 | 2.24 | 尼罗罗非鱼 | 2.56 |
| 七丝鲚 | 2.42 | 七丝鲚 | 2.14 | 七丝鲚 | 2.54 |
| 鳌 | 2.35 | 三角鲂 | 2.13 | 鲻 | 2.44 |
| 花鰶 | 2.34 | 泥鳅 | 2.12 | 三角鲂 | 2.34 |
| 黄尾鲴 | 2.29 | 花鰶 | 2.1 | 花鰶 | 2.33 |
| 鲻 | 2.19 | 鲻 | 2.02 | 短吻鲾 | 2.19 |

（续）

| 夏季与春季 | | 夏季与秋季 | | 夏季与冬季 | |
|---|---|---|---|---|---|
| 种类 | 贡献率（%） | 种类 | 贡献率（%） | 种类 | 贡献率（%） |
| 鲢 | 2.15 | 尼罗罗非鱼 | 2 | 泥鳅 | 2.08 |
| 棘头梅童鱼 | 2.1 | 尖头塘鳢 | 1.93 | 鲢 | 2.02 |
| 短吻鲾 | 2.07 | 凤鲚 | 1.93 | 麦瑞加拉鲮 | 1.97 |
| 鲫 | 1.98 | 鲢 | 1.86 | 凤鲚 | 1.79 |
| 泥鳅 | 1.92 | 短吻鲾 | 1.74 | 棱鲅 | 1.75 |
| 尖头塘鳢 | 1.91 | 鲫 | 1.72 | 拉氏狼牙虾虎鱼 | 1.75 |
| 棱鲅 | 1.76 | 拉氏狼牙虾虎鱼 | 1.71 | 棘头梅童鱼 | 1.73 |
| 鲤 | 1.75 | 海南鲌 | 1.69 | 鲤 | 1.71 |
| 凤鲚 | 1.74 | 黄尾鲷 | 1.67 | 尖头塘鳢 | 1.71 |
| 拉氏狼牙虾虎鱼 | 1.65 | 斑纹舌虾虎鱼 | 1.66 | 鲫 | 1.62 |
| 麦瑞加拉鲮 | 1.58 | 棘头梅童鱼 | 1.59 | 草鱼 | 1.6 |
| 海南鲌 | 1.54 | 鲤 | 1.55 | 海南鲌 | 1.56 |
| 花鲈 | 1.45 | 花鲈 | 1.47 | 黄尾鲷 | 1.54 |
| 胡子鲇 | 1.31 | 莫桑比克罗非鱼 | 1.4 | 花鲈 | 1.51 |
| 草鱼 | 1.31 | 草鱼 | 1.38 | 鲅 | 1.49 |
| 斑鳢 | 1.26 | 胡子鲇 | 1.34 | 鳙 | 1.38 |
| 鲅 | 1.26 | 斑鳢 | 1.34 | 黄鳍鲷 | 1.35 |
| 鳙 | 1.22 | 丝鳍海鲇 | 1.28 | 莫桑比克罗非鱼 | 1.34 |
| 黄鳍鲷 | 1.22 | 棱鲅 | 1.27 | 胡子鲇 | 1.32 |
| 莫桑比克罗非鱼 | 1.18 | 须鳗虾虎鱼 | 1.23 | 须鳗虾虎鱼 | 1.28 |
| 丝鳍海鲇 | 1.15 | 黄鳍鲷 | 1.22 | 斑纹舌虾虎鱼 | 1.23 |
| 黄颡鱼 | 1.14 | 鳙 | 1.18 | 斑鳢 | 1.22 |
| 孔虾虎鱼 | 1.1 | 孔虾虎鱼 | 1.16 | 黄颡鱼 | 1.16 |
| 须鳗虾虎鱼 | 1.09 | 黄颡鱼 | 1.14 | 叫姑鱼 | 0.97 |
| 叫姑鱼 | 1 | 弓斑东方鲀 | 1.05 | 弓斑东方鲀 | 0.95 |
| 康氏侧带小公鱼 | 0.98 | 鲅 | 0.94 | 前鳞鲅 | 0.93 |
| 弓斑东方鲀 | 0.87 | 叫姑鱼 | 0.91 | 丝鳍海鲇 | 0.9 |
| 前鳞鲅 | 0.82 | 丽副叶鲹 | 0.9 | 孔虾虎鱼 | 0.89 |
| 褐篮子鱼 | 0.8 | 鳊 | 0.9 | 丽副叶鲹 | 0.87 |
| 斑鰶 | 0.76 | 露斯塔野鲮 | 0.83 | 多鳞鱚 | 0.86 |
| 金钱鱼 | 0.72 | 三线舌鳎 | 0.82 | 鲬 | 0.85 |
| 银鲳 | 0.67 | 多辐翼甲鲇 | 0.82 | 勒氏枝鳔石首鱼 | 0.77 |
| 黄鳝 | 0.67 | 鳓 | 0.71 | 金钱鱼 | 0.76 |
| 鲬 | 0.66 | 金钱鱼 | 0.69 | 鳓 | 0.72 |
| 鳊 | 0.65 | 硬头鲻 | 0.69 | 露斯塔野鲮 | 0.7 |
| 条纹鲮脂鲤 | 0.64 | 条纹鲮脂鲤 | 0.66 | 三线舌鳎 | 0.68 |
| 龙头鱼 | 0.62 | 海鳗 | 0.65 | 条纹鲮脂鲤 | 0.65 |
| 赤鼻棱鳀 | 0.61 | 褐篮子鱼 | 0.64 | 银鲳 | 0.61 |
| 露斯塔野鲮 | 0.6 | 鲬 | 0.62 | 褐篮子鱼 | 0.61 |
| 勒氏枝鳔石首鱼 | 0.6 | 黄鳝 | 0.6 | 海鳗 | 0.61 |
| 丽副叶鲹 | 0.6 | 黑体塘鳢 | 0.59 | 长棘银鲈 | 0.59 |
| 长棘银鲈 | 0.6 | 多鳞鱚 | 0.57 | 多辐翼甲鲇 | 0.54 |
| 细鳞鯻 | 0.58 | 银鲳 | 0.56 | 黄鳝 | 0.54 |
| 多鳞鱚 | 0.57 | 斑头舌鳎 | 0.56 | 鳊 | 0.52 |
| 多辐翼甲鲇 | 0.54 | 红鳍原鲌 | 0.53 | 龙头鱼 | 0.51 |
| 三线舌鳎 | 0.53 | 刺鲳 | 0.53 | 细鳞鯻 | 0.49 |

（续）

| 夏季与春季 | | 夏季与秋季 | | 夏季与冬季 | |
|---|---|---|---|---|---|
| 种类 | 贡献率（%） | 种类 | 贡献率（%） | 种类 | 贡献率（%） |
| 带鱼 | 0.52 | 前鳞鲅 | 0.5 | 黑体塘鳢 | 0.46 |
| 鳓 | 0.5 | 带鱼 | 0.47 | 白肌银鱼 | 0.44 |
| 大弹涂鱼 | 0.49 | 斑鰶 | 0.46 | 杜氏棱鳀 | 0.44 |
| 鲇 | 0.49 | 赤鼻棱鳀 | 0.46 | 尖吻鯻 | 0.43 |
| 黄斑篮子鱼 | 0.47 | 纹缟虾虎鱼 | 0.46 | 短棘银鲈 | 0.43 |
| 硬头鲻 | 0.47 | 大弹涂鱼 | 0.45 | 硬头鲻 | 0.42 |
| 斑头舌鳎 | 0.45 | 龙头鱼 | 0.45 | 带鱼 | 0.39 |
| 海鳗 | 0.43 | 细鳞鯻 | 0.45 | 大弹涂鱼 | 0.39 |
| 红鳍原鲌 | 0.43 | 白肌银鱼 | 0.44 | 赤鼻棱鳀 | 0.38 |
| 黑体塘鳢 | 0.38 | 日本鳗鲡 | 0.42 | 日本鳗鲡 | 0.36 |
| 白肌银鱼 | 0.38 | 尖吻鯻 | 0.41 | 鲇 | 0.35 |
| 斑纹舌虾虎鱼 | 0.38 | 长棘银鲈 | 0.41 | 黄斑篮子鱼 | 0.35 |
| 尖吻鯻 | 0.37 | 燕尾鲳 | 0.41 | 红鳍原鲌 | 0.34 |
| 日本鳗鲡 | 0.37 | 短棘银鲈 | 0.4 | 间下鱵 | 0.33 |
| 短棘银鲈 | 0.35 | 鲇 | 0.4 | 斑头舌鳎 | 0.32 |
| 刺鲳 | 0.34 | 黑斑多指马鲅 | 0.39 | 刺鲳 | 0.32 |
| 静仰口鲾 | 0.34 | 灰鳍彭纳石首鱼 | 0.38 | 卵形鲳鲹 | 0.32 |
| 陈氏新银鱼 | 0.32 | 瓦氏拟鲉 | 0.38 | 金带细鲹 | 0.31 |
| 卵形鲳鲹 | 0.32 | 勒氏枝鳔石首鱼 | 0.35 | 中华侧带小公鱼 | 0.3 |
| 乌塘鳢 | 0.31 | 大黄鱼 | 0.33 | 中华舌鳎 | 0.3 |
| 间下鱵 | 0.29 | 间下鱵 | 0.33 | 子陵吻虾虎鱼 | 0.29 |
| 黄斑鲾 | 0.28 | 条斑东方鲀 | 0.32 | 紫红笛鲷 | 0.29 |
| 灰鳍彭纳石首鱼 | 0.27 | 卵形鲳鲹 | 0.31 | 斑点鸡笼鲳 | 0.29 |
| 革胡子鲇 | 0.27 | 斑点鸡笼鲳 | 0.31 | 鯻 | 0.29 |
| 大黄鱼 | 0.26 | 革胡子鲇 | 0.3 | 斑鰶 | 0.28 |
| 纹缟虾虎鱼 | 0.26 | 中华舌鳎 | 0.28 | 灰鳍彭纳石首鱼 | 0.27 |
| 麦穗鱼 | 0.26 | 陈氏新银鱼 | 0.27 | 陈氏新银鱼 | 0.26 |
| 瓦氏拟鲉 | 0.26 | 杜氏棱鳀 | 0.27 | 青鱼 | 0.25 |
| 日本金线鱼 | 0.24 | 鳡 | 0.26 | 黄吻棱鳀 | 0.24 |
| 金带细鲹 | 0.23 | 长颌棱鳀 | 0.25 | 革胡子鲇 | 0.23 |
| 斑点鸡笼鲳 | 0.23 | 金带细鲹 | 0.25 | 燕尾鲳 | 0.22 |
| 须鲫 | 0.23 | 黄吻棱鳀 | 0.24 | 大黄鱼 | 0.22 |
| 食蚊鱼 | 0.23 | 乌塘鳢 | 0.23 | 乌塘鳢 | 0.22 |
| 燕尾鲳 | 0.22 | 眶棘双边鱼 | 0.22 | 黑斑多指马鲅 | 0.21 |
| 乌鳢 | 0.21 | 须鲫 | 0.21 | 斑鰶 | 0.21 |
| 海南似鲚 | 0.21 | 竹筴鱼 | 0.21 | 竹筴鱼 | 0.2 |
| 黑斑多指马鲅 | 0.2 | 花鲆 | 0.21 | 纹缟虾虎鱼 | 0.2 |
| 竹筴鱼 | 0.2 | 黄斑鲾 | 0.2 | | |
| 中华侧带小公鱼 | 0.2 | 静仰口鲾 | 0.2 | | |
| 大眼海鲢 | 0.2 | 犬齿背眼虾虎鱼 | 0.19 | | |
| 中华舌鳎 | 0.19 | 日本金线鱼 | 0.18 | | |
| | | 绿斑细棘虾虎鱼 | 0.18 | | |
| | | 黄斑篮子鱼 | 0.18 | | |
| | | 髭缟虾虎鱼 | 0.18 | | |
| | | 子陵吻虾虎鱼 | 0.18 | | |

## 二、群落扰动状况

数量生物量比较曲线（abundance biomass comparison curve，简称 ABC 曲线）方法，是在同一坐标系中比较生物量优势度曲线和数量优势度曲线，通过两条曲线的分布情况来分析群落不同干扰状况下的特征。ABC 曲线方法反映了 r 选择和 k 选择的传统进化的理论背景。在未受干扰（稳定）的状态下，群落主要是以 k 选择种类（生长慢、性成熟晚的大个体种类）为主，生物量优势度曲线位于数据优势度曲线之上。随着干扰的增加，k 选择物种的生物量（或数量）逐渐减少，r 选择物种的生物量（或数量）则逐渐增加，当处于中等干扰（或不稳定）的状态时，两条曲线将相交；当群落逐渐变为由 r 选择的物种（生长快、个体小的种类）为主，此时生物量的优势度曲线在数量优势度曲线之下，则表明群落处于严重干扰的（不稳定的）状态（图 3－5）。用 *W* 统计量（W－statistic）作为 ABC 曲线方法的一个统计量，是指数量优势度曲线和重量优势度曲线与横轴所形成的面积之差。当生物量优势曲线在数量优势度曲线之上时，*W* 为正，表示鱼类群落结构未受到外界干扰，群落结构基本稳定；反之，*W* 为负，表示鱼类群落结构受到严重干扰，群落结构极不稳定。若两条曲线相交，*W* 值在 0 左右，说明鱼类群落结构受到中等程度的干扰。

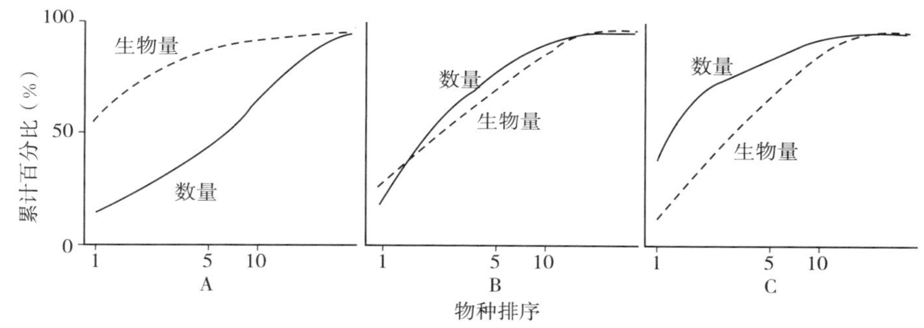


图 3－5　不同干扰情况下的理论 ABC 曲线特征

A. 未受干扰　B. 中等程度干扰　C. 严重干扰

（引自 Clarke et al，2014）

三角洲河网段不同站点 ABC 曲线的趋势如图 3－6 所示，其中，九江、斗门和神湾生物量曲线在丰度曲线之上，*W* 值分别为 0.043、0.03 和 0.045，说明群落受到的干扰相对较小，群落较稳定。而三水、高明和江门站点丰度曲线和生物量曲线相交，*W* 值接近于 0，其值分别为－0.004、0.01 和－0.002，预示该鱼类群落受到不同程度干扰。根据 Clarke 和 Warwick 的划分标准，这些站点鱼类群落处于中度的干扰状态。

口门段不同站点 ABC 曲线的趋势如图 3－7 所示，崖门和南水站点 *W* 值分别为 0.04 和 0.027，受到相对较小的外界干扰，群落较稳定。南沙鱼类群落的丰度优势度曲线与生物量的优势度曲线相交且 *W* 统计值接近 0，受到中等程度的干扰。伶仃洋和万山站点丰度优势度曲线完全在生物量优势度曲线之上，*W* 值分别为－0.053 和－0.050，表明鱼类群落处于严重干扰的（不稳定的）状态。

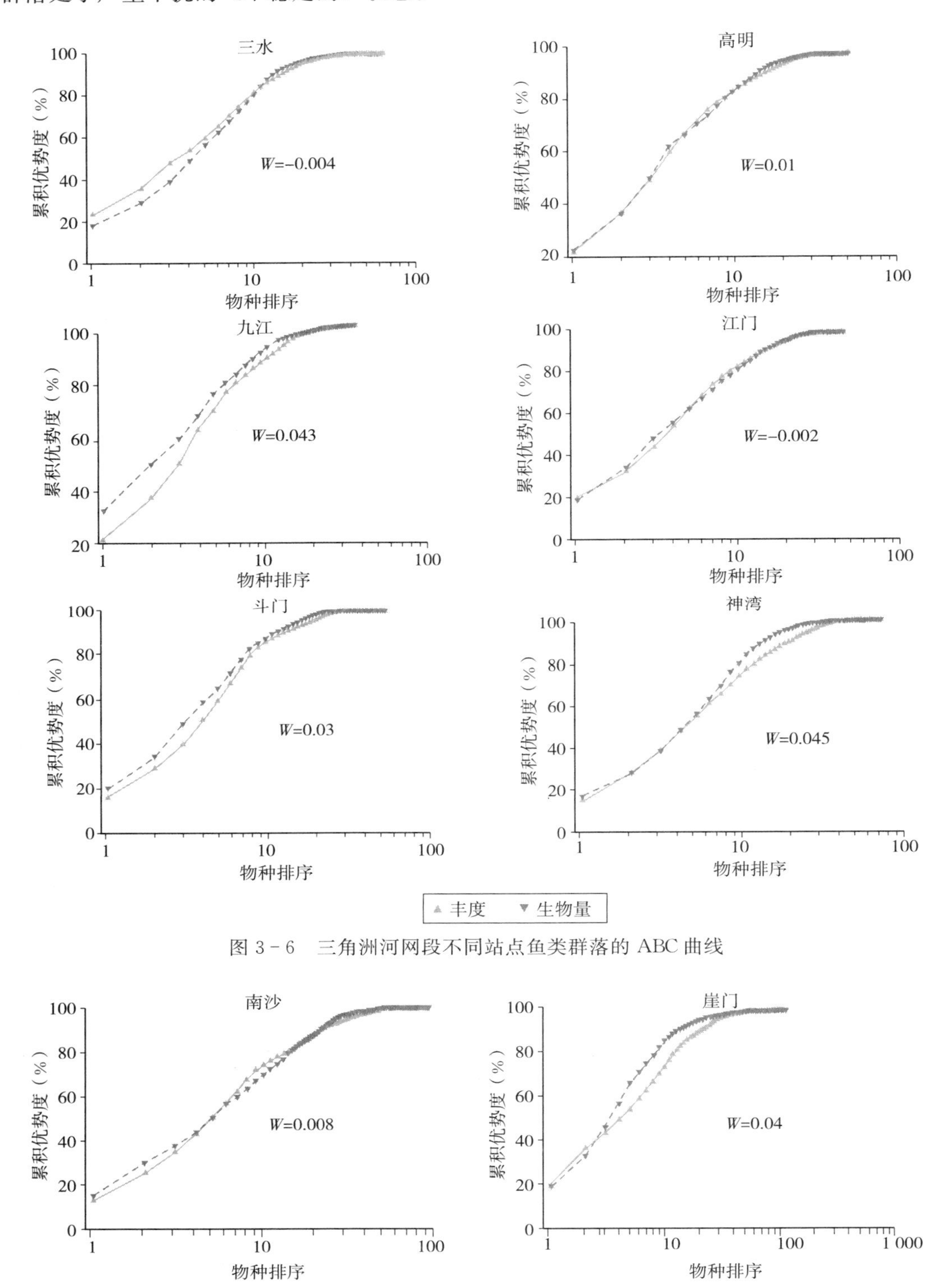


图 3－6　三角洲河网段不同站点鱼类群落的 ABC 曲线

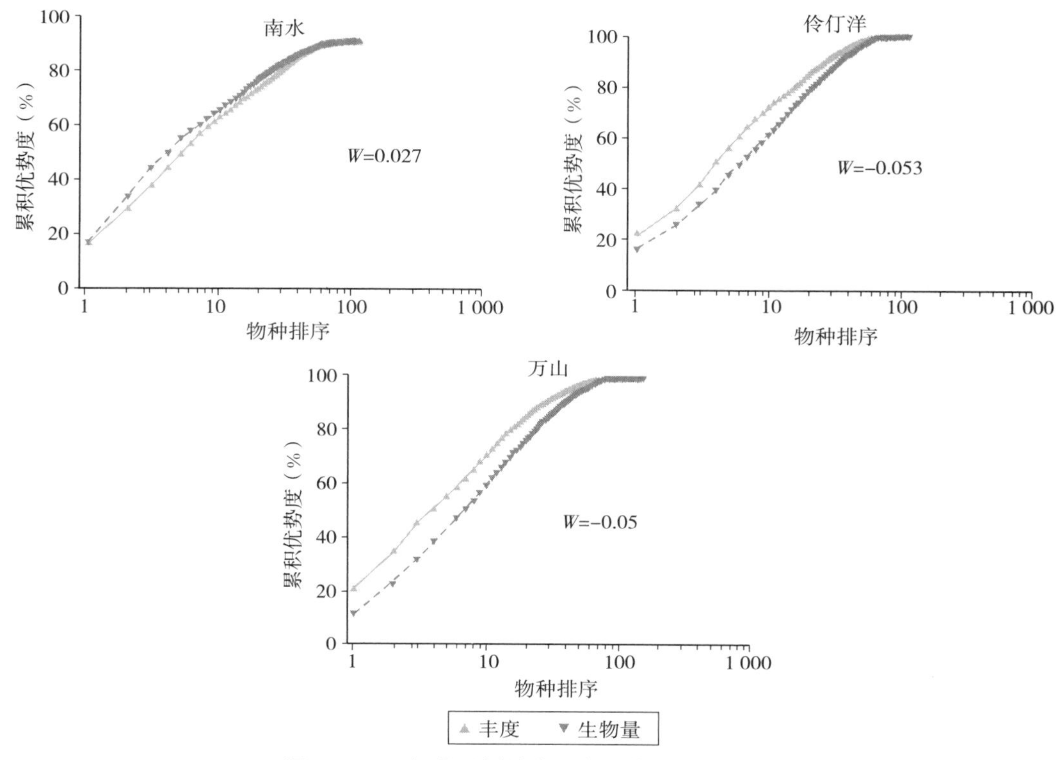


图 3-7　口门段不同站点鱼类群落的 ABC 曲线

从三角洲河网段各季度鱼类丰度与生物量优势度曲线分析（图 3-8）可知，春季、秋季和冬季生物量曲线在丰度曲线之上，*W* 值分别为 0.041、0.028 和 0.024，群落受外界干扰相对较小，而夏季生物量曲线与丰度曲线有部分相交，*W* 值＝0.006，接近于 0，受到中等程度的外界干扰。口门段春季 *W* 值为－0.056，丰度曲线在生物量曲线之上，此时受外界干扰强度较大，群落结构处于不稳定状态（图 3-9）。而夏季、秋季和冬季 *W* 值分别为 0、0.009 和－0.013，接近于 0 且丰度与生物量曲线相交，说明鱼类群落受到中等程度的干扰。

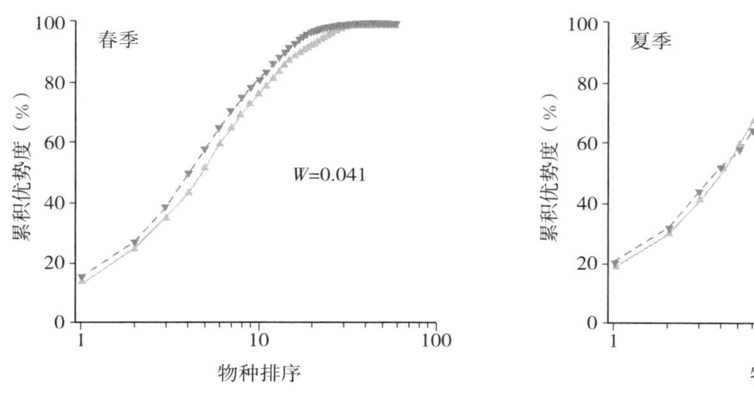


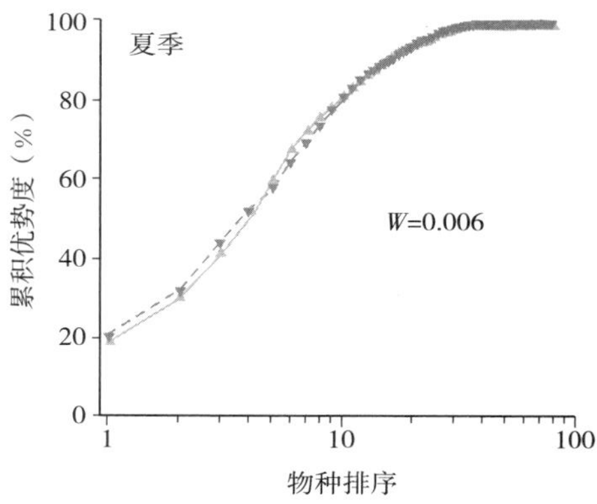

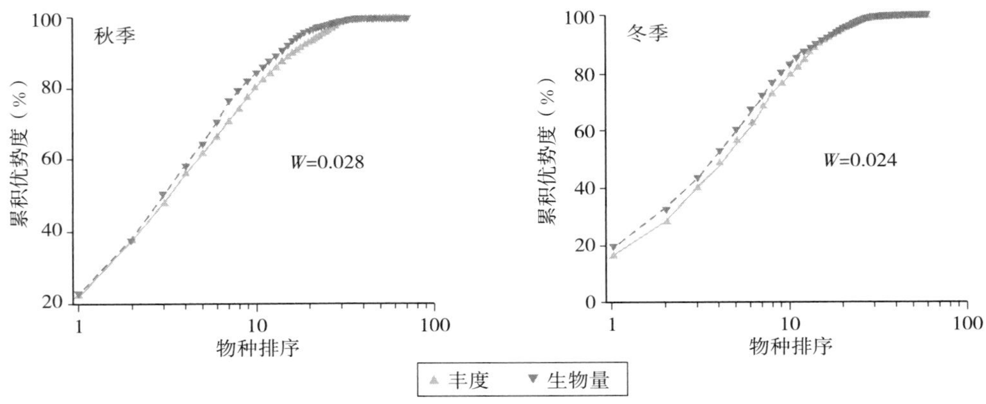


图 3-8　三角洲河网段不同季节鱼类群落的 ABC 曲线

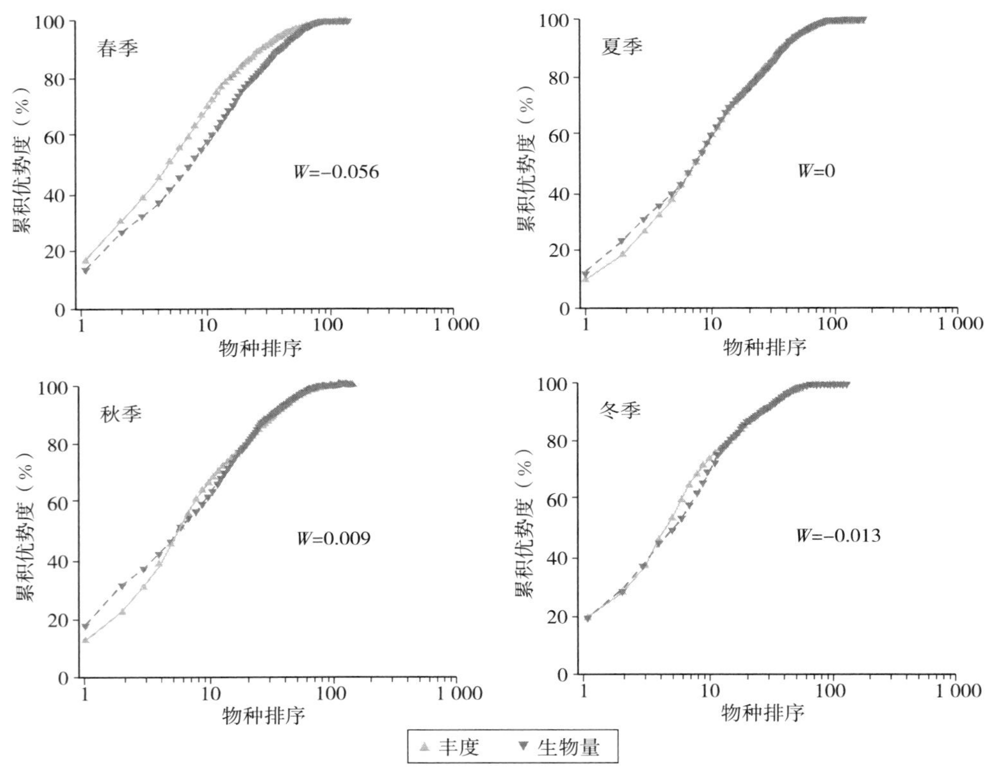


图 3-9　口门段不同季节鱼类群落的 ABC 曲线

对不同年度调查 ABC 曲线进行统计发现，2013 年 12 月—2016 年 9 月调查三角洲河网段 ABC 曲线 W 值分别为 0.02、0.026 和 0.022，除 2015 年 12 月—2016 年 9 月调查少量鱼类丰度优势度曲线位于生物量优势度曲线之上外，总体而言，生物量曲线位于丰度曲线之上且 W 值>0，各年度受到的干扰均较小，群落较稳定。

口门段 2013 年 12 月—2016 年 9 月调查 ABC 曲线 $W$ 值分别为－0.018，－0.016 和 0.006，各年度均受到不同程度的干扰，其中 2013 年 12 月—2014 年 9 月和 2015 年 12 月—2016 年 9 月丰度优势度曲线位于生物量曲线之上，受到较强的干扰，而 2015 年 12 月—2016 年 9 月调查丰度和生物量曲线相交，$W$ 值接近于 0（0.006），群落受到中等程度的干扰。口门段从 2013 年 12 月—2016 年 9 月 $W$ 值逐渐增加，虽受到不同程度的干扰，但总体鱼类群落干扰程度逐年变小，群落稳定性有缓慢恢复的趋势。

# 第二节　珠江口鱼类群落多样性的时空分布

## 一、物种多样性指数的时空分布格局

### （一）物种多样性指数的季节和年际比较

生物多样性反映生物有机体及其赖以生存的生态综合体之间的多样性和变异性。包括物种多样性、遗传多样性和生态系统多样性。在生物多样性三个层次中，物种多样性是最明显、最直观的一个层次。物种多样性是群落生物组成结构的重要指标，它不仅可以反映群落组织化水平，而且可以通过结构与功能的关系间接反映群落功能的特征。

珠江口物种多样性季节差异结果如图 3－10 所示，Margalef 种类丰富度指数不同季节差异显著（ANOVA，$P<0.01$），其他指数季节差异不显著（ANOVA，$P>0.05$）。不同季节间 Margalef 种类丰富度指数均值为 3.49～4.56，以夏季最高，冬季最低；Pielou 均匀度指数季节变化较小，均值为 0.71～0.75，以春季最高，夏季最低；Shannon－Wiener 多样性指数变化季节较小，均值为 2.47～2.52，以夏季最高，冬季最低；Simpson 优势集中度指数为 0.12～0.14，以冬季最高，春季最低。

不同年际间比较见图 3－11，Margalef 种类丰富度从 2013 年 12 月到 2016 年 9 月逐年微弱增加，2013 年 12 月至 2014 年 9 月均值为 3.84，2014 年 12 月至 2015 年 9 月均值为 3.93，2015 年 12 月至 2016 年 9 月均值为 4.27；Pielou 均匀度指数各年度差异较小，2013 年 12 月至 2014 年 9 月均值为 0.74，2014 年 12 月至 2015 年 9 月均值为 0.73，2015 年 12 月至 2016 年 9 月均值为 0.73；Shannon－Wiener 多样性指数以 2015 年 12 月至 2016 年 9 月最大，均值达 2.51，2013 年 12 月至 2014 年 9 月和 2014 年 12 月至 2015 年 9 月较小，分别为 2.44 和 2.43；Simpson 优势集中度指数和 Pielou 均匀度指数类似，年际变化较小，2013—2016 年调查年际均值分别为 0.131、0.138 和 0.127。4 个物种多样性指数年际间均没有显著性差异（ANOVA，$P>0.05$）。

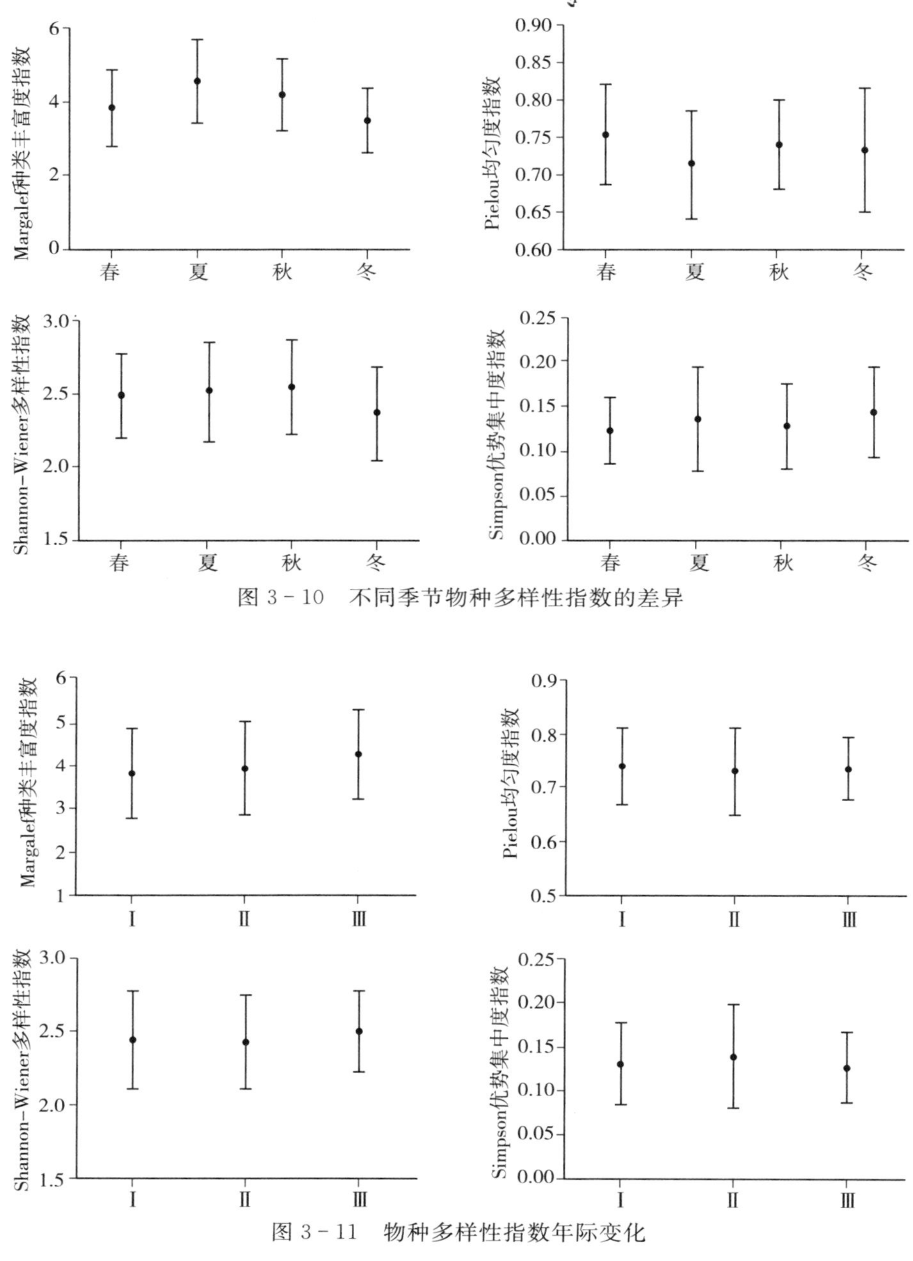


图 3-10　不同季节物种多样性指数的差异

图 3-11　物种多样性指数年际变化

Ⅰ. 2013 年 12 月至 2014 年 9 月调查　Ⅱ. 2014 年 12 月至 2015 年 9 月调查

Ⅲ. 2015 年 12 月至 2016 年 9 月调查

对不同多样性指数进行相关性分析（表 3-6），发现 Margalef 种类丰富度指数与 Shannon-Wiener 多样性指数、种类数、样本尾数呈正相关（$P<0.01$），与 Simpson 优势集中度指数呈负相关（$P<0.01$）；Pielou 均匀度指数与 Shannon-Wiener 多样性指数呈正相关，与 Simpson 优势集中度指数和样本尾数呈负相关（$P<0.01$）；Shannon-Wiener

多样性指数与 Margalef 种类丰富度指数、Pielou 均匀度指数和种类数呈正相关（$P<0.01$），而与 Simpson 优势集中度指数呈负相关（$P<0.01$）；Simpson 优势集中度指数与 Margalef 种类丰富度指数、Pielou 均匀度指数、Shannon－Wiener 多样性指数和种类数均呈负相关（$P<0.01$）。尽管珠江口不同物种多样性指数之间存在一定的信息冗余，但不同多样性指数代表不同的生态学意义，评估珠江口鱼类群落多样性的特征应综合不同测度加以分析，不能简单地以单个多样性值的大小来判断。

表 3－6　各物种多样性指数 Pearson 相关性分析

| | $D$ | $J'$ | $H'$ | Lambda | $S$ | $N$ |
|---|---|---|---|---|---|---|
| $D$ | 1.00 | −0.02 | 0.67** | −0.44** | 0.97** | 0.27** |
| $J'$ | −0.02 | 1.00 | 0.70** | −0.83** | −0.09 | −0.30** |
| $H'$ | 0.67** | 0.70** | 1.00 | −0.91** | 0.63** | 0.10 |
| Lambda | −0.44** | −0.83** | −0.91** | 1.00 | −0.38** | 0.02 |
| $S$ | 0.97** | −0.09 | 0.63** | −0.38** | 1.00 | 0.48** |
| $N$ | 0.27** | −0.30** | 0.10 | 0.02 | 0.48** | 1.00 |

注：**显著水平 $P=0.01$。$D$ 为 Margalef 种类丰富度指数；$J'$为 Pielou 均匀度指数；$H'$为 Shannon－Wiener 多样性指数；Lambda 为 Simpson 优势集中度指数；$S$ 为种类数；$N$ 为样本尾数。

## （二）物种多样性指数的空间差异

从空间变化来说，Margalef 种类丰富度、Shannon－Wiener 多样性指数、Simpson 优势集中度指数存在显著的空间差异（ANOVA，$P<0.05$），而 Pielou 均匀度指数空间差异不显著（ANOVA，$P>0.05$），不同站点 Margalef 种类丰富度以九江站点最低，均值为 2.69，万山站点最高，均值为 5.92；Pielou 均匀度指数总体变化范围不大，均值为 0.69～0.76；Shannon－Wiener 多样性指数以九江站点最低，均值为 2.13，万山站点最高，均值为 2.74；Simpson 优势集中度指数，以万山站点最低，均值为 0.10，九江站点最高，均值为 0.16（图 3－12，表 3－7）。Pielou 均匀度指数没有表现出明显的变化趋势，而 Margalef 种类丰富度和 Shannon－Wiener 多样性指数从上游到近海大体呈上升趋势，Simpson 优势集中度指数从上游到近海大体成下降趋势。

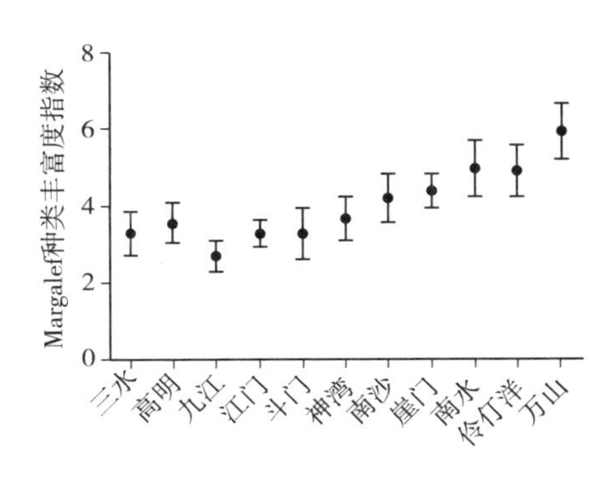


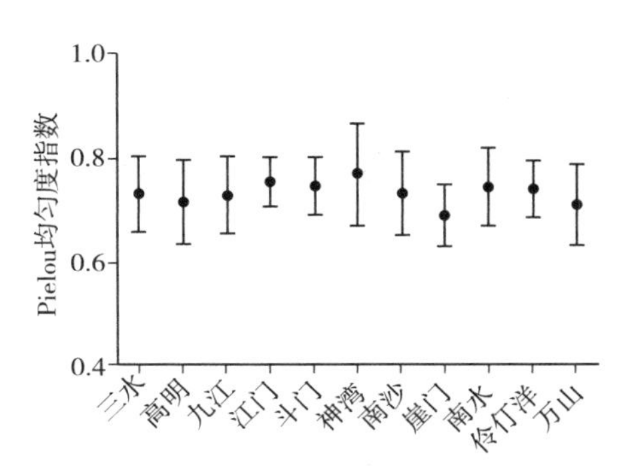

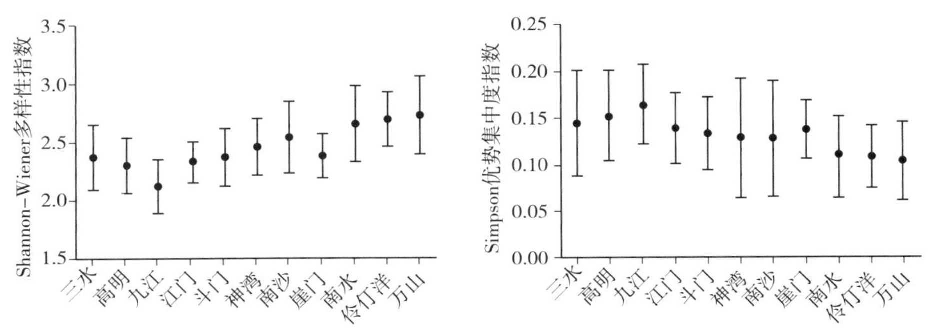


图 3-12　不同站点物种多样性指数的差异

**表 3-7　珠江口不同季节不同站点生物多样性指数**

| 年度 | 季度 | 地点 | $D$ | $J'$ | $H'$ | Lambda |
|---|---|---|---|---|---|---|
| 2013.12—2014.9 | 冬季 | 三水 | 2.98 | 0.75 | 2.41 | 0.12 |
| | | 高明 | 2.91 | 0.77 | 2.30 | 0.15 |
| | | 九江 | 2.14 | 0.60 | 1.61 | 0.25 |
| | | 江门 | 2.64 | 0.68 | 1.95 | 0.22 |
| | | 斗门 | 2.63 | 0.71 | 2.09 | 0.18 |
| | | 神湾 | 2.95 | 0.88 | 2.64 | 0.09 |
| | | 南沙 | 3.77 | 0.81 | 2.74 | 0.09 |
| | | 崖门 | 3.57 | 0.72 | 2.31 | 0.12 |
| | | 南水 | 4.05 | 0.69 | 2.44 | 0.13 |
| | | 伶仃洋 | 4.09 | 0.62 | 2.15 | 0.18 |
| | | 万山 | 4.66 | 0.54 | 2.03 | 0.20 |
| | 春季 | 三水 | 3.17 | 0.76 | 2.47 | 0.11 |
| | | 高明 | 3.21 | 0.76 | 2.39 | 0.12 |
| | | 九江 | 2.40 | 0.79 | 2.18 | 0.13 |
| | | 江门 | 3.57 | 0.83 | 2.54 | 0.10 |
| | | 斗门 | 2.48 | 0.69 | 2.02 | 0.19 |
| | | 神湾 | 3.29 | 0.81 | 2.51 | 0.11 |
| | | 南沙 | 3.55 | 0.84 | 2.82 | 0.08 |
| | | 崖门 | 4.21 | 0.65 | 2.20 | 0.17 |
| | | 南水 | 4.83 | 0.70 | 2.44 | 0.14 |
| | | 伶仃洋 | 3.93 | 0.73 | 2.57 | 0.10 |
| | | 万山 | 5.52 | 0.75 | 2.80 | 0.09 |
| | 夏季 | 三水 | 3.77 | 0.75 | 2.56 | 0.12 |
| | | 高明 | 3.46 | 0.67 | 2.17 | 0.19 |
| | | 九江 | 2.50 | 0.69 | 2.03 | 0.18 |
| | | 江门 | 3.37 | 0.77 | 2.44 | 0.12 |
| | | 斗门 | 3.58 | 0.83 | 2.72 | 0.08 |
| | | 神湾 | 4.13 | 0.73 | 2.42 | 0.12 |
| | | 南沙 | 4.84 | 0.74 | 2.63 | 0.12 |
| | | 崖门 | 4.85 | 0.63 | 2.22 | 0.16 |
| | | 南水 | 5.76 | 0.83 | 3.08 | 0.06 |
| | | 伶仃洋 | 5.29 | 0.75 | 2.77 | 0.09 |
| | | 万山 | 6.84 | 0.75 | 3.02 | 0.07 |

（续）

| 年度 | 季度 | 地点 | $D$ | $J'$ | $H'$ | Lambda |
|---|---|---|---|---|---|---|
| 2013.12—2014.9 | 秋季 | 三水 | 3.24 | 0.77 | 2.46 | 0.12 |
| | | 高明 | 3.27 | 0.60 | 1.91 | 0.25 |
| | | 九江 | 2.83 | 0.75 | 2.21 | 0.17 |
| | | 江门 | 3.59 | 0.76 | 2.41 | 0.12 |
| | | 斗门 | 2.92 | 0.80 | 2.46 | 0.11 |
| | | 神湾 | 3.48 | 0.73 | 2.33 | 0.14 |
| | | 南沙 | 4.46 | 0.72 | 2.53 | 0.12 |
| | | 崖门 | 4.32 | 0.76 | 2.62 | 0.11 |
| | | 南水 | 5.26 | 0.78 | 2.81 | 0.09 |
| | | 伶仃洋 | 4.29 | 0.83 | 2.91 | 0.08 |
| | | 万山 | 6.27 | 0.82 | 3.15 | 0.06 |
| 2014.12—2015.9 | 秋季 | 三水 | 1.80 | 0.69 | 1.87 | 0.19 |
| | | 高明 | 3.58 | 0.78 | 2.49 | 0.11 |
| | | 九江 | 1.97 | 0.76 | 2.00 | 0.16 |
| | | 江门 | 2.93 | 0.79 | 2.37 | 0.12 |
| | | 斗门 | 2.64 | 0.81 | 2.42 | 0.12 |
| | | 神湾 | 2.95 | 0.88 | 2.58 | 0.09 |
| | | 南沙 | 3.66 | 0.60 | 1.99 | 0.28 |
| | | 崖门 | 3.82 | 0.75 | 2.45 | 0.12 |
| | | 南水 | 3.89 | 0.59 | 1.95 | 0.22 |
| | | 伶仃洋 | 4.41 | 0.70 | 2.48 | 0.16 |
| | | 万山 | 4.86 | 0.63 | 2.29 | 0.17 |
| | 春季 | 三水 | 3.26 | 0.72 | 2.33 | 0.14 |
| | | 高明 | 2.78 | 0.74 | 2.21 | 0.15 |
| | | 九江 | 2.69 | 0.88 | 2.45 | 0.10 |
| | | 江门 | 3.08 | 0.80 | 2.37 | 0.12 |
| | | 斗门 | 2.28 | 0.71 | 2.06 | 0.17 |
| | | 神湾 | 3.36 | 0.84 | 2.64 | 0.09 |
| | | 南沙 | 2.91 | 0.58 | 1.88 | 0.23 |
| | | 崖门 | 4.20 | 0.65 | 2.20 | 0.16 |
| | | 南水 | 4.74 | 0.74 | 2.56 | 0.11 |
| | | 伶仃洋 | 4.30 | 0.71 | 2.53 | 0.12 |
| | | 万山 | 5.48 | 0.73 | 2.70 | 0.09 |
| | 夏季 | 三水 | 3.51 | 0.57 | 1.93 | 0.29 |
| | | 高明 | 4.27 | 0.60 | 2.13 | 0.19 |
| | | 九江 | 3.02 | 0.72 | 2.24 | 0.15 |
| | | 江门 | 3.63 | 0.80 | 2.58 | 0.10 |
| | | 斗门 | 3.78 | 0.77 | 2.60 | 0.11 |
| | | 神湾 | 3.78 | 0.57 | 1.90 | 0.31 |
| | | 南沙 | 4.73 | 0.81 | 2.89 | 0.08 |
| | | 崖门 | 4.79 | 0.59 | 2.10 | 0.19 |
| | | 南水 | 5.76 | 0.82 | 3.04 | 0.07 |
| | | 伶仃洋 | 5.86 | 0.73 | 2.75 | 0.11 |
| | | 万山 | 6.74 | 0.75 | 2.98 | 0.08 |

（续）

| 年度 | 季度 | 地点 | D | J′ | H′ | Lambda |
| --- | --- | --- | --- | --- | --- | --- |
| 2014.12—2015.9 | 秋季 | 三水 | 3.32 | 0.80 | 2.65 | 0.09 |
| | | 高明 | 4.49 | 0.76 | 2.67 | 0.10 |
| | | 九江 | 3.31 | 0.79 | 2.50 | 0.12 |
| | | 江门 | 3.69 | 0.76 | 2.49 | 0.11 |
| | | 斗门 | 3.69 | 0.78 | 2.56 | 0.10 |
| | | 神湾 | 4.28 | 0.78 | 2.65 | 0.09 |
| | | 南沙 | 4.54 | 0.74 | 2.66 | 0.11 |
| | | 崖门 | 4.38 | 0.66 | 2.32 | 0.17 |
| | | 南水 | 4.85 | 0.72 | 2.51 | 0.13 |
| | | 伶仃洋 | 4.89 | 0.78 | 2.87 | 0.09 |
| | | 万山 | 6.19 | 0.80 | 3.10 | 0.06 |
| 2015.12—2016.9 | 冬季 | 三水 | 3.23 | 0.82 | 2.61 | 0.10 |
| | | 高明 | 3.27 | 0.77 | 2.42 | 0.12 |
| | | 九江 | 2.96 | 0.75 | 2.24 | 0.15 |
| | | 江门 | 2.99 | 0.75 | 2.27 | 0.15 |
| | | 斗门 | 3.54 | 0.68 | 2.20 | 0.18 |
| | | 神湾 | 3.09 | 0.83 | 2.59 | 0.10 |
| | | 南沙 | 4.44 | 0.80 | 2.72 | 0.09 |
| | | 崖门 | 4.10 | 0.79 | 2.71 | 0.08 |
| | | 南水 | 4.23 | 0.83 | 2.86 | 0.07 |
| | | 伶仃洋 | 4.94 | 0.76 | 2.79 | 0.10 |
| | | 万山 | 5.42 | 0.71 | 2.68 | 0.12 |
| | 春季 | 三水 | 3.56 | 0.81 | 2.76 | 0.10 |
| | | 高明 | 3.82 | 0.79 | 2.60 | 0.10 |
| | | 九江 | 2.44 | 0.75 | 2.08 | 0.16 |
| | | 江门 | 3.19 | 0.74 | 2.23 | 0.15 |
| | | 斗门 | 3.82 | 0.80 | 2.67 | 0.09 |
| | | 神湾 | 4.08 | 0.86 | 2.82 | 0.08 |
| | | 南沙 | 4.49 | 0.73 | 2.56 | 0.13 |
| | | 崖门 | 4.72 | 0.69 | 2.43 | 0.14 |
| | | 南水 | 5.35 | 0.80 | 2.94 | 0.08 |
| | | 伶仃洋 | 5.66 | 0.79 | 2.96 | 0.07 |
| | | 万山 | 6.12 | 0.69 | 2.64 | 0.10 |
| | 夏季 | 三水 | 4.21 | 0.70 | 2.42 | 0.15 |
| | | 高明 | 3.88 | 0.75 | 2.51 | 0.13 |
| | | 九江 | 3.06 | 0.65 | 2.02 | 0.18 |
| | | 江门 | 3.68 | 0.70 | 2.28 | 0.17 |
| | | 斗门 | 4.38 | 0.68 | 2.39 | 0.15 |
| | | 神湾 | 4.73 | 0.68 | 2.37 | 0.15 |
| | | 南沙 | 4.84 | 0.68 | 2.47 | 0.13 |
| | | 崖门 | 4.97 | 0.69 | 2.50 | 0.11 |
| | | 南水 | 6.14 | 0.75 | 2.84 | 0.09 |
| | | 伶仃洋 | 5.75 | 0.74 | 2.79 | 0.09 |
| | | 万山 | 6.50 | 0.65 | 2.61 | 0.12 |

（续）

| 年度 | 季度 | 地点 | $D$ | $J'$ | $H'$ | Lambda |
|---|---|---|---|---|---|---|
| 2015.12—2016.9 | 秋季 | 三水 | 3.55 | 0.63 | 2.09 | 0.19 |
| | | 高明 | 3.92 | 0.59 | 2.00 | 0.22 |
| | | 九江 | 2.93 | 0.67 | 1.98 | 0.23 |
| | | 江门 | 2.95 | 0.70 | 2.14 | 0.20 |
| | | 斗门 | 3.52 | 0.74 | 2.40 | 0.13 |
| | | 神湾 | 3.81 | 0.66 | 2.19 | 0.18 |
| | | 南沙 | 4.28 | 0.75 | 2.69 | 0.10 |
| | | 崖门 | 4.82 | 0.73 | 2.60 | 0.12 |
| | | 南水 | 4.79 | 0.71 | 2.52 | 0.13 |
| | | 伶仃洋 | 5.26 | 0.79 | 2.93 | 0.09 |
| | | 万山 | 6.50 | 0.74 | 2.88 | 0.08 |

注：$D$ 为 Margalef 种类丰富度指数；$J'$ 为 Pielou 均匀度指数；$H'$ 为 Shannon - Wiener 多样性指数；Lambda 为 Simpson 优势集中度指数。

## 二、分类学多样性指数的时空分布格局

为了研究群落分类学关系的变化，Warick 和 Clarke 等依据渔获种类数量，而且考虑了每个个体在分支树中的分支路径长度，提出了用分类学多样性指数来测量多样性。分类学方法提出了用分类多样性的概念来刻画物种在系统演化意义上的差异，对分类多样性的测度依据反映分类单元亲缘关系的分支。当只有渔获种类名录时，在总名录中随机选择任意两个种类来计算其分类等级路径的长度，为一理论平均值，其值不随种类数增加而增加，其值仅在种类很少时才发生数值偏小的情况。

依据珠江口鱼类总名录，每一分类等级水平的种类丰度，确定了个体在系统发育分类树中的加权路径长度，5 个分类等级水平为种、属、科、目和纲，经计算加权路径长度为：纲＝100、目＝83.904、科＝54.394、属＝29.559、种＝10.674。以不同站点、季节和年份为样本，计算的分类学多样性指数如表 3 - 8。

**表 3 - 8　珠江口不同年份、季度、站点分类学多样性指数**

| 年份 | 季度 | 地点 | $\Delta$ | $\Delta^*$ | $\Delta^+$ | $\Lambda^+$ |
|---|---|---|---|---|---|---|
| Ⅰ | 春季 | 三水 | 46.41 | 52.28 | 71.97 | 453.7 |
| Ⅰ | 春季 | 高明 | 37.5 | 42.44 | 62.65 | 693.6 |
| Ⅰ | 春季 | 九江 | 47.1 | 54.2 | 66.62 | 616.2 |
| Ⅰ | 春季 | 江门 | 59.33 | 65.98 | 69.1 | 522.2 |
| Ⅰ | 春季 | 斗门 | 63.06 | 77.83 | 67.97 | 590.2 |
| Ⅰ | 春季 | 神湾 | 65.24 | 72.78 | 71.65 | 461.2 |
| Ⅰ | 春季 | 南沙 | 66.93 | 72.56 | 76.41 | 265.9 |
| Ⅰ | 春季 | 崖门 | 64.79 | 77.6 | 75.45 | 286 |
| Ⅰ | 春季 | 南水 | 62.83 | 72.57 | 71.64 | 338 |

（续）

| 年份 | 季度 | 地点 | $\Delta$ | $\Delta^*$ | $\Delta^+$ | $\Lambda^+$ |
|---|---|---|---|---|---|---|
| Ⅰ | 春季 | 虎门 | 65.35 | 72.95 | 75.59 | 221.9 |
| Ⅰ | 春季 | 香洲 | 65 | 71.59 | 70.96 | 298.2 |
| Ⅰ | 夏季 | 三水 | 44.1 | 50.03 | 69.58 | 518.8 |
| Ⅰ | 夏季 | 高明 | 46.97 | 57.73 | 71.73 | 463.3 |
| Ⅰ | 夏季 | 九江 | 58.64 | 71.18 | 62.09 | 696.7 |
| Ⅰ | 夏季 | 江门 | 39.8 | 45.34 | 66.07 | 608 |
| Ⅰ | 夏季 | 斗门 | 68.2 | 74.09 | 70.46 | 468.2 |
| Ⅰ | 夏季 | 神湾 | 54.89 | 62.36 | 65.55 | 626.7 |
| Ⅰ | 夏季 | 南沙 | 61.58 | 69.82 | 75 | 310.1 |
| Ⅰ | 夏季 | 崖门 | 54.07 | 64.49 | 76.94 | 251.1 |
| Ⅰ | 夏季 | 南水 | 70.59 | 75.24 | 76.01 | 261.5 |
| Ⅰ | 夏季 | 虎门 | 61.09 | 67.34 | 69.73 | 292.6 |
| Ⅰ | 夏季 | 香洲 | 61.15 | 66.06 | 70.99 | 292.9 |
| Ⅰ | 秋季 | 三水 | 51.98 | 59.09 | 66.23 | 597.3 |
| Ⅰ | 秋季 | 高明 | 37.72 | 50.2 | 66.07 | 608 |
| Ⅰ | 秋季 | 九江 | 51.63 | 62.1 | 66.41 | 561.3 |
| Ⅰ | 秋季 | 江门 | 50.04 | 56.83 | 69.8 | 516.1 |
| Ⅰ | 秋季 | 斗门 | 63.25 | 71.02 | 65.95 | 620.8 |
| Ⅰ | 秋季 | 神湾 | 53.03 | 61.5 | 71.99 | 482.8 |
| Ⅰ | 秋季 | 南沙 | 66.3 | 75.14 | 74.64 | 375.4 |
| Ⅰ | 秋季 | 崖门 | 66.95 | 75.58 | 74.1 | 308.8 |
| Ⅰ | 秋季 | 南水 | 69.14 | 75.73 | 73.11 | 299.2 |
| Ⅰ | 秋季 | 虎门 | 67.12 | 72.71 | 77.32 | 229.6 |
| Ⅰ | 秋季 | 香洲 | 67.83 | 72.03 | 73.72 | 239.1 |
| Ⅰ | 冬季 | 三水 | 50.81 | 57.89 | 68.19 | 584.5 |
| Ⅰ | 冬季 | 高明 | 48.09 | 56.29 | 67 | 566.4 |
| Ⅰ | 冬季 | 九江 | 50.97 | 68.27 | 67.87 | 606.5 |
| Ⅰ | 冬季 | 江门 | 46.17 | 58.75 | 62.45 | 699.8 |
| Ⅰ | 冬季 | 斗门 | 62.37 | 75.64 | 71.03 | 524.9 |
| Ⅰ | 冬季 | 神湾 | 67.81 | 74.19 | 71.51 | 484.7 |
| Ⅰ | 冬季 | 南沙 | 65.59 | 71.84 | 73.74 | 351 |
| Ⅰ | 冬季 | 崖门 | 67.54 | 76.72 | 75.87 | 267 |
| Ⅰ | 冬季 | 南水 | 63.72 | 73.11 | 73.32 | 277 |
| Ⅰ | 冬季 | 虎门 | 58.25 | 71.36 | 76.32 | 229.5 |
| Ⅰ | 冬季 | 香洲 | 55.05 | 68.52 | 68.92 | 259.2 |
| Ⅱ | 春季 | 三水 | 47.27 | 55.25 | 68.35 | 534.7 |
| Ⅱ | 春季 | 高明 | 40.22 | 47.16 | 68.45 | 546.6 |
| Ⅱ | 春季 | 九江 | 48.37 | 53.49 | 61.6 | 678 |
| Ⅱ | 春季 | 江门 | 54.24 | 61.75 | 67.78 | 529.5 |
| Ⅱ | 春季 | 斗门 | 65.19 | 78.86 | 66.96 | 609.8 |
| Ⅱ | 春季 | 神湾 | 68.62 | 75.36 | 74.17 | 407.9 |
| Ⅱ | 春季 | 南沙 | 57.18 | 74.48 | 74.91 | 280.7 |
| Ⅱ | 春季 | 崖门 | 65.94 | 78.45 | 76.36 | 283.7 |
| Ⅱ | 春季 | 南水 | 64.53 | 72.78 | 70.52 | 329.4 |
| Ⅱ | 春季 | 虎门 | 59.56 | 67.81 | 75.82 | 215.5 |
| Ⅱ | 春季 | 香洲 | 63.68 | 70.28 | 75.79 | 244.1 |
| Ⅱ | 夏季 | 三水 | 34.96 | 49.36 | 68.81 | 548.3 |
| Ⅱ | 夏季 | 高明 | 40.75 | 50.37 | 72.56 | 433.2 |
| Ⅱ | 夏季 | 九江 | 62.09 | 72.94 | 68.09 | 551.8 |
| Ⅱ | 夏季 | 江门 | 64.67 | 71.56 | 74.62 | 366.6 |

（续）

| 年份 | 季度 | 地点 | Δ | $\Delta^*$ | $\Delta^+$ | $\Lambda^+$ |
|---|---|---|---|---|---|---|
| Ⅱ | 夏季 | 斗门 | 66.74 | 74.71 | 69.69 | 510.3 |
| Ⅱ | 夏季 | 神湾 | 54.07 | 78.38 | 72.97 | 420 |
| Ⅱ | 夏季 | 南沙 | 69.59 | 75.39 | 76.38 | 276.9 |
| Ⅱ | 夏季 | 崖门 | 49.53 | 60.86 | 76.94 | 260.8 |
| Ⅱ | 夏季 | 南水 | 71.25 | 76.41 | 75.82 | 256.4 |
| Ⅱ | 夏季 | 虎门 | 63.78 | 71.62 | 71.42 | 287.4 |
| Ⅱ | 夏季 | 香洲 | 59.59 | 64.47 | 68.66 | 277.1 |
| Ⅱ | 秋季 | 三水 | 52.99 | 58.49 | 65.41 | 631 |
| Ⅱ | 秋季 | 高明 | 58.07 | 64.69 | 73.27 | 410 |
| Ⅱ | 秋季 | 九江 | 47.58 | 53.98 | 70.28 | 489.6 |
| Ⅱ | 秋季 | 江门 | 55.76 | 62.68 | 71.4 | 470.6 |
| Ⅱ | 秋季 | 斗门 | 65.87 | 73.26 | 67.48 | 586.9 |
| Ⅱ | 秋季 | 神湾 | 68.61 | 75.71 | 73.15 | 316 |
| Ⅱ | 秋季 | 南沙 | 66.61 | 74.73 | 74.77 | 418 |
| Ⅱ | 秋季 | 崖门 | 62.72 | 75.65 | 74.64 | 292 |
| Ⅱ | 秋季 | 南水 | 66.18 | 75.59 | 75.79 | 260.8 |
| Ⅱ | 秋季 | 虎门 | 67.26 | 73.6 | 76.46 | 242.1 |
| Ⅱ | 秋季 | 香洲 | 68.47 | 73.11 | 74.52 | 268.5 |
| Ⅱ | 冬季 | 三水 | 40.86 | 50.47 | 49.28 | 689 |
| Ⅱ | 冬季 | 高明 | 50.19 | 56.39 | 72.03 | 384.2 |
| Ⅱ | 冬季 | 九江 | 52.56 | 62.59 | 62.08 | 701.7 |
| Ⅱ | 冬季 | 江门 | 57.13 | 64.66 | 74.08 | 386 |
| Ⅱ | 冬季 | 斗门 | 64.35 | 72.75 | 71.43 | 468.2 |
| Ⅱ | 冬季 | 神湾 | 44.51 | 48.95 | 65.48 | 657 |
| Ⅱ | 冬季 | 南沙 | 50.26 | 69.3 | 73.31 | 362.4 |
| Ⅱ | 冬季 | 崖门 | 68.69 | 77.7 | 76.44 | 306.2 |
| Ⅱ | 冬季 | 南水 | 55.95 | 71.62 | 72.72 | 361.4 |
| Ⅱ | 冬季 | 虎门 | 61.85 | 73.94 | 75.17 | 264.4 |
| Ⅱ | 冬季 | 香洲 | 61.51 | 74.16 | 74.72 | 229.5 |
| Ⅲ | 春季 | 三水 | 45.4 | 50.23 | 67.97 | 564.2 |
| Ⅲ | 春季 | 高明 | 44.75 | 49.74 | 69.1 | 526.7 |
| Ⅲ | 春季 | 九江 | 37.22 | 44.34 | 58.26 | 717.7 |
| Ⅲ | 春季 | 江门 | 53.88 | 62.93 | 66.29 | 626.8 |
| Ⅲ | 春季 | 斗门 | 64.79 | 70.79 | 69.36 | 520.2 |
| Ⅲ | 春季 | 神湾 | 68.54 | 74.09 | 73.64 | 387.3 |
| Ⅲ | 春季 | 南沙 | 66.21 | 75.61 | 75.22 | 323.7 |
| Ⅲ | 春季 | 崖门 | 64.77 | 75.08 | 76.56 | 243.3 |
| Ⅲ | 春季 | 南水 | 67.25 | 73.19 | 73.43 | 248.7 |
| Ⅲ | 春季 | 虎门 | 69.36 | 74.59 | 75.17 | 245.5 |
| Ⅲ | 春季 | 香洲 | 64.22 | 71.52 | 72.22 | 262 |
| Ⅲ | 夏季 | 三水 | 41.24 | 48.28 | 68 | 563.3 |
| Ⅲ | 夏季 | 高明 | 46.91 | 54.14 | 68.31 | 555.3 |
| Ⅲ | 夏季 | 九江 | 60.19 | 73.15 | 71.12 | 489.1 |
| Ⅲ | 夏季 | 江门 | 51.12 | 61.67 | 70.04 | 506.5 |

（续）

| 年份 | 季度 | 地点 | Δ | Δ* | Δ+ | Λ+ |
|---|---|---|---|---|---|---|
| Ⅲ | 夏季 | 斗门 | 62.19 | 73.48 | 71.12 | 481.1 |
| Ⅲ | 夏季 | 神湾 | 60.99 | 71.31 | 71.4 | 445.9 |
| Ⅲ | 夏季 | 南沙 | 63.63 | 73.23 | 75.61 | 268.2 |
| Ⅲ | 夏季 | 崖门 | 67.1 | 75.69 | 76.03 | 259.1 |
| Ⅲ | 夏季 | 南水 | 68.04 | 74.62 | 71.59 | 267.3 |
| Ⅲ | 夏季 | 虎门 | 62.94 | 69.36 | 75.94 | 235.1 |
| Ⅲ | 夏季 | 香洲 | 62.98 | 71.38 | 69.14 | 299.1 |
| Ⅲ | 秋季 | 三水 | 54.14 | 66.95 | 68.4 | 589.1 |
| Ⅲ | 秋季 | 高明 | 39.67 | 50.81 | 66.51 | 605.1 |
| Ⅲ | 秋季 | 九江 | 35.16 | 45.34 | 65.28 | 647.6 |
| Ⅲ | 秋季 | 江门 | 42.08 | 52.38 | 66.28 | 587 |
| Ⅲ | 秋季 | 斗门 | 60.84 | 69.77 | 70.25 | 514.4 |
| Ⅲ | 秋季 | 神湾 | 49.01 | 59.44 | 73.19 | 414.7 |
| Ⅲ | 秋季 | 南沙 | 65.66 | 72.72 | 76.69 | 283.5 |
| Ⅲ | 秋季 | 崖门 | 67.67 | 76.59 | 74.44 | 273.1 |
| Ⅲ | 秋季 | 南水 | 67.18 | 77.11 | 76.09 | 238.7 |
| Ⅲ | 秋季 | 虎门 | 67.68 | 74.51 | 75.87 | 261 |
| Ⅲ | 秋季 | 香洲 | 63.08 | 68.6 | 73.03 | 282.2 |
| Ⅲ | 冬季 | 三水 | 50.54 | 56.36 | 68.17 | 569.4 |
| Ⅲ | 冬季 | 高明 | 51.92 | 58.84 | 71.77 | 401.5 |
| Ⅲ | 冬季 | 九江 | 49.23 | 57.79 | 68.63 | 587.6 |
| Ⅲ | 冬季 | 江门 | 59.84 | 70.04 | 76 | 306.4 |
| Ⅲ | 冬季 | 斗门 | 63.98 | 77.55 | 72.81 | 401.1 |
| Ⅲ | 冬季 | 神湾 | 66.76 | 74.08 | 75.04 | 338.3 |
| Ⅲ | 冬季 | 南沙 | 69.12 | 75.56 | 76 | 305.7 |
| Ⅲ | 冬季 | 崖门 | 70.85 | 77.21 | 76.33 | 277.8 |
| Ⅲ | 冬季 | 南水 | 66.15 | 71.21 | 75.59 | 320.4 |
| Ⅲ | 冬季 | 虎门 | 65.51 | 72.87 | 76.17 | 237.4 |
| Ⅲ | 冬季 | 香洲 | 62.28 | 70.35 | 74.51 | 233.5 |

注：Δ. 分类多样性指数；Δ*. 分类差异指数；Δ+. 平均分类差异指数；Λ+. 分类差异变异指数；Ⅰ. 2013 年 12 月—2014 年 9 月调查；Ⅱ. 2014 年 12 月—2015 年 9 月调查；Ⅲ. 2015 年 12 月—2016 年 9 月调查。

## （一）分类学多样性指数的季节和年际比较

不同季节珠江口鱼类分类学多样性指数如图 3-13，分类多样性指数（taxonomic diversity，Δ）均值为 57.74～58.71；分类差异指数（taxonomic distinctness，Δ*）为 66.38～67.79；平均分类差异指数（average taxonomic distinctness，Δ+）为 70.85～71.59；分类差异变异指数（variation in taxonomic distinctness，Λ+）为 404.51～426.46。各分类学多样性指数的季节变化较小，差异均不显著（ANOVA，$P>0.05$）。

不同年度珠江口鱼类分类学多样性指数如图 3-14，分类多样性指数（Δ）均值为

57.86～58.68；分类差异指数（$\Delta^*$）为 66.39～67.40；平均分类差异指数（$\Delta^+$）为 70.68～71.88；分类差异变异指数（$\Lambda^+$）为 402.54～436.95。各分类学多样性指数的年际变化也较小，差异均不显著（ANOVA，$P>0.05$）。

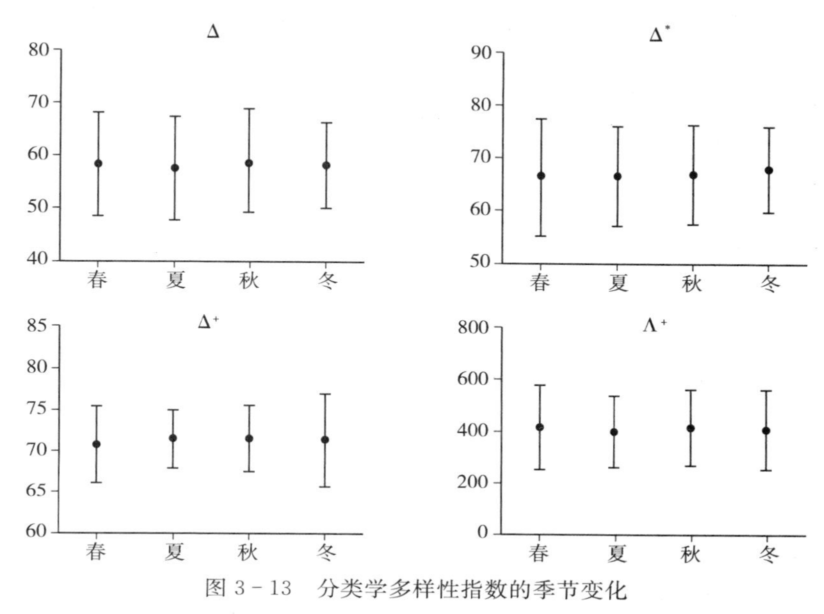


图 3-13　分类学多样性指数的季节变化

Δ. 分类多样性指数　Δ*. 分类差异指数　Δ+. 平均分类差异指数　Λ+. 分类差异变异指数

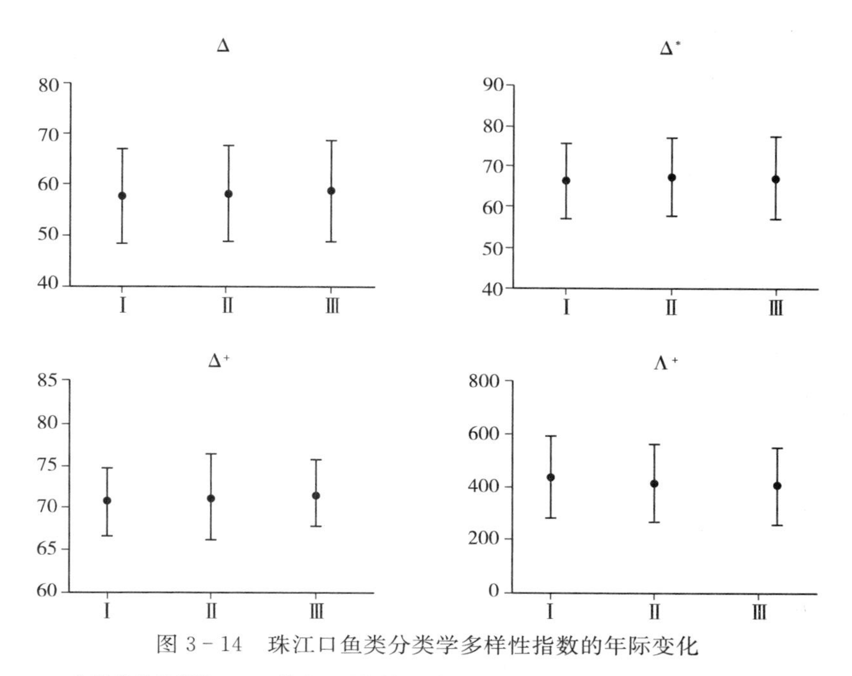


图 3-14　珠江口鱼类分类学多样性指数的年际变化

Δ. 分类多样性指数　Δ*. 分类差异指数　Δ+. 平均分类差异指数　Λ+. 分类差异变异指数

Ⅰ. 2013 年 12 月—2014 年 9 月调查　Ⅱ. 2014 年 12 月—2015 年 9 月调查　Ⅲ. 2015 年 12 月—2016 年 9 月调查

## (二)分类学多样性指数的空间分布

珠江口鱼类分类学多样性指数的空间变化如图 3-15。分类多样性指数($\Delta$)均值最低值为 45.23(高明),最高值为 66.07(南水);分类差异指数($\Delta^*$)均值最低值为 53.23(高明),最高值为 74.30(崖门);平均分类差异指数($\Delta^+$)均值最低值为 65.69(九江),最高值为 75.84(崖门);分类差异变异指数($\Lambda^+$)均值最低值为 246.83(伶仃洋),最高值为 570.28(三水)。各分类学多样性指数的空间差异显著(ANOVA,$P<0.05$)。

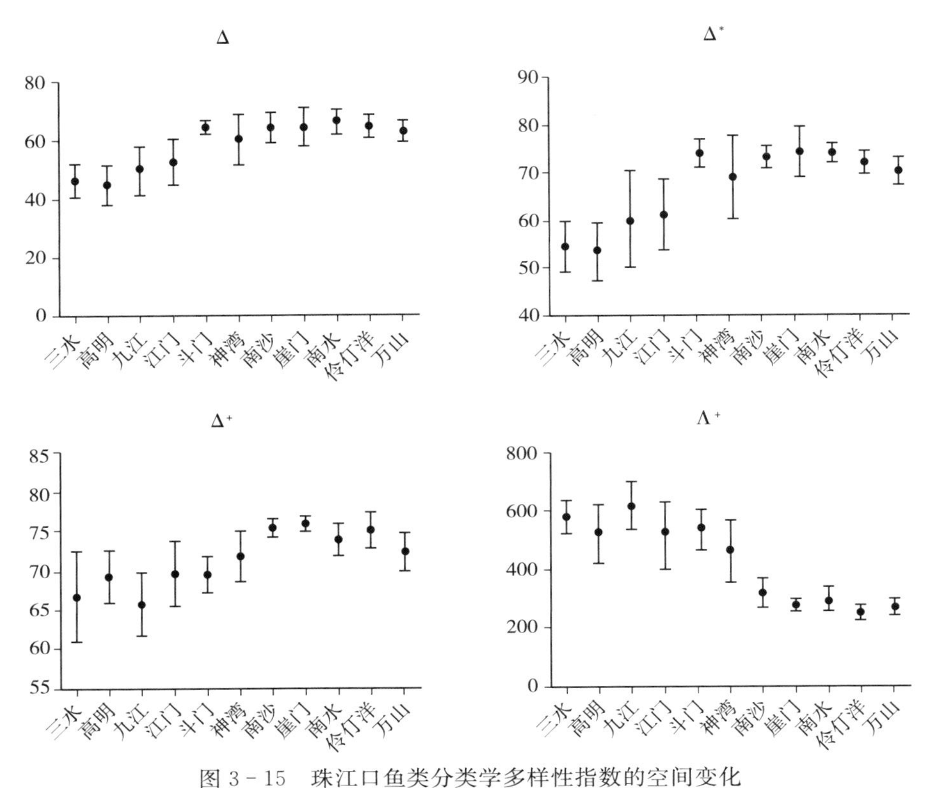


图 3-15 珠江口鱼类分类学多样性指数的空间变化

$\Delta$. 分类多样性指数 $\Delta^*$. 分类差异指数 $\Delta^+$. 平均分类差异指数 $\Lambda^+$. 分类差异变异指数

## (三)分类学多样性的历史变化

由于历史数据只有鱼类种类名录,等级多样性指数($\Delta^+$)和分类差异变异指数($\Lambda^+$)只考虑出现种类,不考虑种类数量,因此仅采用等级多样性指数($\Delta^+$)和分类差异变异指数($\Lambda^+$)进行 30 年来珠江口鱼类分类学多样性的变化研究。依据 20 世纪 80 年代调查名录,加权路径长度(纲=100、目=83.904、科=54.394、属=29.559、种=10.674),计算了历史鱼类等级多样性指数($\Delta^+$)和分类差异变异指数($\Lambda^+$),其值分别为 76.52 和 245.48，依据珠江口现有鱼类名录，计算了现有鱼类等级多样性指数（$\Delta^+$）和分类差异变异指数（$\Lambda^+$），其值分别为 75.39 和 240.83。与历史数据相比，等级多样性指数（$\Delta^+$）和分类差异变异指数（$\Lambda^+$）数值上略有降低。但与总名录理论平均值（虚线）差异均未达到显著水平（$P>0.05$）（图 3－16）。

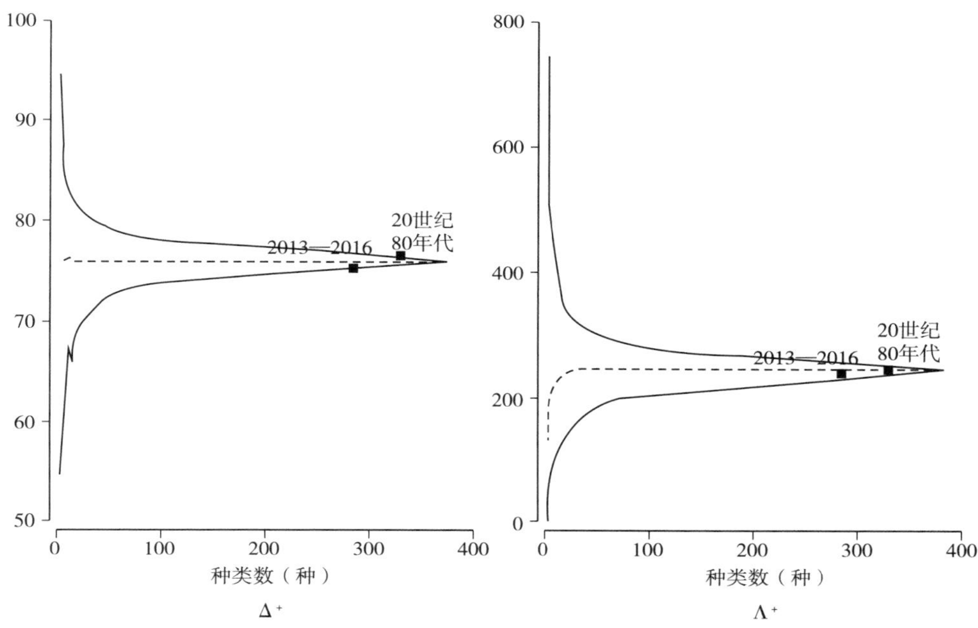


图 3－16 珠江口鱼类群落等级多样性指数和分类差异变异指数历史比较

$\Delta^+$. 等级多样性指数 $\Lambda^+$. 分类差异变异指数

虚线为理论平均值，漏斗曲线为 95%置信区间

## 三、功能多样性指数的时空分布格局

在大多数生物多样性—生态系统功能关系的研究中，常用物种多样性（或物种数目）来代替生物多样性。但是，不同的物种在生理、生态、形态特征等方面存在极大的差别，简单的物种多样性指标难以真实地体现物种的特征对生态系统过程的重要作用。生态系统功能不仅依赖于物种的数目，而且依赖于物种所具有的功能特征。功能多样性所关注的是与生态系统功能密切相关的物种功能特征，该指标能够更加明确地反映群落中物种间资源互补的程度。功能多样性较高的系统，由于其能够对有效资源实现互补性利用，因而可使系统更加有效地运行。据此观点，生物多样性是通过群落内物种间功能特征的差异性，即功能多样性（Functional diversity）而对生态系统功能产生实质性的影响。

功能特征选取食性、栖息水层、个体大小、生态类型、口位和适温性 6 个指标。以单一航次、单一站点的调查为单位样本。计算的功能多样性指数见表 3-9。

**表 3-9 珠江口不同年份、季度、站点功能多样性指数**

| 年度 | 季度 | 地点 | FRic | FEve | FDis | RaoQ |
| --- | --- | --- | --- | --- | --- | --- |
| I | 冬季 | 三水 | 18 | 0.401 | 0.386 | 0.159 |
| I | 冬季 | 高明 | 16 | 0.430 | 0.375 | 0.150 |
| I | 冬季 | 九江 | 13 | 0.404 | 0.337 | 0.119 |
| I | 冬季 | 江门 | 15 | 0.553 | 0.316 | 0.111 |
| I | 冬季 | 斗门 | 17 | 0.580 | 0.302 | 0.106 |
| I | 冬季 | 神湾 | 16 | 0.635 | 0.395 | 0.164 |
| I | 冬季 | 南沙 | 24 | 0.404 | 0.409 | 0.174 |
| I | 冬季 | 崖门 | 22 | 0.425 | 0.421 | 0.183 |
| I | 冬季 | 南水 | 30 | 0.363 | 0.415 | 0.178 |
| I | 冬季 | 伶仃洋 | 29 | 0.593 | 0.385 | 0.159 |
| I | 冬季 | 万山 | 31 | 0.443 | 0.335 | 0.119 |
| I | 春季 | 三水 | 22 | 0.332 | 0.413 | 0.176 |
| I | 春季 | 高明 | 18 | 0.416 | 0.351 | 0.130 |
| I | 春季 | 九江 | 13 | 0.405 | 0.330 | 0.119 |
| I | 春季 | 江门 | 16 | 0.562 | 0.372 | 0.148 |
| I | 春季 | 斗门 | 15 | 0.422 | 0.283 | 0.099 |
| I | 春季 | 神湾 | 20 | 0.553 | 0.324 | 0.125 |
| I | 春季 | 南沙 | 27 | 0.606 | 0.406 | 0.171 |
| I | 春季 | 崖门 | 26 | 0.565 | 0.355 | 0.147 |
| I | 春季 | 南水 | 27 | 0.483 | 0.415 | 0.177 |
| I | 春季 | 伶仃洋 | 31 | 0.349 | 0.411 | 0.175 |
| I | 春季 | 万山 | 36 | 0.471 | 0.400 | 0.170 |
| I | 夏季 | 三水 | 24 | 0.375 | 0.370 | 0.147 |
| I | 夏季 | 高明 | 22 | 0.584 | 0.349 | 0.134 |
| I | 夏季 | 九江 | 15 | 0.305 | 0.349 | 0.127 |
| I | 夏季 | 江门 | 20 | 0.499 | 0.353 | 0.140 |
| I | 夏季 | 斗门 | 21 | 0.494 | 0.404 | 0.171 |
| I | 夏季 | 神湾 | 24 | 0.523 | 0.336 | 0.131 |
| I | 夏季 | 南沙 | 30 | 0.541 | 0.399 | 0.166 |
| I | 夏季 | 崖门 | 33 | 0.608 | 0.359 | 0.141 |
| I | 夏季 | 南水 | 35 | 0.463 | 0.390 | 0.158 |
| I | 夏季 | 伶仃洋 | 31 | 0.424 | 0.396 | 0.167 |
| I | 夏季 | 万山 | 36 | 0.389 | 0.355 | 0.138 |
| I | 秋季 | 三水 | 20 | 0.612 | 0.331 | 0.124 |
| I | 秋季 | 高明 | 21 | 0.516 | 0.300 | 0.101 |
| I | 秋季 | 九江 | 14 | 0.552 | 0.314 | 0.116 |
| I | 秋季 | 江门 | 16 | 0.410 | 0.383 | 0.157 |
| I | 秋季 | 斗门 | 20 | 0.567 | 0.352 | 0.136 |
| I | 秋季 | 神湾 | 20 | 0.485 | 0.336 | 0.124 |
| I | 秋季 | 南沙 | 30 | 0.555 | 0.443 | 0.199 |

（续）

| 年度 | 季度 | 地点 | FRic | FEve | FDis | RaoQ |
|---|---|---|---|---|---|---|
| Ⅰ | 秋季 | 崖门 | 28 | 0.531 | 0.379 | 0.157 |
| Ⅰ | 秋季 | 南水 | 29 | 0.466 | 0.377 | 0.150 |
| Ⅰ | 秋季 | 伶仃洋 | 30 | 0.512 | 0.413 | 0.176 |
| Ⅰ | 秋季 | 万山 | 38 | 0.435 | 0.387 | 0.158 |
| Ⅱ | 冬季 | 三水 | 13 | 0.218 | 0.416 | 0.176 |
| Ⅱ | 冬季 | 高明 | 19 | 0.505 | 0.372 | 0.154 |
| Ⅱ | 冬季 | 九江 | 11 | 0.360 | 0.324 | 0.117 |
| Ⅱ | 冬季 | 江门 | 17 | 0.529 | 0.372 | 0.151 |
| Ⅱ | 冬季 | 斗门 | 16 | 0.330 | 0.388 | 0.162 |
| Ⅱ | 冬季 | 神湾 | 16 | 0.578 | 0.354 | 0.138 |
| Ⅱ | 冬季 | 南沙 | 23 | 0.468 | 0.368 | 0.149 |
| Ⅱ | 冬季 | 崖门 | 24 | 0.516 | 0.379 | 0.155 |
| Ⅱ | 冬季 | 南水 | 20 | 0.343 | 0.367 | 0.140 |
| Ⅱ | 冬季 | 伶仃洋 | 30 | 0.567 | 0.391 | 0.160 |
| Ⅱ | 冬季 | 万山 | 31 | 0.478 | 0.360 | 0.139 |
| Ⅱ | 春季 | 三水 | 20 | 0.370 | 0.365 | 0.146 |
| Ⅱ | 春季 | 高明 | 16 | 0.359 | 0.341 | 0.126 |
| Ⅱ | 春季 | 九江 | 12 | 0.448 | 0.344 | 0.135 |
| Ⅱ | 春季 | 江门 | 16 | 0.655 | 0.403 | 0.173 |
| Ⅱ | 春季 | 斗门 | 14 | 0.364 | 0.295 | 0.105 |
| Ⅱ | 春季 | 神湾 | 21 | 0.450 | 0.378 | 0.156 |
| Ⅱ | 春季 | 南沙 | 23 | 0.418 | 0.349 | 0.139 |
| Ⅱ | 春季 | 崖门 | 26 | 0.518 | 0.362 | 0.145 |
| Ⅱ | 春季 | 南水 | 26 | 0.442 | 0.408 | 0.172 |
| Ⅱ | 春季 | 伶仃洋 | 34 | 0.375 | 0.408 | 0.172 |
| Ⅱ | 春季 | 万山 | 36 | 0.482 | 0.382 | 0.158 |
| Ⅱ | 夏季 | 三水 | 21 | 0.394 | 0.313 | 0.117 |
| Ⅱ | 夏季 | 高明 | 28 | 0.400 | 0.366 | 0.147 |
| Ⅱ | 夏季 | 九江 | 19 | 0.450 | 0.370 | 0.148 |
| Ⅱ | 夏季 | 江门 | 20 | 0.476 | 0.399 | 0.167 |
| Ⅱ | 夏季 | 斗门 | 24 | 0.446 | 0.367 | 0.149 |
| Ⅱ | 夏季 | 神湾 | 23 | 0.616 | 0.280 | 0.102 |
| Ⅱ | 夏季 | 南沙 | 30 | 0.453 | 0.420 | 0.182 |
| Ⅱ | 夏季 | 崖门 | 32 | 0.605 | 0.348 | 0.134 |
| Ⅱ | 夏季 | 南水 | 35 | 0.542 | 0.403 | 0.168 |
| Ⅱ | 夏季 | 伶仃洋 | 36 | 0.399 | 0.393 | 0.160 |
| Ⅱ | 夏季 | 万山 | 40 | 0.355 | 0.377 | 0.150 |
| Ⅱ | 秋季 | 三水 | 21 | 0.386 | 0.325 | 0.124 |
| Ⅱ | 秋季 | 高明 | 26 | 0.419 | 0.372 | 0.150 |
| Ⅱ | 秋季 | 九江 | 17 | 0.543 | 0.365 | 0.146 |
| Ⅱ | 秋季 | 江门 | 19 | 0.406 | 0.395 | 0.165 |
| Ⅱ | 秋季 | 斗门 | 24 | 0.454 | 0.368 | 0.150 |
| Ⅱ | 秋季 | 神湾 | 25 | 0.605 | 0.375 | 0.146 |
| Ⅱ | 秋季 | 南沙 | 31 | 0.453 | 0.400 | 0.166 |
| Ⅱ | 秋季 | 崖门 | 30 | 0.520 | 0.354 | 0.143 |
| Ⅱ | 秋季 | 南水 | 29 | 0.438 | 0.393 | 0.166 |
| Ⅱ | 秋季 | 伶仃洋 | 38 | 0.420 | 0.396 | 0.166 |

（续）

| 年度 | 季度 | 地点 | FRic | FEve | FDis | RaoQ |
|---|---|---|---|---|---|---|
| Ⅱ | 秋季 | 万山 | 38 | 0.363 | 0.368 | 0.143 |
| Ⅲ | 冬季 | 三水 | 21 | 0.512 | 0.404 | 0.171 |
| Ⅲ | 冬季 | 高明 | 18 | 0.464 | 0.388 | 0.161 |
| Ⅲ | 冬季 | 九江 | 17 | 0.447 | 0.350 | 0.135 |
| Ⅲ | 冬季 | 江门 | 16 | 0.543 | 0.405 | 0.172 |
| Ⅲ | 冬季 | 斗门 | 22 | 0.516 | 0.338 | 0.131 |
| Ⅲ | 冬季 | 神湾 | 21 | 0.659 | 0.390 | 0.159 |
| Ⅲ | 冬季 | 南沙 | 27 | 0.536 | 0.421 | 0.183 |
| Ⅲ | 冬季 | 崖门 | 26 | 0.395 | 0.381 | 0.155 |
| Ⅲ | 冬季 | 南水 | 27 | 0.574 | 0.424 | 0.183 |
| Ⅲ | 冬季 | 伶仃洋 | 33 | 0.522 | 0.409 | 0.174 |
| Ⅲ | 冬季 | 万山 | 35 | 0.417 | 0.374 | 0.148 |
| Ⅲ | 春季 | 三水 | 25 | 0.634 | 0.380 | 0.156 |
| Ⅲ | 春季 | 高明 | 22 | 0.537 | 0.356 | 0.143 |
| Ⅲ | 春季 | 九江 | 13 | 0.477 | 0.302 | 0.108 |
| Ⅲ | 春季 | 江门 | 17 | 0.429 | 0.357 | 0.134 |
| Ⅲ | 春季 | 斗门 | 24 | 0.344 | 0.366 | 0.148 |
| Ⅲ | 春季 | 神湾 | 24 | 0.507 | 0.409 | 0.178 |
| Ⅲ | 春季 | 南沙 | 28 | 0.487 | 0.441 | 0.199 |
| Ⅲ | 春季 | 崖门 | 30 | 0.547 | 0.387 | 0.158 |
| Ⅲ | 春季 | 南水 | 34 | 0.472 | 0.386 | 0.160 |
| Ⅲ | 春季 | 伶仃洋 | 40 | 0.478 | 0.424 | 0.183 |
| Ⅲ | 春季 | 万山 | 37 | 0.364 | 0.382 | 0.156 |
| Ⅲ | 夏季 | 三水 | 24 | 0.401 | 0.382 | 0.154 |
| Ⅲ | 夏季 | 高明 | 24 | 0.578 | 0.358 | 0.141 |
| Ⅲ | 夏季 | 九江 | 19 | 0.539 | 0.378 | 0.153 |
| Ⅲ | 夏季 | 江门 | 21 | 0.576 | 0.366 | 0.152 |
| Ⅲ | 夏季 | 斗门 | 30 | 0.462 | 0.366 | 0.145 |
| Ⅲ | 夏季 | 神湾 | 29 | 0.543 | 0.366 | 0.142 |
| Ⅲ | 夏季 | 南沙 | 32 | 0.529 | 0.396 | 0.163 |
| Ⅲ | 夏季 | 崖门 | 33 | 0.500 | 0.389 | 0.162 |
| Ⅲ | 夏季 | 南水 | 35 | 0.459 | 0.373 | 0.146 |
| Ⅲ | 夏季 | 伶仃洋 | 39 | 0.461 | 0.403 | 0.168 |
| Ⅲ | 夏季 | 万山 | 40 | 0.350 | 0.390 | 0.159 |
| Ⅲ | 秋季 | 三水 | 24 | 0.506 | 0.309 | 0.106 |
| Ⅲ | 秋季 | 高明 | 24 | 0.448 | 0.309 | 0.106 |
| Ⅲ | 秋季 | 九江 | 16 | 0.468 | 0.265 | 0.103 |
| Ⅲ | 秋季 | 江门 | 17 | 0.571 | 0.349 | 0.135 |
| Ⅲ | 秋季 | 斗门 | 22 | 0.447 | 0.345 | 0.135 |
| Ⅲ | 秋季 | 神湾 | 24 | 0.454 | 0.343 | 0.134 |
| Ⅲ | 秋季 | 南沙 | 30 | 0.405 | 0.440 | 0.196 |
| Ⅲ | 秋季 | 崖门 | 32 | 0.467 | 0.387 | 0.161 |
| Ⅲ | 秋季 | 南水 | 28 | 0.465 | 0.402 | 0.167 |
| Ⅲ | 秋季 | 伶仃洋 | 34 | 0.375 | 0.418 | 0.180 |
| Ⅲ | 秋季 | 万山 | 35 | 0.412 | 0.362 | 0.138 |

注：FRic. 功能丰富度指数；FEve. 功能均匀度指数；FDis. 功能分散指数；RaoQ. 功能熵指数；Ⅰ. 2013 年 12 月至 2014 年 9 月调查；Ⅱ. 2014 年 12 月至 2015 年 9 月调查；Ⅲ. 2015 年 12 月至 2016 年 9 月调查。

## （一）功能多样性的季节和年度比较

不同季节珠江口鱼类功能多样性的变化见图 3 - 17。功能丰富度指数（FRic）均值以夏季最高（28.030），冬季最低（21.636）；功能均匀度指数（FEve）均值季节变化较小，各季节均值为 0.464～0.477；功能分散指数（FDis）、功能熵指数（RaoQ）均值以冬季最大，春季次之，春季大于夏季，秋季最小，但总体来说季节变化较小，功能分散指数（FDis）其均值为 0.365～0.377，功能熵指数（RaoQ）其均值为 0.146～0.153。方差分析表明仅功能丰富度指数（FRic）存在显著的季节差异（$P<0.05$）。

对于不同调查年度（图 3 - 18），功能丰富度指数（FRic）均值逐年增加，从第Ⅰ年（2013 年 12 月—2014 年 9 月调查）23.613，增加到第Ⅱ年（2014 年 12 月—2015 年 9 月调查）24.318，增加到最后的 26.568（2014 年 12 月—2015 年 9 月调查）；功能均匀度指数（FEve）均值以第Ⅱ年最小，其均值为 0.453，第Ⅰ年和第Ⅲ年均值为 0.483；功能分散指数（FDis）功能熵指数（RaoQ）年际差异较小，逐年微弱增加。方差分析表明 4 个功能多样性指数年际差异均不显著（$P>0.05$）。

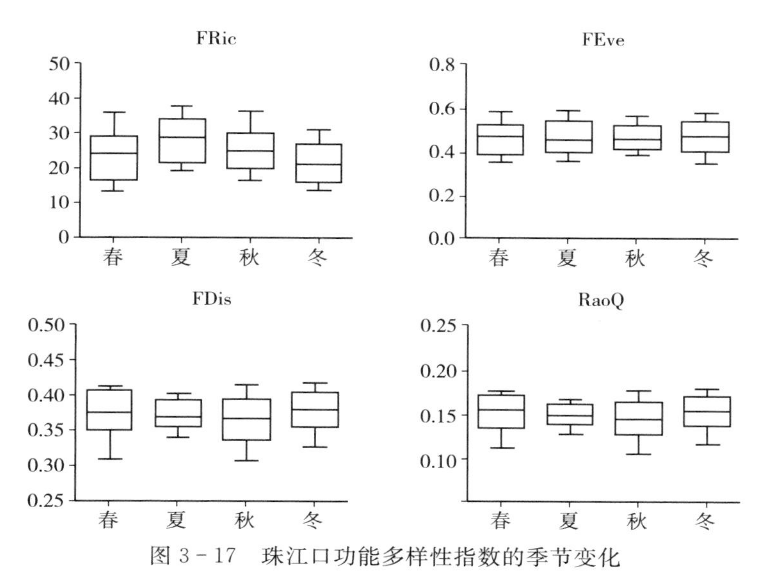


图 3 - 17 珠江口功能多样性指数的季节变化

FRic. 功能丰富度指数 FEve. 功能均匀度指数 FDis. 功能分散指数 RaoQ. 功能熵指数

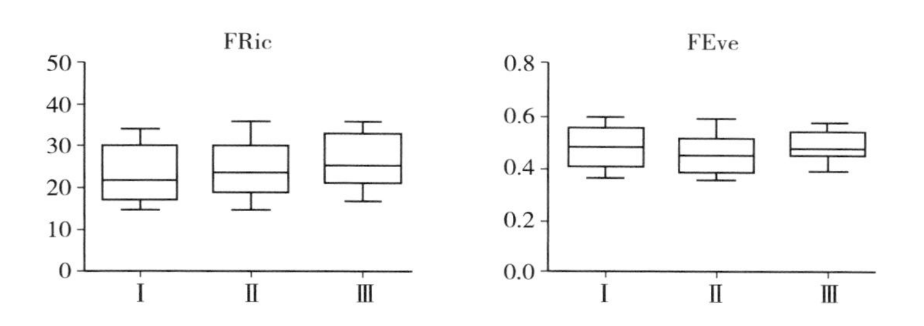

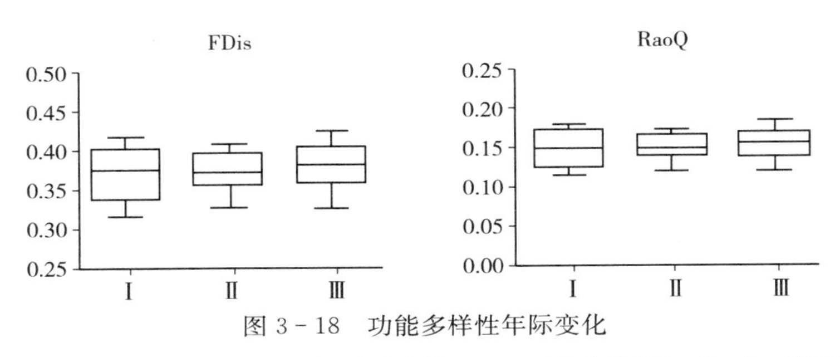


图 3-18　功能多样性年际变化

FRic. 功能丰富度指数　FEve. 功能均匀度指数　FDis. 功能分散指数　RaoQ. 功能熵指数

## （二）功能多样性的空间差异

珠江口功能多样性空间差异如图 3-19。方差分析表明，4 个功能多样性指标空间差异均达显著水平（$P<0.05$）。功能丰富度指数（FRic），均值以九江站点最低（14.917），万山站点最高（36.083），总体沿上游至入海口 FRic 呈上升趋势；功能均匀度指数（FEve），以神湾站点最高（0.551），万山站点（0.413）和三水站点（0.428）最小，大体呈两头低，中间高的分布；功能分散指数（FDis），以南沙站点最高（0.408），九江站点（0.336）最小；功能熵指数（RaoQ）与功能分散指数（FDis）类似，以南沙站点最高（0.174），九江站点（0.127）最小。

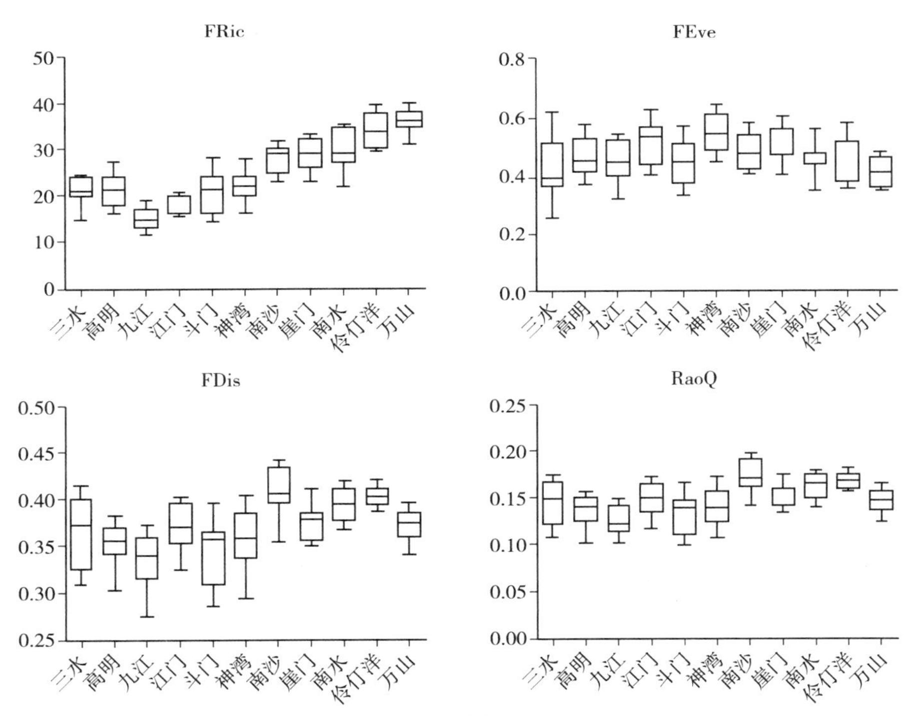


图 3-19　功能多样性空间差异

FRic. 功能丰富度指数　FEve. 功能均匀度指数　FDis. 功能分散指数　RaoQ. 功能熵指数

对不同功能多样性进行 Pearson 相关性分析可知（表 3-10），功能熵指数（RaoQ）与功能分散指数（FDis）存在极强的相关性（$R^2=0.986$，$P<0.001$），这两个指标有较大的信息冗余，在珠江口鱼类功能多样性和系统功能分析时，可只考虑其中之一进行分析。而其他功能多样性指标尽管存在一定的相关性，但相关系数较小（$P<0.5$），表征的信息并不重复。

表 3-10　不同功能多样性指数 Pearson 相关性分析

| | | S | N | FRic | FEve | FDis | RaoQ |
|---|---|---|---|---|---|---|---|
| S | 相关系数 | 1 | 0.484** | 0.959** | −0.160 | 0.396** | 0.370** |
| | 显著性 | | 0.000 | 0.000 | 0.067 | 0.000 | 0.000 |
| N | 相关系数 | 0.484** | 1 | 0.437** | −0.367** | 0.164 | 0.146 |
| | 显著性 | 0.000 | | 0.000 | 0.000 | 0.060 | 0.095 |
| FRic | 相关系数 | 0.959** | 0.437** | 1 | −0.056 | 0.452** | 0.435** |
| | 显著性 | 0.000 | 0.000 | | 0.527 | 0.000 | 0.000 |
| FEve | 相关系数 | −0.160 | −0.367** | −0.056 | 1 | −0.064 | −0.033 |
| | 显著性 | 0.067 | 0.000 | 0.527 | | 0.465 | 0.704 |
| FDis | 相关系数 | 0.396** | 0.164 | 0.452** | −0.064 | 1 | 0.986** |
| | 显著性 | 0.000 | 0.060 | 0.000 | 0.465 | | 0.000 |
| RaoQ | 相关系数 | 0.370** | 0.146 | 0.435** | −0.033 | 0.986** | 1 |
| | 显著性 | 0.000 | 0.095 | 0.000 | 0.704 | 0.000 | |

注：**显著水平 0.01；S. 种类数；N. 样本尾数；FRic. 功能丰富度指数；FEve. 功能均匀度指数；FDis. 功能分散指数；RaoQ. 功能熵指数。

# 第三节　珠江口鱼类群落与多样性评价

## 一、珠江口鱼类群落时空差异

鱼类群落的时空差异是河口鱼类生态学和资源学研究的重要组成部分，通过鱼类群落结构、功能及其动态变化特征的研究，能够很好地反映河口生态系统的状态与变化趋势（Rice，2000、2003；Piet & Jennings，2005；Schmolcke & Ritches，2010）。河口鱼类群落时空差异与鱼类的生态生理特征有关，同时也体现在对饵料、盐度、水深和径流等环境因素的响应上（Neira et al，1992；Barletta et al，2003；Martino & Able，2003）。相关研究指出，河口受盐度、潮汐和径流的强弱的强烈影响，影响着其生物和理化生境特性（Cyrus & Blaber，1992；Whitfield et al，2006；黄良敏 等，2013）。珠江口水域的盐度、潮汐和径流强弱由于自三角洲河网到口门段呈梯度变化（林祖亨和梁舜华，1996；蒋陈娟，2007；贾后磊 等，2011），鱼类群落结构受此直接或间接影响也呈现出梯度变化的特征。鱼类时空分布特征一般通过基于多元统计的分类和排序确定（Akin et al，2005；Mukherjee et al，2013）。研究表明，非度量多维尺度排序和Cluster等级聚类分析将珠江口水域明显分成了三角洲河网段站点和口门段站点两组，珠江三角洲河网段和口门段鱼类群落相异性（average dissimilarity）为78.13，三角洲河网以淡水鱼类为主，特征种有三角鲂、鲮、赤眼鳟、尼罗罗非鱼、花鰶、舌虾虎鱼、鳘、鲢、七丝鲚、鲤和鲫等；口门段以河口或海洋性鱼类为主，特征种有花鰶、棘头梅童鱼、短吻鲾、鲻、拉氏狼牙虾虎鱼、凤鲚、三角鲂、七丝鲚、棱鲅和黄鳍鲷等。史赟荣（2012）在长江口也发现类似现象，长江口位于河段的水域鱼类群落结构与其他水域有明显的差异。而詹海刚（1998）研究结果把珠江口虎莲花山—虎门河道、珠江口伶仃洋和珠江口浅海水域鱼类划分为淡水、河口和沿岸3个群落。这是因为本书涉及较多的河网站点，而淡水群落和河口、沿岸群落差异较明显，使得珠江的口门段包含詹海刚提出的河口和沿岸两个群落。Neira等（1992）通过对Swan河口鱼类群落结构组成特点的研究发现，海水鱼类多位于河口下游，而上游水域的鱼类多为河口鱼类，并指出河口地区鱼类群落的空间差异主要是由于不同生态类群对河口生境的差异性选择所引起的。将相异性贡献率大于3%的种类定义为分歧种（徐炳庆 等，2011），鲮、赤眼鳟、三角鲂和鳘在三角洲河网段的相对多度明显高于口门段，而棘头梅童鱼、短吻鲾、拉氏狼牙虾虎鱼和凤鲚的相对多度在口门段更高。此外，三角洲河网各调查位点间鱼类群落平均相似性（Average similarity）为54.74，口门段各调查位点间鱼类群落平均相似性为38.35，河网段的相似性大于口门段。美国新泽西Mullica River河口也呈现由口外海滨到河流段群落内相似性增加的现象（Martino & Able，2003），这是由两个区域的环境异质性所致，三角洲河网研究站点受珠江径流影响，为淡水水域，潮汐较弱，而口门段盐度梯度和潮汐均较大（孙世伟 等，2012）。从季节尺度来看，4个季节中，夏季与其他季节明显区分，SIMPER分析表明各种类对鱼类群落差异的单独贡献均较低，说明夏季与其他季节的差异是多种类共同作用的结果。径流等水文因子和温度等水质因子的季节更替，再加上鱼类繁殖育幼等生态适应性行为是造成夏季与其他季节差异的主要原因（王迪，2006；李因强，2008）。

## 二、珠江口鱼类多样性

河口区具有丰富的营养盐和复杂多变的生态环境，其优越的自然环境为鱼类等水生生物的繁殖、发育和生长提供了良好的自然条件，能维持较高的生物多样性（Blaber，1997；庄平，2006；Baxter et al，2015）。从种类多样性来看，2013—2016年调查珠江口共捕获鱼类285种，结合历史记录共有鱼类380种，较长江口（庄平，2006）、黄河口

（朱鑫华 等，2001；郑亮，2014）、鸭绿江口（解玉浩 等，2001）等河口种类多样性丰富。验证了中大型的热带和亚热带河口的种类数目均比温带水域的种类数目多且纬度越低种类丰富度越高的观点（Elliott & Dewailly，1995；史赟荣，2012）。此外，珠江口水域也比与之相连的北江、西江、东江等水域的鱼类种类数要丰富（李桂峰，2013），这是因为珠江口属于河口湾，其中的咸淡水区和近岸近海水域属于群落交错区，群落交错区又称生态过渡带或生态交错区，是两个或多个群落（生态地带）之间的过渡区域（朱芬萌 等，2007）。群落交错区环境比较复杂，能满足不同类型生物的需求，也是一个种群竞争紧张的地带，发育完好的生态过渡带存在边缘效应，可包含相邻区域两个群落共有的物种以及生态过渡带特有的物种（邢勇 等，2003）。因此，群落中鱼类种类的数目及一些种群的密度往往比相邻区域的群落大。珠江口既是多种生物种群繁殖、育幼和栖息的场所，邻近水域上游珠江、下游南海补充群体的重要来源地，又是溯河和降海种类洄游的必经之路，生物多样性和资源丰富，是最富生产力的生态系统之一（王迪，2006；李因强，2008）。但珠江口地区也是人类活动最频繁、经济最活跃、人口最密集的区域之一，河口水生态环境严重受人类活动影响（袁国明，2005；柯东胜 等，2007；狄效斌 等，2008），应作为生物多样性监测和保护的重点水域。

多样性指数是鱼类群落分析的重要指标之一，常用来分析鱼类群落多样性状况，探讨人类活动对鱼类群落多样性的影响，环境的稳定性、异质性与群落多样性的关系等（Rees，2004；Green，2009；Brown，2011）。生物多样性指数往往强调了生物多样性的一个或多个方面，如丰富度和均匀度，但目前并没有一个多样性指数可以完美、统一地表示生物群落多样性的变化（张青田和胡桂坤，2016）。因此，本书综合使用物种多样性指数、分类学多样性指数和功能多样性指数对珠江口鱼类群落多样性状况进行分析。

物种多样性作为群落生物组成结构的重要指标，它不仅可以反映群落组织化水平，而且可以通过结构与功能的关系间接反映群落功能的特征（Hooper et al，2005；李强，2008）。从物种多样性时间变化来看，珠江口不同季节间 Margalef 种类丰富度指数均值为 3.49～4.56，以夏季最高，冬季最低；Pielou 均匀度指数季节变化较小，均值为 0.71～0.75，以春季最高，夏季最低；Shannon - Wiener 多样性指数变化季节较小，均值为 2.47～2.52，以夏季最高，冬季最低；Simpson 优势集中度指数为 0.12～0.14，以冬季最高，春季最低。总体而言，夏季鱼类多样性水平高于其他季节，表明夏季水域环境适合较多生态类群的鱼类生存。夏季上游流量较大，带来更多的营养物质，同时该时期也是主要海水、淡水、咸淡水鱼类的繁殖时期，更多鱼类聚集于此。4 个物种多样性指数年际间均没有显著性差异。珠江口鱼类群落整体差异较小，这是由于珠江口属于典型的亚热带河口（李因强，2008），水域的水体环境相对稳定，同时物种多样性处于较高水平，较高的群落复杂性有利于维持其高稳定性。从物种多样性的空间变化来看，Margalef 种类丰富度、Shannon - Wiener 多样性指数、Simpson 优势集中度指数存在显著的空间差异，而 Pielou 均匀度指数空间差异不显著，不同站点 Margalef 种类丰富度以九江站点最低，均值为 2.69，万山站点最高，均值为 5.92；Pielou 均匀度指数总体变化范围不大，均值为 0.69～0.76；Shannon－Wiener 多样性指数以九江站点最低，均值为 2.13，万山站点最高，均值为 2.74；Simpson 优势集中度指数，以万山站点最低，均值为 0.10，九江站点最高，均值为 0.16。Pielou 均匀度指数没有表现出明显的变化趋势，而 Margalef 种类丰富度和 Shannon－Wiener 多样性指数从上游到近海大体呈上升趋势，Simpson 优势集中度指数从上游到近海大体呈下降趋势。Margalef 种类丰富度反映群落种类的多样性，其值越高，群落多样性越高，Shannon－Wiener 多样性指数能够从种群数量和种群个体数的均匀性两个方面反映群落结构的多样性，群落物种越丰富，各种类个体数分布越均匀，则多样性指数越高（William，1998），珠江口各站点由于 Pielou 均匀度指数变化较小，Margalef 种类丰富度越高，则 Shannon－Wiener 多样性指数越高，所以 Margalef 种类丰富度和 Shannon－Wiener 多样性指数表现出相一致的变化趋势。优势集中度指数能够反映鱼类数量在种群间分布的差异程度，优势集中度指数越高，说明种群间数量分布越集中（Somerfield et al，2008）。因此，珠江口从上游三角洲河网到下游入海口群落多样性逐渐升高，群落结构从简单趋于复杂化。珠江口的咸淡水区和近岸近海水域属于群落交错区，群落交错区因边缘效应而使得鱼类种类的数目及一些鱼类的密度有增大的趋势（Ward et al，1999；邢勇 等，2003）。从珠江口鱼类群落的多样性指数区域变化来看，口门段群落多样性高于三角洲河网，符合边缘效应理论。各指数基本呈淡水区—咸淡水交汇区—河口外缘区逐渐升高的趋势，和各区盐度梯度变化比较一致。

一般认为，在同样的生物数量组成的群落中，物种归属于多个属的群落要比物种归属于同一个属的群落具有更高的多样性。但是传统的物种多样性指数基本上等同对待每一种生物，没有考虑物种之间的分类学关系，相同的指数可能对应着完全不同的生态群落（张青田和胡桂坤，2016）。分类学多样性考虑了每个个体在分支树中的分支路径长度（亲缘关系），更能反映生物种系发生多样性（Clarke & Warwick，1998；徐宾铎 等，2005；黄良敏 等，2013）。本书中，各分类学多样性指数的空间差异显著，各分类学多样性指数与物种多样性类似，沿上游至口门呈梯度变化。分类多样性指数、分类差异指数、平均分类差异指数沿上游至口门大体呈上升趋势，而分类差异变异指数呈下降趋势。表明上游站点的鱼类种类在分类学水平往往更集中于亲缘关系近的物种，入海口站点鱼类群落分类学关系更均匀，更多分类学等级的种类聚集。但与物种多样性指数不同的是，分类学的时间变化（季节、年际）不显著，表明夏季增加的种类更多的是与原有优势种类亲缘关系相近的物种。与历史数据相比较，等级多样性指数（$\Delta^+$）和分类差异变异指数（$\Lambda^+$）数值上略有降低。但与总名录理论平均值（虚线）差异均未达到显著水平。这说明 30 年来，尽管鱼类种类发生了较大的更替（减少 95 种，增加 50 种），但珠江口鱼类分类学多样性并未发生显著的变化，该水域鱼类的等级多样性水平依然较高，其丰富的分类学多样性反映其维持生态系统稳定性的潜力较大。

生物多样性的大小并不仅仅是与物种的数目及各个种的数量、分布、相互之间的关系有关，还与物种的各自功能有关，即与功能多样性（functional diversity）有关（Tilman et al，1997；张金屯和范丽宏，2011）。本书中功能丰富度指数（FRic）均值以夏季最高（28.030），冬季最低（21.636）；功能均匀度指数（FEve）均值季节变化较小，各季节均值为0.464～0.477；功能分散指数（FDis）、功能熵指数（RaoQ）均值以冬季最大，春季次之，春季大于夏季，秋季最小，但总体来说季节变化较小，功能分散指数（FDis）其均值为0.365～0.377，功能熵指数（RaoQ）其均值0.146～0.153。方差分析表明仅功能丰富度指数（FRic）存在显著的季节差异。夏季鱼类在群落中所占据的功能空间的大小有所增加，但群落内特征值的异质性或生态位互补程度并未明显增大。表明夏季种间生态位互补性较弱，竞争作用则较强。此时生态系统的稳定性较差，应该作为鱼类群落的重点保护时期。从空间尺度来看，4个功能多样性指标空间差异均达显著水平。功能丰富度指数（FRic）均值以九江站点最低（14.917），万山站点最高（36.083），总体沿上游至入海口FRic呈上升趋势；功能均匀度指数（FEve），以神湾站点最高（0.551），万山站点（0.413）和三水站点（0.428）最小，大体呈两头低，中间高的分布；功能分散指数（FDis）以南沙站点最高（0.408），九江站点（0.336）最小；功能熵指数（RaoQ）与功能分散指数（FDis）类似，以南沙站点最高（0.174），九江站点（0.127）最小。研究表明物种多样性和分类学多样性高的区域，功能多样性不一定就高。Lyashevska & Farnsworth（2012）指出功能多样性与物种多样性和分类学多样性由于生态学意义不同，并不存在必然的对应关系。与分类学多样性和物种多样性所不同的是，淡水和咸淡水交界处的某些站点，如南沙和神湾站点有较高的功能多样性，这些站点是淡水群落和咸淡水群落的过渡区域，包含相邻两个群落共有的功能特征以及群落交错区特有的功能特征，将会有较高的生产力，较强的恢复力和较强的入侵抵抗力（Villéger et al，2010；Nicolas et al，2010；熊鹰，2015）。本书第三章第一节中神湾站点ABC曲线 $W$ 值在各站点中最高（0.045），群落扰动相对较小，且第六章第二节水声学评估的鱼类资源密度中，南沙站点变异系数较小（各航次标准偏差/平均值=47%），验证了这一观点。

## 三、珠江口鱼类群落受扰动状况

ABC曲线方法是在同一坐标系中比较生物量优势度曲线和丰度优势度曲线，通过两条曲线的分布情况能反映群落不同干扰状况下的特征（Warwick & Clarke，1994）。从空间尺度来看，三角洲河网段中九江、斗门、神湾生物量曲线在丰度曲线之上，$W$ 值分别为0.043、0.03和0.045，说明群落主要是以 $k$ 选择种类（生长慢、性成熟晚的大个体种类）为主，受到的干扰相对较小，群落较稳定。而三水、高明、江门站点丰度曲线和生物量曲线相交，$W$ 值接近于 0，其值分别为−0.004，0.01 和−0.002，说明 $r$ 选择（生长快、个体小的种类）物种的生物量或丰度开始增加，$k$ 选择物种的生物量或丰度则逐渐减少，预示该鱼类群落受到不同程度干扰。根据 Clarke 和 Warwick 的划分标准，这些站点鱼类群落处于中度的干扰状态。口门段中崖门和南水站点 $W$ 值分别为 0.04 和 0.027，受到相对较小的外界干扰，群落较稳定。南沙鱼类群落的丰度优势度曲线与生物量的优势度曲线相交且 $W$ 统计值接近 0，受到中等程度的干扰。伶仃洋和万山站点丰度优势度曲线完全在生物量优势度曲线之上，$W$ 值分别为−0.053 和−0.050，表明鱼类群落逐渐变为由 $r$ 选择的物种为主，群落处于严重干扰的（不稳定的）状态。对于区域而言，由于口门段受到外界干扰更大，应重点保护珠江口门段水域的生态环境和鱼类群落，对于站点而言，应加强口门段的伶仃洋、万山和南沙站点，三角洲河网的三水、高明和江门站点的鱼类保护。

鱼类群落中各种类的季节性的繁殖、补充、生长等内在因素以及人为因素（如捕捞）会对鱼类的群落状态产生影响（李圣法，2008）。本书中，三角洲河网段各季度鱼类丰度与生物量优势度曲线春季、秋季、冬季生物量曲线在丰度曲线之上，$W$ 值分别为 0.041、0.028 和 0.024，群落受外界干扰相对较小，而夏季生物量曲线与丰度曲线有部分相交，$W$ 值=0.006，接近于 0，受到中等程度的外界干扰。口门段春季 $W$ 值为−0.056，丰度曲线在生物量曲线之上，此时受外界干扰强度较大，群落结构处于不稳定状态。而夏季、秋季、冬季 $W$ 值分别为 0、0.009 和−0.013，接近于 0 且丰度与生物量曲线相交，说明鱼类群落受到中等程度的干扰。鱼类群落稳定性较差的水域或季节，若不采取保护措施，群落中鱼类组成将进一步朝小型化趋势发展。从鱼类保护的角度来看，三角洲河网和口门段夏季均受到较大干扰，夏季为珠江口大部分鱼类的繁殖期和仔稚鱼生长期（王迪，2006；李因强，2008），且此时鱼类的繁殖和索饵习性对水温、水位、流量等环境条件较敏感，此时应加强对水文水质等水环境的监管和防止过度捕捞，以保证鱼类的繁殖与生长。同时不同区域应采取不同的策略，由于口门段各季节均受到不同程度的干扰而三角洲河网仅夏季受到中等程度的干扰，对于三角洲河网段，夏季应作为鱼类保护的重要时期，而对于口门段还应同时兼顾其他季节的鱼类保护。

## 第四节　珠江口鱼类多样性与资源保护措施建议

### 一、减少污染，加强鱼类关键生境保护

《2015 年南海区海洋环境状况公报》资料显示，珠江口河口生态系统处于亚健康状

态，生态压力超出生态系统的承载能力。珠江口水体中无机氮含量偏高，浮游植物、浮游动物、鱼卵、仔鱼密度偏低，底栖生物栖息密度和生物量偏低。生物质量监测结果显示，珠江口局部区域存在重金属污染风险。近五年，珠江口湿地面积保持增大趋势，但滨海湿地景观格局发生明显变化，河口滩涂等天然湿地逐渐由鱼塘等人工湿地取代。《2015年广东省海洋环境质量公报》也显示，2015年，由珠江八大口门径流携带入海的化学需氧量、石油类、氨氮、总磷、重金属和砷等主要污染物的总量为243.67万t。其中，化学需氧量（$COD_{Cr}$）191.33万t，约占总量的78.52%；氨氮（以氮计）3.84万t，约占总量的1.57%；硝酸盐氮（以氮计）42.33万t，约占总量的17.37%；亚硝酸盐氮（以氮计）2.67万t，约占总量的1.10%；总磷（以磷计）1.88万t，约占总量的0.77%；石油类1.27万t，约占0.52%；重金属0.29万t和砷0.06万t，共占0.15%。大量的污染物入海，使珠江口受到严重污染，成为广东省近岸水域水质污染重灾区，部分水体劣于海水水质四类标准。海洋环境污染由于得不到有效遏制，造成赤潮、海水入侵和土壤盐渍化等海洋灾害问题突出，河口功能区得不到保障，严重地影响了河口鱼类资源的保护。

珠江口水域是中华白海豚和黄唇鱼等国家一、二级保护动物的主要栖息地。为保护这些珍稀水生生物，国家以及地方政府在珠江口水域专门设立了珠江口中华白海豚国家级自然保护区和东莞市黄唇鱼自然保护区。然而，随着沿岸水域开发强度的不断增大，受陆源排污、过往船只及酷渔滥捕的影响，珠江口水生生物生境面临严重威胁。改善珠江口生态环境，减少环境污染，强制生活污水、工业废水等达标处理排放，避免废污水对河流的污染，保护鱼类生存的水资源环境，是珠江口生态文明建设的根本前提。同时应大力宣传保护鱼类资源对维持生物多样性和生态平衡的重要性和意义，提高人民群众对保护鱼类资源的意识。

## 二、合理捕捞，适当延长休渔期，增设禁渔区

过度捕捞一方面会使鱼类资源及其栖息地生境遭受极大的破坏，进而导致鱼类群落生物多样性降低、个体趋于小型化等资源衰退现象甚至灭绝；另外可改变鱼类群落的部分属性和特征，长期过度的渔业捕捞，大型鱼类种群数量迅速减少，从而降低了小型鱼类的捕食压力，使得小型鱼类数量急剧增加，同时鱼类为了适应外界环境的变化维持种群的延续，在进化上可能导致鱼类性成熟年龄提早，个体变小。同时，珠江口渔场是中华白海豚索食的重要区域。珠江口鱼类资源的兴衰直接关系到中华白海豚种群的数量的变动，目前已发现的白海豚食谱鱼类20多种中仅有棘头梅童鱼、皮氏叫姑鱼、凤鲚等3种是珠江口渔业拖网作业的主要渔获对象，同时，这3种食谱鱼类均不同程度地表现出资源衰退的趋势。从2013年12月至2016年3月调查结果发现，在珠江口虎门、珠海等水域11个调查位点所采集的棘头梅童鱼样本中0～1龄组个体所占数量百分比为95.81%，1～2龄个体所占比重为4.19%。目前珠江口水域渔获中棘头梅童鱼主要以0～1龄个体为

主。可见人类对这 3 种鱼类的持续捕捞与利用，势必造成其补充群体的数量不足，生殖群体数量下降，导致鱼类种群结构不合理，从而影响中华白海豚的食物来源。导致了白海豚种群生存面临着来自渔业资源严重衰退和渔业作业的双重压力。

因此，为防止过度捕捞，应制定合理的捕捞制度，加强宣传和管理力度。渔业管理部门可根据渔业资源状况制定捕捞量、捕捞期，并实行捕捞许可制度；确定渔获对象的最小捕捞规格和合理的捕捞强度，禁止使用电鱼、炸鱼等渔法，坚决制止酷捕滥捕，严格禁捕繁殖群体和幼鱼。同时通过实施优惠政策使渔民转产转业。通过职业培训和拆解渔船的补偿，鼓励渔民从事第二、第三产业，减缓渔业资源的捕捞量及捕捞强度。

禁渔期制度是在天然水域主要经济生物的繁殖期和幼鱼生长期禁止捕捞作业，减少对水生生物产卵群体和幼体的损害，使水生生物资源得以休养生息，是一项直接、有效且国内外通行的水生生物资源养护措施。中国政府分别在 1995 年和 2003 年全面实施了海洋伏季休渔制度和长江禁渔期制度，为保护中国海洋和长江生物资源、促进渔业可持续发展发挥了重要作用。经国务院同意，中国决定自 2011 年起在珠江水域实行禁渔期制度。禁渔时间为每年的 4 月 1 日 12 时至 6 月 1 日 12 时。珠江禁渔期制度由农业部（现为农业农村部）统一部署，珠江流域 6 省（自治区）人民政府负责组织实施。实行珠江禁渔期制度，有效地控制和减少捕捞强度，为养护珠江生物资源，保护生物多样性，促进珠江渔业可持续发展和生态文明建设发挥重要作用。为更好地养护水生生物资源，保护水域生态环境，推动渔业绿色发展，从 2017 年开始，我国南海休渔时间调整为每年 5 月 1 日 12 时至 8 月 16 日 12 时（3 个半月），期间禁止除钓具以外的所有捕捞作业（包括捕捞辅助船）。珠江禁渔时间调整为每年 3 月 1 日 0 时至 6 月 30 日 24 时（4 个月），期间禁止除休闲渔业、娱乐性垂钓以外的所有捕捞作业。珠江口休渔期是在多数鱼类产卵高峰期，主要保护繁殖群体和鱼类幼体的早期发育。但是仍有多种经济鱼类的产卵期处于休渔期外。为了更好地保护这些资源，应在珠江口范围内寻找合适的鱼类产卵主要区域，设立禁渔区，更好地保护鱼类产卵和幼体发育。同时，基于珠江口中华白海豚保护的需求，应限制在珠江口的渔业作业或作业方式。

## 三、增殖放流，补充和恢复特定鱼类种群资源

增殖放流是指用人工方法向天然水域投放鱼、虾、贝和藻等水生生物的幼体（或成体或卵等）以增加种群数量、改善和优化水域的渔业资源群落结构，形成区域性渔场，减轻捕捞压力，从而达到增殖渔业资源、改善水域环境、保持生态平衡的目的。农业部于 2009 年 3 月 20 日审议通过了《水生生物增殖放流管理规定》，并自 2009 年 5 月 1 日起施行，标志着水生生物增殖放流已成为政府的一项常规性管理工作。2009 年全国增殖放流资金投入和放流苗种数量与质量比往年有大幅增加，共投入资金 5.9 亿元，增殖放流各种鱼类、虾蟹类、

贝类等共计245亿尾（粒），比2008年同期增加24%。其中近海水域增殖苗种79亿尾，内陆增殖苗种166亿尾（粒）。放流苗种数量超过1亿尾的有中国对虾、竹节虾、长毛对虾、梭子蟹、海蜇、鲢、鳙、草鱼、鲤、鲫和中华绒螯蟹等经济物种。放流苗种资金超过千万元的有中国对虾、竹节虾、牙鲆、梭子蟹、海蜇、鲢、鳙、草鱼、鲤、鲫和中华绒螯蟹等经济物种，放流增殖社会影响日益显著（周雪瑞，2011）。积极开展经济品种的放流增殖，是补充和恢复珠江口的鱼类种群资源，保护水域的生态平衡，增加渔业资源的重要举措。目前各级政府、主管部门已经在珠江口开展了黑鲷、金钱鱼和鲈等经济种类的增殖放流活动，如东莞市自1986年起每年举办渔业资源增殖放流活动，已经成为一项群众喜乐见闻并热心参与的渔业资源保护行动，至今累计已增殖各类渔业资源约5亿尾，对保护东莞市渔业资源、改善水域生态环境具有积极意义。杨志普等（2012）指出，加强珠江口增殖放流，一是要注重放流品种的选择，应以当地的经济鱼虾类和濒危物种为主，如黄鳍鲷、鲻鱼、刀额新对虾、锯缘青蟹和黄唇鱼等，避免巴西龟和雀鳝等外来物种的误放。二是要注意放流鱼苗的规格，鱼苗规格要在体长3 cm以上，保证放流鱼苗的成活率。三是要注重宣传，强化社会参与，可通过开展增殖放流知识展览、举办休渔放生节、建立放生主题公园和提供社会认捐等多种渠道和形式，为社会参与水生生物资源养护搭建渠道，使渔业资源增殖放流活动成为当地的一项传统活动，形成良好的社会效应。

## 四、建设人工鱼礁，为鱼类营造良好的栖息环境

人工鱼礁是根据海洋生物的生物学习性人为在水域中设置的构造物，以改善、修复和优化水生生物的栖息环境，为鱼类等提供栖息、庇敌、索饵和产卵的场所，达到保护、增殖和提高渔获量的目的。目前珠江口地区已经开展了大量的人工鱼礁实践，珠海庙湾、外伶仃岛、东澳岛和小万山等人工鱼礁区对海洋生物具有良好的诱集作用，养护和增殖渔业资源的效果明显，产生明显的生态经济效益，证明了建设人工鱼礁是恢复珠江口渔业资源和修复生态环境有效措施。人工鱼礁能在一定程度上改变原有水域周边水文、海流等状况，引起海底结构、礁区周围流场以及水质等变化，使非生物环境发生变化，同时礁区流场的改变也能提高营养盐和初级生产力水平，增加鱼礁周围的浮游生物。图3－20和图3－21分别显示了珠江口部分礁区投礁前后浮游植物密度及浮游动物生物量的对比。可以看出投礁后鱼礁中心浮游植物的增加最为明显，对比站不增加或有所下降。投礁后所有站点浮游动物量都有所提升，鱼礁中心浮游动物提升最高。而鱼礁本身作为一种附着基质，藻类、贝类等附着生物开始在其表面着生，底栖生物也大量迁入。大型底栖生物在有机碎屑的分解、调节泥水界面的物质交换、促进水体的自净化中起着重要的作用（张虎，2008），附着的贝类则通过滤食消耗大量浮游植物和碎屑，也净化水质，改善水域生态环境，减少赤潮等海洋生态灾害的发生，其自身又是其他经济动物的食物，

其生产量与渔业产量密切相关。图 3－22 以底栖生物变化为例，显示了东澳岛和庙湾两个人工鱼礁区投礁前后底栖生物多样性的变化，投礁后礁区底栖生物多样性明显增加，鱼礁中心的变化尤为明显，而对比站的底栖动物却多样性有所下降，说明人工鱼礁增加了礁区底栖生物群落的丰富度和多样性，起到资源增殖与养护的效果。

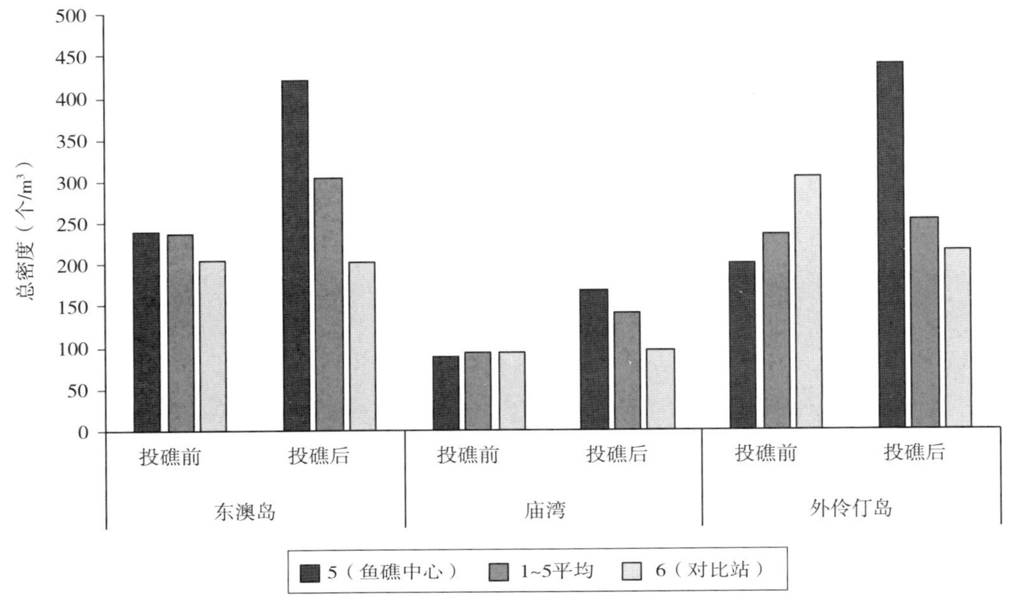


图 3－20　珠江口人工鱼礁区投礁前后浮游植物总密度对比

5. 鱼礁中心站位　1～5. 鱼礁区调查站位　6. 对比站位

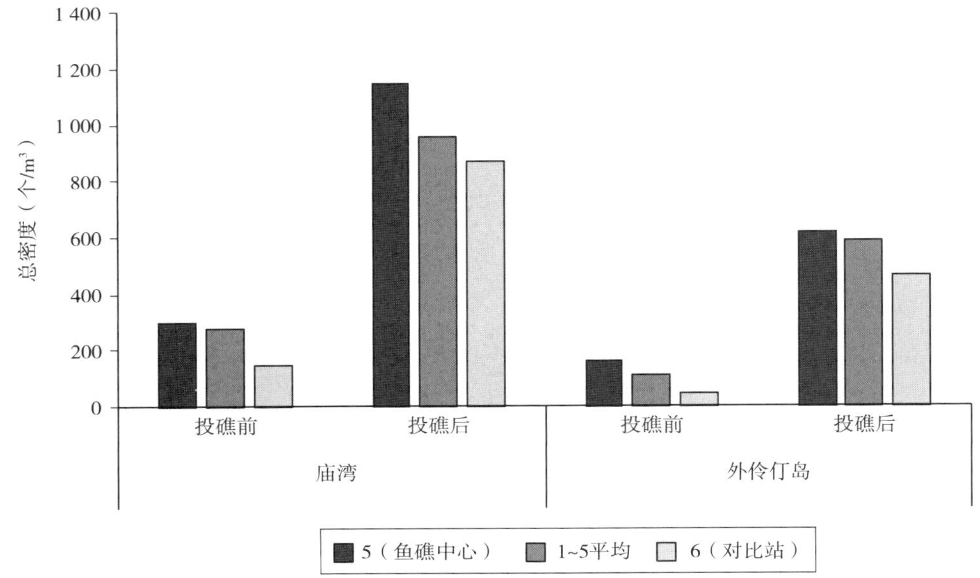


图 3－21　珠江口人工鱼礁区投礁前后浮游动物总密度对比

5. 鱼礁中心站位　1～5. 鱼礁区调查站位　6. 对比站位

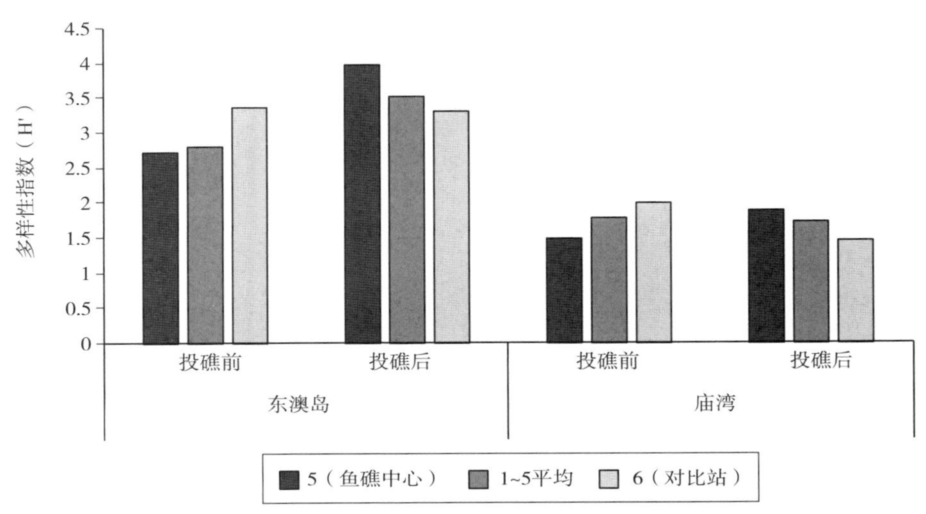


图 3-22　东澳岛和庙湾人工鱼礁区投礁前后底栖生物多样性指数对比

5. 鱼礁中心站位　1～5. 鱼礁区调查站位　6. 对比站位

图 3-23、图 3-24 显示了珠江口部分人工鱼礁区的虾拖网及流刺网调查结果，礁区资源密度和尾数资源密度（包括鱼类、虾类、蟹类、虾蛄类和头足类）与本底调查和同期对比区相比基本上都有明显的升高，在虾拖网调查结果中，4 个人工鱼礁区游泳生物资源密度在投礁后都得到大幅提升，各水域的对比站资源密度也有一定程度的增加，但增加不明显，流刺网调查结果中，各水域投礁前后变化不大，但在外伶仃岛人工鱼礁区游泳生物资源密度呈爆发式增长。此外，鱼礁也给鱼类提供了良好的产卵繁殖的场所，珠海庙湾人工鱼礁投放后，鱼卵密度大幅度提高（表 3-11）。总之，人工鱼礁通过环境效应，主要表现在其内部空间和周围区域非生物环境和生物环境的显著改变，而且两者又彼此相互影响，从而引发一系列良好的生态效应。人工鱼礁投放对饵料生物资源产生了显著影响，水域生态环境得到极大的改善。从而能够给海洋生物营造良好的栖息环境，为鱼类等海洋生物提供一个繁衍生息的场所，起到保护、增殖鱼类等海洋生物资源的目的。

**表 3-11　珠海庙湾人工鱼礁区鱼卵密度分布**

| | 调查站位 | 1 | 2 | 3 | 4 | 5 | 1～5 平均 | 6 |
|---|---|---|---|---|---|---|---|---|
| 投礁前 | 数量（枚） | 13 | 3 | 16 | 2 | 8 | 8.4 | 9 |
| | 滤水量（$m^3$） | 123.5 | 123.5 | 123.5 | 123.5 | 123.5 | 123.5 | 123.5 |
| | 密度（$10^{-3}$枚/$m^3$） | 105 | 24 | 130 | 16 | 65 | 68 | 73 |
| 投礁后 | 数量（枚） | 143 | 33 | 343 | 146 | 113 | 155.6 | 276 |
| | 滤水量（$m^3$） | 123.5 | 123.5 | 123.5 | 123.5 | 123.5 | 123.5 | 123.5 |
| | 密度（$10^{-3}$枚/$m^3$） | 1 157.9 | 267.21 | 2 777.3 | 1 182.2 | 914.98 | 1 259.9 | 2 234.8 |

注：1～5. 鱼礁区调查站位　5. 鱼礁中心站位　6. 对比站位

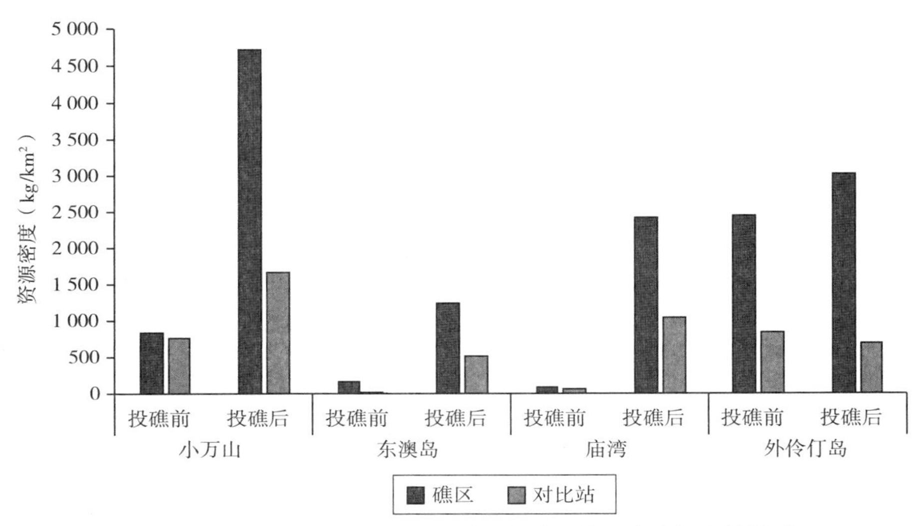


图 3-23　珠江口人工鱼礁区投礁前后虾拖网资源密度调查结果对比

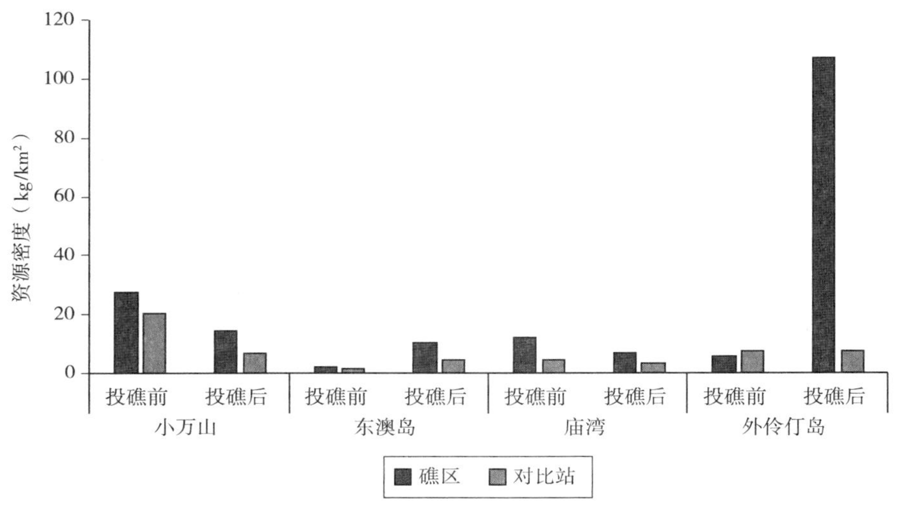


图 3-24　珠江口人工鱼礁区投礁前后流刺网资源密度调查结果对比

## 五、控制外来物种，保护土著鱼类

全球化的外来生物入侵问题导致了日益严重的地区特有物种衰竭、生物多样性丧失和生态环境恶化，生物入侵对生物多样性的影响被认为仅次于生境改造和破坏，在脊椎动物中，鱼类引种数目最多。过去几十年被引种的鱼类数目不断增加，许多物种的分布已经扩散到全球范围，对本土生物产生了显著影响，引起本土水生生态系统的剧烈动荡（顾党恩 等，2012）。国内外大量研究表明，外来物种的引进可导致部分土著鱼类的灭绝，同时还能对土著种类的栖息地造成破坏（Vitousek et al，1997；Xie et al，2001；Zambrano et al，2001）。研究显示，目前在世界范围内有许多土著种类的灭绝是由于外来物种的引进所导致的（Taylor et al，1984；Lever，1996）。外来物种对入侵地生态系统的影响表现在诸多方面（Simon & Townsend，2003）。有关研究指出，外来物种可通过捕食、竞食或者空间竞争（如罗非鱼具有明显的领地行为）等方式，使部分土著鱼类种群数量急剧下降，一些环境适应能力较弱的种类甚至在竞争中被淘汰（Zhang et al，1997；Raghavan et al，2008；Dudgeon & Smith，2006）。尽管外来物种对入侵地生境与鱼类群落存在极大的安全隐患，目前在全球范围内仍有大量外来物种以各种各样的形式被引入世界各地（Welcomme，1988）。据FAO调查数据显示，全球范围内有38.7%的外来物种是以水产养殖为目的引进的（http：//www.fao.org/fishery/dias/en)，且一半左右（约600种）的外来养殖品种在入侵水体中建立了稳定的自然种群。如，罗非鱼是我国于20世纪50年代以产业化养殖为目的引进的外来物种，据报道，目前该物种已在珠江水域建立了稳定的自然种群（王丹 等，2007；谭细畅 等，2012）。

针对外来物种对珠江口鱼类的潜在影响，在防治外来物种入侵的对策方面，应该做到以下几点。

**1. 建立外来鱼类的预防与风险预警机制**

开展持续性的外来鱼类的监控，对被评估外来鱼类的物种信息（包括该鱼种的生物学、生态学、遗传学、危害等)、引入地区的水环境信息（包括水体基本信息、环境因子和环境干扰等)，以及该外来鱼种受人类活动影响情况（包括人为有意或无意引入、对其防范意识和控制的技术等）等资料作充分的收集、判别和确定，建立外来鱼类入侵的风险评估体系、预警机制和预防措施。

**2. 加大投入，提高外来物种引种评价的科学能力**

加大外来物种影响的基础科学与应用技术研究，加强入侵生物快速检测的分子基础、生物入侵与成灾机制、控制技术基础三大核心科学问题的研究，逐步形成生物入侵的研究体系，促进外来物种的入侵生物学及其他相关学科的发展。开展防范外来物种的战略和策略研究，进一步明确进入水体的种类、分布、机制，评价引种可能带来的生态危害以及经济损失，研究控制对策和具体技术，提高防御外来物种产生不良影响的风险能力，达到减少生物带来的损失的目的。

**3. 加强宣传教育，提高公众意识**

利用各种途径，用科学和事实来教育管理人员、基层干部和广大群众，使大家对外来物种对国民经济和生态环境的影响有比较正确的认识，引起大家对控制盲目引种、随意放生的重视。此外，应从国家生物和生态安全、食品和粮食安全、社会和国家安全角度和战略高度出发，制定外来生物入侵管理方面的法律法规，与相应国际公约、协议、条约相一致，实现对外来入侵物种的依法管理。

## 六、开展生态调度，减小水利工程对河口生态系统影响

河口地区是海洋与河流的连接地带，也是环境与生态相对脆弱的地带。河口受到海洋动力和河流水文情势两者的影响，在其相互制约和相互调节的作用下，形成了现在河口独特的生态特征。但是，上游水利工程破坏了这一生态特征，使河口出现了咸潮入侵、河口萎缩、河口盐渍化等现象，对河口的生态造成了严重的影响。生态调度是积极有效缓解生态负面影响的补偿措施，开展生态调度研究和实践具有重要的现实意义。水利部针对生态调度给出了以下的定义，即“所谓生态调度，就是在进行闸坝和河湖水库调度时，在考虑防洪、供水需求的同时，充分考虑生态水量需求，对水库下泄水量、水量过程、下泄水温、时机等要素进行调控，以发挥水库的多种功能。”为了缓解水利工程对河流鱼类及生态系统的影响，国外早在20世纪70年代提出在水库调度运行中考虑生态因素，即通过改进水库调度方式，重塑下游河流的自然水文情势，恢复河流的生态功能，进而在改善水质和水温、维持生物栖息地、形成鱼类产卵的人造洪峰以及提供洄游性鱼类种群的寻址需求（徐薇 等，2014）。1999年开始实施黄河水量统一调度后，实现黄河连续7年不断流，源源不断的淡水资源流入河口地区，淡水水位上升；有计划地增加了河口生物生长繁衍旺盛期3—6月的入海水量；加之2002年以来连续5年调水调沙，大量淡水注入河口干涸的湿地，大量泥沙送入大海，有效遏制了海水倒灌蚀退陆地的形势，使河口湿地面积逐年恢复（王建中 等，2007）。为减少三峡工程对关键物种和生态环境的不利影响，长江防总2011年6月展开了首次生态调度试验，促进了“四大家鱼”（青鱼、草鱼、鲢和鳙）的自然繁殖。这是中国首次针对鱼类自然繁殖而实施的生态调度。姜海萍等（2016）指出，在珠江西江干流开展生态调度具有时机成熟、水量调度长效机制有保障、水库群调度系统完善的特点，但也面临诸多困难，首先是水生生态基础资料仍显缺乏，可能导致生态调查跟踪监测随机性大。其次是鱼类产卵期生态流量脉冲过程模拟与调度运行时机调控经验缺乏，可能导致效果不理想等。并在此基础上提出以下建议：①有条件尽可能延长生态调度实践的时间跨度，利用先进的设备仪器和技术手段开展跟踪调查和监测，要通过长期积累生态调度的现场资料来进行定性定量的效果评价。②在实践中不断探索和积累经验，适时调整生态调度模型，优化生态调度目标，准确把握调度时机，逐步建立适合西江干流特征的生态调度后评价体系，正确评价河流湖库的健康水平，使生态保护目标得到有效的保护。③建立生态调度长效管理机制，随着西江干流最后一个梯级大藤峡水库建成后保证西江干流生态调度融入水资源统一调度管理中去，使生态调度成为一项长期有效的生态保护管理手段，并进行立法研究，制定相关法律法规。

# 第四章
# 珠江口几种常见鱼类遗传分析

遗传多样性作为衡量生物多样性的重要指标（生物多样性包括遗传多样性、物种多样性和生态系统多样性），在物种的生存及适应性上起到重要的作用（Frankham，2005），群体基因库的多样性使群体中存在具有不同特征的个体，这些适应性上的差异使得物种具有应对环境变化的潜能。Ward（1994）和DeWoody（2000）利用同工酶及微卫星标记的研究均表明，整体上海洋鱼类遗传多样性高于淡水鱼类，溯河性鱼类多样性位于两者之间。河口作为江河入海口，由于潮汐作用而形成咸淡水混合水域，其水质肥沃，生物栖息环境多样，渔业资源种类繁多。

珠江口及其浅海水域，主要位于亚热带地区，珠江水系三大干流西江、东江及北江在此汇流入海，河网交错，河口饵料丰富，是典型的咸淡水鱼类栖息区域和多种鱼类种群的繁殖场所，同时也是多种珍稀保护水生野生动物如中华白海豚等的重要栖息地。珠江口地区还保留了众多红树林湿地，成为鸟类栖息和迁徙往返的重要休息活动场所（崔伟中，2006），每年10—11月，国家一级保护鸟类黑脸琵鹭会迁徙至深圳湾越冬，鱼类在满足人类的营养需求的同时也为其他生物提供着赖以生存的能量。采用IUCN评估等级和标准对中国内陆鱼类受威胁现状的研究表明，长江上游和珠江上游受威胁物种最多（分别为79种和76种），且珠江中下游受威胁物种达15种，河流筑坝、生境退化或丧失、酷渔滥捕和引进外来种为主要致危因素（曹亮，2016）。因此，了解珠江口地区的鱼类遗传多样性对珠江鱼类资源的保护及生态多样性的维持有着重要的意义。

# 第一节 珠江口凤鲚、七丝鲚群体遗传分析

鲚属隶属于鲱形目鳀科，广泛分布于印度洋和太平洋西部的中小型鱼类，在我国珠江流域主要分布有凤鲚和七丝鲚。通常认为：凤鲚（*Coilia mystus*）为河口短距离洄游型鱼类，分布于我国沿海地区，在长江口、福建沿海及河口，以及广东、海南岛沿海及河口均有分布，每年春季集群在珠江近河口处咸水或咸淡水区进行繁殖；七丝鲚（*Coilia grayii*）主要为河口性洄游型鱼类，在我国分布于福建、广东和广西沿海，北起闽江口一带，南至北部湾。在珠江流域分布于珠三角近河口地区，每年春季集群游至河口咸淡水区或淡水区产卵，部分群体可上溯至较远的内陆淡水区域。

## 一、凤鲚遗传多样性

### （一）框架结构特征

通过对采集于虎门、南沙凤鲚（图4-1）样本分析，两采集点凤鲚总体体重8.2～

38.0 g，平均体重 14.89 g，体长 12.48～19.98 cm，平均体长 14.90 cm。通过框架结构测量 26 个形态指标并进行分析，结果发现各可量性状在虎门和南沙渔获物中获得的凤鲚两者间均无显著性差异（表 4-1）。

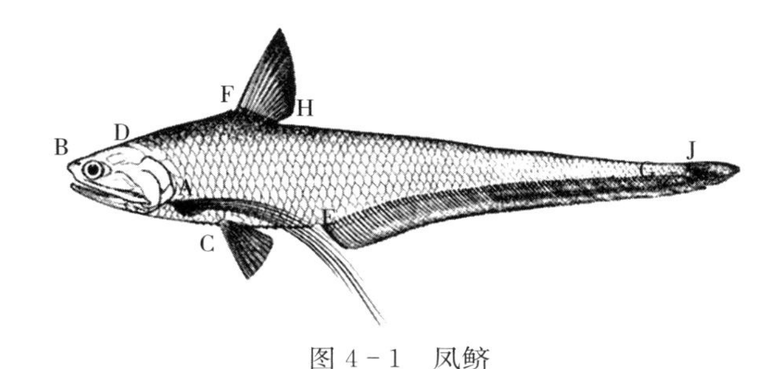


图 4-1 凤鲚

A. 胸鳍起点 B. 吻端 C. 腹鳍起点 D. 鳃盖前端上侧 E. 臀鳍起点 F. 背鳍起点

G. 臀鳍基部后 H. 背鳍基部后 J. 尾鳍基部上端

（引自 FAO）

**表 4-1 凤鲚形态特征的独立样本 T 检验（$P<0.05$）**

| 可量性状 | 虎门 Mean ± SD | 南沙 Mean ± SD |
|---|---|---|
| 体高 | 0.197 6±0.011 1 | 0.196 2±0.017 2 |
| 头长 | 0.167 8±0.011 | 0.172 5±0.011 4 |
| 吻长 | 0.032 2±0.005 7 | 0.035 3±0.004 8 |
| 眼径 | 0.036 4±0.003 | 0.038 6±0.004 2 |
| 眼间距 | 0.061 5±0.003 3 | 0.068 1±0.004 9 |
| 尾柄高 | 0.027 6±0.003 5 | 0.030 7±0.006 2 |
| $L_{BD}$ | 0.095 4±0.005 7 | 0.096 8±0.007 7 |
| $L_{AD}$ | 0.134 6±0.010 3 | 0.134 1±0.010 2 |
| $L_{CE}$ | 0.189 3±0.018 6 | 0.189 3±0.016 7 |
| $L_{CD}$ | 0.240 5±0.009 | 0.236 4±0.018 8 |
| $L_{FH}$ | 0.059 9±0.005 | 0.063 6±0.004 |
| $L_{GJ}$ | 0.034 5±0.004 9 | 0.039 6±0.008 7 |
| $L_{EG}$ | 0.540 1±0.016 5 | 0.541 9±0.026 2 |
| $L_{GJ}$ | 0.034 5±0.004 9 | 0.039 6±0.008 7 |
| $L_{GH}$ | 0.674 2±0.011 8 | 0.661 1±0.018 |
| $L_{AC}$ | 0.109 7±0.009 4 | 0.104 6±0.012 6 |
| $L_{HG}$ | 0.674 2±0.011 8 | 0.661 1±0.018 |
| $L_{EF}$ | 0.258 1±0.013 4 | 0.253 1±0.014 4 |
| $L_{DF}$ | 0.196 5±0.011 1 | 0.200 4±0.015 |
| $L_{EH}$ | 0.210 4±0.010 4 | 0.199 3±0.013 7 |
| $L_{DE}$ | 0.402 4±0.019 | 0.400 9±0.025 6 |
| $L_{BC}$ | 0.299 2±0.010 9 | 0.298 3±0.021 9 |
| $L_{HJ}$ | 0.696 9±0.013 4 | 0.687 6±0.017 4 |
| $L_{FG}$ | 0.734 3±0.011 9 | 0.723 6±0.017 1 |
| $L_{AB}$ | 0.191 7±0.011 7 | 0.195 2±0.013 2 |
| $L_{CF}$ | 0.189 7±0.009 8 | 0.183 9±0.015 |

注：性状均除以体长标准化。

### （二）群体遗传多样性分析

分别对虎门及南水凤鲚的线粒体细胞色素 b（Cytb）基因以及线粒体控制区 D-loop 序列进行了 PCR 扩增、序列测定和多态性分析。Cytb 基因采用双向测序，D-loop 基因采用单向测序。

Cytb 基因获得的有效序列长度为 1 087bp，共检测到 30 个多态位点，其中 28 个位点发生了转换，2 个位点发生了颠换，A、T、C、G 4 种核苷酸比例分别为 26.76%、29.94%、28.40%和 14.90%，A+T 的含量为 56.70%，G+C 的含量为 43.30%。共发现了 18 种单倍型（单倍型网络图如图 4-2 所示），其中 H1、H6 为两个采样点共享的单倍型，H2、H3、H4 和 H5 为虎门特有的单倍型，其余的为南水特有的单倍型。总体单倍型多样性指数（Hd）为 0.941，核苷酸多样性指数（Pi）为 0.002 80，各采样点的遗传多样性指数见表 4-2。

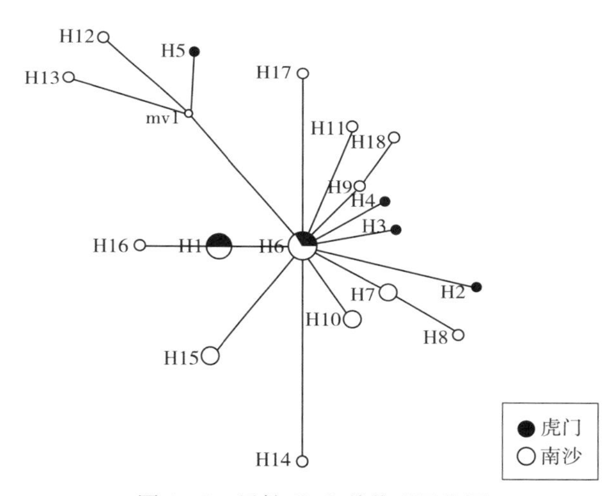


图 4-2 凤鲚 Cytb 单倍型网络图

表 4-2 凤鲚 Cytb 遗传多样性指数

| 采样点 | 单倍型多样性指数 | 多态位点数 | 平均核苷酸差异数 | 核苷酸多样性指数 |
| --- | --- | --- | --- | --- |
| 虎门 | 0.889 | 9 | 2.278 | 0.002 10 |
| 南水 | 0.953 | 25 | 3.384 | 0.003 11 |
| 总计 | 0.941 | 30 | 3.044 | 0.002 80 |

D-loop 控制区获得的有效序列长度为 389bp，共检测到 13 个多态位点，其中 11 个位点发生了转换，2 个位点发生了颠换，A、T、C、G 4 种核苷酸比例分别为 39.26%、38.33%、13.64%和 8.77%，A+T 的含量为 77.6%，G+C 的含量为 22.4%。共发现了 10 种单倍型（单倍型网络图如图 4-3 所示），其中 D1、D2、D5 为两个采样点共享的单倍型，

D3 和 D8 为虎门特有的单倍型，其余的为南水特有的单倍型。总体单倍型多样性指数（Hd）为 0.769，核苷酸多样性指数（Pi）为 0.004 10，各采样点的遗传多样性指数见表 4-3。

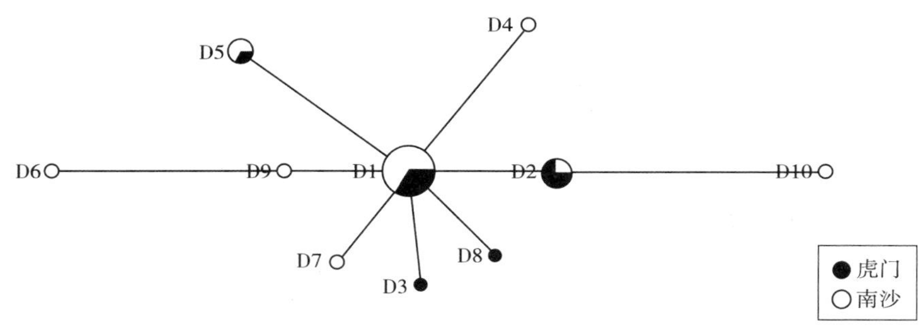


图 4-3　凤鲚 D-loop 单倍型网络图

**表 4-3　凤鲚 D-loop 遗传多样性指数**

| 采样点 | 单倍型多样性指数 | 多态位点数 | 平均核苷酸差异数 | 核苷酸多样性指数 |
| --- | --- | --- | --- | --- |
| 虎门 | 0.800 | 5 | 1.267 | 0.003 26 |
| 南水 | 0.758 | 11 | 1.808 | 0.004 65 |
| 总计 | 0.769 | 13 | 1.588 | 0.004 10 |

对于珠江口凤鲚群体，线粒体 Cytb 基因以及 D-loop 控制区均表现出低核苷酸多样性（Pi<0.5%）。Cytb 基因的进化速度适中，具有保守性和变异性的双重特点，D-loop 控制区由于不参与蛋白质的编码，受到的选择压力小，在线粒体中进化速率最快。Cytb 基因的 A+T 含量与 G+C 含量相近，而 D-loop 区的 A+T 含量明显高于 G+C 含量，和其他鱼类线粒体控制区的核苷酸组成特点相似。在珠江口凤鲚群体中 Cytb 具有一定的多态性，共检测到 30 个多态位点，且 Cytb 与 D-loop 区的平均转换颠换比 R 值（Ts/Tv）分别为 13、5.5，均未达到饱和，可以用来作为凤鲚种内遗传分析。

Cheng（2008）利用 Cytb 基因和 16S rRNA 对三大主要河口凤鲚群体遗传多样性的研究表明，凤鲚的长江口群体、闽江口群体及珠江口群体具有相对独立的演化历史，在该基因片断上共检测到 44 个变异位点，总变异率为 11.5%。凤鲚长江群体内部的遗传距离为 0.3%～1.0%，珠江群体内部的遗传距离为 0.5%～0.8%，长江群体与珠江群体之间的遗传距离为 9.4%～10.9%。这 2 个群体具有完全不相同的单倍型，其中长江群体 5 个个体中共检测到 5 种不同的单倍型，单倍型多样性指数为 1.000，核苷酸多样性指数为 0.677%；珠江群体 5 个个体中共检测到 4 种单倍型，单倍型多样性指数和核苷酸多样性指数分别为 0.900 和 0.573%。其中 Cytb 基因核苷酸多样性指数的结果为：闽江（0.011 35）>长江（0.005 33）>珠江（0.002 68）。本文中 2 个采样点的 Cytb 基因总体核苷酸多样性为 0.002 80，略高于 0.002 68，也呈现出较低的核苷酸多样性特点。

# 二、七丝鲚遗传多样性

## （一）七丝鲚框架结构特征

通过对三水、江门和神湾采集的样本分析，3 个采样点的七丝鲚（图 4－4）体重 4.8～16.7 g，平均 9.75 g，体长 10.92～17.37 cm，平均 13.94 cm。共测量 26 个形态指标，方差分析表明不同采样点的群体在 $L_{CE}$、$L_{FH}$、$L_{IJ}$、$L_{EG}$、$L_{GJ}$、$L_{DF}$、$L_{EH}$ 和 $L_{AB}$ 存在显著差异，详见表 4－4。

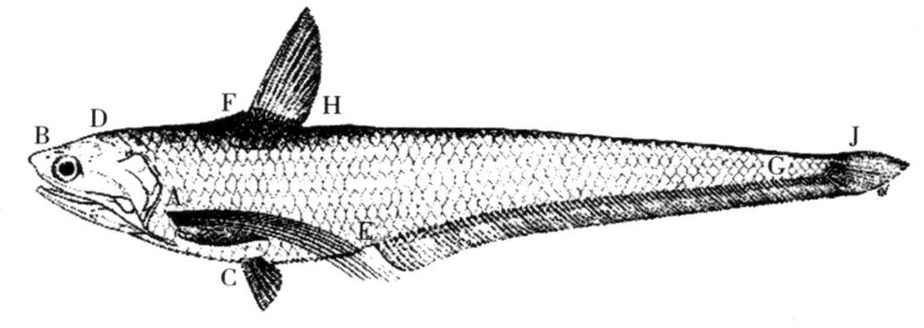


图 4－4　七丝鲚

A. 胸鳍起点　B. 吻端　C. 腹鳍起点　D. 鳃盖前端上侧　E. 臀鳍起点　F. 背鳍起点

G. 臀鳍基部后　H. 背鳍基部后　J. 尾鳍基部上端

（引自 FAO）

**表 4－4　七丝鲚形态特征的独立样本 T 检验**（$P<0.05$）

| 可量性状 | 三水 Mean±SD | 江门 Mean±SD | 神湾 Mean±SD |
|---|---|---|---|
| 体高 | 0.177 7±0.008 3 | 0.173 7±0.006 1 | 0.181 9±0.004 4 |
| 头长 | 0.163 4±0.003 8 | 0.163 7±0.004 3 | 0.168 4±0.006 |
| 吻长 | 0.032 4±0.001 9 | 0.024 5±0.002 6 | 0.033 5±0.002 3 |
| 眼径 | 0.038 4±0.002 1 | 0.039 8±0.001 1 | 0.039 5±0.001 4 |
| 眼间距 | 0.064±0.005 2 | 0.050 2±0.002 4 | 0.049 8±0.002 7 |
| 尾柄高 | 0.025 3±0.002 | 0.032±0.001 9 | 0.033 3±0.002 5 |
| $L_{BD}$ | 0.092 4±0.006 5 | 0.093 8±0.005 2 | 0.098 2±0.003 7 |
| $L_{AD}$ | 0.128 2±0.004 1 | 0.127±0.003 9 | 0.13±0.003 6 |
| $L_{CE}$ | 0.156 3±0.01$^{ac}$ | 0.162±0.010 1$^{a}$ | 0.149 4±0.003 8$^{bc}$ |
| $L_{CD}$ | 0.218 3±0.006 1 | 0.217±0.003 6 | 0.218 3±0.004 8 |
| $L_{FH}$ | 0.055 5±0.002 6$^{ac}$ | 0.051 8±0.003 3$^{a}$ | 0.055 7±0.002 6$^{bc}$ |
| $L_{GJ}$ | 0.033 6±0.004 8$^{ac}$ | 0.040 2±0.005 4$^{a}$ | 0.034 7±0.002 1$^{bc}$ |
| $L_{EG}$ | 0.589±0.007 1$^{b}$ | 0.590 1±0.006 4$^{b}$ | 0.603 7±0.007 2$^{a}$ |
| $L_{GJ}$ | 0.033 6±0.004 8$^{b}$ | 0.040 2±0.005 4$^{a}$ | 0.034 7±0.002 1$^{b}$ |
| $L_{GH}$ | 0.680 2±0.004 4 | 0.678 2±0.008 3 | 0.684±0.003 2 |
| $L_{AC}$ | 0.092±0.004 1 | 0.096 2±0.005 4 | 0.091 1±0.006 1 |
| $L_{HG}$ | 0.680 2±0.004 4 | 0.678 2±0.008 3 | 0.684±0.003 2 |
| $L_{EF}$ | 0.214 8±0.009 5 | 0.211 4±0.009 2 | 0.219±0.003 3 |
| $L_{DF}$ | 0.201 6±0.006 1$^{a}$ | 0.188 3±0.006 6$^{b}$ | 0.188 3±0.004 3$^{b}$ |
| $L_{EH}$ | 0.173±0.008 6$^{ac}$ | 0.170 9±0.007 9$^{a}$ | 0.18±0.003 3$^{bc}$ |

（续）

| 可量性状 | 三水 Mean±SD | 江门 Mean±SD | 神湾 Mean±SD |
|---|---|---|---|
| $L_{DE}$ | 0.355 5±0.008 9 | 0.351 9±0.006 2 | 0.347 5±0.004 5 |
| $L_{BC}$ | 0.275 2±0.007 | 0.28±0.005 | 0.287±0.034 |
| $L_{HJ}$ | 0.698 5±0.008 4 | 0.704 8±0.005 4 | 0.700 6±0.003 3 |
| $L_{FG}$ | 0.734 8±0.006 1 | 0.723 5±0.014 8 | 0.740 2±0.004 4 |
| $L_{AB}$ | 0.185 2±0.005 6[ac] | 0.182 9±0.005 1[a] | 0.191 3±0.004 4[bc] |
| $L_{CF}$ | 0.171 4±0.008 9 | 0.169 2±0.005 7 | 0.173 3±0.003 4 |

整体上珠江流域七丝鲚群体在形态方面分化程度不高。袁传宓等（1980）对我国东南沿海七丝鲚形态结构和生理特征研究未能区分出不同生态型。这可能由于不同群体间七丝鲚基因交流频繁，不同地理群体间不存在分化；另外，也可能是群体间分化时间较晚，积累的变异尚未在形态特征上产生明显差异。此外，Cheng（2004）对刀鲚和湖鲚两个群体的传统可量性状和框架结构进行分析表明两者的形态分化并未达到亚种水平，Cheng（2005）对长江口刀鲚、太湖刀鲚、长江口凤鲚和珠江口凤鲚 4 个群体进行了形态结构分析，其聚类分析结果显示长江口凤鲚与太湖刀鲚聚为一支，两者在形态特征的相似性上要大于其他群体。表明我国鲚属鱼类相近种间框架结构差异不显著，形态变化相对保守。

## （二）七丝鲚珠江口群体遗传多样性

对虎门、江门、三水和神湾的七丝鲚的线粒体细胞色素 b（Cytb）基因以及线粒体控制区 D-loop 序列进行了 PCR 扩增、序列测定和多态性分析。Cytb 基因采用双向测序，D-loop 基因采用单向测序。

Cytb 基因获得的有效序列长度为 1 050 bp，共检测到 4 个多态位点，均发生了转换，A、T、C、G 4 种核苷酸比例分别为 27.15%、31.15%、27.43%和 14.27%。在 4 个采样点中仅发现了 4 种单倍型（单倍型网络图图 4-5 所示），其中，H1 为 4 个采样点共享的单倍型，且绝大部分个体为 H1，H2 为江门特有单倍型，H3 和 H4 为虎门特有单倍型，分别仅发现 1 个个体。总体单倍型多样性指数（Hd）为 0.193，核苷酸多样性指数（Pi）为 0.000 25，各采样点的遗传多样性指数见表 4-5。

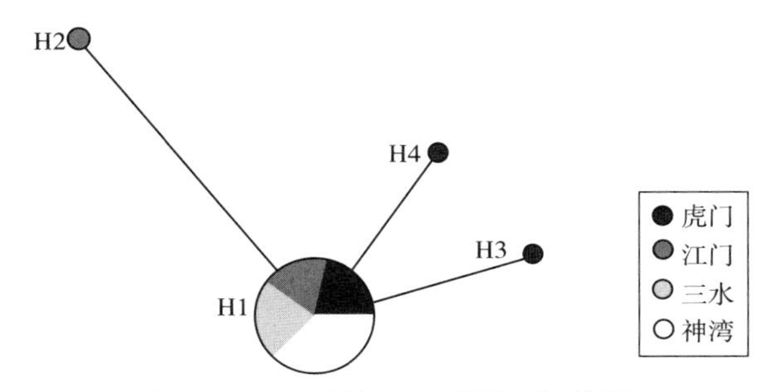


图 4-5 七丝鲚 Cytb 单倍型网络图

表 4-5　七丝鲚 Cyb 遗传多样性指数

| 采样点 | 单倍型多样性指数 | 多态位点数 | 平均核苷酸差异数 | 核苷酸多样性指数 |
|---|---|---|---|---|
| 虎门 | 0.464 | 2 | 0.500 | 0.000 48 |
| 江门 | 0.333 | 2 | 0.667 | 0.000 63 |
| 三水 | 0 | 0 | 0 | 0 |
| 神湾 | 0 | 0 | 0 | 0 |
| 总计 | 0.193 | 4 | 0.267 | 0.000 25 |

D-loop 区获得的有效序列长度为 538bp，共检测到 12 个多态位点，A、T、C、G 4 种核苷酸比例分别为 40.12%、34.57%、13.58% 和 11.73%，A+T 的含量为 74.69%，G+C 的含量为 25.31%。共发现了 12 种单倍型（单倍型网络图如图 4-6 所示），其中 D1、D2、D3 和 D6 为 4 个采样点共享的单倍型，D4、D5 为神湾特有的单倍型，D7 为三水特有的单倍型，D8、D9 为江门特有的单倍型，D10、D11 和 D12 为虎门特有的单倍型。总体单倍型多样性指数（Hd）为 0.877，核苷酸多样性指数（Pi）为 0.003 98，各采样点的遗传多样性指数见表 4-6。

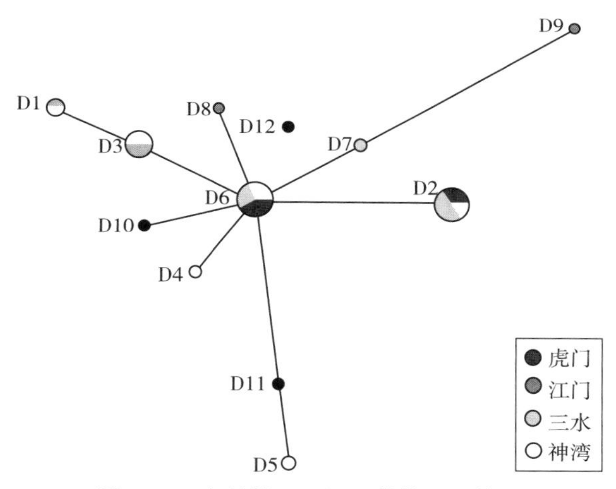


图 4-6　七丝鲚 D-loop 单倍型网络图

表 4-6　七丝鲚 D-loop 遗传多样性指数

| 采样点 | 单倍型多样性指数 | 多态位点数 | 平均核苷酸差异数 | 核苷酸多样性指数 |
|---|---|---|---|---|
| 虎门 | 0.857 | 6 | 1.857 | 0.003 45 |
| 江门 | 0.900 | 5 | 2.400 | 0.004 46 |
| 三水 | 0.733 | 3 | 1.533 | 0.002 85 |
| 神湾 | 0.929 | 8 | 2.286 | 0.004 25 |
| 总计 | 0.877 | 12 | 2.142 | 0.003 98 |

珠江口七丝鲚 Cytb 基因的单倍型多样性以及核苷酸多样性都非常低，4 个采样点中仅发现 4 个多态位点，不同采样点的个体均以同一种单倍型为主，一方面由于 Cytb 基因

为蛋白质编码基因，其序列本身具有一定的保守性，进化速度相对小，另一方面珠江流域七丝鲚很有可能也受到了冰期气候变化的影响，使得种群经历了瓶颈效应再扩张过程，导致遗传多样性非常低［对凤鲚群体遗传多样性研究（Qiqun Cheng，2008）也发现，16 sRNA由于进化速率较慢，其多样性在闽江、长江和珠江 3 个群体中都非常低］。而D－loop总体表现为高单倍型多样性、低核苷酸多样性的特征，其核苷酸组成 A＋T 含量明显高于 G＋C 含量。

### （三）七丝鲚珠江口群体与东江、郁江群体遗传多样性对比

七丝鲚珠江口群体分别采集于三水、江门、虎门，东江群体采于博罗，郁江群体采集于横县，对 D－loop 控制区进行测序分析。3 个群体的线粒体控制区碱基含量（表 4－7）均表现为 A＋T 含量明显高于 G＋C 含量。单倍型多样性与核苷酸多样性均表现为珠江口＞东江＞郁江的特点（表 4－8），郁江群体地理上与珠江口、东江群体相距较远，其遗传多样性最低，所有个体中仅发现 1 种单倍型，其多样性指数略低于珠江群体。群体间遗传分化指数（表 4－9）表明珠江群体与东江群体属于中度分化水平，而郁江群体与珠江及东江群体发生了高度分化，东江群体与珠江口群体可能存在一定的基因交流，而郁江群体与珠江、东江群体的基因交流受到一定的限制，为其成为陆封种提供了遗传学上的依据。

表 4－7　七丝鲚各群体核苷酸碱基含量

| 群体 | C | T | A | G |
|---|---|---|---|---|
| 珠江口 | 13.58% | 34.56% | 40.12% | 11.74% |
| 郁江 | 13.38% | 34.76% | 40.15% | 11.71% |
| 东江 | 13.60% | 34.55% | 40.05% | 11.80% |

表 4－8　七丝鲚各群体 D－loop 遗传多样性指数

| 群体 | 单倍型多样性指数 | 多态位点数 | 平均核苷酸差异数 | 核苷酸多样性指数 |
|---|---|---|---|---|
| 珠江口 | 0.877 | 12 | 2.142 | 0.003 98 |
| 东江 | 0.776 | 5 | 1.343 | 0.002 50 |
| 郁江 | 0.000 | 0 | 0.000 | 0.000 00 |

表 4－9　七丝鲚群体间遗传分化指数

| | 珠江口 | 郁江 | 东江 |
|---|---|---|---|
| 珠江口 | | | |
| 郁江 | 0.540 12 | | |
| 东江 | 0.064 55 | 0.789 08 | |

## 三、珠江及河口七丝鲚洄游特征

七丝鲚（*Coilia grayii*）作为沿海河口常见中上层的洄游型鱼类（袁传宓，1980），每年春夏之交会集群由外海游向河口咸淡水区产卵，部分群体可上溯至江河淡水流域。鱼类生活史的过程受到自身生理因素与环境因素的共同影响，同种鱼类中可能会产生对不同环境的适应性，使得群体间具有不同的生活史过程，促进群体分化。耳石微化学研究是揭示鱼类生活史过程的重要研究手段，尤其是利用 Sr/Ca 比值的变化来反应咸淡水洄游型鱼类所经历的不同水体环境的盐度变化。通过对珠江口、郁江、东江、北江不同七丝鲚耳石微化学的分析，确立了在珠江流域七丝鲚中，除了溯河洄游型外还存在河口型与淡水定居型两种生活史类型。珠江口部分七丝鲚为河口半咸水孵化，且淡水流域存在不参与洄游的淡水定居型群体，表明七丝鲚在洄游行为上的多样性。

### （一）耳石矢状面二维 Sr 含量特征

用于耳石微化学分析的七丝鲚样本共 19 尾，分别采集于横县（郁江坝上）、虎门（珠江口）、清远（北江）、黎溪（北江坝上）、博罗（东江）和惠州（东江坝上）。横县样本编号为：HX07、HX01，对应体长：240 mm、200 mm；虎门样本编号为：HM01、HM02、HM03、HM08 和 HM14，对应体长：214 mm、218 mm、200 mm、156 mm 和 156 mm；清远样本编号为：QY24、QY15、QY27，对应体长：197 mm、220 mm、197 mm；黎溪样本编号为：LX28、LX29、LX30，对应体长：200 mm、200 mm、200 mm；博罗样本编号：BL44、BL68、BL46，对应体长：168 mm、172 mm、166 mm；惠州样本编号：HZ17，HZ24、HZ25，对应体长：178 mm、145 mm、145 mm。所有的分析均采用左侧矢耳石。其耳石 Sr 元素面分布分析结果如图 4 - 7 所示，其颜色梯度与 Sr 元素含量相对应，颜色由蓝到红对应 Sr 元素含量由低到高变化，郁江、北江、东江无论坝上、坝下七丝鲚耳石整体均为均一的深蓝色，表明其生活史经历的水体环境盐度较低且变化范围较小，而虎门 5 个耳石样本核心区颜色偏红，蓝色范围较小，表明虎门七丝鲚生活史早期所处水域盐度偏高，且生活史经历的水体盐度波动范围较大。

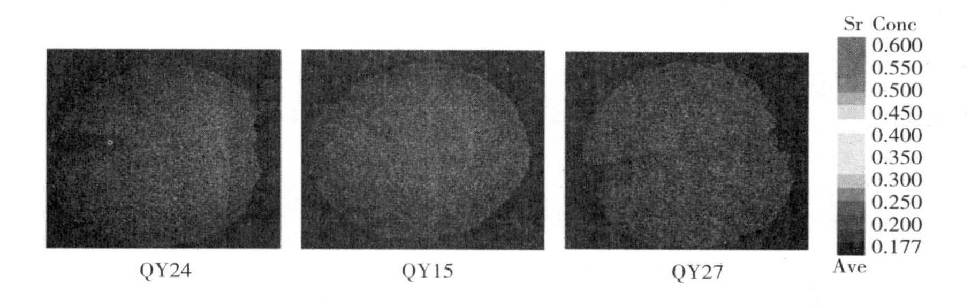

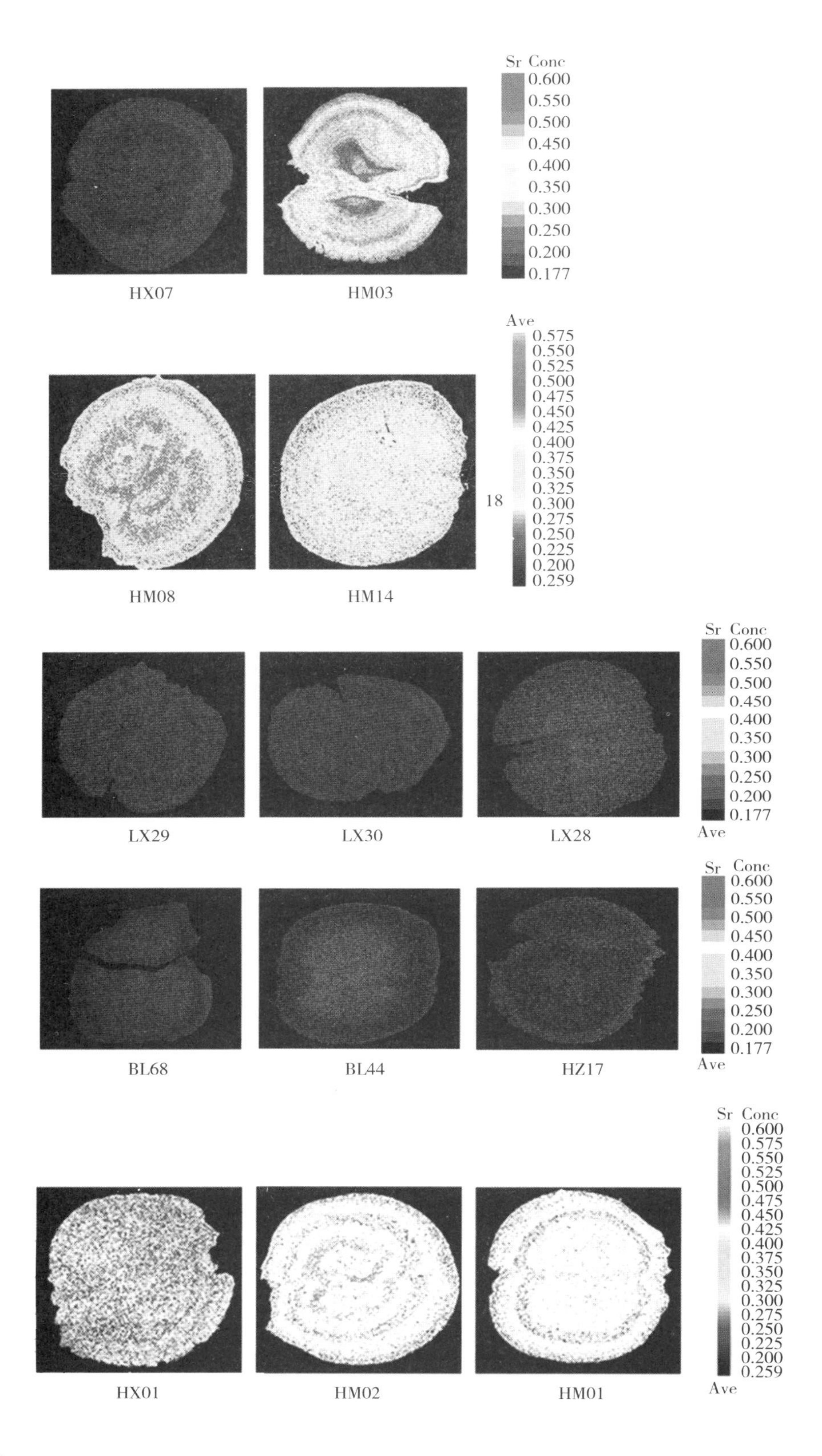
Sr Conc
0.600
0.550
0.500
0.450
0.400
0.350
0.300
0.250
0.200
0.177
HX07
HM03
Ave
0.575
0.550
0.525
0.500
0.475
0.450
0.425
0.400
0.375
0.350
0.325
0.300
0.275
0.250
0.225
0.200
0.259
18
HM08
HM14
Sr Conc
0.600
0.550
0.500
0.450
0.400
0.350
0.300
0.250
0.200
0.177
Ave
LX29
LX30
LX28
Sr Conc
0.600
0.550
0.500
0.450
0.400
0.350
0.300
0.250
0.200
0.177
Ave
BL68
BL44
HZ17
Sr Conc
0.600
0.575
0.550
0.525
0.500
0.475
0.450
0.425
0.400
0.375
0.350
0.325
0.300
0.275
0.250
0.225
0.200
0.259
Ave
HX01
HM02
HM01

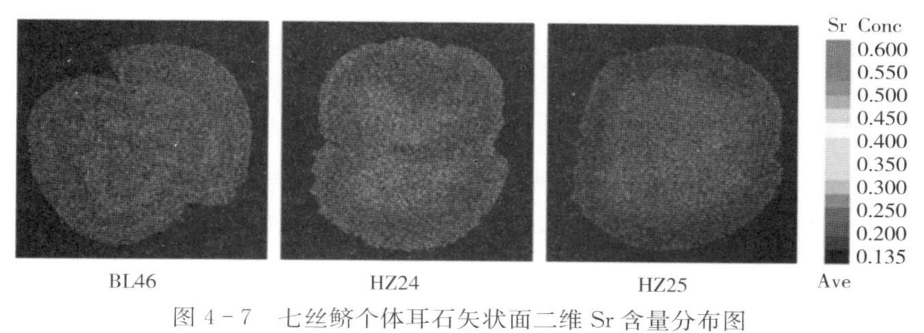


图 4-7　七丝鲚个体耳石矢状面二维 Sr 含量分布图

HM、HX、HZ、QY、LX、BL 分别对应虎门、横县、惠州、清远、黎溪、博罗

## （二）耳石 Sr/Ca 含量比值特征

Yang et al（2006）研究淡水定居的太湖刀鲚、洄游的长江刀鲚和凤鲚耳石 Sr/Ca 比值所发现的不同盐度水体（淡水、半咸水和海水）所对应的平均值一般趋势分别为≤3、3～7 和≥7。根据《珠江水系渔业资源》（陆奎贤，1990）对珠江七丝鲚体长与年龄统计显示：1 龄鱼体长大于 107.62 mm，2 龄鱼体长大于 186.03 mm，3 龄鱼体长大于 251.87 mm，体长达到 200 mm 的七丝鲚至少应已达到 1 龄甚至为 2 龄鱼。我们所采集的用于耳石微化学分析的所有七丝鲚体长在 172～240 mm（除 HM08、HM14），均至少已达到 1 龄性成熟。之前的研究通过对珠江口七丝鲚采样进行耳石 Sr/Ca 比微化学的分析，认为珠江七丝鲚仔稚鱼早期生活史必须经历一段时间的淡水生活（姜涛，2015），其分析的珠江口 3 个耳石样品均体现出早期淡水孵化并在淡水生活一段时期后进入河口半咸水乃至近岸水域生活的过程，即其亲鱼在淇澳岛至宝安一线以北的淡水产卵场中产卵（盐度<2），受精卵在淡水中孵化后发育一段时间后，幼鱼转而在河口较高盐度的内伶仃岛附近伶仃洋水域（盐度 2～25）生长，3 尾七丝鲚生长期间可以不断往返于淡水和半咸水水域，未进入过高盐度海水生境中生活。3 个样本早期淡水生活史分别对应耳石核心区附近至 890 μm、900 μm 和 1 400 μm 的范围，平均 Sr/Ca 比值分别为 2.4±0.7、1.4±0.9、1.8±0.6。作者在研究中，对珠江口及郁江坝上、北江坝上及坝下、东江坝上及坝下七丝鲚群体采样分析结果呈现出完全不同的两种生活史特征，表明珠江流域七丝鲚存在河口型及淡水定居型的两种生活史过程。

### 1. 河口型七丝鲚的确立

珠江口七丝鲚为河口半咸水孵化，且生活史主要在河口区活动。珠江口共对虎门群体中的 5 个样本（HM01、HM02、HM03、HM08 和 HM14）进行 EPMA Sr 元素分布面分析，并对其中 3 个样本（HM01、HM02、HM08）进行 Sr/Ca 比定量分析，对应体长分别 214 mm、218 mm、200 mm、156 mm 和 156 mm，由于采样时间为 2016 年 11 月，且根据《珠江水系渔业资源》（陆奎贤，1990）对珠江七丝鲚体长与年龄统计显示：1 龄鱼体长大于 107.62 mm，2 龄鱼体长大于 186.03 mm，3 龄鱼体长大于 251.87 mm，且七丝鲚 1 龄即达到性成熟，雌雄鱼最小成熟型体长分别为 102 mm 和 90 mm。作者的研究中，采集体长达到 200 mm 的七丝鲚至少应已达到 1 龄甚至为 2 龄鱼。HM01、HM02、HM08 定量分析的结果显示，其耳石核心附近至 1 500 μm 的 Sr/Ca 比均值为 2.91±1.38、2.81±1.14、3.89±1.49，且其核心至 300 μm 范围内 Sr/Ca 比均值分别为 3.61±1.05、4.28±1.67、3.93±0.74。不同盐度水体（淡水、半咸水和海水）所对应的耳石 Sr/Ca 比值平均值一般趋势分别为≤3、3～7 和≥7，作者的研究中，测定的虎门七丝鲚个体均为半咸水河口孵化，且生活史早期也位于河口近岸区域，其耳石 Sr/Ca 比值波动范围较大（图 4-8），除了虎门样本，其余耳石核心区至 1 500 μm 微化学 Sr/Ca 比值变化范围均远低于 3，而虎门样本该区域 Sr/Ca 比值主要在 2～4 波动，表明其早期生活史经历的水体环境盐度变化复杂，由于早年仔稚鱼的游动能力有限，其耳石微化学痕迹特征表明受到了河口潮汐带来的咸淡水交替的影响，该耳石微化学的痕迹也符合林越赳（1988）所报道的七丝鲚在河口孵化后会随水流漂至外海生活的情况。

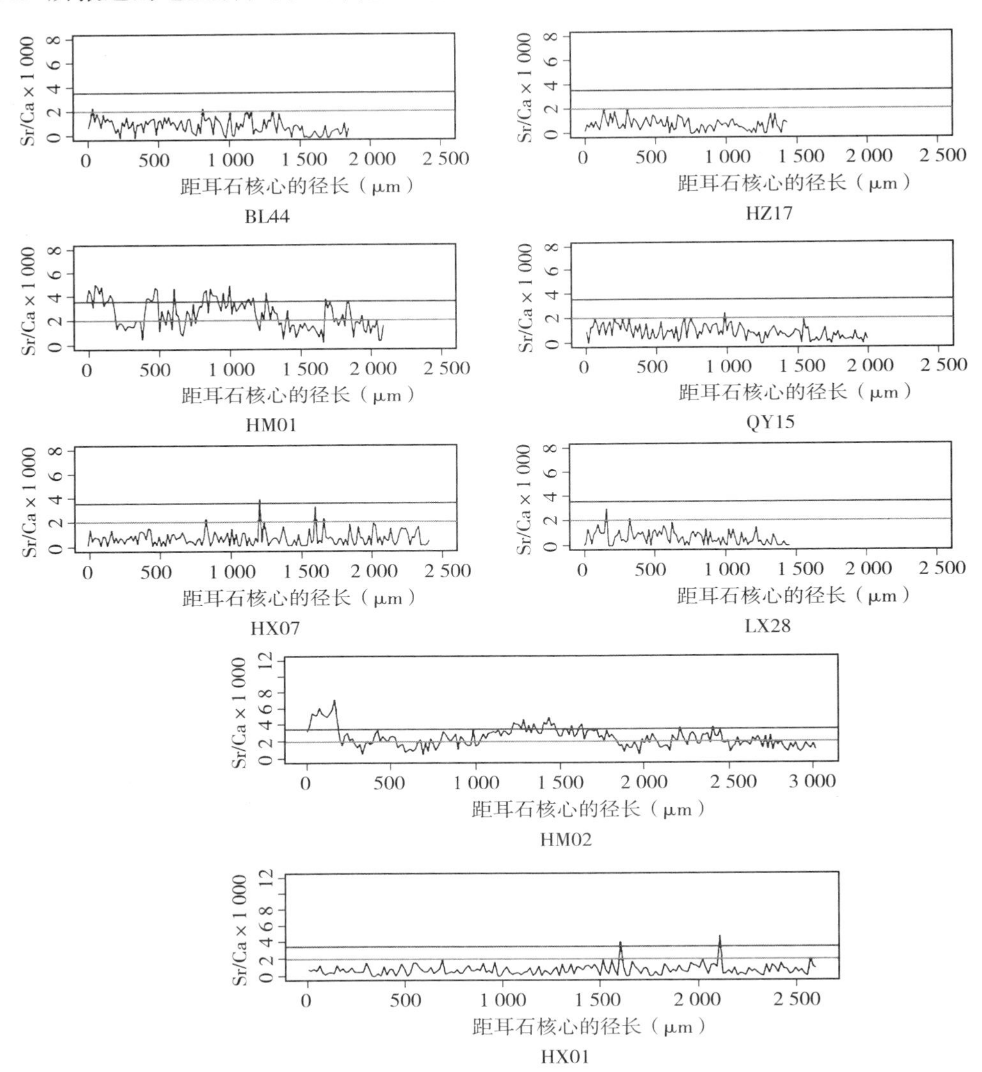

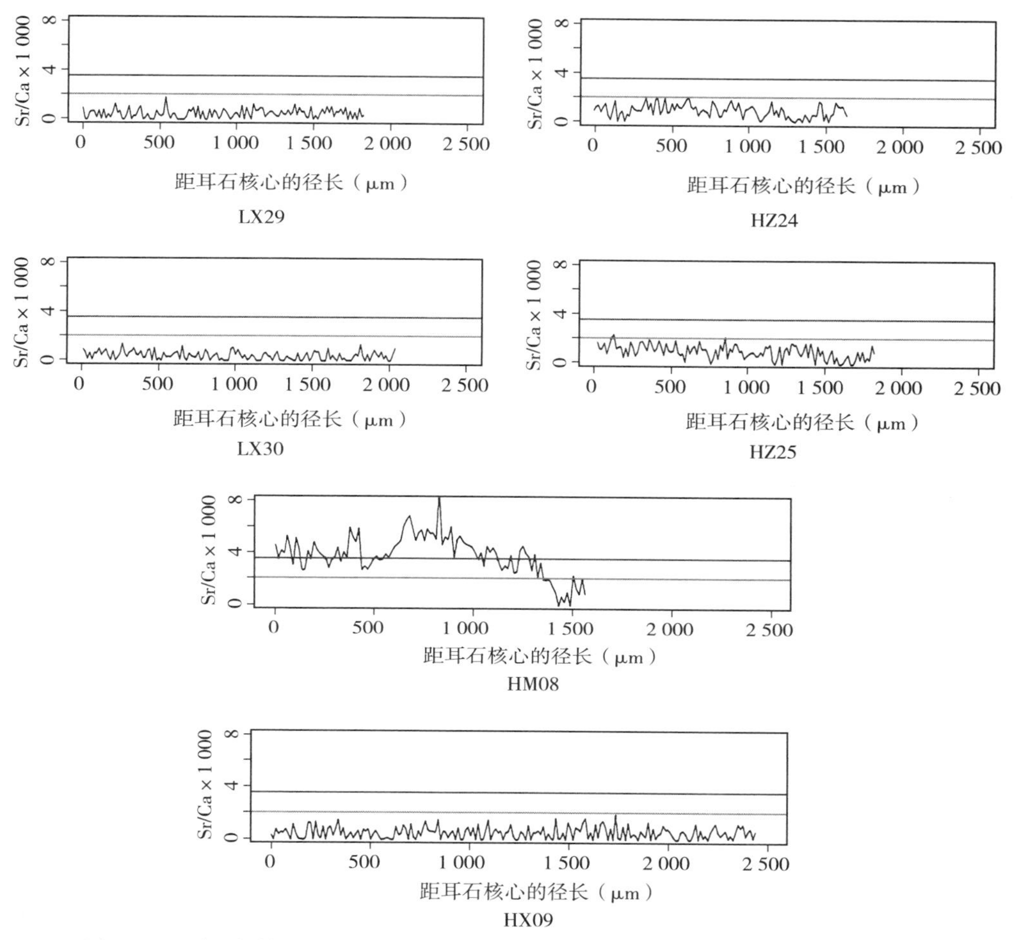


图 4-8　耳石矢状面从核心（0 μm）到边缘定量线分析记录到的 Sr/Ca 比值变化

HM、HX、HZ、QY、LX、BL 分别对应虎门、横县、惠州、清远、黎溪、博罗

**2. 淡水定居型七丝鲚的确立**

郁江坝上、北江坝上和坝下、东江坝上和坝下的七丝鲚耳石样本整体均表现为纯淡水的 Sr/Ca 比值痕迹，为淡水定居型。共对 14 个耳石样本进行了 Sr 面分布分析，并选取了其中 8 个样本（HX01、HX07、QY15、LX28、HZ17、HZ24、HZ25、BL44）进行 Sr/Ca 比值定量分析，样本对应体长分别为：240 mm、200 mm、220 mm、200 mm、178 mm、145 mm、145 mm 和 168 mm，其整体 Sr/Ca 比均值分别为 0.76±0.66、0.73±0.58、1.11±0.57、0.83±0.55、0.82±0.42、0.88±0.51、0.98±0.54 和 1.24±0.55，其中郁江样本位于西津水库上游，受到下游水利工程的层级拦截，应已形成了淡水定居型的稳定陆封群体，其 Sr/Ca 比值含量最低。北江坝下及坝上群体分别采集于 2016 年 3 月和 4 月，根据《珠江水系渔业资源》，七丝鲚产卵周期为每年 3—9 月，主要产卵期为 5—7 月，其雌雄鱼的成熟系数均从 3 月开始上升，到 5 月达到最高。采样时对七丝鲚样

本进行解剖发现所有雌鱼卵巢均有可见鱼卵颗粒，雄鱼精巢明显，表明该阶段所采集的七丝鲚已达到或接近繁殖阶段，其耳石能反映完整的生活史过程，结合耳石微化学结果表明坝上、坝下的七丝鲚均存在淡水定居型，其生活史阶段并未经历由淡水向半咸水再回到淡水的迁徙过程，即不参与溯河洄游。东江坝上、坝下的群体采集于 2015 年 11 月，所采集的样本体长相对较小，结合采样时间，所采集到的七丝鲚为 1 龄鱼的可能性较大，坝下样本和坝上样本均表现出淡水定居型的特点。

对不同流域的七丝鲚的耳石微化学分析表明，七丝鲚在洄游行为方面存在多样性，并非典型的溯河洄游型鱼类，珠江流域除了参与咸淡水生殖洄游的类型，还包括河口型以及淡水定居型的七丝鲚群体，且在开放性的淡水流域中也存在不参与溯河洄游的淡水定居型七丝鲚，表现出七丝鲚自然群体对纯淡水环境的适应性。

## 第二节　珠江口花鰶群体遗传分析

花鰶（*Clupanodon thrissa*）隶属鲱形目鲱科花鰶属，为近岸中上层鱼类，广泛分布于印度洋、日本、韩国及我国沿海地区，沿近海中上层洄游，有时会进入河口区或半咸淡水区产卵，为珠江口重要的经济鱼类。

### 一、花鰶框架结构特征

通过对采集于三水、高明和斗门的样本进行分析，3 个采样点的花鰶（图 4－9）体重 26.6～83.4 g，平均 51.87 g，体长在 12.00～16.93 cm，平均 14.65 cm。共测量 26 个形态指标，各可量性状在 3 个采样点间的显著性差异详见表 4－10。

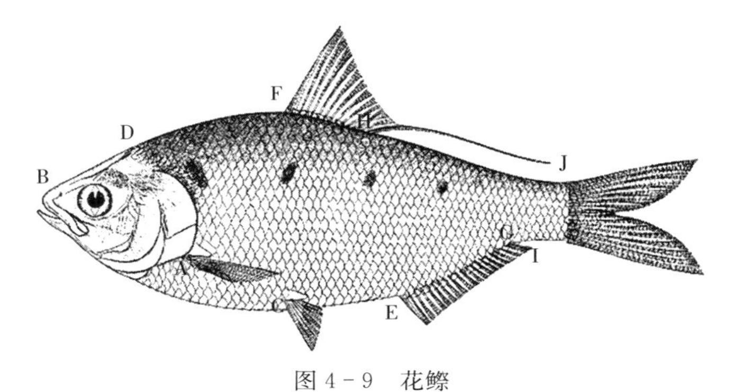


图 4－9　花鰶

A. 胸鳍起点　B. 吻端　C. 腹鳍起点　D. 鳃盖前端上侧　E. 臀鳍起点　F. 背鳍起点
G. 臀鳍基部后　H. 背鳍基部后　I. 尾鳍基部下端　J. 尾鳍基部上端
（引自 FAO）

表 4-10　花鲦形态特征的独立 T 检验（$P<0.05$）

| 可量性状 | 三水 Mean±SD | 高明 Mean±SD | 斗门 Mean±SD |
| --- | --- | --- | --- |
| 体高 | 0.341 9±0.008$^{ab}$ | 0.335 4±0.009 4$^{a}$ | 0.355±0.013 4$^{b}$ |
| 头长 | 0.292±0.007 5 | 0.296 8±0.008 4 | 0.300 6±0.007 |
| 吻长 | 0.062 3±0.003 4$^{a}$ | 0.056 3±0.005 4$^{b}$ | 0.055 6±0.005 9$^{ab}$ |
| 眼径 | 0.061 3±0.003$^{a}$ | 0.067 3±0.004 6$^{b}$ | 0.069±0.007 2$^{b}$ |
| 眼间距 | 0.067 3±0.001 9$^{a}$ | 0.063 9±0.002 4$^{b}$ | 0.060 9±0.005$^{b}$ |
| 尾柄高 | 0.089 7±0.009$^{a}$ | 0.086 1±0.006 4$^{ab}$ | 0.077 1±0.005 8$^{b}$ |
| $L_{BD}$ | 0.097 9±0.002 4$^{ab}$ | 0.097 6±0.003 2$^{a}$ | 0.102±0.003 5$^{b}$ |
| $L_{AD}$ | 0.142 7±0.002 6$^{a}$ | 0.153 9±0.008 6$^{b}$ | 0.155 9±0.007 2$^{b}$ |
| $L_{CE}$ | 0.238 7±0.006 3 | 0.238 5±0.007 3 | 0.240 1±0.011 |
| $L_{CD}$ | 0.217 7±0.006 6$^{a}$ | 0.219 6±0.008 6$^{a}$ | 0.237 4±0.011 8$^{b}$ |
| $L_{FH}$ | 0.437 9±0.008 3 | 0.428 4±0.009 4 | 0.429 8±0.020 5 |
| $L_{IJ}$ | 0.163 6±0.007 4$^{a}$ | 0.151 7±0.005 8$^{b}$ | 0.151 5±0.014 9$^{b}$ |
| $L_{EG}$ | 0.105±0.004 2 | 0.108±0.005 9 | 0.106 5±0.003 3 |
| $L_{GJ}$ | 0.242 6±0.013 | 0.242±0.009 8 | 0.241 1±0.014 4 |
| $L_{GH}$ | 0.140 4±0.007 9 | 0.132±0.009 4 | 0.131 9±0.012 9 |
| $L_{AC}$ | 0.337 3±0.012 2$^{a}$ | 0.342 7±0.014 8$^{ab}$ | 0.358±0.016 2$^{b}$ |
| $L_{HI}$ | 0.219 4±0.006 9 | 0.218 4±0.008 1 | 0.213±0.019 3 |
| $L_{EF}$ | 0.418 3±0.012 3 | 0.430 7±0.011 3 | 0.428 1±0.021 9 |
| $L_{DF}$ | 0.363 6±0.009 5$^{ab}$ | 0.355±0.008 4$^{a}$ | 0.376 3±0.009 8$^{b}$ |
| $L_{EH}$ | 0.362 7±0.008 1$^{a}$ | 0.348 6±0.009 1$^{b}$ | 0.354 8±0.016 2$^{ab}$ |
| $L_{DE}$ | 0.264 3±0.007 7$^{a}$ | 0.256 4±0.007 2$^{a}$ | 0.281 2±0.011 4$^{b}$ |
| $L_{BC}$ | 0.615 2±0.010 5$^{ab}$ | 0.604 9±0.009 1$^{a}$ | 0.623 4±0.014 2$^{b}$ |
| $L_{HJ}$ | 0.507 6±0.007 4 | 0.508 6±0.009 9 | 0.508 5±0.016 9 |
| $L_{FG}$ | 0.396±0.016 3 | 0.399 6±0.016 5 | 0.399 8±0.030 4 |
| $L_{AB}$ | 0.494 6±0.013 1 | 0.490 1±0.013 1 | 0.502 5±0.009 9 |
| $L_{CF}$ | 0.088 3±0.007 2$^{ab}$ | 0.090 5±0.008 9$^{a}$ | 0.077 8±0.009 6$^{b}$ |

## 二、花鲦遗传多样性特征

对斗门、高明、三水的花鲦的线粒体细胞色素 b（Cytb）基因以及线粒体控制区 D-loop 序列进行了 PCR 扩增、序列测定和多态性分析。Cytb 基因采用双向测序，D-loop 基因采用单向测序。

Cytb 基因获得的有效序列长度为 1 062bp，共检测到 24 个多态位点，其中 23 个位点发生了转换，1 个位点发生了颠换，A、T、C 和 G 4 种核苷酸比例分别为 22.34%、28.73%、30.30%和 18.63%，A+T 的含量为 51.07%，G+C 的含量为 48.93%。共发现了 14 种单倍型（单倍型网络图如图 4-10 所示），其中 H3 为 3 个采样点共享的单倍型，H1、H2、H4、H5 和 H6 为斗门特有的单倍型，H7、H8、H9、H10 和 H11 为高明特有的单倍型，其余为三水特有单倍型。总体单倍型多样性指数（Hd）为 0.941，核苷酸多样性指数（Pi）为 0.002 80，各采样点的遗传多样性指数见表 4-11。

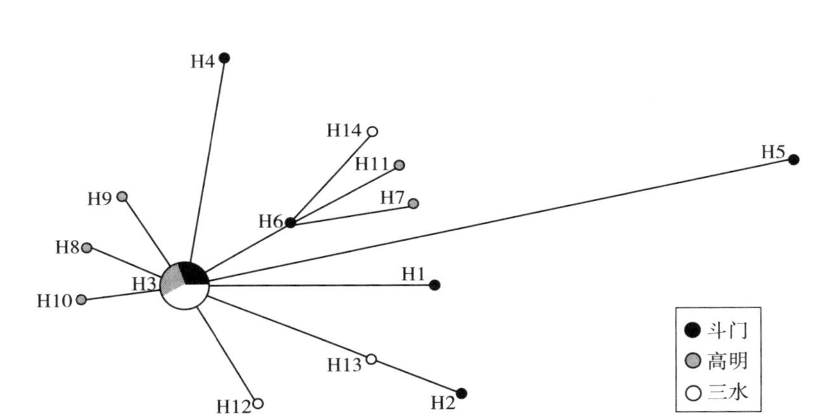

图 4-10　花鲦 Cytb 单倍型网络图

**表 4-11　花鲦 Cytb 遗传多样性指数**

| 采样点 | 单倍型多样性指数 | 多态位点数 | 平均核苷酸差异数 | 核苷酸多样性指数 |
|---|---|---|---|---|
| 斗门 | 0.778 | 16 | 3.200 | 0.003 01 |
| 高明 | 0.778 | 6 | 1.356 | 0.001 28 |
| 三水 | 0.533 | 7 | 1.400 | 0.001 32 |
| 总计 | 0.687 | 24 | 1.959 | 0.001 84 |

D-loop 区获得的有效序列长度为 640bp，共检测到 30 个多态位点，其中 28 个位点发生了转换，2 个位点发生了颠换，A、T、C 和 G 4 种核苷酸比例分别为 30.84%、32.34%、16.27%和 20.55%，A+T 的含量为 63.18%，G+C 的含量为 36.82%。共发现了 24 种单倍型（单倍型网络图如图 4-11 所示），其中 D8 为 3 个采样点共享的单倍型，

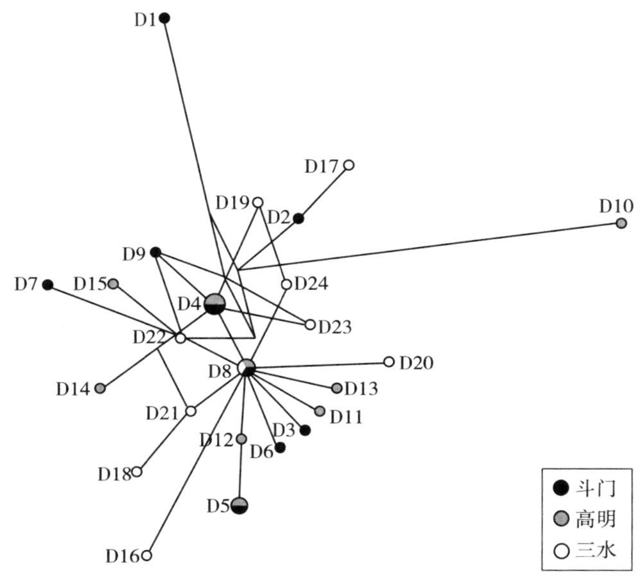

图 4-11　花鲦 D-loop 单倍型网络图

各发现1个个体，D4和D5为斗门和高明共享单倍型，D1、D2、D3、D6、D7和D9为斗门特有的单倍型，D10、D11、D12、D13、D14和D15为江门特有的单倍型，其余为三水特有单倍型。总体单倍型多样性指数（Hd）为0.977，核苷酸多样性指数（Pi）为0.005 89，各采样点的遗传多样性指数见表4-12。

表4-12　花鳡D-loop遗传多样性指数

| 采样点 | 单倍型多样性指数 | 多态位点数 | 平均核苷酸差异数 | 核苷酸多样性指数 |
|---|---|---|---|---|
| 斗门 | 0.978 | 14 | 3.933 | 0.006 15 |
| 高明 | 0.978 | 17 | 3.978 | 0.006 22 |
| 三水 | 1 | 13 | 3.533 | 0.005 52 |
| 总计 | 0.977 | 30 | 3.772 | 0.005 89 |

应一平（2008）对5种鳡亚科鱼类的Cytb基因的研究表明，其在5种鳡亚科鱼类的同源序列长度为402bp，共检测到108个多态位点（占总序列的26.9%），简约信息位点74个，无碱基的插入缺失，101个转换，39个颠换，转换颠换比为2.6，4种碱基的含量分别是A（24.77%）、T（26.49%）、C（30.75%）和G（17.99%），呈反G偏倚。在所有的变异水平上，转换数明显大于颠换数。Cytb蛋白质编码基因片段中，大部分的突变是同义突变（Synonymous Substitution），以发生在密码子第3位点上的转换突变最为普遍。Cytb基因片段的108处突变中有97处位于第3密码子，11处位于密码子第1位点。在Cytb基因长度为134个氨基酸序列上，5种鳡亚科鱼类间检测到7处氨基酸替代（AminoAcid Substitution），7处全是由第1密码子位点上的核苷酸替代引起（5处颠换，2处转换）。本研究中珠江口花鳡群体Cytb基因表现为高单倍型多样性、低核苷酸多样性的特点，而D-loop控制区两者均为高多样性水平，体现了线粒体不同区域进化速率不同的特点，控制区受到的选择压力非常小，进化速率最快，Cytb基因进化速率中等具有一定的保守性。且Cytb与D-loop区的平均转换颠换比R值（Ts/Tv）均未达到饱和，可以用来作为花鳡种内遗传分析。

## 第三节　珠江口三角鲂群体遗传分析

三角鲂（*Megalobrama terminalis*）隶属鲤形目鲤科鲂属，主要分布在珠江水系及海南岛诸水系。

### 一、三角鲂框架结构特征

通过对采集于三水和九江的样本分析，两采样点的三角鲂（图4-12）体重127～

227.4 g，平均 187.93 g，体长 17.73～23.13 cm，平均 20.20 cm。共测量 28 个形态指标，各可量性状在 2 个采样点间的均无显著性差异，详见表 4－13。

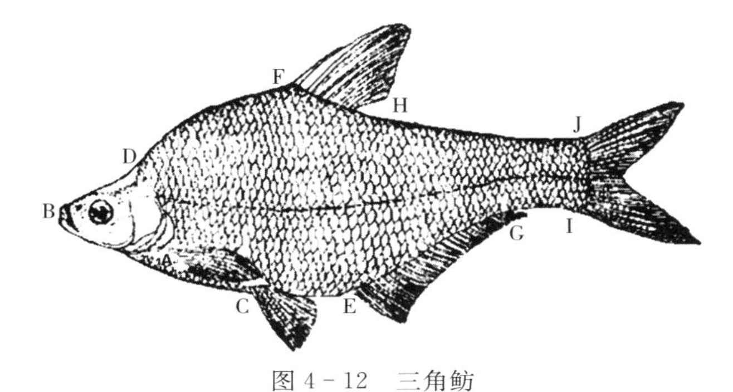


图 4－12　三角鲂

A. 胸鳍起点　B. 吻端　C. 腹鳍起点　D. 鳃盖前端上侧　E. 臀鳍起点　F. 背鳍起点　G. 臀鳍基部后　H. 背鳍基部后　I. 尾鳍基部下端　J. 尾鳍基部上端

（引自《广西淡水鱼类志》）

**表 4－13　三角鲂形态特征的独立 T 检验**（$P<0.05$）

| 可量性状 | 三水 Mean ± SD | 九江 Mean ± SD |
|---|---|---|
| 体高 | 0.428 6±0.014 2 | 0.410 8±0.020 6 |
| 头长 | 0.238 0±0.011 4 | 0.244 0±0.009 3 |
| 吻长 | 0.046 0±0.007 0 | 0.046 3±0.005 5 |
| 眼径 | 0.075 5±0.004 1 | 0.075 5±0.008 3 |
| 眼间距 | 0.092 4±0.007 3 | 0.104 0±0.010 6 |
| 尾柄长 | 0.086 1±0.012 2 | 0.093 6±0.012 8 |
| 尾柄高 | 0.115 5±0.004 7 | 0.114 5±0.006 9 |
| $L_{BD}$ | 0.191 7±0.007 4 | 0.186 4±0.012 0 |
| $L_{AD}$ | 0.169 3±0.009 6 | 0.192 7±0.011 6 |
| $L_{CE}$ | 0.237 2±0.014 8 | 0.235 1±0.017 3 |
| $L_{CD}$ | 0.381 4±0.013 3 | 0.387 9±0.018 2 |
| $L_{FH}$ | 0.129 9±0.011 5 | 0.135 0±0.016 1 |
| $L_{IJ}$ | 0.125 0±0.004 4 | 0.127 6±0.006 9 |
| $L_{EG}$ | 0.302 8±0.020 0 | 0.299 7±0.016 1 |
| $L_{GJ}$ | 0.153 2±0.013 8 | 0.160 2±0.010 1 |
| $L_{GH}$ | 0.338 3±0.019 4 | 0.332 9±0.021 0 |
| $L_{AC}$ | 0.233 3±0.012 5 | 0.215 9±0.012 1 |
| $L_{HI}$ | 0.421 0±0.021 5 | 0.417 1±0.024 1 |
| $L_{EF}$ | 0.421 0±0.014 4 | 0.408 5±0.019 6 |
| $L_{DF}$ | 0.411 1±0.009 5 | 0.419 3±0.017 2 |
| $L_{EH}$ | 0.351 2±0.013 8 | 0.334 5±0.016 2 |
| $L_{DE}$ | 0.571 1±0.015 5 | 0.578 9±0.022 7 |
| $L_{BC}$ | 0.467 2±0.017 4 | 0.474 3±0.019 2 |
| $L_{HJ}$ | 0.388 8±0.020 1 | 0.387 3±0.025 5 |
| $L_{FG}$ | 0.465 2±0.015 8 | 0.465 3±0.015 7 |
| $L_{GI}$ | 0.090 4±0.012 0 | 0.094 3±0.013 1 |
| $L_{AB}$ | 0.238 5±0.013 1 | 0.260 7±0.012 8 |
| $L_{CF}$ | 0.424 6±0.017 7 | 0.411 2±0.026 23 |

## 二、三角鲂遗传多样性特征

对三水、九江三角鲂的线粒体细胞色素 b（Cytb）基因以及线粒体控制区 D－loop 序列进行了 PCR 扩增、序列测定和多态性分析。Cytb 基因采用双向测序，D－loop 基因采用单向测序。

Cytb 基因获得的有效序列长度为 1 054bp，共检测到 24 个多态位点，有 24 个位点发生了转换，1 个位点发生了颠换，A、T、C 和 G 4 种核苷酸比例分别为 28.56%、27.40%、14.91%和 29.13%，A＋T 的含量为 55.96%，G＋C 的含量为 44.04%。共发现了 15 种单倍型（单倍型网络图如图 4－13 所示），其中 H2、H8、H9 为 2 个采样点共享的单倍型，H12、H13、H14 和 H15 为九江特有的单倍型，其余为三水特有单倍型。总体单倍型多样性指数（Hd）为 0.921，核苷酸多样性指数（Pi）为 0.004 05，各采样点的遗传多样性指数见表 4－14。

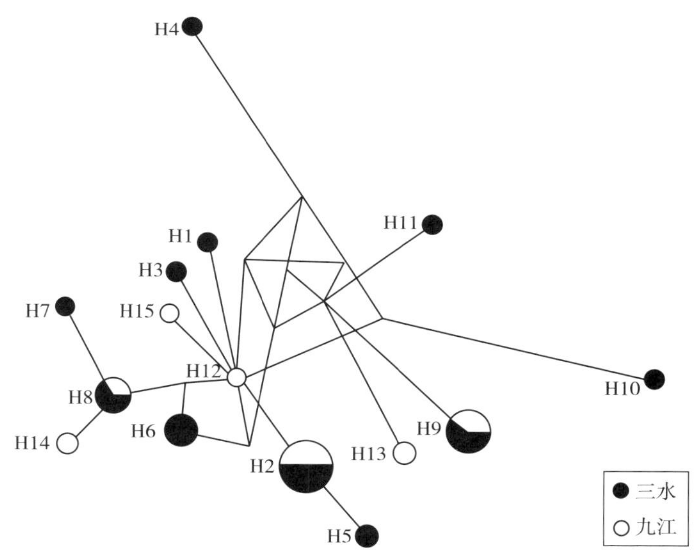


图 4－13　三角鲂 Cytb 单倍型网络图

表 4－14　三角鲂 Cytb 遗传多样性指数

| 采样点 | 单倍型多样性指数 | 多态位点数 | 平均核苷酸差异数 | 核苷酸多样性指数 |
|---|---|---|---|---|
| 九江 | 0.909 | 11 | 3.964 | 0.003 76 |
| 三水 | 0.935 | 21 | 4.595 | 0.004 36 |
| 总计 | 0.921 | 24 | 4.268 | 0.004 05 |

D－loop 区获得的有效序列长度为 683bp，共检测到 24 个多态位点，有 22 个位点发

生了转换，2 个位点发生了颠换，A、T、C 和 G 4 种核苷酸比例分别为 32.64%、33.08%、19.89%和 14.39%，A+T 的含量为 65.72%，G+C 的含量为 34.28%。在 30 个个体中共发现了 19 种单倍型（单倍型网络图如图 4-14 所示），其中 H1、H2 为 2 个采样点共享的单倍型，H3、H16、H17、H18 和 H19 为九江特有单倍型，其余为三水特有单倍型。总体单倍型多样性指数（Hd）为 0.936，核苷酸多样性指数（Pi）为 0.007 11，各采样点的遗传多样性指数见表 4-15。

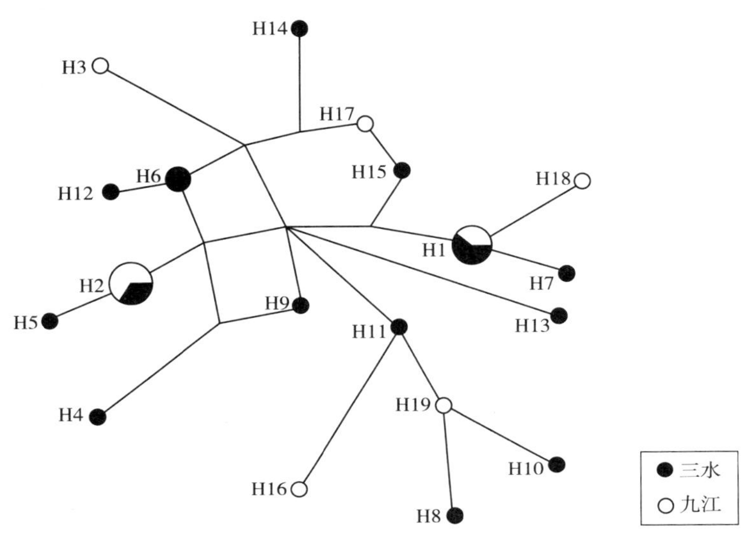


图 4-14　三角鲂 D-loop 单倍型网络图

**表 4-15　三角鲂 D-loop 遗传多样性指数**

| 采样点 | 单倍型多样性指数 | 多态位点数 | 平均核苷酸差异数 | 核苷酸多样性指数 |
|---|---|---|---|---|
| 九江 | 0.873 | 17 | 4.873 | 0.007 13 |
| 三水 | 0.967 | 21 | 5.013 | 0.007 34 |
| 总计 | 0.936 | 24 | 4.857 | 0.007 11 |

赖瑞芳（2014）对鲂属 4 种鱼类线粒体基因组的比较及其系统发育分析结果显示 4 种鲂属鱼类间 D-loop 区变化相对较小，只存在 0～1bp 的差异，而线粒体基因组进化速度较快的 Cytb、ND2、ND4 等基因区域可作为潜在分子标记来鉴别鲂属鱼类比较合适。

珠江口三角鲂群体 Cytb 基因表现为高单倍型多样性低核苷酸多样性的特点，而 D-loop 控制区两者均为高多样性水平，体现了线粒体不同区域进化速率不同的特点，控制区受到的选择压力非常小，进化速率最快，Cytb 基因进化速率中等具有一定的保守性。且 Cytb 与 D-loop 区的平均转换颠换比 R 值（Ts/Tv）均未达到饱和，可以用来作为三角鲂种内遗传分析。

# 第四节　珠江口鲢群体遗传分析

鲢（*Hypophthalmichthys molitrix*）隶属鲤形目鲤科鲢亚科鲢属。珠江、长江、黑龙江均有分布，生活于上层水中，喜跳跃，主要以浮游植物为食，为我国重要经济鱼类。

## 一、鲢框架结构特征

通过对采集于三水、神湾样本分析，两个采样点鲢（图 4－15）体重 65.8～817.7 g，平均 242.13 g，体长 15.69～37.91 cm，平均 22.93 cm。共测量 26 个形态指标，各可量性状在两个采样点间无显著性差异（表 4－16）。

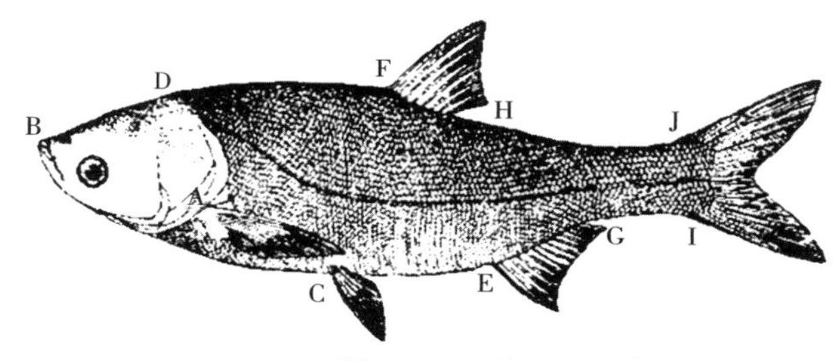


图 4－15　鲢

A. 胸鳍起点　B. 吻端　C. 腹鳍起点　D. 鳃盖前端上侧　E. 臀鳍起点　F. 背鳍起点　G. 臀鳍基部后　H. 背鳍基部后　I. 尾鳍基部下端　J. 尾鳍基部上端

（引自《广西淡水鱼类志》）

表 4－16　鲢形态特征的独立 T 检验（$P<0.05$）

| 可量性状 | 三水 Mean±SD | 神湾 Mean±SD |
|---|---|---|
| 体高 | 0.312 9±0.009 0 | 0.281 3±0.014 3 |
| 头长 | 0.264 1±0.013 0 | 0.263 3±0.034 1 |
| 吻长 | 0.044 0±0.008 5 | 0.043 0±0.003 0 |
| 眼径 | 0.054 9±0.007 2 | 0.040 5±0.001 6 |
| 眼间距 | 0.082 1±0.009 3 | 0.120 4±0.001 3 |
| 尾柄高 | 0.132 3±0.011 9 | 0.150 5±0.003 0 |
| $L_{BD}$ | 0.111 2±0.003 4 | 0.099 2±0.006 0 |
| $L_{AD}$ | 0.229 0±0.013 5 | 0.228 1±0.025 2 |
| $L_{CE}$ | 0.308 0±0.009 8 | 0.298 2±0.022 4 |
| $L_{CD}$ | 0.150 4±0.026 2 | 0.111 5±0.002 2 |
| $L_{FH}$ | 0.321 5±0.028 2 | 0.355 3±0.016 3 |
| $L_{IJ}$ | 0.123 8±0.004 1 | 0.118 4±0.002 5 |

（续）

| 可量性状 | 三水 Mean±SD | 神湾 Mean±SD |
|---|---|---|
| $L_{EG}$ | 0.113 2±0.019 5 | 0.124 4±0.014 8 |
| $L_{GJ}$ | 0.184 3±0.014 6 | 0.169 3±0.010 6 |
| $L_{GH}$ | 0.255 0±0.014 6 | 0.244 3±0.000 3 |
| $L_{AC}$ | 0.214 7±0.015 2 | 0.218 4±0.002 1 |
| $L_{HI}$ | 0.264 5±0.017 2 | 0.252 0±0.014 6 |
| $L_{EF}$ | 0.188 4±0.014 1 | 0.190 2±0.011 0 |
| $L_{DF}$ | 0.291 3±0.010 1 | 0.272 1±0.011 5 |
| $L_{EH}$ | 0.346 6±0.009 4 | 0.344 4±0.010 8 |
| $L_{DE}$ | 0.242 0±0.006 9 | 0.234 2±0.001 6 |
| $L_{BC}$ | 0.327 2±0.013 5 | 0.308 4±0.003 0 |
| $L_{HJ}$ | 0.253 4±0.021 7 | 0.276 1±0.001 8 |
| $L_{FG}$ | 0.167 8±0.015 2 | 0.175 2±0.012 0 |
| $L_{AB}$ | 0.353 4±0.024 7 | 0.387 5±0.019 7 |
| $L_{CF}$ | 0.395 3±0.014 0 | 0.385 6±0.000 2 |

## 二、鲢遗传多样性特征

对三水、神湾鲢的线粒体细胞色素 b（Cytb）基因以及线粒体控制区 D－loop 序列进行了 PCR 扩增、序列测定和多态性分析。Cytb 基因采用双向测序，D－loop 基因采用单向测序。

Cytb 基因获得的有效序列长度为 1 120bp，共检测到 46 个多态位点，其中 44 个位点发生了转换，2 个位点发生了颠换，A、T、C 和 G 4 种核苷酸比例分别为 29.66%、28.48%、28.05%和 13.81%，A＋T 的含量为 58.14%，G＋C 的含量为 41.86%。共发现了 8 种单倍型（单倍型网络图如图 4－16 所示），其中 H2、H4、H5、H7 为 2 个采样点共享的单倍型，H1、H3、H6、H8 为神湾特有的单倍型。总体单倍型多样性指数（Hd）为 0.783，核苷酸多样性指数（Pi）为 0.017 88，各采样点的遗传多样性指数见表 4－17。

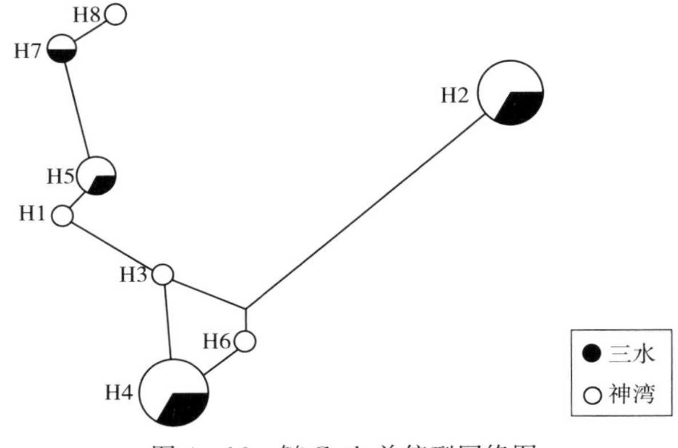


图 4－16　鲢 Cytb 单倍型网络图

表 4-17 鲢 Cytb 遗传多样性指数

| 采样点 | 单倍型多样性指数 | 多态位点数 | 平均核苷酸差异数 | 核苷酸多样性指数 |
|---|---|---|---|---|
| 三水 | 0.786 | 45 | 22.964 29 | 0.020 50 |
| 神湾 | 0.819 | 46 | 19.906 43 | 0.017 77 |
| 总计 | 0.783 | 46 | 20.022 | 0.017 88 |

D-loop 区获得的有效序列长度为 720bp，共检测到 64 个多态位点，其中 56 个位点发生了转换，9 个位点发生了颠换，A、T、C 和 G 4 种核苷酸比例分别为 31.87%、35.72%、19.29%和 13.12%，A+T 的含量为 67.59%，G+C 的含量为 32.41%。在 27 个个体中共发现了 14 种单倍型（单倍型网络图如图 4-17 所示），其中 H2、H3、H4 和 H6 为三水和神湾共享单倍型，H1、H5、H14 为三水特有的单倍型，其余为神湾特有单倍型。总体单倍型多样性指数（Hd）为 0.897，核苷酸多样性指数（Pi）为 0.033 95，各采样点的遗传多样性指数见表 4-18。

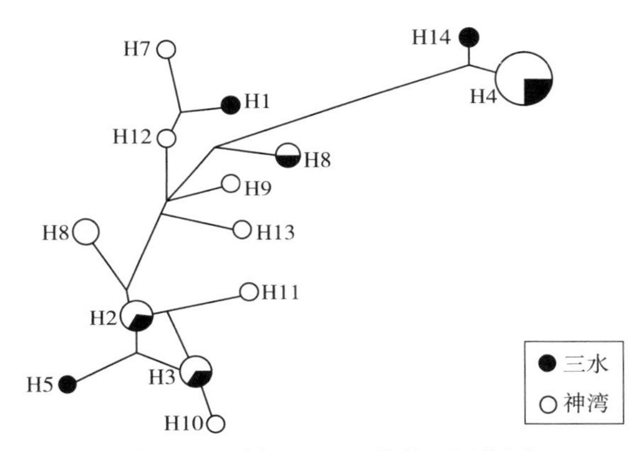


图 4-17 鲢 D-loop 单倍型网络图

表 4-18 鲢 D-loop 遗传多样性指数

| 采样点 | 单倍型多样性指数 | 多态位点数 | 平均核苷酸差异数 | 核苷酸多样性指数 |
|---|---|---|---|---|
| 神湾 | 0.895 | 58 | 24.152 05 | 0.033 54 |
| 三水 | 0.964 | 59 | 28.071 43 | 0.038 99 |
| 总计 | 0.897 | 64 | 24.441 6 | 0.033 95 |

李思发（1998）对长江中下游湖北石首、江西九江、安徽芜湖三江段的鲢鱼天然群体线粒体 DNA（mtDNA）的 ND5/6、Cytb 基因和 D-loop 区片段进行限制性内切酶片段长度多态性（RFLP）分析，结果表明其基因多样性指数为 0.681，核苷酸多样性指数为 0.018。这与珠江口链群体采用线粒体细胞色素 b（Cytb）基因进行的分析结果相似。同时研究数据显示，长江中下游湖北石首、江西九江、安徽芜湖三江段的鲢群体存在显著的遗传差异，基因型分布也有明显的地域性（李思发，1998）。王忠卫（2005）对鄱阳

湖、赣江及长江的鲢鱼群体运用线粒体DNA的ND5/6片段进行RFLP分析，结果显示长江与鄱阳湖链群体间的遗传分化指数为0.166 3，长江与赣江鲢群体间的遗传分化指数为0.202 0，鄱阳湖与赣江鲢群体之间的遗传分化指数只有0.034 6，表明长江与鄱阳湖鲢群体之间、长江与赣江鲢群体之间都有明显的遗传分化，而鄱阳湖与赣江鲢群体没有明显的遗传分化。本章中珠江口鲢群体Cytb基因和D-loop控制区两者均体现出高多样性水平，表明鲢在珠江口种质资源相对丰富，但对珠江口与珠江干流鲢群体间遗传分化相关研究较少，有待进一步研究。同时，本章中Cytb与D-loop区的平均转换颠换比R值（Ts/Tv）均未达到饱和，可以用来作为鲢种内遗传分析。

## 第五节　珠江口赤眼鳟群体遗传分析

赤眼鳟（*Squaliobarbus curriculus*）隶属鲤形目鲤科雅罗鱼亚科赤眼鳟属，广泛分布于中国除青藏高原外各大水系，朝鲜、越南也有分布。眼的上缘具红斑，植食性鱼类，习惯栖息于水流缓慢的湖泊或江河中。

### 一、赤眼鳟框架结构特征

通过对采集于三水和高明的样本分析，两个采样点的赤眼鳟（图4-18）体重38.6～213.1 g，平均101.1 g，体长13.59～23.07 cm，平均17.86 cm。共测量28个形态指标，各可量性状在两个采样点间的均无显著性差异，详见表4-19。

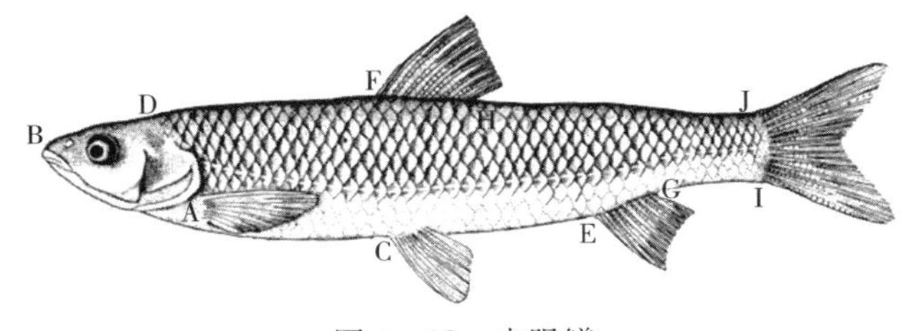


图4-18　赤眼鳟

A. 胸鳍起点　B. 吻端　C. 腹鳍起点　D. 鳃盖前端上侧　E. 臀鳍起点　F. 背鳍起点　G. 臀鳍基部后　H. 背鳍基部后　I. 尾鳍基部下端　J. 尾鳍基部上端

（引自Kim，I.-S.，1997）

表4-19　赤眼鳟形态特征的独立T检验（$P<0.05$）

| 可量性状 | 三水 Mean±SD | 高明 Mean±SD |
|---|---|---|
| 体高 | 0.245 1±0.011 8 | 0.260 3±0.056 8 |
| 头长 | 0.214 1±0.018 5 | 0.228 5±0.043 2 |

（续）

| 可量性状 | 三水 Mean±SD | 高明 Mean±SD |
|---|---|---|
| 吻长 | 0.047 3±0.008 1 | 0.053 1±0.013 8 |
| 眼径 | 0.049 2±0.007 0 | 0.052 6±0.009 0 |
| 眼间距 | 0.110 2±0.015 5 | 0.106 2±0.012 9 |
| 尾柄长 | 0.171 1±0.008 3 | 0.164 2±0.034 9 |
| 尾柄高 | 0.115 1±0.005 0 | 0.120 2±0.028 2 |
| $L_{BD}$ | 0.157 5±0.011 9 | 0.164 2±0.034 4 |
| $L_{AD}$ | 0.158 8±0.024 0 | 0.160 2±0.030 2 |
| $L_{CE}$ | 0.243 4±0.019 7 | 0.240 6±0.051 3 |
| $L_{CD}$ | 0.398 0±0.019 5 | 0.419 2±0.077 5 |
| $L_{FH}$ | 0.121 9±0.015 2 | 0.132 9±0.033 6 |
| $L_{IJ}$ | 0.118 6±0.006 0 | 0.118 8±0.023 8 |
| $L_{EG}$ | 0.097 0±0.013 3 | 0.101 9±0.022 0 |
| $L_{GJ}$ | 0.190 7±0.013 4 | 0.187 0±0.040 4 |
| $L_{GH}$ | 0.293 9±0.019 2 | 0.300 4±0.056 9 |
| $L_{AC}$ | 0.299 0±0.016 7 | 0.311 1±0.061 4 |
| $L_{HI}$ | 0.418 1±0.027 1 | 0.407 3±0.079 8 |
| $L_{EF}$ | 0.341 6±0.015 9 | 0.347 5±0.073 4 |
| $L_{DF}$ | 0.329 0±0.017 4 | 0.337 2±0.072 4 |
| $L_{EH}$ | 0.251 0±0.018 1 | 0.289 8±0.122 1 |
| $L_{DE}$ | 0.614 6±0.017 7 | 0.606 0±0.157 3 |
| $L_{BC}$ | 0.516 1±0.020 5 | 0.524 4±0.105 7 |
| $L_{HJ}$ | 0.379 8±0.026 0 | 0.368 4±0.065 4 |
| $L_{FG}$ | 0.404 1±0.018 4 | 0.389 5±0.115 0 |
| $L_{GI}$ | 0.147 9±0.017 1 | 0.151 4±0.041 3 |
| $L_{AB}$ | 0.220 0±0.015 9 | 0.233 7±0.044 8 |
| $L_{CF}$ | 0.240 4±0.012 2 | 0.246 5±0.056 7 |

## 二、赤眼鳟遗传多样性特征

对三水、高明赤眼鳟的线粒体细胞色素 b（Cytb）基因以及线粒体控制区 D－loop 序列进行了 PCR 扩增、序列测定和多态性分析。Cytb 基因采用双向测序，D－loop 基因采用单向测序。

Cytb 基因获得的有效序列长度为 1 048bp，共检测到 32 个多态位点，有 31 个位点发生了转换，1 个位点发生了颠换，A、T、C 和 G 4 种核苷酸比例分别为 27.91%、28.25%、14.49%和 29.35%，A＋T 的含量为 56.16%，G＋C 的含量为 43.84%。共发现了 17 种单倍型（单倍型网络图如图 4－19 所示），其中 H1 和 H7 为 2 个采样点共享的单倍型，H2、H3、H4、H5、H6 和 H8 为三水特有的单倍型，其余为高明特有单倍型。

总体单倍型多样性指数（Hd）为0.903，核苷酸多样性指数（Pi）为0.003 07，各采样点的遗传多样性指数见表4-20。

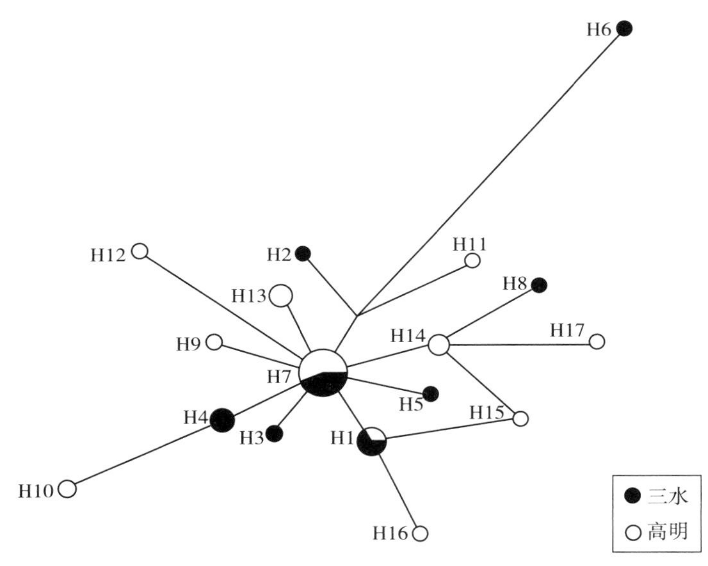


图4-19　赤眼鳟Cytb单倍型网络图

**表4-20　赤眼鳟Cytb遗传多样性指数**

| 采样点 | 单倍型多样性指数 | 多态位点数 | 平均核苷酸差异数 | 核苷酸多样性指数 |
| --- | --- | --- | --- | --- |
| 高明 | 0.912 | 17 | 2.824 | 0.002 69 |
| 三水 | 0.897 | 21 | 3.744 | 0.003 57 |
| 总计 | 0.903 | 32 | 3.216 | 0.003 07 |

D-loop区获得的有效序列长度为721bp，共检测到31个多态位点，有29个位点发生了转换，4个位点发生了颠换，A、T、C和G 4种核苷酸比例分别为32.16%、33.63%、21.29%和12.92%，A+T的含量为65.79%，G+C的含量为34.21%。在30个个体中共发现了21种单倍型（单倍型网络图如图4-20所示），其中H1、H2、H9为2个采样点共享的单倍型，H3、H4、H5、H6、H7、H8、H14、H15和H16为高明特有单倍型，其余为三水特有单倍型。总体单倍型多样性指数（Hd）为0.970，核苷酸多样性指数（Pi）为0.008 50，各采样点的遗传多样性指数见表4-21。

**表4-21　赤眼鳟D-loop遗传多样性指数**

| 采样点 | 单倍型多样性指数 | 多态位点数 | 平均核苷酸差异数 | 核苷酸多样性指数 |
| --- | --- | --- | --- | --- |
| 高明 | 0.956 | 17 | 5.382 | 0.007 47 |
| 三水 | 0.987 | 27 | 7.051 | 0.009 78 |
| 总计 | 0.970 | 31 | 6.131 | 0.008 50 |

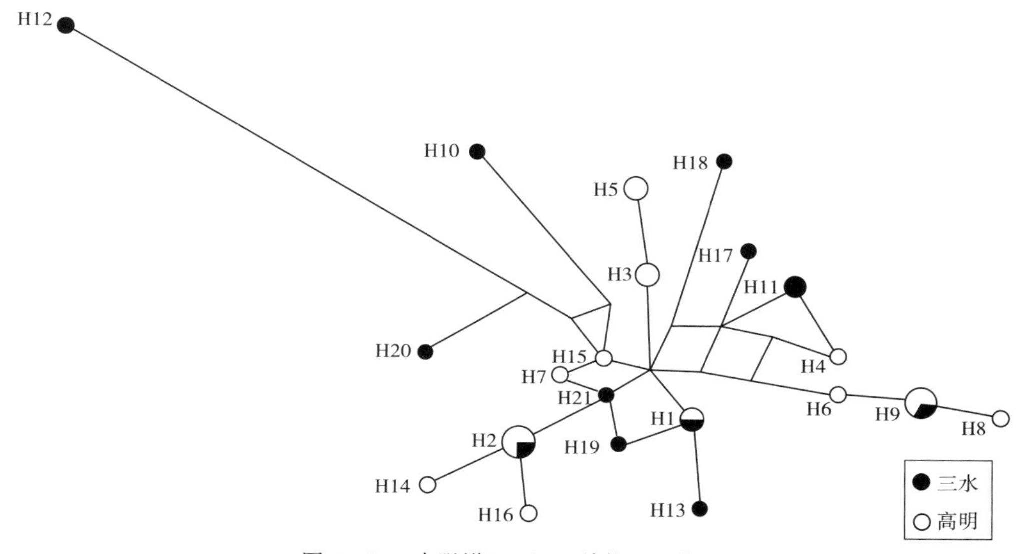


图 4-20 赤眼鳟 D-loop 单倍型网络图

珠江口赤眼鳟群体 Cytb 基因表现为高单倍型多样性低核苷酸多样性的特点，而 D-loop控制区两者均为高多样性水平，体现了线粒体不同区域进化速率不同的特点，控制区受到的选择压力非常小，进化速率最快，Cytb 基因进化速率中等具有一定的保守性。且 Cytb 与 D-loop 区的平均转换颠换比 R 值（Ts/Tv）均未达到饱和，可以用来作为赤眼鳟种内遗传分析。陈方灿（2015）利用 mtDNA 的 Cytb 和 D-loop 区基因作序列分析，对西江赤眼鳟 5 个地理群体的遗传多样性进行研究，结果显示西江赤眼鳟群体的 Cytb 基因序列长度均为 1 133bp，共检测到 60 个变异位点，其中 27 个单突变位点，33 个简约信息位点，定义了 49 个单倍型，平均单倍型多样性（Hd）为 0.882±0.017，核苷酸多样性（Pi）为 0.002 76±0.000 25。D-loop 序列片段长度为 932p，共 84 个变异位点，其中 25 个单突变位点，59 个简约信息位点，共定义 86 个单倍型，单倍型多样性（Hd）为 0.978±0.005，核苷酸多样性（Pi）为 0.007 91±0.000 38。D-loop 控制区和 Cytb 基因序列均显示较高的单倍型多样性和较低的核苷酸多样性，这与珠江口赤眼鳟群体研究结果相符。赵爽（2009）同样利用 Cytb 基因进行序列分析，测定了珠江和韩江 3 个赤眼鳟群体，共发现 11 个单倍型，14 个变异位点。其中，韩江群体单倍型多样性（Hd）为 0.464，核苷酸多样性（Pi）为 0.000 97 相对较低，珠江水系左江和郁江群体相对较高 Hd 为 0.929，$\pi$ 为 0.023。杨慧荣（2012）对珠江水系梧州和新丰江段 2 个群体的 D-loop 和 Cytb 基因做序列分析，结果显示，D-loop 序列的单倍型多样性（Hd）、平均核苷酸差异数（K）和核苷酸多样性（Pi）分别为 0.963 8、16.543 5 和 0.028 4，Cytb 的 H、K 和 $\pi$ 分别为 0.971 0、31.855 1 和 0.042 6。Cytb 除简约信息位点百分比大于 D-loop 外，多态位点百分比和单突变位点百分比均小于 D-loop，同样证实了 D-loop 具有较快的进化速率。

# 第六节　珠江口鲛群体遗传分析

鲛（*Liza haematocheila*）隶属鲻形目鲻科鲛属，广布于中国沿海，朝鲜及日本均有分布，主要栖息于浅海和咸淡水中，也可在淡水中生活。

## 一、鲛框架结构特征

对采集于虎门、神湾的样本进行分析，两个采集地的鲛（图 4－21）体重 40.4～107.8 g，平均体重 72.11 g，体长 13.89～20.48 cm，平均体长 17.48 cm。通过框架结构测量 24 个形态指标并进行分析，结果发现各可量性状在虎门和神湾渔获中获得的鲛两者间均无显著性差异，详见表 4－22。

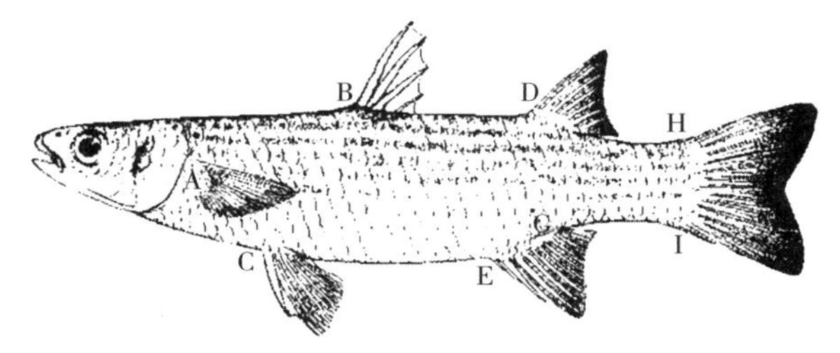


图 4－21　鲛

A. 吻端　B. 第一背鳍起点　C. 腹鳍起点　D. 第二背鳍起点　E. 臀鳍起点
F. 第二背鳍末端　G. 臀鳍基部后　H. 尾鳍基部上端　I. 尾鳍基部下端
（引自 Kim，I. －S.，1997）

表 4－22　鲛形态特征的独立样本 T 检验（$P<0.05$）

| 可量性状 | 虎门 Mean ± SD | 神湾 Mean ± SD |
|---|---|---|
| 体高 | 0.194 5±0.012 5 | 0.226 5±0.024 3 |
| 头长 | 0.226 1±0.017 6 | 0.230 8±0.003 5 |
| 吻长 | 0.032 8±0.009 4 | 0.041 9±0.002 2 |
| 眼径 | 0.052 8±0.005 2 | 0.045 4±0.004 0 |
| 眼间距 | 0.516 7±0.712 8 | 0.402 7±0.024 5 |
| 尾柄高 | 0.172 8±0.014 0 | 0.174 9±0.009 7 |
| $L_{AB}$ | 0.101 5±0.005 8 | 0.102 7±0.003 9 |
| $L_{BD}$ | 0.474 2±0.007 7 | 0.485 9±0.004 1 |
| $L_{DF}$ | 0.292 3±0.015 2 | 0.292 9±0.007 0 |
| $L_{FH}$ | 0.121 6±0.015 2 | 0.110 0±0.015 3 |

（续）

| 可量性状 | 虎门 Mean ± SD | 神湾 Mean ± SD |
|---|---|---|
| $L_{HI}$ | 0.138 9±0.015 6 | 0.139 8±0.016 7 |
| $L_{GI}$ | 0.111 9±0.007 7 | 0.117 3±0.011 8 |
| $L_{EG}$ | 0.171 7±0.012 5 | 0.168 8±0.008 2 |
| $L_{CE}$ | 0.125 7±0.009 5 | 0.117 8±0.008 6 |
| $L_{AC}$ | 0.352 1±0.010 8 | 0.357 8±0.024 3 |
| $L_{BC}$ | 0.364 9±0.008 9 | 0.378 0±0.007 5 |
| $L_{DE}$ | 0.220 2±0.010 6 | 0.248 2±0.021 0 |
| $L_{BE}$ | 0.183 9±0.009 3 | 0.190 7±0.012 0 |
| $L_{CD}$ | 0.305 5±0.011 5 | 0.306 9±0.015 5 |
| $L_{FG}$ | 0.440 2±0.016 0 | 0.455 3±0.015 9 |
| $L_{DG}$ | 0.127 9±0.008 3 | 0.128 1±0.008 8 |
| $L_{EF}$ | 0.163 3±0.009 4 | 0.155 5±0.005 0 |
| $L_{FI}$ | 0.222 9±0.010 7 | 0.222 7±0.015 9 |
| $L_{GH}$ | 0.172 7±0.013 1 | 0.172 7±0.018 5 |

注：各性状均除以体长标准化。

## 二、鲮群体遗传多样性分析

对神湾、虎门鲮的线粒体细胞色素 b（Cytb）基因以及线粒体控制区 D－loop 序列进行了 PCR 扩增、序列测定和多态性分析。Cytb 基因采用双向测序，D－loop 基因采用单向测序。

Cytb 基因获得的有效序列长度为 1 116bp，共检测到 10 个多态位点，有 6 个位点发生了转换，4 个位点发生了颠换，A、T、C 和 G 4 种核苷酸比例分别为 28.21%、23.96%、15.38%和 32.45%，A+T 的含量为 52.17%，G+C 的含量为 47.83%。共发现了 12 种单倍型（单倍型网络图如图 4－22 所示），H9、H10、H11 和 H12 为神湾特有的单倍型，其余为虎门特有单倍型。总体单倍型多样性指数（Hd）为 0.833，核苷酸多样性指数（Pi）为 0.001 23，各采样点的遗传多样性指数见表 4－23。

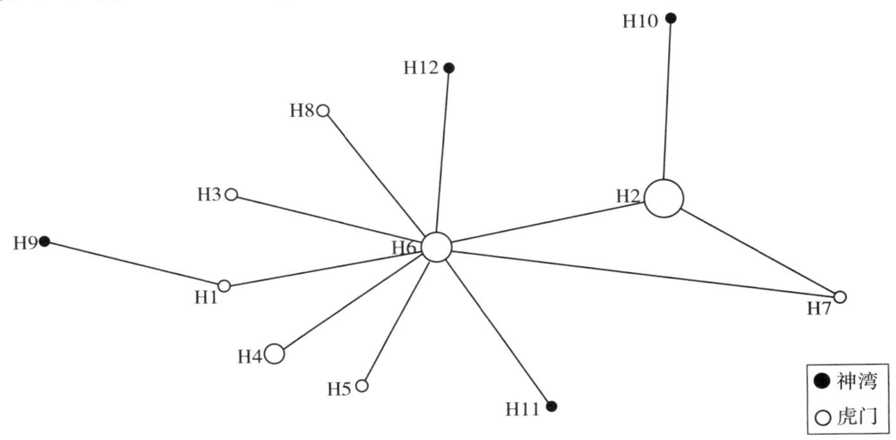


图 4－22 鲮 Cytb 单倍型网络图

表 4-23　鮻 Cytb 遗传多样性指数

| 采样点 | 单倍型多样性指数 | 多态位点数 | 平均核苷酸差异数 | 核苷酸多样性指数 |
| --- | --- | --- | --- | --- |
| 神湾 | 1.000 | 6 | 3.000 00 | 0.002 69 |
| 虎门 | 0.772 | 6 | 1.115 94 | 0.001 00 |
| 总计 | 0.833 | 10 | 1.373 02 | 0.001 23 |

D-loop 区获得的有效序列长度为 695bp，共检测到 24 个多态位点，其中 22 个位点发生了转换，2 个位点发生了颠换，A、T、C 和 G 4 种核苷酸比例分别为 30.72%、30.02%、21.79%和 17.47%，A+T 的含量为 60.74%，G+C 的含量为 39.26%。在 23 个个体中共发现了 16 种单倍型（单倍型网络图如图 4-23 所示），H3 为神湾和虎门共享单倍型，H1、H2 和 H4 为神湾特有的单倍型，其余为虎门特有单倍型。总体单倍型多样性指数（Hd）为 0.972，核苷酸多样性指数（Pi）为 0.009 05，各采样点的遗传多样性指数见表 4-24。

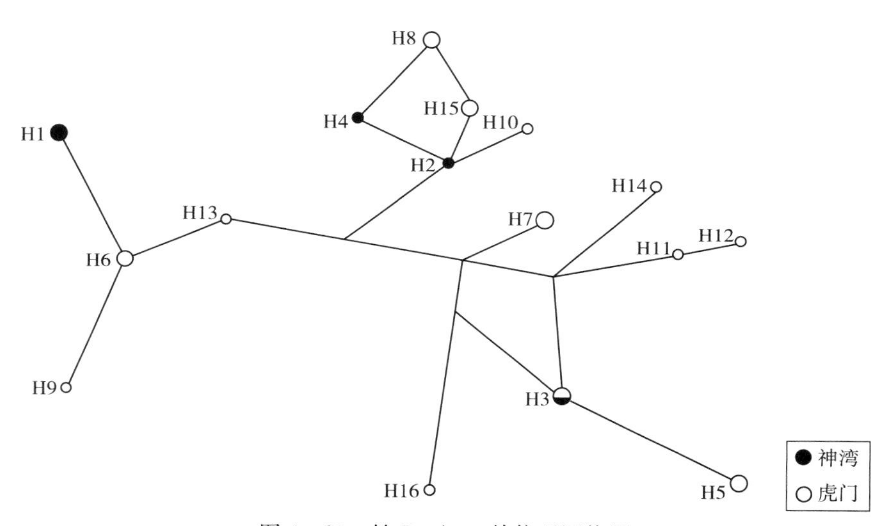


图 4-23　鮻 D-loop 单倍型网络图

表 4-24　鮻 D-loop 遗传多样性指数

| 采样点 | 单倍型多样性指数 | 多态位点数 | 平均核苷酸差异数 | 核苷酸多样性指数 |
| --- | --- | --- | --- | --- |
| 神湾 | 0.900 | 11 | 5.800 00 | 0.008 35 |
| 虎门 | 0.967 | 23 | 6.483 66 | 0.009 33 |
| 总计 | 0.972 | 24 | 6.292 49 | 0.009 05 |

对于珠江口鮻群体，线粒体 Cytb 基因以及 D-loop 控制区均表现出低核苷酸多样性（Pi<0.5%）。Cytb 基因的进化速度适中，具有保守性和变异性的双重特点，D-loop 控制区由于不参与蛋白质的编码，受到的选择压力小，在线粒体中进化速率最快。Cytb 基因的 A+T 含量与 G+C 含量相近，而 D-loop 区的 A+T 含量明显高于 G+C 含量，和其他鱼类线粒体控制区的核苷酸组成特点相似，且 Cytb 与 D-loop 区的平均转换颠换比 R 值均未达

到饱和。许则滩（2015）通过对来自浙江沿岸227条幼鱼期鲻科鱼类COI基因序列比对分析，定义了48个单倍型（H），检测到183个核苷酸多态性位点、165个简约信息位点；其中，单倍型多样性（Hd）为0.700，核苷酸多样性为0.048 58。同时，Kimura双参数（K-2-P）模型及通过RAD测序获得的SNPs构建的系统树分析表明，前鳞鲅（*L. affinis*）与鲅（*L. haematocheila*）聚成一支且种间遗传距离最近（0.084）。进一步对浙江沿岸4个区域10个地点的共166条前鳞鲅进行分析表明，其单倍型多样性和核苷酸多样性都比较低，分别为0.468和0.001 17，相似结果在本章对珠江口鲅群体的研究中也有所反映。

# 第七节　珠江口鲮群体遗传分析

鲮（*Cirrhinus molitorella*）隶属鲤形目野鲮亚科鲮属，分布于印度、缅甸和中南半岛，我国主要分布于珠江水系，南至海南岛，北到福建。

## 一、鲮框架结构特征

对采集于三水、高明的样本进行分析，两个采集地的鲮（图4-24）体重30.2～227.1 g，平均体重69.23 g，体长11.25～20.89 cm，平均体长14.12 cm。通过框架结构测量28个形态指标并进行分析，结果发现各可量性状在虎门和神湾渔获中获得的鲮两者间均无显著性差异，详见表4-25。

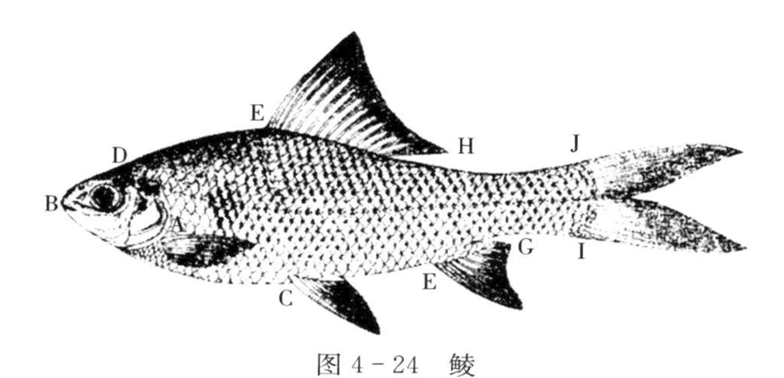


图4-24　鲮

A. 胸鳍起点　B. 吻端　C. 腹鳍起点　D. 鳃盖前端上侧　E. 臀鳍起点

F. 背鳍起点　G. 臀鳍基部后　H. 背鳍基部后　I. 尾鳍基部下端　J. 尾鳍基部上端

（引自FAO）

表4-25　鲮形态特征的独立样本T检验（$P<0.05$）

| 可量性状 | 三水 Mean ± SD | 高明 Mean ± SD |
|---|---|---|
| 体高 | 0.295 8±0.014 9 | 0.289 1±0.009 6 |

（续）

| 可量性状 | 三水 Mean±SD | 高明 Mean±SD |
| --- | --- | --- |
| 头长 | 0.208 5±0.019 3 | 0.214 5±0.010 9 |
| 吻长 | 0.058 7±0.010 9 | 0.062 6±0.011 0 |
| 眼径 | 0.060 9±0.009 1 | 0.054 6±0.006 0 |
| 眼间距 | 0.113 6±0.010 2 | 0.103 5±0.004 9 |
| 尾柄高 | 0.119 3±0.027 8 | 0.145 2±0.014 8 |
| $L_{BD}$ | 0.126 2±0.010 2 | 0.126 6±0.007 5 |
| $L_{AD}$ | 0.181 0±0.020 5 | 0.182 1±0.011 9 |
| $L_{CE}$ | 0.171 5±0.013 7 | 0.177 8±0.011 9 |
| $L_{CD}$ | 0.261 0±0.016 7 | 0.263 5±0.014 4 |
| $L_{FH}$ | 0.418 0±0.011 8 | 0.407 3±0.010 8 |
| $L_{IJ}$ | 0.252 9±0.028 6 | 0.262 3±0.023 0 |
| $L_{EG}$ | 0.126 9±0.008 5 | 0.129 8±0.009 3 |
| $L_{GJ}$ | 0.111 8±0.015 1 | 0.088 5±0.006 9 |
| $L_{GH}$ | 0.168 9±0.020 6 | 0.195 3±0.010 4 |
| $L_{AC}$ | 0.275 3±0.030 7 | 0.242 7±0.014 8 |
| $L_{HI}$ | 0.308 8±0.016 8 | 0.303 0±0.009 9 |
| $L_{EF}$ | 0.355 9±0.034 0 | 0.344 2±0.015 0 |
| $L_{DF}$ | 0.435 7±0.010 3 | 0.432 2±0.012 8 |
| $L_{EH}$ | 0.289 2±0.012 4 | 0.266 0±0.015 5 |
| $L_{DE}$ | 0.238 2±0.018 5 | 0.224 8±0.011 5 |
| $L_{BC}$ | 0.653 4±0.016 1 | 0.641 9±0.008 7 |
| $L_{HJ}$ | 0.534 7±0.011 4 | 0.535 9±0.017 9 |
| $L_{FG}$ | 0.300 4±0.034 8 | 0.298 3±0.019 4 |
| $L_{AB}$ | 0.504 0±0.017 3 | 0.484 4±0.013 4 |
| $L_{CF}$ | 0.117 6±0.023 2 | 0.141 7±0.010 4 |

注：各性状均除以体长标准化。

## 二、鲮群体遗传多样性分析

对三水、高明鲮的线粒体细胞色素 b（Cytb）基因以及线粒体控制区 D-loop 序列进行了 PCR 扩增、序列测定和多态性分析。Cytb 基因采用双向测序，D-loop 基因采用单向测序。

Cytb 基因获得的有效序列长度为 1 103bp，共检测到 26 个多态位点，有 26 个位点发生了转换，0 个位点发生了颠换，A、T、C 和 G 4 种核苷酸比例分别为 30.09%、27.63%、28.85%和 13.43%，A+T 的含量为 57.72%，G+C 的含量为 42.28%。共发现了 11 种单倍型（单倍型网络图如图 4-25 所示），其中 H2、H4、H6、H7 为 2 个采样点共享的单倍型，H3 和 H11 为高明特有的单倍型，其余为三水特有单倍型。总体单倍型多样性指数（Hd）为 0.837，核苷酸多样性指数（Pi）为 0.004 63，各采样点的遗传多样性指数见表 4-26。

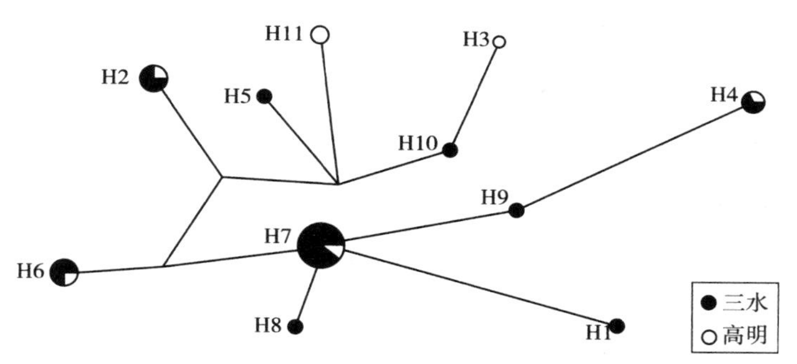


图 4-25　鲮 Cytb 单倍型网络图

**表 4-26　鲮 Cytb 遗传多样性指数**

| 采样点 | 单倍型多样性指数 | 多态位点数 | 平均核苷酸差异数 | 核苷酸多样性指数 |
|---|---|---|---|---|
| 三水 | 0.794 | 24 | 4.482 21 | 0.004 06 |
| 高明 | 0.952 | 20 | 7.047 62 | 0.006 39 |
| 总计 | 0.837 | 26 | 5.110 34 | 0.004 63 |

D-loop 区获得的有效序列长度为 769bp，共检测到 25 个多态位点，其中 25 个位点发生了转换，0 个位点发生了颠换，A、T、C 和 G 4 种核苷酸比例分别为 32.55%、31.97%、20.96%和 14.52%，A+T 的含量为 64.52%，G+C 的含量为 35.48%。在 30 个个体中共发现了 20 种单倍型（单倍型网络图如图 4-26 所示），其中 H5、H9 和 H14 为 2 个采样点共享的单倍型，H3、H11 和 H16 为高明特有的单倍型，其余为三水特有单倍型。总体单倍型多样性指数（Hd）为 0.970，核苷酸多样性指数（Pi）为 0.007 95，各采样点的遗传多样性指数见表 4-27。

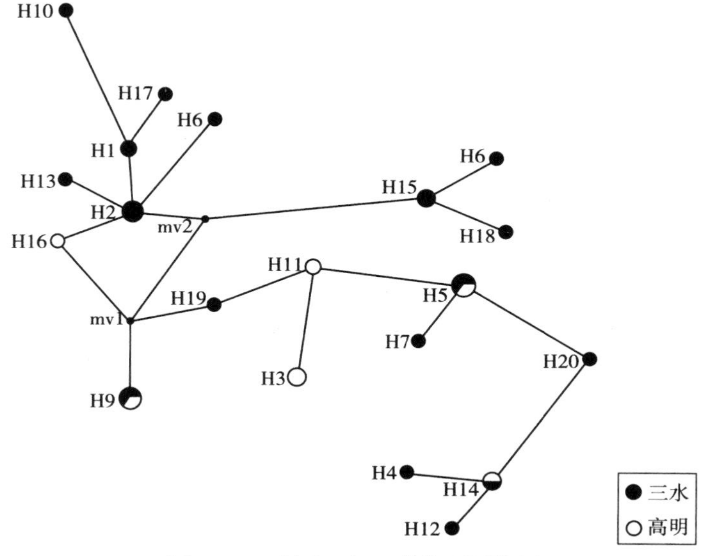


图 4-26　鲮 D-loop 单倍型网络图

表 4-27　鲮 D-loop 遗传多样性指数

| 采样点 | 单倍型多样性指数 | 多态位点数 | 平均核苷酸差异数 | 核苷酸多样性指数 |
|---|---|---|---|---|
| 三水 | 0.972 | 25 | 5.984 19 | 0.007 78 |
| 高明 | 0.952 | 16 | 5.619 05 | 0.007 31 |
| 总计 | 0.970 | 25 | 6.114 94 | 0.007 95 |

对于珠江口鲮鱼群体，线粒体 Cytb 基因以及 D-loop 控制区均表现出低核苷酸多样性（Pi＜0.5%）。Cytb 基因的进化速度适中，具有保守性和变异性的双重特点，D-loop 控制区由于不参与蛋白质的编码，受到的选择压力小，在线粒体中进化速率最快。Cytb 基因的 A+T 含量与 G+C 含量相近，而 D-loop 区的 A+T 含量明显高于 G+C 含量，和其他鱼类线粒体控制区的核苷酸组成特点相似，且 Cytb 与 D-loop 区的平均转换颠换比 R 值均未达到饱和。陈德荫（2013）测定了华南九龙江、韩江、黄岗河、珠江水系、红河、漠阳江、南流江、南渡江和昌化江 9 个水系 20 个地理群体共 171 尾鲮鱼线粒体 Cytb 基因 934bp 序列，检测到 16 个简约信息位点，893 个不变位点，41 个变异位点，25 个单一可变位点。根据 Kimura（1980）2-parameter 模型估算碱基转换/颠换比例为 4.01，转换比率远高于颠换，印证了 Meye（1993）提出的鱼类线粒体碱基转换高于颠换这一理论，这与本文对珠江口鲮鱼群体的研究结果相符合。9 个水系合并分析结果共发现 31 个单倍型，整体上呈现出高单倍型多样性（0.820）和低核苷酸多样性（0.004 43）的特征。珠江水系分析群体包括东江、西江、黔江、左江和北江 5 个江段，在分析的 75 尾鲮鱼中共检测到 20 个单倍型，在 934 个碱基序列中共检测到 27 个变异位点，其中 9 个简约信息位点，转换/颠换比值高达 6.26。珠江水系 5 个地理群体的单倍型多样性（Hd）为 0.826（0.667～0.917），核苷酸多样性（Pi）为 0.003 32（0.002 50～0.004 14），其中北江群体单倍型多样性最高，其次是东江，左江最低；黔江群体核苷酸多样性最高，其次是东江，西江最低。不同地理群体的单独分析与联并分析均表明，珠江水系鲮鱼群体表现出很高的单倍型多样性和很低的核苷酸多样性，这与本章对珠江口鲮群体的研究结论相一致。

# 第五章 珠江口重要鱼类生物学特征和渔业管理参数

鱼类作为一种可更新的水产资源，其生产、均衡、调节和更新受到环境因子，特别是捕捞和其他人类生产活动的影响。对于平衡的自然种群来说，其补充和生长与自然死亡相抵消；予以渔业开发后，由于捕捞稀疏了种群密度，提高了补充率和生长率，或减少了自然死亡率，从而建立新的平衡。因而，渔业在一定限度内是一种创造产量并促进种群更新的积极生产活动。但是，当环境变迁或捕捞强度超过种群自身调节能力的限度，则种群的自然平衡就要遭受破坏，严重的会导致资源衰竭，甚至濒临灭绝。所以，对鱼类资源的非合理利用，酷渔滥捕以及缺乏管理和保护都会破坏鱼类种群的生态平衡。鱼类的生长、死亡与补充是调节自然水域中鱼类种群动态和数量变动的主要影响因子，决定着渔业资源的兴衰。因此，对于自然水域中鱼类的生长和死亡规律的研究是渔业资源合理利用与科学管理的基础，在渔业资源评估中占有十分优先的研究地位（詹秉义，1995）。

有关渔业资源数量变动的研究始于 19 世纪 80 年代。19 世纪末至 20 世纪初，伴随着大西洋渔业兴衰转换的历程，与该领域相关的研究工作得以迅速发展，并逐渐形成了三大主要理论学说，即以 Heincke 为代表的繁殖论、以 Peterson 为代表的稀疏论和以 Hjort 为代表的波动论。此外，20 世纪初，苏联学者巴拉诺夫首先采用数学分析的方法研究了捕捞对种群数量的影响，并提出了计算产量的数学模型。1931 年 Rusell 把影响鱼类种群数量的四大要素——补充、生长、自然死亡与捕捞死亡进行总结归纳，形成了一个简单的数学模型，即所谓的 Rusell 原理。1954 年 Ricker 通过将生长、死亡及产量相关联，从而建立了估算平衡产量的 Ricker 模型。1957 年 Beverton 和 Holt 在前人研究的基础上，成功地应用 Von Bertalanffy（1934）的生长方程而建立了计算单位补充量渔获量的 Beverton - Holt 模型（简称 B - H 模型）。该模型得到了国际渔业界的公认和推荐，并一直以来广泛且有效地应用于单种群鱼类资源的评估工作中。1965 年 Gulland 在 Beverton 和 Holt（1957）渔获量方程的基础上建立了基于年龄结构的实际种群分析法（Vitual Population Analysis，简称 VPA）。随后，Pope（1972）对该方法进行了简化处理，从而建立了基于年龄结构的股分析法（Cohort Analysis）。然而，在实际运用过程中，对于一些小型鱼类其年龄的鉴定存在较大的难度。此后，Jones（1981）根据 Pope（1972）研究的结果，以体长数据来代替年龄，从而有效地利用渔获物体长测定的数据资料，来考察渔业资源数量的变动情况，进而发展形成了更加实用的体长股分析模型（Length based Cohort Analysis，简称 LCA）。该方法在国内外得到了广泛的运用，是当前国际上鱼类资源量评估高效易行的重要方法之一（Jones，1981）。本章主要采用体长股分析法，通过专业渔业资源评估软件 FiSAT Ⅱ 中相关模块对珠江口水域几种重要经济鱼类的生长、死亡等参数进行分析。并进一步利用 Beverton - Holt 单位补充量渔获量模型对调查水域主要经济鱼类最大持续产量、最适开捕规格与捕捞强度开发潜力等进行估算，以期为珠江口水域重要经济鱼类资源的科学管理与合理利用提供重要的理论依据。

体长-体重关系是反映鱼类生长规律的主要生物学指标之一。目前，一般利用泰勒公

式 $W=a\times L^b$ 进行拟合（Ricker，1973；詹秉义，1995），其中，$a$ 为条件生长因子，$b$ 为生长指数（若 $b=3$，则为匀速生长）。体长-体重数据经 log 转换后：$\log_{10}(W)=\log_{10}(a)+b\log_{10}(L)$ 通过最小二乘法线性回归可估算 $a$、$b$ 的值（Scherrer，1984）。

鱼类的生长使鱼类资源量增加，它是影响鱼类资源种群数量变动的几大重要影响因素之一。因此，研究鱼类的个体生长规律，对于分析鱼类资源种群数量变动趋势、探讨渔业资源管理与利用策略具有十分重要的意义。为了准确地描述鱼类个体生长特征，不少渔业资源与鱼类研究学者提出了许多不同类型的生长方程。其中，Von Bertalanffy（1938）生长方程不但能阐明鱼类的体长和体重随年龄的变化规律，而且可以简单地纳入渔获量方程从而应用到 Beverton - Holt 所建立的渔业资源评估模型中。因此，该方程在渔业资源研究中越来越得到重视，并不断推广应用。其体长与年龄 Von Bertalanffy 生长方程表达式为：$L_t=L_\infty[1-e^{-k(t-t_0)}]$；体重与年龄关系，根据过渡的 Von Bertalanffy 生长方程：$W_t=W_\infty[1-e^{-k(t-t_0)}]^b$ 进行计算；其中，$L_t$ 为 $t$ 龄时的体长，$W_t$ 为 $t$ 龄时的体重；$L_\infty$ 为渐进体长或称为极限体长，$W_\infty$ 为渐进体重或称为极限体重；$k$ 为生长系数，为生长曲线的平均曲率，表示趋近渐近值的相对速度；$b$ 为体长-体重方程的幂指数系数（通常为 2.5～3.5）。生长参数 $L_\infty$ 和 $k$ 根据体长频率的时间序列，采用 FiSAT Ⅱ软件中的 ELEFAN I（Electronic Length Frequency Analysis I）（Pauly & David，1981），取拟合优度最大且最合理时所对应的数值（渐进体长 $L_\infty$ 和生长速度 $K$ 在生物学上能被接受），作为生长参数的估计值（陈国宝 等，2008；叶婷 等，2014；Hilborn & Walters，1992）。$t_0$ 为理论初始年龄，即鱼类个体体长为 0 时的年龄。其估算借助 Pauly（1990）经验公式：$\ln(-t_0)=-0.392\,2-0.275\,2\ln(L_\infty)-1.038\ln K$。生长参数的可靠性可通过总生长特征 $\phi$（growth performance index or phi - prime index）进行评估（Bernard，1981）。对于不同海区不同年代同一物种的总生长特征 $\phi$ 极其相似，该指数代表一个物种的特征，因此可用于评估生长参数拟合结果的可信度（Bellido，2000），其计算公式为：$\phi=\log_{10}(K)+2\log_{10}(L_\infty)$。

研究鱼类的生长速度，对于指导渔业资源的合理利用意义重大。在理想条件下，为达到最佳利用渔业资源的目的，一般建议在鱼类快速生长并开始转入缓慢生长的时期加以利用。鱼类生活史的各个阶段，其体长与体重生长特征，分别用生长速度和生长加速度曲线进行描述。通过对生长方程求一阶和二阶导数，即可获得鱼类个体生长的速度与加速度方程。其中，体长生长速度与加速度计算公式分别为：$dL_t/dt=KL_\infty e^{-k(t-t_0)}$；$d^2L_t/dt^2=-K^2L_\infty e^{-k(t-t_0)}$。体重生长速度与加速度计算公式分别为：$dW_t/dt=bKW_\infty e^{-k(t-t_0)}[1-e^{-k(t-t_0)}]^{b-1}$；$d^2W_t/dt^2=bK^2W_\infty e^{-k(t-t_0)}[1-e^{-k(t-t_0)}]^{b-2}[be^{-k(t-t_0)}-1]$，式中各参数均来自生长方程。

鱼类的死亡是影响鱼类资源种群数量变动的主要影响因子。因此，研究死亡参数的估算方法，对于分析渔业资源的现状、预测预报渔业资源种群数量变动规律至关重要。鱼类的死亡主要来自两个方面的胁迫作用：第一，人类开发利用所导致的捕捞死亡；第二，由于捕食、疾病、衰老及自然灾害等所引起的自然死亡。二者综合称为总死亡，渔业研究中用总死亡系数（$Z$）进行描述。通过变换体长渔获曲线法（Length - converted catch curve）进行估算（费鸿年和张诗全，1990），计算公式为：$\ln(N/\Delta t)=a+bt$；式中 $Nt$ 为 $t$ 龄样品组尾数占总样品组尾数的百分比；$\Delta t$ 为从某体长组下限生长到上限所经历的时间，即 $\Delta t=(1/K)\times\ln[(L_\infty-L_i)/(L_\infty-L_{i+1})]$；$t$ 为各体长组中值所对应的年龄；总死亡系数为下降部分的点作线回归所得斜率的负值，即 $Z=-b$。回归数据点的选择以未全面补充年龄段和全长接近渐进全长的年龄段不能用来回归为原则（詹秉义，1995；高春霞 等，2014）。

自然死亡系数（$M$）和生长参数一样是鱼类的重要生物学特征之一。不同种类、不同生境条件及不同生活史阶段，鱼类的自然死亡系数（$M$）均存在差异。据此，有关学者对自然死亡系数的估算进行了大量研究分析，从而形成了多种估算方法。主要包括：根据生长参数 $K$ 进行粗略估算、根据未开发的原始种群是首次渔获量曲线估算、根据鱼类寿命估算以及根据 Pauly 经验公式估算。其中，Pauly（1980）经验公式不仅考虑了鱼类的寿命（用渐进体长 $L_\infty$ 代替）、鱼类生活史过程的生长特征（$K$），同时还考虑了与鱼类寿命及自然死亡相关的主要生境参数（水温 $T$），因此，该公式在后续的研究工作中得到不断推广应用。其表达式为：$\ln(M)=-0.0066-0.279\ln(L_\infty)+0.6543\ln(k)+0.4634\ln(T)$。式中，$T$ 为调查水域年均水温，经测定调查水域年均水温为 22.29 ℃，$L_\infty$，$k$ 来自 Von Bertalanffy 生长方程。一般情况下，鱼类的自然死亡系数 $M$ 和生长曲率 $K$ 的比值介于 1.5～2.5 之间（詹秉义，1995），依此可评估自然死亡系数估算结果的可信度。捕捞死亡系数（$F$）和开发率（$E$），可根据总死亡系数（$Z$）与自然死亡系数（$M$）求得，计算公式分别为：$F=Z-M$；$E=F/Z$。

单位补充量渔获量的估算（$Y'/R$）依据 Pauly & Soriano（1986）调整过的 Beverton - Holt 动态综合模型（Beverton & Holt，1957），在 FiSAT Ⅱ软件中以刀刃式选择假设模型（knife - edge model）建立（Gayanilo et al，2005）。其公式如下：

$$Y'/R=(E\times U)^{M/K}[1-3U/(1+m)+3U/(1+2m)-3U/(1+3m)]$$

$$B'/R=(Y'/R)/F$$

$$U=1-L_c/L_\infty;E=F/Z;m=K/Z$$

式中　$Y'/R$——单位补充量渔获量；

$B'/R$——单位补充量资源量；

$E$——开发率；

$L_c$——平均选择体长；

$L_\infty$——极限体长；

$M$——自然死亡对数；

$K$——生长参数；

$F$——捕捞死亡系数；

$Z$——总死亡系数。

平均选择体长（$L_c$）的估算，基于变换体长渔获曲线所拟合的直线方程，向后推算线性回归中未被使用的各点相对应的期望值 ln（$N/\Delta t$），并计算各点的观测值与期望值之比（包括线性回归中所选用的最左的一点），然后以 logistic transform 依次计算这些点的比率的累积率，将累积率达 50%的点所对应的体长作为平均选择体长的估计量 $L_c$（何宝全和李辉权，1988）。

该模型在应用时，主要以捕捞死亡率和起捕年龄作为可控变量来考察单位补充量渔获量（$Y'/R$）的变化，从而对现行渔业提出相应的调整和管理措施。

## 第一节 花　　鰶

花鰶（*Clupanodon thrissa*）隶属于鲱形目、鲱科、鰶属。地方名：黄鱼。据记载，花鰶为珠江下游尤其是珠江口常见的暖温性中上层洄游鱼类，主要以硅藻、绿藻、蓝藻、裸藻等浮游植物和原生动物、轮虫类、桡足类、枝角类浮游动物为饵。全年摄食，摄食率和摄食强度秋季稍高于其他季节。花鰶产卵期为 4—8 月，5—7 月为产卵盛期。产卵期水温范围为 23.8～30.8 ℃。花鰶平时生活于伶仃洋以外的咸淡水区域，到了产卵季节才洄游到盐度较低的虎门水道的莲花山、东江口、磨刀门水道的神湾一带，或更深入的内河进行产卵，形成花鰶汛期。花鰶个体绝对怀卵量波动于 11 690～87 247 粒，平均为 37 368 粒，相对怀卵量波动于 171～1 167 粒/g，平均为 474 粒/g（陆奎贤，1990）。2013 年 12 月至 2016 年 3 月，在珠江口水域 11 个调查位点流刺网捕捞作业中总共采集花鰶样本 929 尾，体长分布范围为 40～240 mm。

### 一、年龄与生长

#### （一）体长-体重关系

根据泰勒公式 $W=a\times L^b$，利用线性转换体长-体重分析模型拟合发现，调查水域花鰶条件生长因子 $a=0.005\ 4$，生长指数 $b=3.495\ 6$（$R^2=0.983$）。因此，珠江口水域花鰶体长-体重方程为 $W=0.005\ 4\ L^{3.495\ 6}$，体长-体重关系如图 5－1 所示。$b$ 值大于 3，说明珠江口水域花鰶为正异速生长。据 20 世纪 80 年代珠江水系渔业资源调查，于珠江下游至珠江口伶仃水域采集 291 尾花鰶样本，利用体长-体重数据进行拟合，得到其体长-体重方程为：$W=1.373\ 5\times 10^{-5}L^{3.012}$（$R^2=0.991\ 2$）。$b\approx 3$，说明 20 世纪 80 年代珠江水系花鰶基本为匀速生长。两次调查结果相比，珠江口水域花鰶的生长特征发生了较大的变化。

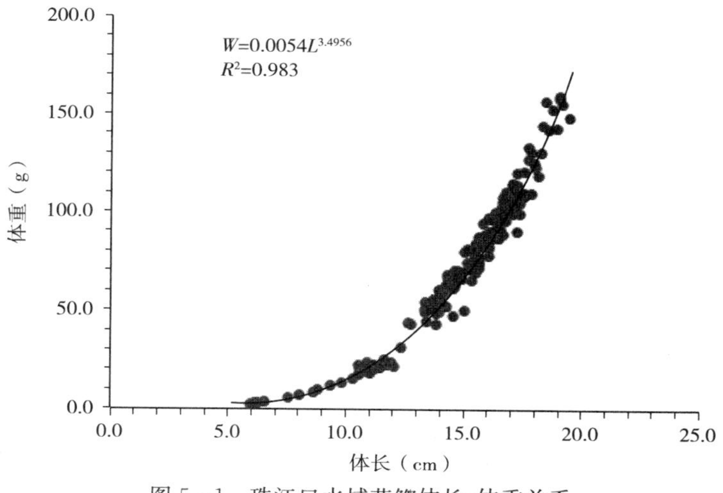


图 5－1　珠江口水域花鰶体长-体重关系

## （二）体长组成

珠江口水域 2013—2016 年花鰶渔获样本体长分布结果如图 5－2 所示：调查水域花鰶体长大小主要分布在 40～240 mm，各体长组百分比组成基本成正态分布。根据上述体长-体重方程，其对应的体重分布范围为 0.69～360.63 g，该结果与实测结果基本一致。以 10 mm 为体长梯度，其中 90～200 mm 体长组个体，在渔获中所占数量百分比均大于 5%，累积百分比达 84.45%，为花鰶渔获样本中的优势群体，其对应的体重分别为 11.7 g 和 190.67 g，其他体长组个体所占数量百分比仅为 15.55%。

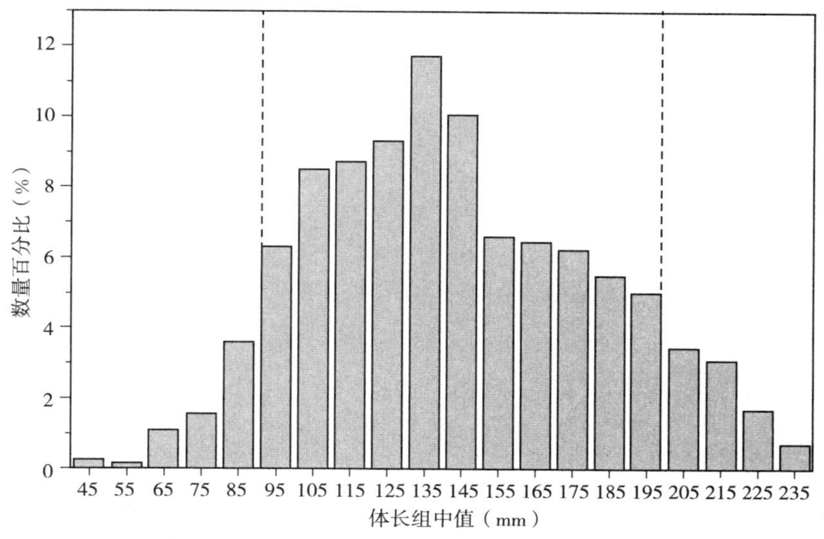


图 5－2　珠江口水域花鰶各体长组百分比组成

### （三）生长方程

调查水域花鲦的生长通过 Von Bertalanffy 生长方程（VBGF）描述（图 5 - 3），主要生长参数运用 FiSAT Ⅱ 软件中的 ELEFAN 板块进行拟合。研究发现，拟合优度最大且最合理时（$R_n$＝0.229）所对应的生长参数，$L_\infty$＝26.4 cm，$k$＝0.82。进而计算得到花鲦总生长特征指数 $\phi$ 为 2.76，理论体长为零的年龄 $t_0$＝－0.3372。因此，调查水域花鲦体长生长方程为：$L_t=26.4\ [1-e^{-0.82(t+0.3372)}]$。由于调查水域花鲦非匀速生长（$b\neq3$），其体重与年龄关系可通过过渡时期生长方程进行表达（詹秉义，1995；Anees et al，2010），则珠江口水域花鲦体重生长方程为：$W_t=503.21\ [1-e^{-0.82(t+0.3372)}]^{3.4956}$。根据珠江口水域花鲦体长、体重 Von Bertalanffy 生长方程分析结果，则 0 龄组花鲦对应的平均体长和体重分别为 6.38 cm 和 3.51 g；1 龄组对应的平均体长、体重分别为 17.58 cm 和 121.51 g；2 龄组对应的平均体长、体重分别为 22.52 cm 和 288.51 g。卢振彬等（2008）根据 1990—1991 年渔获数据对福建沿海花鲦等多种鲱、鳀科鱼类的生长与种群结构进行了测定分析。其研究结果显示，1990—1991 年期间福建沿海水域花鲦的极限体长 $L_\infty$ 为 17.12 cm、极限体重 $W_\infty$ 为 74.33 g、生长曲率 $k$ 为 0.3518。综上可知，较福建沿海花鲦种群生长特征，目前珠江口水域花鲦个体相对较大，生长相对较快。

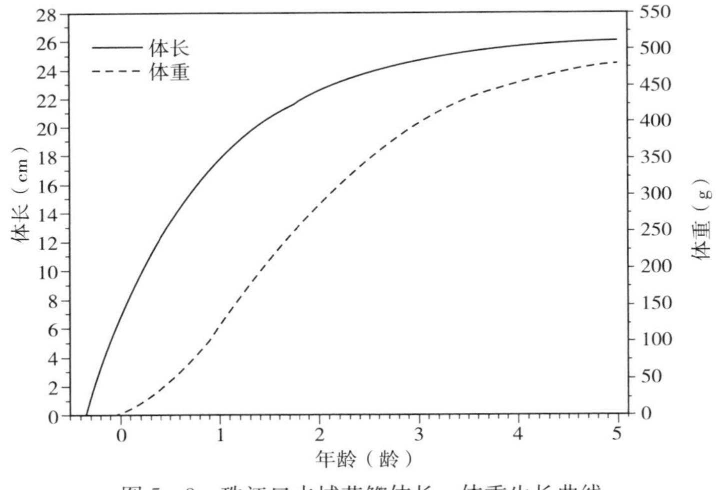


图 5 - 3　珠江口水域花鲦体长、体重生长曲线

### （四）年龄结构

根据花鲦生长方程与体长组成分析发现（表 5 - 1），目前珠江口水域渔获中花鲦主要以 0～2 龄个体为主。2013—2016 年所采集的 836 尾花鲦样本中 0～1 龄组个体所占数量百分比为 77.03%，所对应的体长分布范围为 6.38～17.58 mm；1～2 龄个体所占数量百分比为 21.65%，所对应的体长分布范围为 17.58～22.52 mm；2～3 龄个体所占数量百分

比仅为1.32%，所对应的体长分布范围为22.52～24.69 mm。20世纪80年代调查结果显示，珠江口花鲦渔获中1龄鱼占总渔获的97.5%。两次调查结果相比，珠江口水域花鲦渔获中，2龄以下个体均为该水域花鲦优势群体。此外，根据20世纪80年代花鲦繁殖生物学研究结果：花鲦产卵群体的体长组成为9.6～22 cm，雌鱼集中在15～17 cm体长区间，雄鱼集中在13～14 cm体长区间，性成熟的最小年龄为1龄。而本次调查花鲦渔获样本中，1龄以下个体所占数量百分比高达77.03%，在不考虑性成熟年龄变化的情况下，说明珠江口水域花鲦渔获中很大部分个体为非繁殖群体。因此，为促进珠江口水域花鲦资源的可持续发展，应适当地控制该水域花鲦的捕捞规格，增大网目尺寸。

表5-1　珠江口水域花□年龄组成

| 年龄组 | 体长范围（cm） | 体重范围（g） | 数量百分比（%） |
|---|---|---|---|
| 0～1 | 6.38～17.58 | 3.51～121.51 | 77.03 |
| 1～2 | 17.58～22.52 | 121.51～288.51 | 21.65 |
| 2～3 | 22.52～24.69 | 255.56～398.15 | 1.32 |

## （五）生长特征

通过对花鲦生长方程求一阶、二阶导数可分别获得其生长速度与加速度曲线（图5-4和图5-5）。研究发现，只有当$t \to \infty$时，$d^2L_t/dt^2$才趋近于0，这种情况下Von Bertalanffy体长生长曲线没有拐点（詹秉义，1995）。花鲦的体长生长速度与加速度均为渐近线，生长速度随年龄的增大而减小，初始生长速度为极限年龄生长速度的30倍左右，且生长加速度均为负值，说明花鲦的体长生长没有拐点。该结果与东海区刺鲳体长生长特征相似（胡芬 等，2006）。通过体重生长速度与加速度曲线分析结果表明，当生长速度最大或生长加速度为0时，对应的位点即为体重生长的拐点。因此，珠江口水域花鲦的体重生长拐点年龄为1.19龄，此时的拐点体重为155.12 g，对应的体长为18.85 cm。

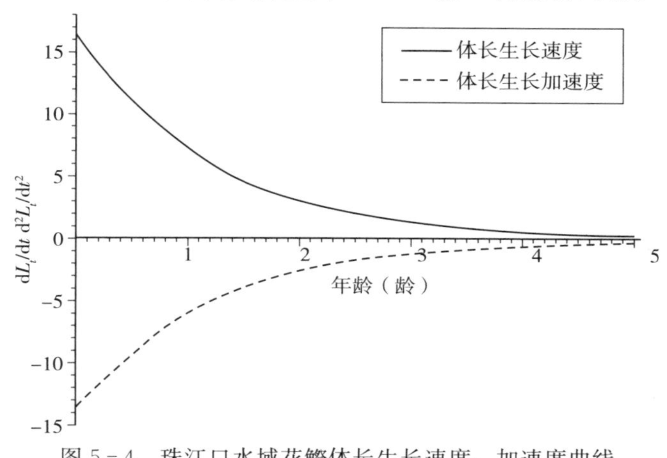


图5-4　珠江口水域花鲦体长生长速度、加速度曲线

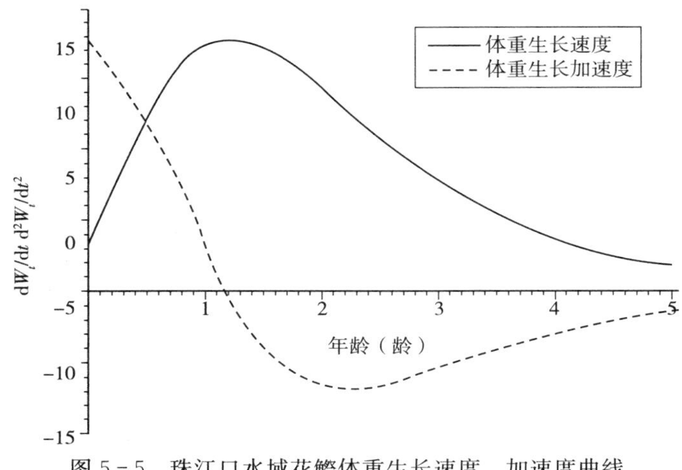


图 5－5　珠江口水域花鰶体重生长速度、加速度曲线

## （六）死亡系数

经测定珠江口水域年平均水温约为 22.29 ℃，利用 Pauly（1980）经验公式分析发现，调查水域花鰶自然死亡系数 $M=1.46$。根据体长转化渔获曲线法分析结果，如图 5－6 共选择了 11 个位点用于线性回归（黑色位点），拟合的直线方程为：$\ln(N/\Delta t)=10.06-2.17t$。调查水域花鰶总死亡系数 $Z=2.17$。由公式 $F=Z-M$，计算可知，调查水域花鰶捕捞死亡系数 $F=0.71$，开发率 $E=F/Z=0.33$。若以 Gulland（1983）提出的一般鱼类最适开发率为 0.5 判断，则研究水域花鰶资源处于合理开发状态，且可适当增大捕捞的强度。

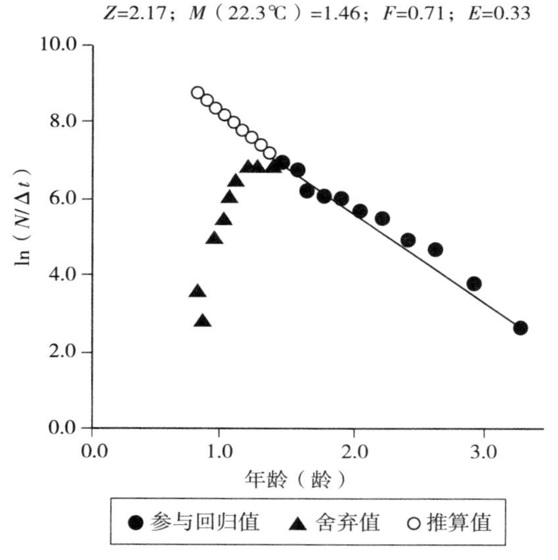


图 5－6　根据体长变换渔获曲线估算珠江口水域花鰶死亡系数

基于渔获曲线拟合的线性关系（图 5－6）向后推算线性回归中未被使用的各点的 ln（$N/\Delta t$）值，计算出各点的观测值与期望值之比的累积率，结果如图 5－7 所示：在当前捕捞状态下，各体长组花鰶被捕获的概率随体长的增大而增大。将累积率达到 50%的位点所对应的体长，作为平均选择体长的估计量 $L_c$，即为开捕体长（50%选择体长），用 Logistic 曲线拟合可得 $L_c$＝11.1 cm。综上分析发现，珠江口水域花鰶资源当前的开捕体长小于其性成熟年龄（1 龄）及生长拐点年龄（1.41 龄）所对应的体长，从渔业资源的保护与发展以及渔业资源的合理开发利用角度考虑，建议增大开捕体长同时适当增大捕捞强度，以实现花鰶资源的可持续发展及高效利用。

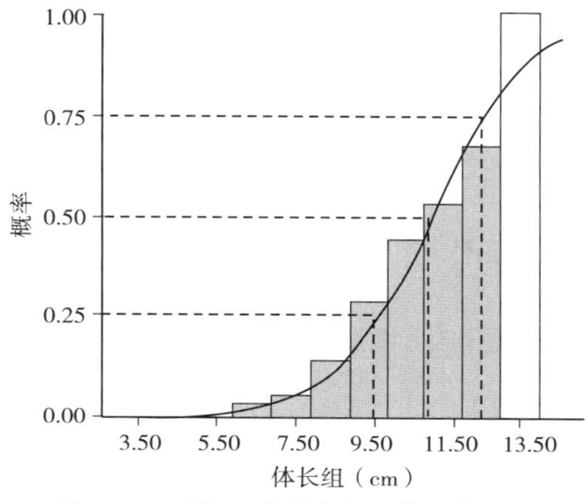

图 5－7　珠江口水域花鰶渔获概率曲线

## 二、渔业管理

### （一）相对单位补充量渔获量（$Y'/R$）

利用 FiSAT Ⅱ软件中的 Beverton & Holt $Y'/R$ 刀刃型模块分析发现，当 $M/K$＝1.78 时，珠江口水域花鰶相对单位补充量渔获量（$Y'/R$）随开发率 $E$ 和 $L_c/L_\infty$ 的变化趋势如图 5－8 所示。图 5－8 中 $P$ 点为研究水域花鰶当前开发状态（$Y'/R$＝0.028），$M$ 点为理想状态下的最佳开发状态（$Y'/R$＝0.042）。在当前渔业捕捞条件下（$E$＝0.33，$L_c/L_\infty$＝0.42），花鰶资源的开发利用若要达到最佳状态（$E$＝0.9，$L_c/L_\infty$＝0.6），其开发率和 $L_c/L_\infty$ 应分别增加 172.73%和 42.86%。研究发现，若当前捕捞强度保持不变，无论增大或减小开捕体长其相对单位补充量渔获量（$Y'/R$）均下降。因此，为提高珠江口水域花鰶相对单位补充量渔获量（$Y'/R$），首先应适当增大捕捞强度。在开发率（$E$）水平不超过 Gulland（1983）提出的最大开发水平 $E_{max}$＝0.5 的前提下，为获得更高的相对单位补充量渔获量（$Y'/R$），可将珠江口水域花鰶资源的开发率水平提高至 0.5，同时将开捕体长增加至 13.2 cm，此时其相对单位补充量渔获量（$Y'/R$）可达 0.035，较当前相对单位补充量渔获量（$Y'/R$）可增加 25%。

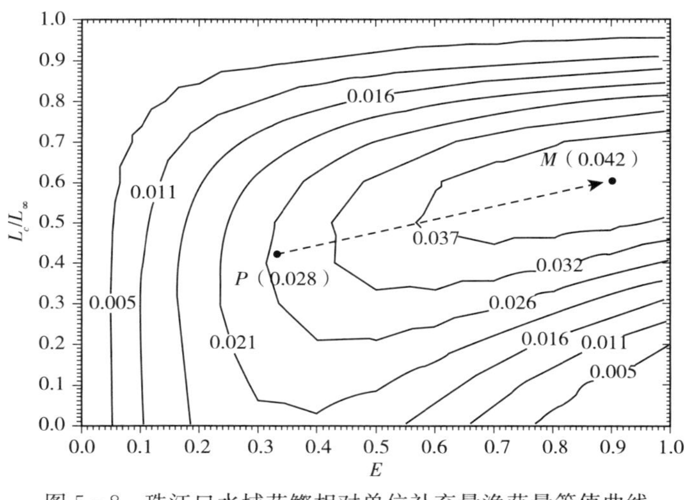


图 5-8　珠江口水域花鲦相对单位补充量渔获量等值曲线

## （二）最适开捕规格与最适捕捞强度

有关研究指出（Mehanna，2007），在开捕体长 $L_c$ 既定的情况下，开发率位于相对单位补充量渔获量（$Y'/R$）与开发率（$E$）关系曲线中 $E_{max}$ 左侧区域时，可认为是渔业资源能得以持续发展的安全开发状态。本研究中花鲦开发率 $E$=0.33，明显位于 $E_{max}$=0.648 左侧，说明，当前珠江口水域花鲦资源的捕捞强度控制在安全开发利用的范围之内，且可适当增大其开发利用的程度，以实现花鲦资源的高效利用。研究发现，珠江口水域花鲦资源相对单位补充量渔获量（$Y'/R$）随开发率（$E$）的变化情况如图 5-9 所示。结果表明：若开捕体长 $L_c$=11.1 cm 保持恒定，增大对珠江口水域花鲦资源的开发率，其相对单位补充量渔获量（$Y'/R$）呈先增加

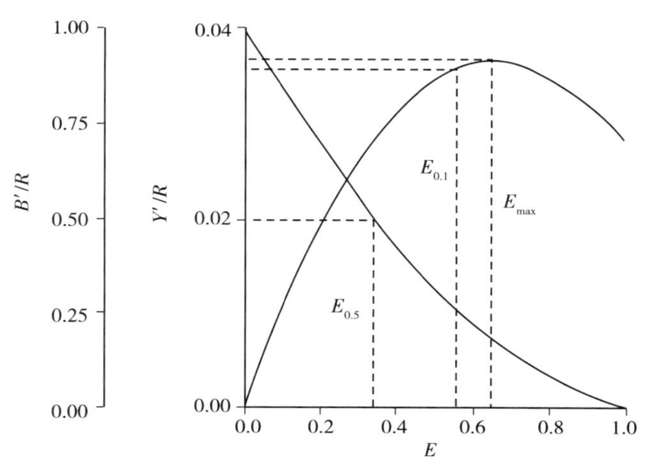


图 5-9　$L_c$=11.1cm 时，花鲦相对单位补充量渔获量（$Y'/R$）、资源量（$B'/R$）与开发率（$E$）的二维分析

后减少的变化趋势，在 $E_{max}$ = 0.648 时，相对单位补充量渔获量（$Y'/R$）有最大值 0.036，较当前 $Y'/R$ 增大了 28.57%；若继续增大捕捞强度，其相对单位补充量渔获量（$Y'/R$）反而减小。因此，在开捕体长不变的情况下，可适当增加该水域花鲦捕捞的强度。

捕捞规格和捕捞强度是影响渔业资源发展的两个重要人为可控因子。本研究中，根据 B—H 模型分析发现，珠江口水域花鲦资源的开发利用表现出开捕体长/年龄偏小，而开发率/捕捞强度偏低的特点。因此，为促进珠江口水域花鲦资源的可持续发展，同时实现其资源的合理开发利用，可在适当增大捕捞强度的情况下，同时增大开捕体长来增加渔业效益。此外，有资料记载（陆奎贤，1990）花鲦、斑鲦等鲱形目鱼类存在繁殖洄游习性。本次调查取样中发现，于清明前后，在珠江口水域崖门、神湾等位点存在花鲦渔汛，应择时对该繁殖群体资源加以保护。

# 第二节　棘头梅童鱼

棘头梅童鱼（*Collichthys lucidus*）隶属于鲈形目、石首鱼科、梅童鱼属，是一种暖温性近海底栖小型鱼类，广泛分布于我国沿海。地方名：黄皮。该物种个体虽小，但肉味鲜嫩，生长迅速，是珠江口定置作业和底拖网渔业的主要捕捞对象，在珠江口水域渔业中占有重要的地位（何宝全和李辉权，1988；陆奎贤，1990）。浮游生物在该鱼类的饵料生物中占据主要的部分。是一种温和的中上层鱼类，胃呈 Y 形，颌齿多细小或已退化，鳃耙比较发达，以一些桡足类和虾类为优势饵料。棘头梅童鱼的产卵期在 3—9 月，4—7 月为主要产卵时期。绝对怀卵量为 5 102～39 416 粒，平均为 12 126 粒。相对怀卵量为 138～561 粒/g，平均为 276 粒/g。绝对怀卵量随体长体重的增加相应增加，相对怀卵量则变化不大（陆奎贤，1990）。有关研究显示，棘头梅童鱼生命周期短，一般 2～3 年其生长便进入衰退阶段（庄平，2006），且其年龄较难鉴定，在鳞片和耳石上均未发现年轮（林蔼亮，1988），因此一般不采用传统的渔业资源研究方法评估其资源现状。Jones 提出的体长股分析（LCA）可根据鱼类的体长组成资料估算出与该资源群体相关的年龄、生长、死亡及开发率等重要参数（Jones 1974，1984），该方法极适用于生命周期短且不易鉴定年龄的物种（詹秉义，1995）。2013 年 12 月至 2016 年 3 月，在珠江口虎门、珠海等水域 11 个调查位点总共采集棘头梅童鱼样本 620 尾，体长分布范围为 27～153 mm。

## 一、年龄与生长

### （一）体长-体重关系

根据棘头梅童鱼体长、体重数据拟合结果显示（图 5 - 10），珠江口水域棘头梅童鱼条

件生长因子 $a=0.0201$，生长指数 $b=3.0256$，体长-体重方程为 $W=0.0201\ L^{3.0256}$（$R^2=0.9907$）。有关研究表明，当 $b\approx3$ 时，说明鱼类的生长过程中在长、宽、高 3 个维度上的生长速度相当，体型随个体的生长按等比例增大（詹秉义，1995；黄真理和常剑波，1999）。珠江口的研究中 $b=3.0256$，可认为该水域棘头梅童鱼呈匀速生长状态。此外，同一物种不同种群其生长指数可能存在差异，如珠江口水域中棘头梅童鱼生长指数 $b=3.0256$，大于长江口棘头梅童鱼生长指数 2.982 5（胡艳 等，2015），但小于闽江口该物种生长指数 3.102 3（黄良敏 等，2010），这种差异很可能来源于各水域营养水平的不同（詹秉义，1995）。

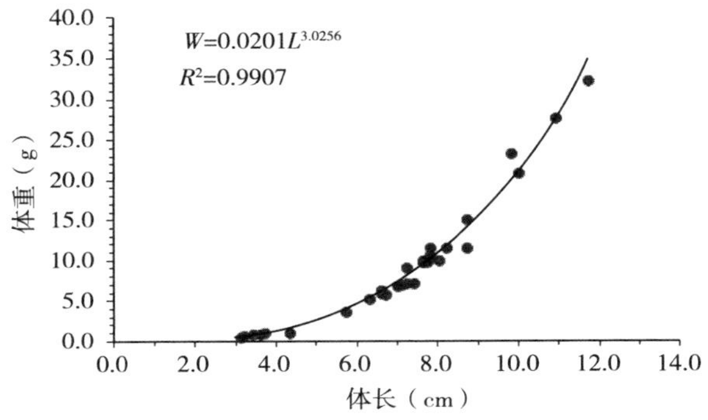


图 5-10　珠江口水域棘头梅童鱼体长-体重关系

## （二）体长组成

珠江口水域 2013—2016 年，620 尾棘头梅童鱼渔获样本体长分布如图 5-11 所示：其体长分布范围为 27～153 mm，平均体长为 73.6 mm。因此，根据棘头梅童鱼体长-体重方程，则该水域棘头梅童鱼体重分布范围为 0.4～77.2 g，平均体重为 8.43 g。以 10 mm 为体长梯度，其中 40～110 mm 体长组个体为棘头梅童鱼渔获样本中的优势群体，对应的体重范围为 1.33～28.45 g，在渔获中所占数量累积百分高达 89.35%，其他体长组个体

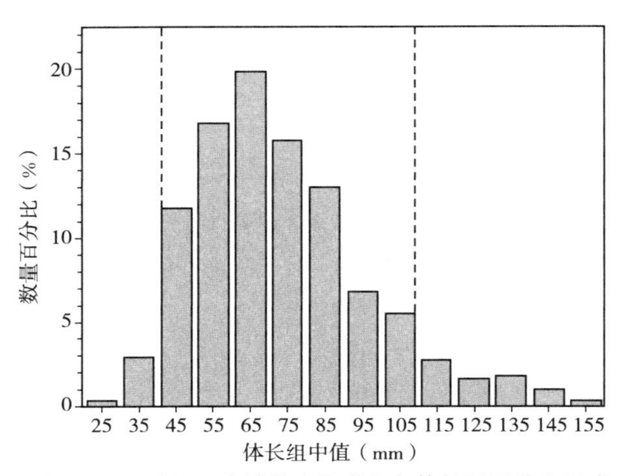


图 5-11　珠江口水域棘头梅童鱼各体长组百分比组成

所占比重仅 10.65%。

## （三）生长方程

根据 2013—2016 年调查水域棘头梅童鱼渔获体长分布，运用 FiSAT 软件中的 ELEFAN Ⅰ板块分析得出拟合优度最大且最合理时（$R_n$=0.261）所对应的生长参数：$L_\infty$=17.28 cm，$k$=0.96。因此，调查水域棘头梅童鱼体长和体重生长方程分别为：$L_t=17.28\left[1-e^{-0.96(t+0.3217)}\right]$ 和 $W_t=111.56\left[1-e^{-0.96(t+0.3217)}\right]^{3.0256}$。调查水域棘头梅童鱼总生长特征指数 $\phi$ 为 2.46，理论体长为 0 时的年龄 $t_0=-0.3217$。该研究结果符合热带亚热带水域小型鱼类具有生命周期短、生长迅速的生物学特征（何宝全和李辉权，1988）。

体长和体重 Von Bertalanffy 生长曲线如图 5-12 所示，0 龄组个体对应的平均体长为 4.59 cm，平均体重为 2.02 g；1 龄组个体对应的平均体长为 12.42 cm，平均体重为 41.09 g；2 龄组个体对应的平均体长为 15.42 cm，平均体重为 79.04 g。由此可知，0～1 龄个体体长生长相对较快，而 1～2 龄个体体重增长更为明显，说明该水域棘头梅童鱼的生长在不同的年龄（生活史）阶段表现出了差异化的体长体重生长特征。该结果与长江口水域棘头梅童鱼从幼鱼至成鱼阶段，其生长呈正异速生长-等速生长-负异速生长的梯度变化特征相符（胡艳 等，2015；黄真理和常剑波，2009）。

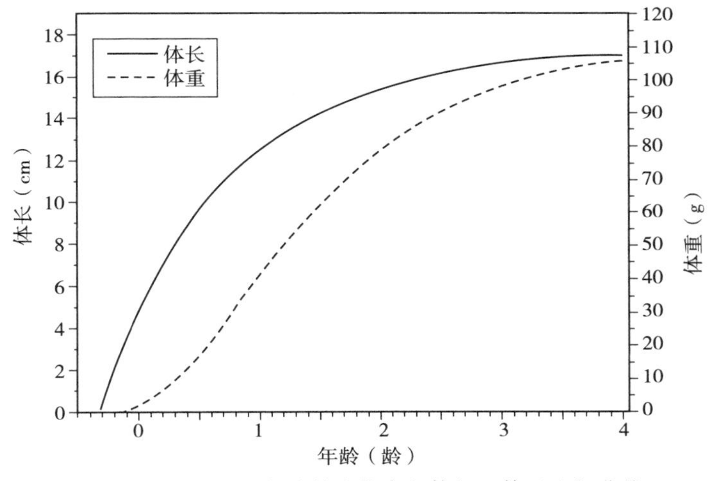


图 5-12 珠江口水域棘头梅童鱼体长、体重生长曲线

棘头梅童鱼作为我国沿海地区主要的经济鱼类之一，目前，国内对该物种资源现状的评估已有不少报道。何宝全和李辉权（1988）应用 ELEFAN Ⅰ技术分析了 1986 年珠江口水域棘头梅童鱼各月的体长资料，并初步评估了其资源的利用现状。黄良敏等（2010）利用底拖网渔获数据分析了闽江口及其附近水域棘头梅童鱼的生物学特征与开发利用状况。胡艳等（2015）基于体长频率分布的方法研究了长江口近岸棘头梅童鱼的生长与死亡参数，并进一步探讨了其资源的开发利用现状。上述研究结果均表明：棘头梅

童鱼生长较为迅速，其生长曲率 $K$ 为 0.6～1.8，该结果主要受调查水域营养状况、水温等条件的影响（詹秉义，1995）。此外，由于棘头梅童鱼从幼鱼到成鱼的不同生活史阶段其生长呈现出明显不同的特征（胡艳 等，2015），幼鱼阶段其生长呈强的正异速生长，因此，各研究水域棘头梅童鱼渔获群体体长分布的差异也将对其生长曲率 $K$ 值的估算造成较大的影响，若幼鱼所占比重较高则 $K$ 值较大。珠江口水域的研究中，棘头梅童鱼生长曲率 $K$ 为 0.96，较 20 世纪 80 年代研究结果（$K=1.8$），其生长速率明显减小。

### （四）年龄结构

调查水域棘头梅童鱼年龄组成与体长分布如表 5－2 所示：2013—2016 年所采集的 620 尾棘头梅童鱼样本中 0～1 龄组个体所占数量百分比为 95.81%，其对应的体长分布范围为 4.59～12.42 cm；1～2 龄组个体所占比重为 4.19%，其对应的体长分布范围为 12.42～15.42 cm。目前珠江口水域渔获中棘头梅童鱼主要以 0～1 龄个体为主。

表 5－2　珠江口水域棘头梅童鱼年龄组成

| 年龄组 | 体长范围（cm） | 体重范围（g） | 数量百分比（%） |
|---|---|---|---|
| 0～1 | 4.59～12.42 | 2.02～41.09 | 95.81 |
| 1～2 | 12.42～15.42 | 41.09～79.04 | 4.19 |

### （五）生长特征

调查水域棘头梅童鱼生长速度与加速度曲线如图 5－13 和图 5－14 所示。研究发现，棘头梅童鱼的体长生长速度与加速度均为渐近线，生长速度随年龄的增大而减小，生长加速度均为负值，说明其体长生长没有拐点（詹秉义，1995）。此外，根据棘头梅童鱼体重生长速度与加速度曲线分析发现，当生长速度最大或生长加速度为 0 时对应的年龄为其

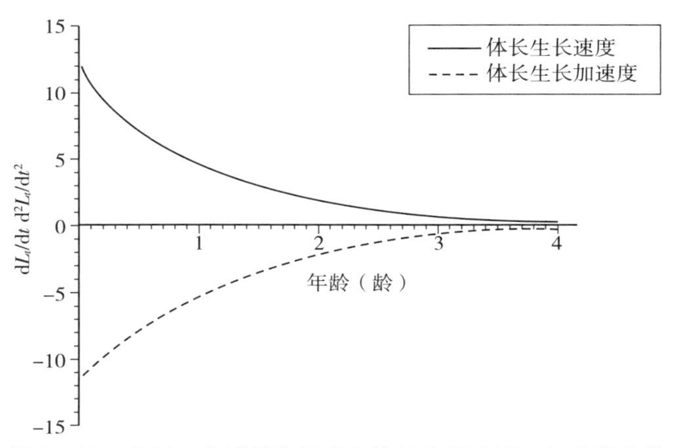


图 5－13　珠江口水域棘头梅童鱼体长生长速度、加速度曲线

体重生长的拐点年龄（0.831 5），此时所对应的拐点体重为 33.13 g，体长为 11.57 cm。

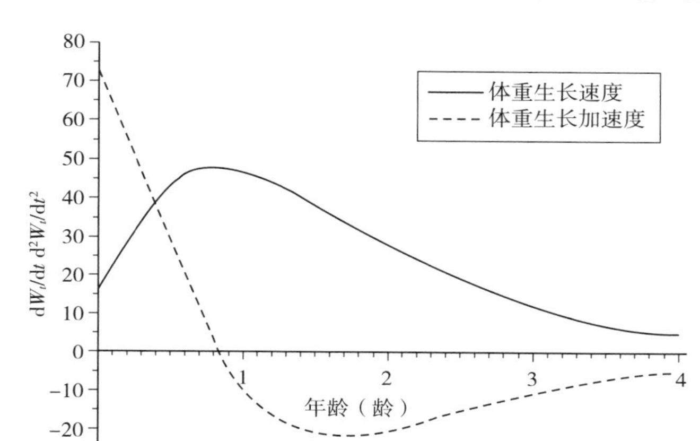


图 5-14　珠江口水域棘头梅童鱼体重生长速度、加速度曲线

## （六）死亡系数

根据 Pauly（1980）经验公式，调查水域年均水温为 22.29 ℃时，棘头梅童鱼自然死亡系数 $M=1.83$。通过体长转化渔获曲线法，利用图中黑色位点拟合的直线方程为：$\ln(N/\Delta t)=9.66-4.02t$。因此，其对应的总死亡系数为 4.02，捕捞死亡系数为 2.2，开发率为 0.55（图 5-15）。若以 Gulland（1983）提出的一般鱼类最适开发率为 0.5 判断，则研究水域棘头梅童鱼资源处于过度开发状态。虽然棘头梅童鱼生长迅速、生命周期短、且繁殖能力强、群体补充快，理论上能承受更高的捕捞压力，然而过度的开发利用将对繁殖亲本资源量造成一定的影响，从而不利于渔业资源的恢复与发展，因此，针对当前珠江口水域棘

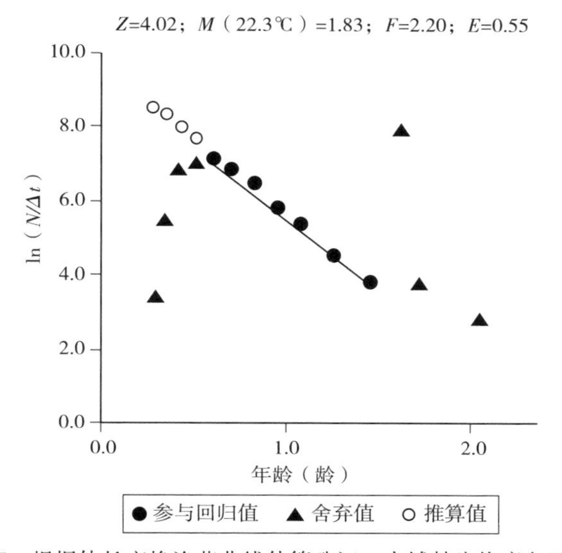


图 5-15　根据体长变换渔获曲线估算珠江口水域棘头梅童鱼死亡系数

头梅童鱼过度开发利用的现状，应采取科学有效的管理办法，以防其资源的逐渐衰退。

利用体长转化渔获曲线中未被用作线性回归的各点，计算出各位点的观测值与期望值之比的累积率，其结果如图 5-16 所示：在当前捕捞状态下各体长组棘头梅童鱼被捕获的概率随体长的增大而增大。将累积率达 50%的点所对应的体长作为开捕体长（$L_c$），用 Logistic 曲线拟合可得 $L_c$=5.19 cm。由于调查水域棘头梅童鱼开捕体长远小于其生长拐点所对应的体长，且据上述研究结果，在 0～1 龄阶段其体长生长尤为明显。因此，从渔业资源的合理利用与可持续发展的角度考虑，增大开捕体长将对该水域棘头梅童鱼资源的调控产生较为明显的成效。

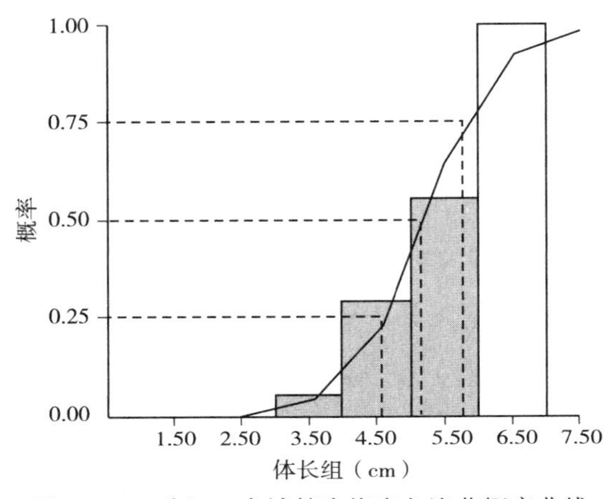


图 5-16　珠江口水域棘头梅童鱼渔获概率曲线

## 二、渔业管理

### （一）相对单位补充量渔获量（$Y'/R$）

基于 FiSAT Ⅱ软件中的 Beverton & Holt $Y'/R$ 刀刃型模块分析发现，当 $M/K$=1.91 时，珠江口水域棘头梅童鱼相对单位补充量渔获量（$Y'/R$）随开发率 $E$ 及 $L_c/L_\infty$ 的变化趋势如图 5-17 所示。图中 $P$ 点为珠江口水域棘头梅童鱼当前的开发状态（$Y'/R$=0.027），$M$ 点为理想状态下的最佳开发状态（$Y'/R$=0.038）。本研究中，在保持当前开发率 $E$（0.55）不变的情况下，棘头梅童鱼开捕体长 $L_c$ 由 5.19 cm 增大至 8.64 cm 时，相对单位补充量渔获量 $Y'/R$ 可增加 18.65%，此时 $Y'/R$ 有最大值 0.032，若继续增大开捕体长其相对单位补充量渔获量 $Y'/R$ 将呈下降趋势。因此，在当前捕捞强度下，将珠江口水域棘头梅童鱼开捕体长增大至 8.64 cm，更有利于其资源的发展与利用。此外，在当前渔业条件下（$E$=0.55，$L_c/L_\infty$=0.3），棘头梅童鱼资源的开发利用若要达到最佳状态（$E$=1，$L_c/L_\infty$=0.6），其开发率和 $L_c/L_\infty$ 应分别增加 81.82%和 100%。

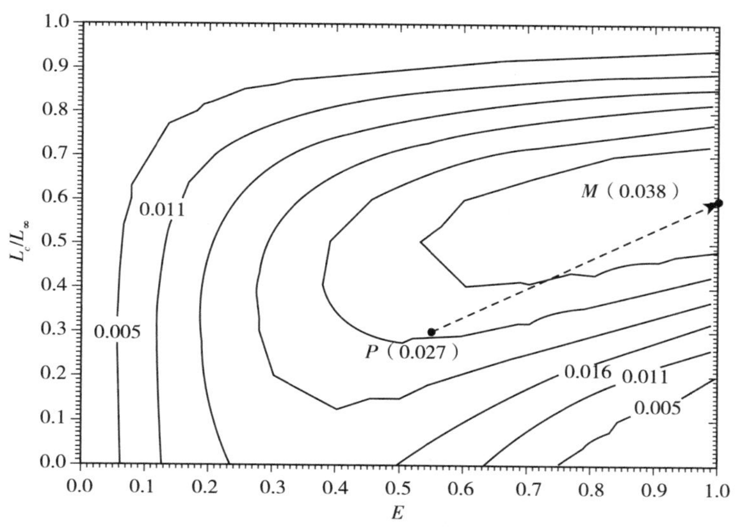


图 5-17　珠江口水域棘头梅童鱼相对单位补充量渔获量等值曲线

## （二）最适开捕规格与最适捕捞强度

在开捕体长 $L_c$ 一定的条件下，开发率位于相对单位补充量渔获量与开发率关系曲线中 $E_{max}$ 左侧区域时，可认为是渔业资源能得以持续发展的安全开发状态（Mehanna，2007）。如图 5-18 所示，若开捕体长 $L_c$ =5.19cm 保持恒定，棘头梅童鱼开发率 $E$（0.55）位于 $E_{max}$（0.528）右侧区域，说明目前珠江口水域棘头梅童鱼捕捞强度过大。$E$ 在 0～0.55 范围内，相对单位补充量渔获量 $Y'/R$ 呈先增加后减小的变化趋势；在 $E$=0.528 时，$Y'/R$ 有最大值 $27.498\times10^{-3}$；若继续增大开发率 $E$ 至 0.55，$Y'/R$ 仅减小 1.7%；当开发率 $E$ 大于 0.6 时，其单位补充量渔获量随捕捞强度的增加呈持续下降的变化趋势。因此，在开捕体长 $L_c$ 不变

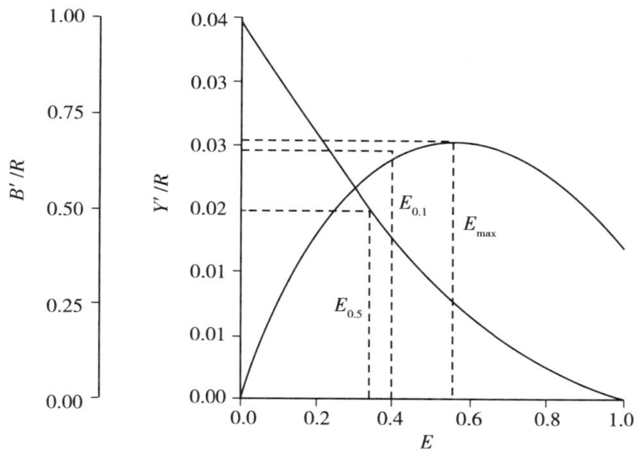


图 5-18　$L_c$=5.19 cm 时，棘头梅童鱼相对单位补充量渔获量（$Y'/R$）、资源量（$B'/R$）与开发率（$E$）的二维分析

的条件下，通过降低捕捞强度来提高相对单位补充量渔获量的效果十分微弱。

根据B－H模型分析发现，珠江口水域棘头梅童鱼资源的开发利用主要表现为开捕体长/年龄偏小。因此，为促进珠江口水域棘头梅童鱼资源的可持续利用，可在保持或适当减小捕捞强度的情况下，增大开捕体长来增加渔业效益。该结果与20世纪80年代珠江口棘头梅童鱼资源评估的结果基本一致（何宝全和李辉权，1988）。其研究结果表明：适当的增大开捕体长较降低捕捞强度对渔业资源产量和产值的增加收效更加明显。两次调查结果相比，其捕捞强度由0.636降低至0.55，且开捕体长由0.82 cm下降至0.519 cm。然而有研究显示（詹秉义，1995），生长迅速、生命周期短、繁殖力强的鱼类能承受更大的捕捞压力，而对开捕体长的选择更为敏感。因此，较20世纪80年代，当前珠江口水域棘头梅童鱼资源的可持续发展面临着更大的威胁，为促进该水域渔业资源的发展，应更加注重开捕体长的选择。

## 第三节　三 角 鲂

三角鲂（*Megalobrama terminalis*）为珠江水系和海南岛特有的重要经济鱼类之一，是一种以底栖动物为主食、兼食植物及碎屑的杂食性鱼类。地方名：海鳊、花鳊。有机碎屑、壳菜、河蚬是三角鲂主要食物，高等植物、蛭类、蚰类和多毛类为三角鲂次要食物，还有一些藻类、寡毛类、原生动物、枝角类、桡足类、水生昆虫、谷物等偶然性食物。且具有季节性半洄游集群产卵习性。三角鲂雌鱼3龄达到性成熟，雄鱼2龄即达性成熟。性腺Ⅳ～Ⅵ期集中在3—8月，这是三角鲂繁殖期。三角鲂绝对怀卵量为54 074～375 300粒，平均为131 024粒。绝对怀卵量在5龄以前，随着年龄增长而增长。三角鲂的相对怀卵量为103.0～362.6粒/g，平均为193.2粒/g，随年龄的增长而下降。产卵时要求水温在20 ℃以上，水位较低，水较清，透明度50 cm以上（陆奎贤，1990）。2013年12月至2016年3月，在珠江口水域11个调查位点流刺网捕捞作业中总共采集三角鲂样本数501尾，其体长分布范围为60～367 mm。

### 一、年龄与生长

#### （一）体长-体重关系

作者的研究中，珠江口水域三角鲂体长-体重方程为$W=0.005\ 4\ L^{3.495\ 6}$（$R^2=0.992\ 5$），其拟合结果如图5－19所示。调查水域三角鲂条件生长因子$a=0.007\ 7$，生长指数$b=3.334$（>3），说明其为正异速生长。该结果与20世纪80年代调查结果（$W=3.426\ 9\times$

$10^{-6}L^{3.335}$）基本一致，条件生长因子 $a$ 的差异可能与不同时期珠江口水域营养条件相关。

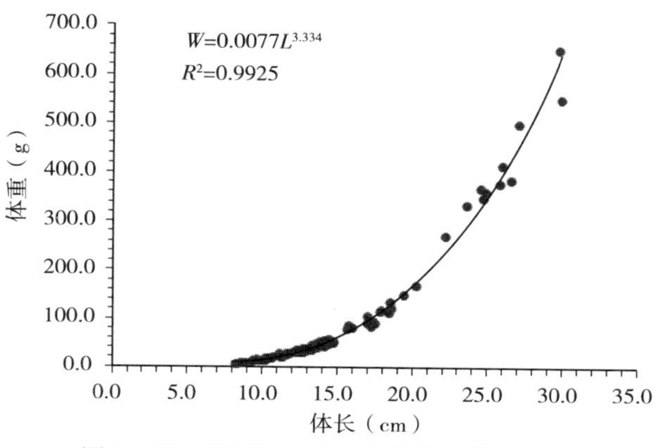


图 5－19　珠江口水域三角鲂体长体重关系

## （二）体长组成

珠江口水域三角鲂渔获样本体长组分析结果如图 5－20 所示：以 20 mm 为体长梯度，调查水域三角鲂体长主要分布在 60～367 mm，其中 100～220 mm 体长组个体为三角鲂渔获样本中的优势群体，在渔获中所占数量百分比均大于 5%，累积百分比达 84.03%。此外，根据上述体长-体重方程，则珠江口水域三角鲂为渔获样本中优势群体，体重分布主要集中在 16.61～230.21 g。

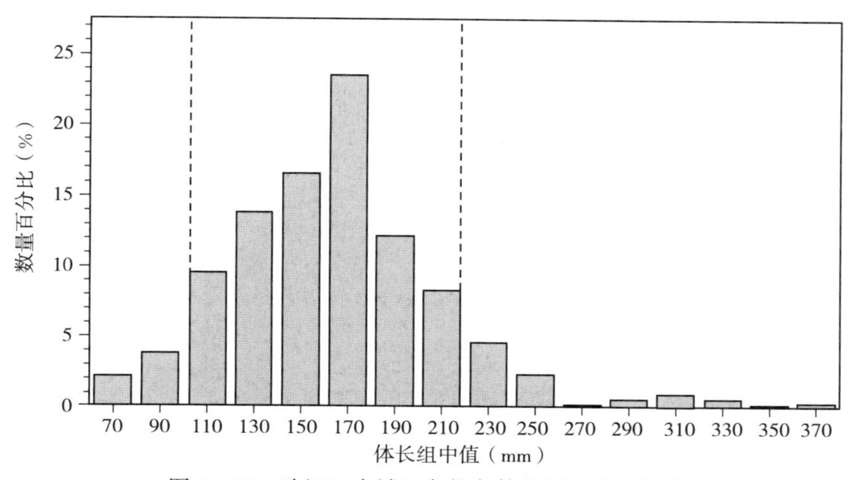


图 5－20　珠江口水域三角鲂各体长组百分比组成

## （三）生长方程

基于 2013—2016 年珠江口水域三角鲂渔获体长分布特征，同时参照 20 世纪 80 年代研究结果（陆奎贤，1990），运用 FiSAT 软件中的 ELEFAN Ⅰ板块分析得出拟合优度最大且最合理时（$R_n$=0.414）所对应的生长参数：$L_\infty$=46.85 cm，$k$=0.2。因此，调查水域三角鲂体长和体重生长方程分别为：$L_t=46.85\left[1-e^{-0.2(t+1.2457)}\right]$ 和 $W_t=2\,855.68\left[1-e^{-0.2(t+1.245\,7)}\right]^{3.334}$。其体长和体重 Von Bertalanffy 生长曲线如图 5-21 所示：体长随年龄的增长逐渐减缓，体重随年龄的增长呈不对称的 S 型曲线。利用 FiSAT Ⅱ中的 Growth Performance Indices 板块计算可知，三角鲂总生长特征指数 $\phi$ 为 2.64，该结果与 20 世纪 80 年代三角鲂生长特征指数（2.65）基本一致，说明利用体长频率拟合所得生长参数可信（Bellido et al，2000）。参照 Pauly（1990）经验公式计算得出，三角鲂理论体长为 0 时的年龄 $t_0$ 为−1.245 7。

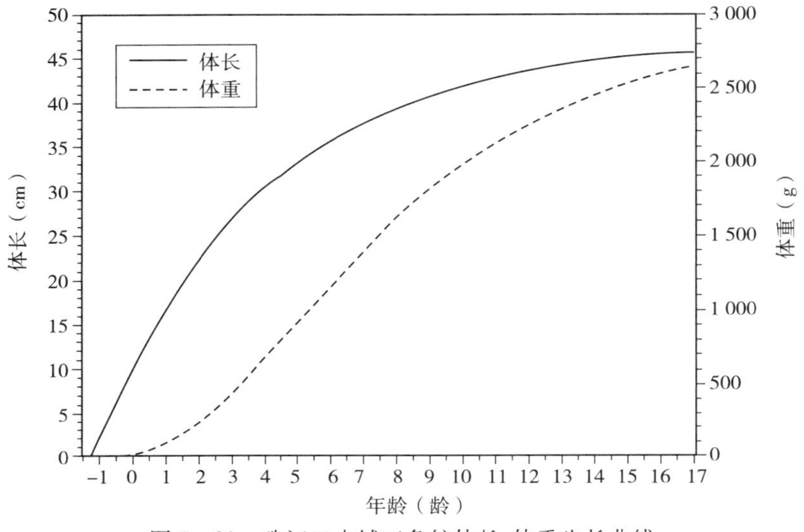


图 5-21 珠江口水域三角鲂体长-体重生长曲线

## （四）年龄结构

珠江口水域三角鲂体长分布与年龄组成如表 5-3 所示：2013—2016 年所采集的 501 尾三角鲂样本中，0～1 龄个体所占数量百分比为 49.7%，其对应的体长分布范围为 10.33～16.95 cm；1～2 龄个体所占比重为 41.92%，其对应的体长分布范围为 16.95～22.37 cm；2～3 龄个体所占比重仅 5.39%，对应的体长分布范围为 22.37～26.81 cm；3 龄以上个体所占比重仅为 2.99%，说明调查水域三角鲂资源的组成主要以 0～2 龄个体为主，累积渔获数量百分比高达 91.62%。

表 5-3 珠江口水域三角鲂年龄组成

| 年龄组 | 体长范围（cm） | 体重范围（g） | 数量百分比（%） |
|---|---|---|---|
| 0～1 | 10.33～16.95 | 18.52～96.53 | 49.7 |
| 1～2 | 16.95～22.37 | 96.53～243.42 | 41.92 |
| 2～3 | 22.37～26.81 | 243.42～444.98 | 5.39 |
| 3 龄及以上 | 26.81～30.44 | 444.98～679.76 | 2.99 |

## （五）生长特征

珠江口水域三角鲂体长和体重生长速度与加速度曲线如图 5－22 和图 5－23 所示。其中，体长生长的变化主要表现在以下两个方面：一方面，其体长生长速率随年龄的增大而减小，0～2 龄个体生长相对较快，平均生长速率为 7.48；3～7 龄个体生长相对平稳，其平均生长速率为 3.45；7 龄以上个体生长缓慢，平均生长速率仅 0.87。另一方面，其体长生长加速度均为负值，说明其体长生长没有拐点（詹秉义，1995）。此外，根据三角鲂体重生长速度与加速度曲线分析发现，当体重生长速度最大或生长加速度为 0 时，对应的年龄为其体重生长的拐点年龄（4.78），此时所对应的拐点体重为 872.8 g，体长为 32.81 cm。

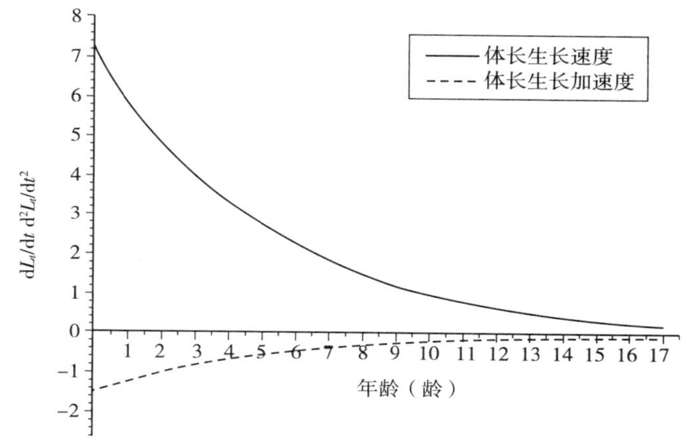


图 5－22　珠江口水域三角鲂体长生长速度、加速度曲线

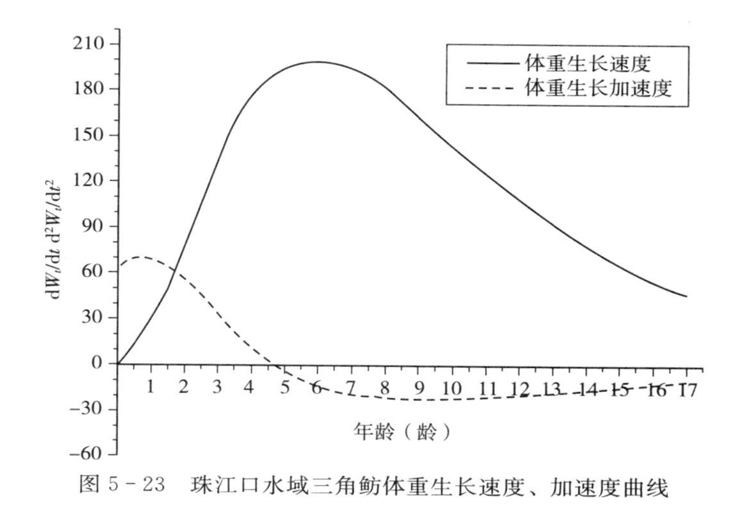


图 5－23　珠江口水域三角鲂体重生长速度、加速度曲线

## （六）死亡系数

根据 Pauly（1980）经验公式，珠江口水域年均水温为 22.29 ℃时，三角鲂自然死亡

系数 $M=0.5$。通过体长转化渔获曲线法，利用图中黑色位点拟合的直线方程为：$\ln(N/\Delta t)=8.19-1.23t$（图 5－24），说明该水域三角鲂总死亡系数为 1.23。由公式 $F=Z-M$ 及 $E=F/Z$ 计算可知，该水域三角鲂捕捞死亡系数 $F$ 为 0.74，开发率 $E$ 为 $0.6>E_{opt}$（0.5），说明该水域三角鲂资源目前处于过度开发状态。建议适当降低珠江口水域三角鲂的捕捞强度，以促进其资源的恢复和发展。

利用体长转化渔获曲线中未被用作线性回归的各点，计算出各位点的观测值与期望值之比的累积率，其结果如图 5－25 所示：将累积率达 50%的点所对应的体长作为开捕体长（$L_c$），用 Logistic 曲线拟合可得 $L_c=12.48$ cm。由于珠江口水域三角鲂开捕体长远小于其生长拐点所对应的体长，因此，从渔业资源的合理利用与可持续发展的角度考虑，建议增大珠江口水域三角鲂的开捕体长。

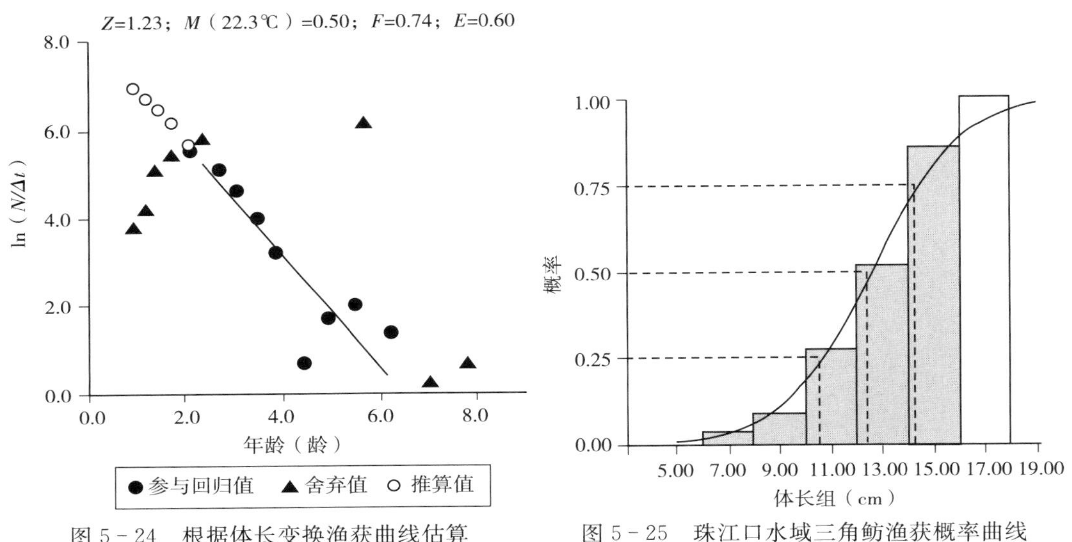


图 5－24　根据体长变换渔获曲线估算珠江口水域三角鲂死亡系数

图 5－25　珠江口水域三角鲂渔获概率曲线

## 二、渔业管理

### （一）相对单位补充量渔获量（$Y'/R$）

根据 Beverton & Holt 相对单位补充量渔获量（$Y'/R$）模型分析发现，当 $M/K=2.5$ 时，珠江口水域三角鲂 $Y'/R$ 随开发率 $E$ 和 $L_c/L_\infty$ 的变化趋势如图 5－26 所示。图中 $P$ 点为研究水域三角鲂当前开发状态（$Y'/R=0.016$），$M$ 点为理想状态下的最佳开发状态（$Y'/R=0.022$）。在当前渔业捕捞条件下（$E=0.6$，$L_c/L_\infty=0.266$），三角鲂资源的开发利用若要达到最佳状态（$E=0.9$，$L_c/L_\infty=0.5$），其开发率和开捕体长应分别增加 50%

和 87.97%。若保持当前开发率 $E$（0.6）不变，三角鲂开捕体长 $L_c$ 由 12.48 cm 增大至 23.42 cm 时，相对单位补充量渔获量 $Y'/R$ 可增加 25%，此时 $Y'/R$ 有最大值 0.02，继续增大开捕体长，$Y'/R$ 将呈下降趋势。因此，在当前捕捞强度下，将珠江口水域三角鲂开捕体长增大至 23.42 cm，更有利于其资源的发展与利用。

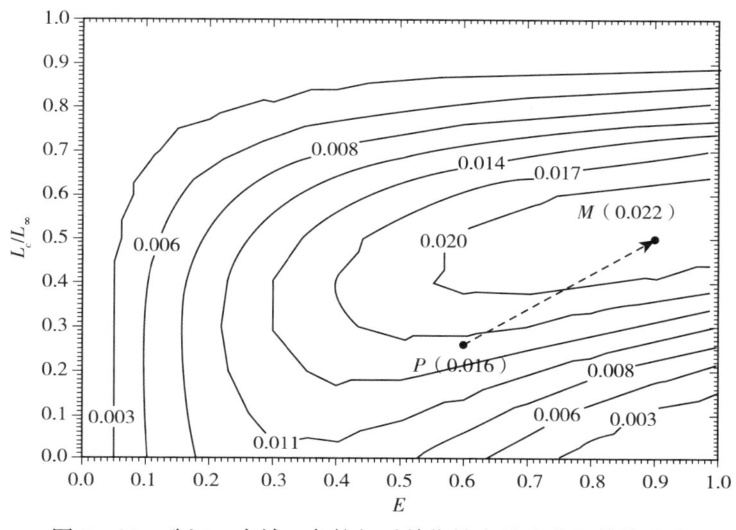


图 5 - 26　珠江口水域三角鲂相对单位补充量渔获量等值曲线

## （二）最适开捕规格与最适捕捞强度

当 $M/K$＝2.5，且当前开捕体长 $L_c$＝12.48cm 保持恒定的情况下，珠江口水域三角鲂相对单位补充量渔获量（$Y'/R$）随开发率（$E$）的变化情况如图 5 - 27 所示。研究发现，珠江口水域三角鲂当前开发率 $E$（0.6）位于 $E_{max}$（0.52）右侧，说明该水域三角鲂当前捕捞强度超出了其理论的最大开发水平（Mehanna，2007）。开发率（$E$）在 0～0.6 范围内，其相对单位补充量渔获量（$Y'/R$）呈先增加后减小的变化趋势；在 $E$＝0.52 时，$Y'/R$ 有最大值 0.0167；继续增大开发率（$E$）至 0.6，$Y'/R$ 仅减小 2.2%。

三角鲂作为我国珠江流域与海南主要的经济鱼类之一，目前国内对该物种资源现状的评估十分缺乏。仅在 20 世纪 80 年代末，王金潮和黄毅文（1990）对珠江三角鲂的年龄、生长及其最大持续产量进行了分析研究。本研究中，根据 B - H 模型分析发现，开捕体长过小是限制珠江口水域三角鲂资源发展的主要影响因子。为实现该水域三角鲂渔业资源的可持续发展，在捕捞强度不变或适当降低的情况下，建议将该水域三角鲂开捕体长增加至 23.42 cm。此外，有关研究显示（冯启新 等，1986），三角鲂具有集中产卵的繁殖习性，因此，为恢复和发展珠江口水域三角鲂渔业资源应加强对其繁殖群体的保护。

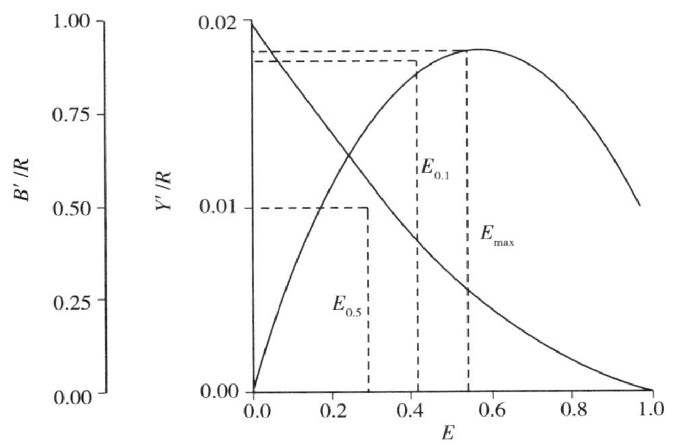


图 5-27　$L_c$=12.48cm 时，三角鲂相对单位补充量渔获量（$Y'/R$）、资源量（$B'/R$）与开发率（$E$）的二维分析

# 第四节　尼罗罗非鱼

尼罗罗非鱼（*Oreochromis niloticus*）隶属于鲈形目、丽鱼科、罗非鱼属。俗称：非洲鲫鱼。原产于非洲，属热带鱼类，栖息于水体中下层。尼罗罗非鱼幼鱼期几乎全部摄食浮游动物——轮虫卵、桡足类无节幼体和小型枝角类，随着个体的生长逐渐转为杂食性，其食物种类在天然水体中完全取决于水体中天然饵料的种类及数量，通常以浮游植物、浮游动物为主，也摄食底栖生物、水生昆虫及其幼虫，甚至小鱼、小虾，有时也吃水草等。该物种生长快、性成熟早，产卵周期短，口腔孵育幼鱼，繁殖条件要求较低，在静水池塘和水流相对较缓的河段均可自然繁殖，繁殖能力强，每年可繁殖 4～5 次，产卵后卵巢退化到Ⅱ期，然后再发育到Ⅲ期、Ⅳ期。对环境适应能力强，能生活于淡水和低盐度的海水中（周解 等，2006）。自 1978 年引进我国内陆进行推广养殖，目前该物种已广泛分布于珠江各水系并自然建群（谭细畅 等，2012）。2013 年 12 月至 2016 年 3 月期间，在珠江口水域 11 个调查位点流刺网捕捞作业中总共采集尼罗罗非鱼样本 836 尾，体长分布范围为 31～227 mm。

## 一、年龄与生长

### （一）体长-体重关系

珠江口水域尼罗罗非鱼体长体重关系如图 5-28 所示，其体长-体重方程为：$W=$

$0.0425L^{2.9537}$（$R^2=0.991$），条件生长因子 $a=0.0425$，生长指数 $b=2.9537$（接近3），说明其生长呈近匀速生长状态。

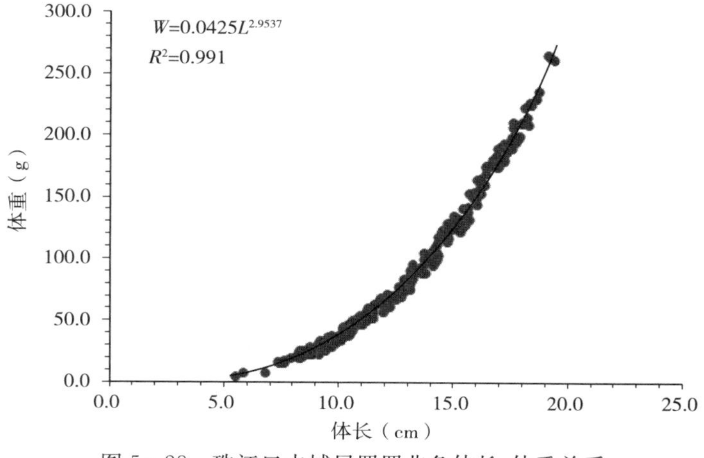


图5-28　珠江口水域尼罗罗非鱼体长-体重关系

## （二）体长组成

研究显示，2013—2016年，珠江口水域尼罗罗非鱼渔获样本体长分布如图5-29所示：其体长分布范围为31～227 mm，平均体长为122.2 mm。根据尼罗罗非鱼体长-体重方程，则该水域尼罗罗非鱼体重分布范围为1.2～433.59 g，平均体重为86.1 g。以10 mm为体长梯度，其中80～170 mm体长组个体为尼罗罗非鱼渔获样本中的优势群体，对应的体重范围为19.76～183.13 g，在渔获中所占数量累积百分高达79.33%。

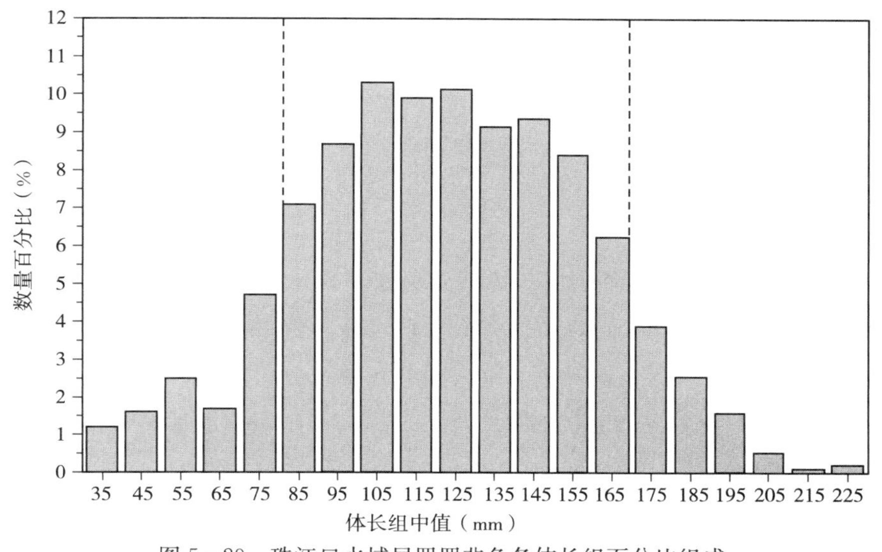


图5-29　珠江口水域尼罗罗非鱼各体长组百分比组成

## （三）生长方程

基于2013—2016年珠江口水域尼罗罗非鱼渔获体长分布特征，运用FiSAT Ⅱ软件中的ELEFAN Ⅰ模块分析得出拟合优度最大且最合理时（$R_n$=0.277）所对应的生长参数：$L_\infty$=25.63 cm，$k$=0.31，则调查水域尼罗罗非鱼体长和体重生长方程分别为：$L_t=25.63\left[1-e^{-0.31(t+0.9331)}\right]$ 和 $W_t=615.76\left[1-e^{-0.31(t+0.9331)}\right]^{2.9537}$。其体长和体重Von Bertalanffy生长曲线如图5-30所示：体长生长随着年龄的增长逐渐减缓，体重随年龄的增长呈S型曲线变化关系。利用FiSAT Ⅱ中的Growth Performance Indices模块计算可知，珠江口水域尼罗罗非鱼总生长特征指数$\phi$为2.31。参照Pauly（1990）和费鸿年（1983）经验公式计算得出，尼罗罗非鱼理论体长（体重）为0时的年龄$t_0$=−0.9331。

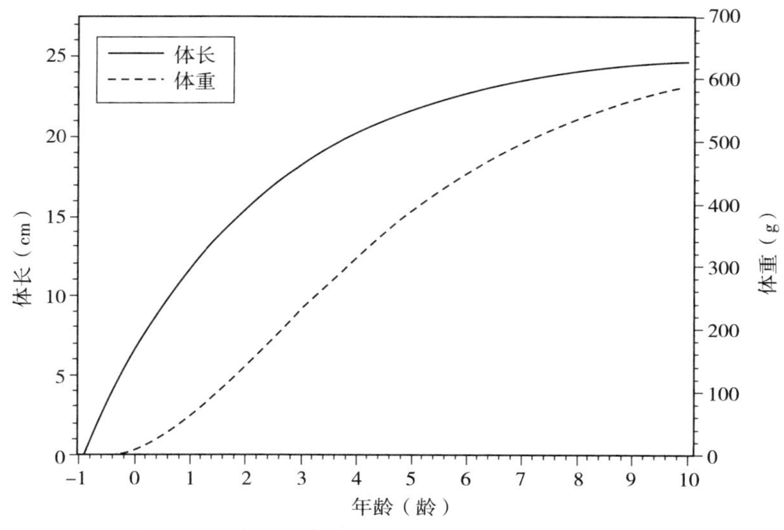

图5-30　珠江口水域尼罗罗非鱼体长-体重生长曲线

## （四）年龄结构

珠江口水域尼罗罗非鱼年龄组成与体长分布如表5-4所示：2013—2016年所采集的929尾尼罗罗非鱼样本中0～1龄组个体所占数量百分比为43.53%，所对应的体长分布范围为6.44～11.55 mm；1～2龄个体所占比重为35.56%，所对应的体长分布范围为11.55～15.3 mm；2～3龄个体所占比重仅为15.84%，所对应的体长分布范围为15.3～18.06 mm；3～4龄个体所占比重为4.2%，所对应的体长分布范围为18.06～20.08 mm；4龄以上个体所占比重仅为0.87%。目前珠江口水域渔获中尼罗罗非鱼主要以0～3龄个体为主，其累积数量百分比可达94.93%。

表 5-4　珠江口水域尼罗罗非鱼年龄组成与体长分布

| 年龄组 | 体长范围（cm） | 体重范围（g） | 累积百分比（%） |
|---|---|---|---|
| 0～1 | 6.44～11.55 | 11.02～61.97 | 43.53 |
| 1～2 | 11.55～15.3 | 61.97～142.2 | 35.56 |
| 2～3 | 15.3～18.06 | 142.2～231.75 | 15.84 |
| 3～4 | 18.06～20.08 | 231.75～316.91 | 4.2 |
| 4 龄及以上 | 20.08～22.76 | 316.91～460.1 | 0.87 |

## （五）生长特征

对尼罗罗非鱼体长生长方程分别进行一阶和二阶求导发现，其体长生长速度与加速度均为渐近曲线（图 5-31）。体长生长速度随年龄的增大而减小，生长加速度均为负值，说明其体长生长没有拐点（詹秉义，1995）。此外，根据尼罗罗非鱼体重生长速度与加速度曲线分析发现（图 5-32），生长速度最大或生长加速度为 0 时，为其体重生长的拐点年龄。因此，珠江口水域尼罗罗非鱼体重生长的拐点年龄为 2.56，所对应的拐点体重为 192.26 g，体长为 16.95 cm。

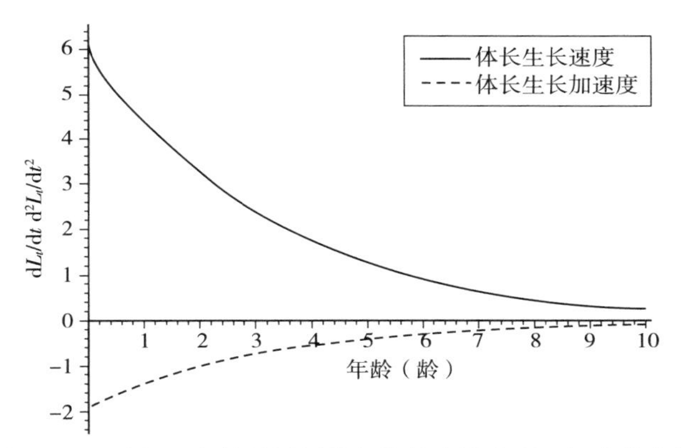


图 5-31　珠江口水域尼罗罗非鱼体长生长速度、加速度曲线

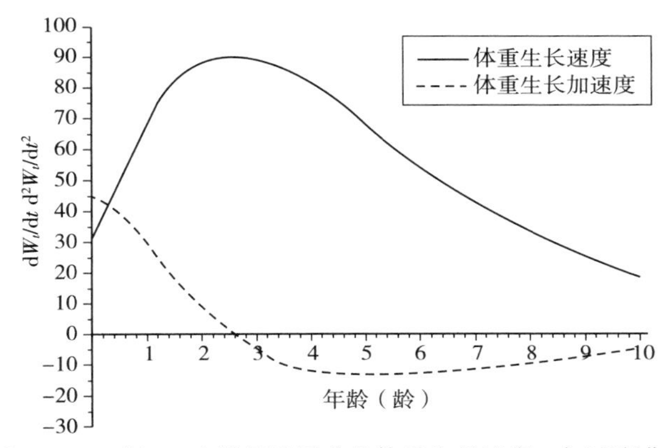


图 5-32　珠江口水域尼罗罗非鱼体重生长速度、加速度曲线

### (六) 死亡系数

由 Pauly（1980）经验公式计算可知，珠江口水域尼罗罗非鱼自然死亡系数（$M$）为 0.78。通过体长转化渔获曲线法，基于未全面补充年龄段和全长接近渐进全长的年龄段不能用来回归为原则，利用图 5 - 33 中黑色位点拟合所得直线方程为：$\ln(N/\Delta t)=8.92-1.17t$。由此可知，珠江口水域尼罗罗非鱼总死亡系数（$Z$）为 1.17，捕捞死亡系数（$F$）为 0.39，开发率（$E$）为 0.33。参照 Gulland（1983）提出的一般鱼类最适开发率为 0.5 来判断渔业资源的开发程度，则珠江口水域尼罗罗非鱼开发程度较低，考虑其作为外来物种的生态问题，应采取相应措施，控制其自然建群，破坏其渔业资源，防止进一步扩散。

利用体长转化渔获曲线法分析发现（图 5 - 34），珠江口水域尼罗罗非鱼开捕体长（$L_c$）为 10.64 cm。上述研究结果表明：尼罗罗非鱼体重增长的拐点年龄为 2.56 龄，对应的体长为 16.95 cm，该时期为尼罗罗非鱼体重增长的重要时期。因此，若保持尼罗罗非鱼当前开捕体长不变，对该水域尼罗罗非鱼渔业资源的发展能起到一定的阻遏作用。

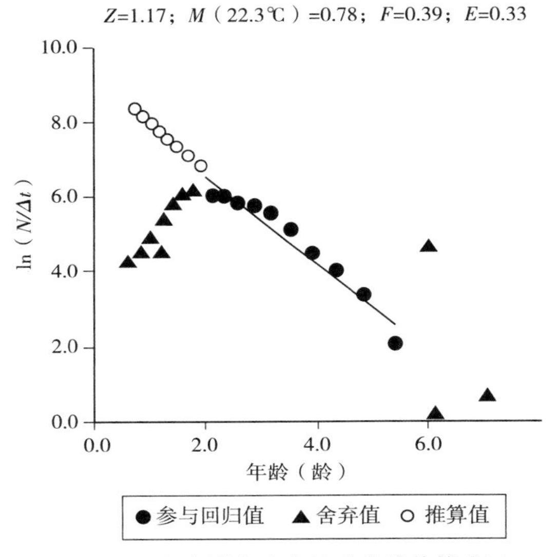


图 5 - 33　根据体长变换渔获曲线估算珠江口水域尼罗罗非鱼死亡系数

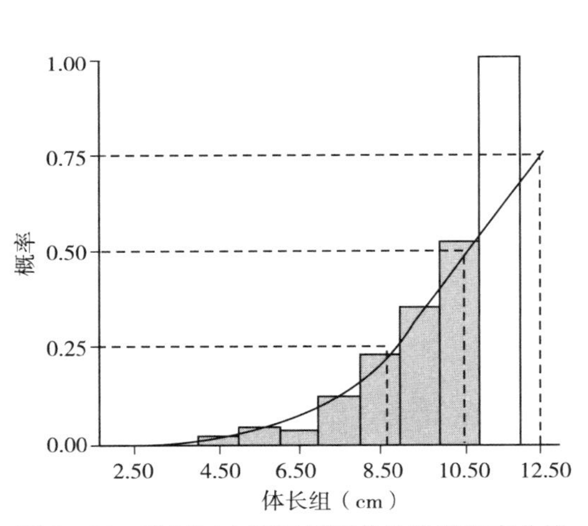


图 5 - 34　珠江口水域尼罗罗非鱼渔获概率曲线

## 二、渔业管理

### (一) 相对单位补充量渔获量（$Y'/R$）

研究发现，当 $M/K=2.52$ 时，珠江口水域尼罗罗非鱼相对单位补充量渔获量（$Y'/R$）随开发率 $E$ 及 $L_c/L_\infty$ 的变化趋势如图 5 - 35 所示。图中 $P$ 点为珠江口水域尼罗罗非鱼当前的开发状态（$E$=0.33，$L_c/L_\infty$=0.42），$M$点为理想状态下的最佳开发状态（$E$=0.9，$L_c/L_\infty$=0.5），要达到最佳开发状态，$E$和$L_c/L_\infty$应分别增大172.73%和19.05%。若当前开发率$E$=0.33保持不变，随着尼罗罗非鱼开捕体长$L_c$的增加，其相对单位补充量渔获量（$Y'/R$）呈持续下降趋势，说明增大开捕体长并不能增加其产量。综上可知，当前珠江口水域尼罗罗非鱼资源处于未充分开发利用的状态，为实现珠江口水域尼罗罗非鱼资源的高效利用，首先应增加其捕捞强度。

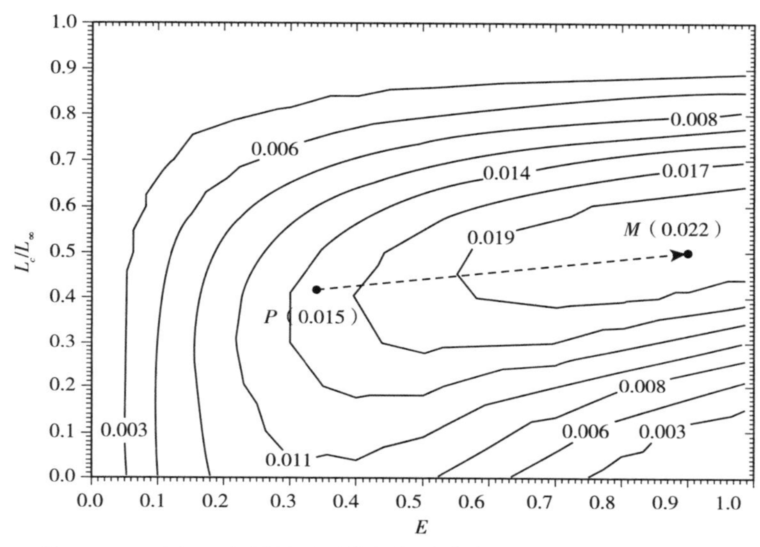


图5-35 珠江口水域尼罗罗非鱼相对单位补充量渔获量等值曲线

## （二）最适开捕规格与最适捕捞强度

在开捕体长$L_c$一定的条件下，珠江口水域尼罗罗非鱼当前开发率（0.33）位于图5-36中$E_{max}$左侧区域，可认为是渔业资源能得以持续发展的安全开发状态（Mehanna，2007）。若开捕体长$L_c$=10.64 cm保持恒定，随着尼罗罗非鱼开发率（$E$）的增大，其相对单位补充量渔获量$Y'/R$呈先增加后减小的变化趋势，在$E$=0.723时$Y'/R$有最大值0.02，较当前$Y'/R$增大了39.82%。因此，在开捕体长（$L_c$）不变的条件下，增大捕捞强度对于提高相对单位补充量渔获量（$Y'/R$）效果十分显著。

上述研究结果表明，珠江口水域尼罗罗非鱼资源的开发利用存在不合理性，主要表现为尼罗罗非鱼资源开发利用不充分，捕捞强度过低。有研究显示（詹秉义，1995），对于生长迅速、繁殖能力强的鱼类能承受更大的捕捞压力。因此，为提高珠江口水域尼罗罗非鱼产量，可在保持或适当减小开捕体长的情况下，增大其捕捞强度。此外，由于尼罗罗非鱼对环境的适应能力强，在自然水域中较其他种群具有更高的竞争优势，从而抑制了其他种群的发展（Martin et al，2010；Arthington et al，1994）。因此，增大珠江口水域尼罗罗非鱼捕捞强度可降低其在自然水域中的种群基数，从而有利于该水域其他鱼类资源种群的恢复与发展。

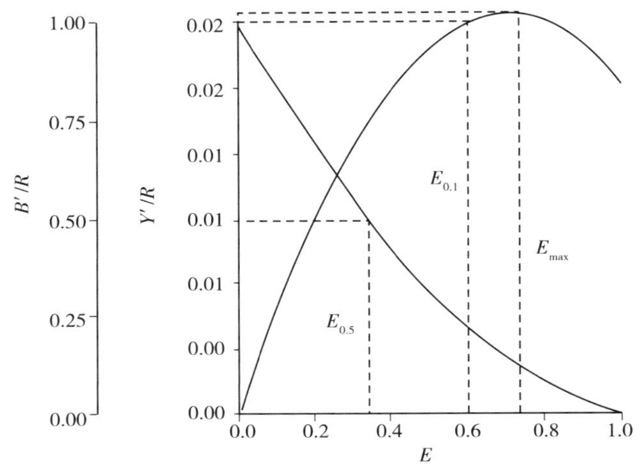


图 5-36　$L_c$=10.64 cm 时，尼罗罗非鱼相对单位补充量渔获量（$Y'/R$）、资源量（$B'/R$）与开发率（$E$）的二维分析

花鰶、棘头梅童鱼、三角鲂、尼罗罗非鱼等为珠江口水域渔获优势群体，明晰该水域上述优势群体的年龄结构、生长特征及开发利用状况，对于指导该水域渔业资源的保护、促进渔业资源的恢复与发展，以及制定科学的渔业管理策略具有十分重要的现实意义。本章主要通过对已开发的渔业资源群体进行评估分析，从而对资源群体的渔业利用程度做出判断，进而对资源的变动做出预测预报，并探讨在不同的渔业决策和渔业管理措施下，可带来的渔业价值与预期的发展趋势。根据以上研究结果，目前珠江口水域花鰶、棘头梅童鱼、三角鲂、尼罗罗非鱼渔业资源的现状与开发利用程度表现出以下特点：第一，鱼类资源的年龄组成主要以低龄（0～2 龄）群体为主。第二，从首次捕捞年龄/体长分析发现，渔业资源的开发利用表现出过早的现象。大量研究表明，过早的开发利用，不利于渔业资源的可持续发展（费鸿年，1976；叶昌臣，1978；何宝全，1974），尤其是对于大多数寿命较长、生长缓慢的鱼类来说，首捕年龄/体长的选择，对其渔业资源的发展起着至关重要的作用。因此，建议增大珠江口水域渔具的网目尺寸，限制极端渔具渔法的使用，以期恢复和发展该水域渔业资源。第三，针对不同鱼类其捕捞强度均表现出一定的不合理性，三角鲂、棘头梅童鱼、花鰶和尼罗罗非鱼开发率 $E$ 分别为 0.6、0.55、0.33 和 0.33，以最适开发率 0.5 判断，三角鲂和棘头梅童鱼目前已处于过度开发利用状态，花鰶和尼罗罗非鱼开发利用程度相对较低，建议适当降低三角鲂与棘头梅童鱼的捕捞强度，同时适当增大花鰶的捕捞强度，以期提高渔业产量，实现渔业资源的合理开发利用，考虑到尼罗罗非鱼作为外来物种的生态问题，除增加捕捞强度外，应进一步采取措施破坏其自然建群。

# 第六章

# 珠江口鱼类资源量时空分布格局及其与环境因子的关系

鱼类资源量评估的常用方法有网捕、钓鱼和水声学探测等（Elliott & Fletcher，2001；Coll et al，2007）。通过钓鱼评估鱼类资源量时，受外界的干扰较大，其本身也难以提供规律和严肃的数据记录。一些网捕的方法虽然可以计算被调查水域的鱼类丰度和鉴别出鱼类种类，但是这类数据只能代表网捕的一小片区域，若扩大样本量，则不可避免地对鱼体甚至生态群落造成伤害。与传统的鱼类资源评估方法相比，水声学探测的方法能够轻松地获得连续、长期和丰富的渔业资源数据，并且成本相对较低，不会对鱼体造成伤害和给水域带来污染。这种方法更加适用对开阔水域进行长期、大规模的调查（Mowbray，2002；Mason et al，2005；Close et al，2006）。目前，水声学方法已广泛应用于鱼类资源量评估、行为学分析、时空分布动态研究以及底质结构、水生植被及浮游生物等方面的研究。

鱼类时空分布指鱼类在水环境中水平方向上的、垂直方向上的三维空间结构及其在时间上的变化。对鱼类空间分布特征及其与环境生物/非生物因子作用关系的研究有助于了解鱼类的行为规律与资源变动趋势，因而对鱼类资源的保护与合理开发利用有着十分重要的意义。如Dauble等（1989）通过对大麻哈仔、稚鱼在哥伦比亚河空间分布的研究来分析其早期的迁徙规律；Silvano等（2000）研究发现，茹鲁阿河干流鱼类资源的密度明显高于其附属湖泊鱼类资源的密度，并在此基础上提出了相应的保护措施。影响鱼类密度时空差异的主要因素有水深、离岸距离、底质特点、植被状况、浮游生物、捕食者等。珠江口还受到潮汐的影响，珠江口潮汐属非正常的半日潮类型，一日之内大致两涨两落，潮差一般不超过1～2 m，属弱潮河口。由于出海口门众多，潮向复杂，往往出现许多汇潮点。随着潮汐的涨退，河水的咸度由下游向上游递减。八大门中，虎门水道咸潮上逆距离最长，达到80 km，口门咸度接近最大值；横门、洪奇沥、蕉门等水道咸潮上溯距离短，只有20～40 km，咸度不大。潮汐对河水影响的范围，随江河流量大小而变化，枯水期可影响整个珠江口，而洪水期则接近出海口。此外，珠江口年均降水量1 600～2600 mm，多年平均入境流量3 010×$10^8$ m$^3$。珠江口的水量主要来自上游，从珠江口入海的水量为3 260×$10^8$ m$^3$，过境水量占总水量的91.47%，因此，上游水质、水量的变化对珠江口的影响极大（中国海湾志编纂委员会，1998；王迪，2006；李桂峰，2013；高广银，2015）。正确认识这些因素对鱼类时空分布格局的影响，将为珠江口鱼类资源的评估、保护以及科学捕捞提供重要的参考。本章以珠江口为研究对象，通过水声学监测的方法，于2014年冬季至2016年秋季分季节对珠江口的鱼类资源时空分布特征进行了研究（共54航次，采用Z形走航，每航次航行约10 km），对珠江口鱼类涨退潮时期的鱼类分布特征和行为进行了比较分析，探讨了鱼类分布与水文、水质等非生物因子以及鱼类多样性等生物因子的关系。

# 第一节　珠江口鱼类涨退潮分布和行为分析

## 一、珠江口涨退潮时期鱼类空间分布

2014 年冬季在珠江三角洲地区进行了 12 次声学走航，在珠江口 6 个研究区域总共追踪鱼类 58 858 尾，珠江口涨退潮时研究区域内鱼类资源的总平均密度为 0.14 尾/$m^3$。其中，鱼类平均密度最小的是退潮时的九江，密度为 0.005 9 尾/$m^3$，平均密度最大的是涨潮时的崖门，密度为 0.34 尾/$m^3$。各站点涨退潮时期的平均鱼类密度见图 6-1。总的来说，无论涨潮还是退潮鱼类密度自上游到河口密度逐渐增加，靠近口门的站点如南水、崖门、神湾的鱼类平均密度是靠近内陆站点如三水、九江密度的 10 倍以上。

通过空间自相关分析的 Moran's 指数和 Z 分可知，无论涨退潮 Z 分都显著（$P<0.05$）且 Moran's 指数为正值，各站点的鱼类空间分布均为聚集分布（图 6-2，表 6-1）。

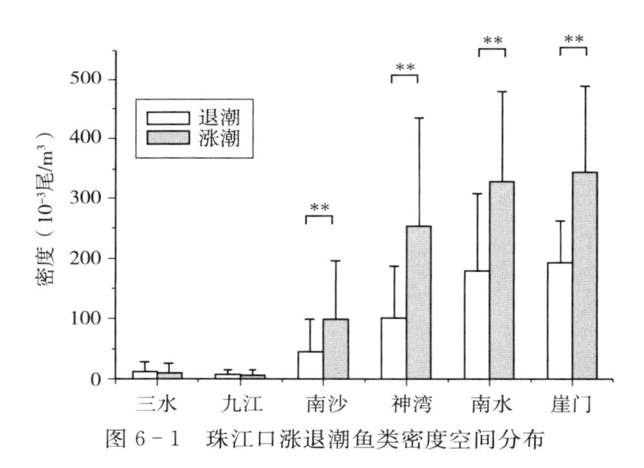


图 6-1　珠江口涨退潮鱼类密度空间分布

（数据为 mean±SE，** 表示鱼类密度潮汐差异在 0.01 水平显著）

**表 6-1　基于空间自相关分析的珠江口鱼类分布类型**

| 站点 | 涨潮 | | | 退潮 | | |
|---|---|---|---|---|---|---|
| | Moran's 指数 | Z 分 | P-值 | Moran's 指数 | Z 分 | P-值 |
| 三水 | 0.30 | 3.64 | 0.00 | 0.28 | 3.45 | 0.00 |
| 九江 | 0.21 | 2.50 | 0.01 | 0.49 | 4.92 | 0.00 |
| 神湾 | 0.34 | 5.05 | 0.00 | 0.38 | 6.79 | 0.00 |
| 南沙 | 0.43 | 5.95 | 0.00 | 0.51 | 5.33 | 0.00 |
| 南水 | 0.28 | 4.66 | 0.00 | 0.51 | 5.33 | 0.00 |
| 崖门 | 0.76 | 7.24 | 0.00 | 0.45 | 4.34 | 0.00 |

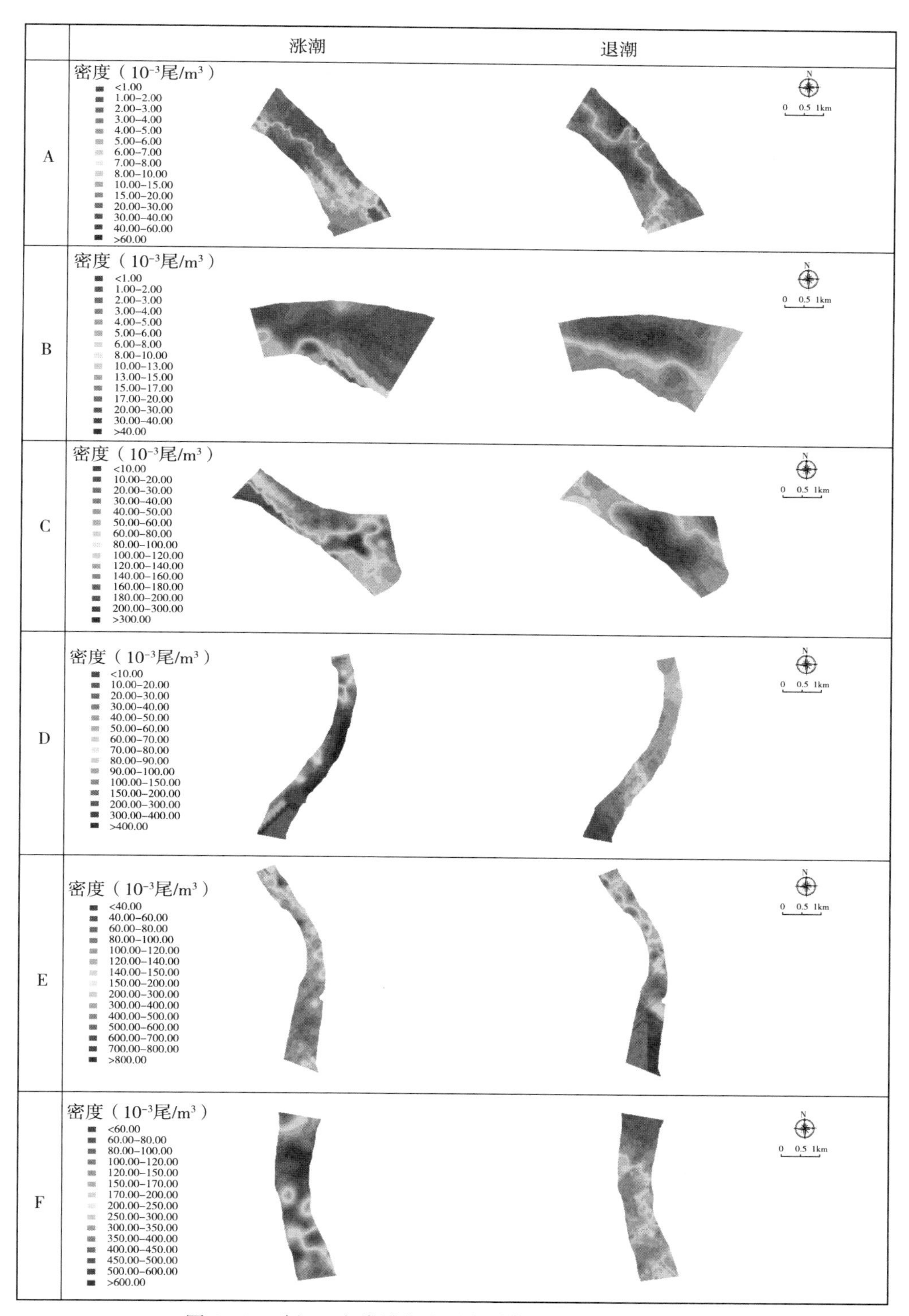


图 6-2　珠江口鱼类涨潮和退潮时期鱼类空间分布插值图

A. 三水　B. 九江　C. 南沙　D. 神湾　E. 南水　F. 崖门

鱼类平均密度的空间（$P<0.001$）和潮汐（$P<0.001$）差异显著，且存在显著的交互作用（$P<0.001$）（表 6-2），由于站点和潮汐对鱼类的影响存在显著的交互作用，进一步对不同站点的潮汐差异进行比较。结果表明，靠近上游的三水、九江站点涨退潮鱼类密度差异不显著（$P>0.05$），而靠近口门的站点如南水、崖门、神湾等涨潮密度显著大于退潮（$P<0.05$）。神湾站点的涨潮每 1 000 $m^3$ 鱼类密度是退潮的 2.5 倍（253.507 尾比 100.889 尾），南沙站点的涨潮密度是退潮的 2 倍（98.506 尾比 44.878 尾），南水和崖门站点涨退潮密度差异相对较小，但涨潮时鱼类密度依然分别上涨了 83.4%和 78.5%。

**表 6-2 不同站点和涨退潮鱼类密度和目标强度差异的双因素方差分析**

| | 鱼类密度 | | 目标强度（TS） | |
|---|---|---|---|---|
| | $F$ | $P$ | $F$ | $P$ |
| 站点 | $F_{5,1091}=236.24$ | $<0.001$ | $F_{5,58846}=210.41$ | $<0.001$ |
| 潮汐 | $F_{1,1091}=183.57$ | $<0.001$ | $F_{5,58846}=602.68$ | $<0.001$ |
| 站点×潮汐 | $F_{5,1091}=24.27$ | $<0.001$ | $F_{5,58846}=198.70$ | $<0.001$ |

## 二、珠江口鱼类潮汐迁移行为分析

为了进一步研究涨潮退潮对珠江三角洲各研究区域鱼类密度空间分布变化的影响程度，分别对涨潮和退潮时 6 个研究区域的鱼类密度进行趋势分析，得出趋势变化图（图 6-3），其中，$X$ 轴表示经度方向（正东），$Y$ 轴表示纬度方向（正北），$Z$ 轴表示在研究区域经纬空间内相对回声点的鱼类资源密度。通过图 6-3 看出，在离水域远的三水、九江两个区域，无论在涨潮还是退潮时期在 $X-Z$、$Y-Z$ 面的趋势投影曲线并未呈现明显的 U 型或倒 U 型，即变化趋势处于一阶变化到二阶变化之间，在鱼类资源空间格局上并未有明显的变化趋势，而涨退潮也对鱼类资源空间格局未产生显著影响。

对于南沙研究区域，在涨潮和退潮时期在 $Y-Z$ 面的趋势投影曲线呈现明显的 U 型或倒 U 型，说明该区域在纬度方向上鱼类资源密度呈现明显的趋势变化，而 $Y-Z$ 投影曲线从退潮时的 U 型变化为涨潮时期的倒 U 型，以及 $X-Z$ 投影曲线从退潮时的一阶变为涨潮时的二阶，说明潮汐对鱼类资源空间格局产生了影响。同理，在神湾的经度和纬度方向、南水的经度方向、崖门的经度和纬度方向上的鱼类资源密度都存在不同程度的空间趋势变化，而这些区域在涨潮时期和退潮时期的经度、纬度趋势投影曲线都产生了 U 型倒 U 型的变化或者从一阶曲线到二阶曲线的变化，因此潮汐同样对这些区域的鱼类资源空间格局产生影响，进一步证明了潮汐对离水域近的区域的鱼类密度空间分布的影响显著高于对离水域远的区域。

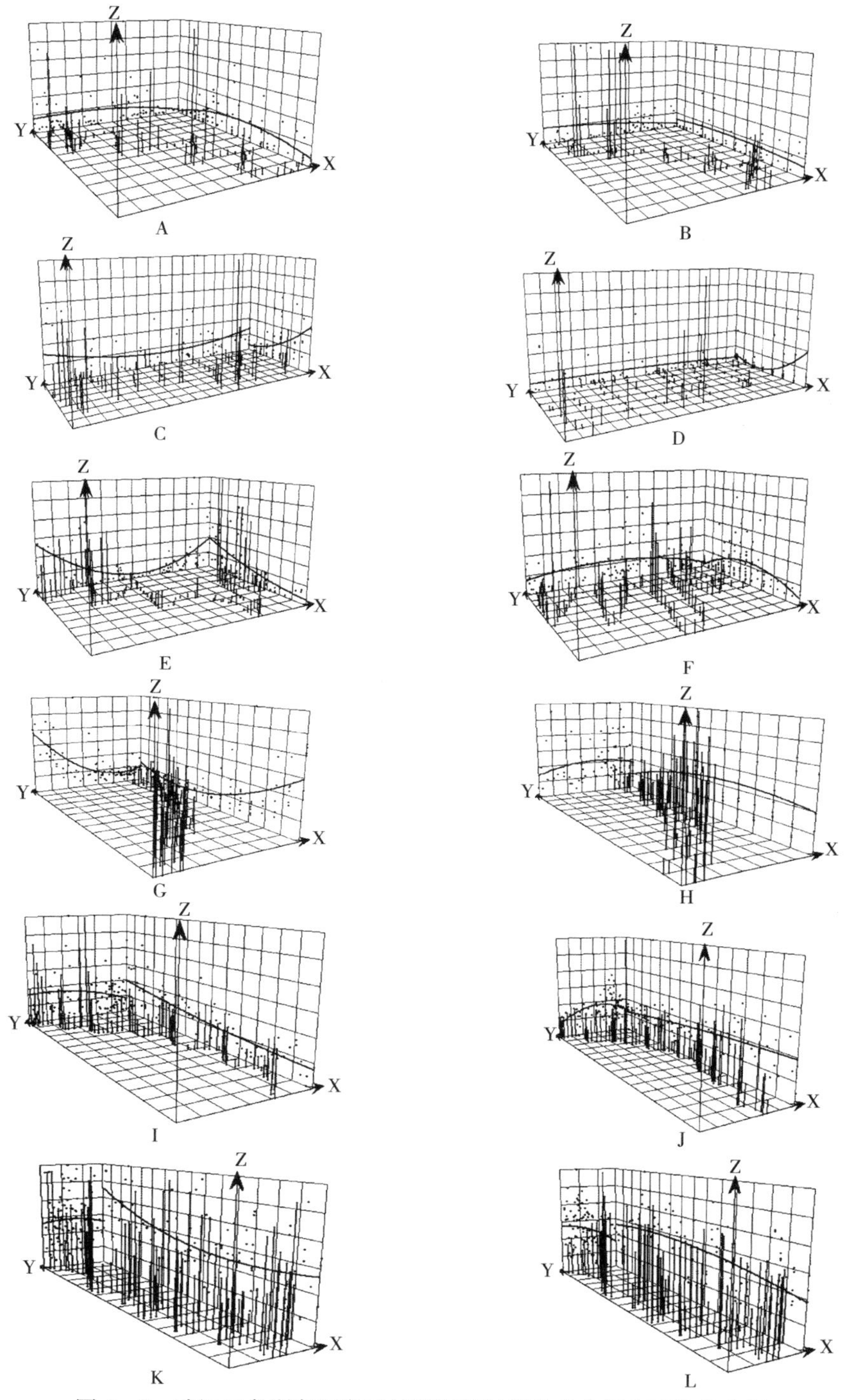


图 6-3　珠江三角洲各研究区域涨退潮时期鱼类空间密度趋势分析

A. 三水（退潮）　B. 三水（涨潮）　C. 九江（退潮）　D. 九江（涨潮）　E. 南沙（退潮）　F. 南沙（涨潮）
G. 神湾（退潮）　H. 神湾（涨潮）　I. 南水（退潮）　J. 南水（涨潮）　K. 崖门（退潮）　L. 崖门（涨潮）

通过分别计算涨退潮鱼类密度均值中心离岸距离和涨退潮鱼类密度均值中心相互距离，可量化鱼类潮汐迁移行为（图 6-4）。经计算（表 6-3），上游站点三水、九江涨退潮均值中心离岸距离比值分别为 0.85、1.06，接近于 1，且涨退潮密度中心相互距离小于 350 m。而靠近口门站点涨退潮均值中心距离大于 500 m，且涨退均值中心离岸距离比值大于 1.37。可见珠江口靠近口门的站点有明显的从近岸到河中的潮汐迁移行为。

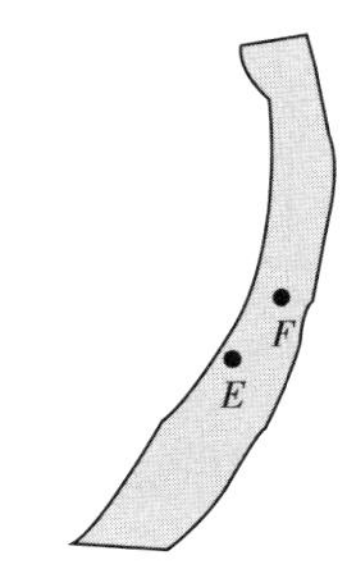

图 6-4　均值中心示意图
（$F$ 点为涨潮时鱼类密度均值中心，$E$ 点为退潮时鱼类密度均值中心）

**表 6-3　鱼类密度中心的潮汐迁移**

| 站点 | 均值中心离岸距离 | | | 涨退潮均值中心相互距离（m） |
|---|---|---|---|---|
| | 涨潮（m） | 退潮（m） | 比值（涨/退） | |
| 三水 | 184.06 | 215.39 | 0.85 | 346.22 |
| 九江 | 378.76 | 358.61 | 1.06 | 117.24 |
| 神湾 | 72.55 | 52.71 | 1.38 | 561.67 |
| 崖门 | 364.42 | 264.80 | 1.38 | 959.80 |
| 南沙 | 851.03 | 620.41 | 1.37 | 529.67 |
| 南水 | 126.23 | 35.00 | 3.61 | 811.56 |

鱼类目标强度空间（$P<0.001$）和潮汐（$P<0.001$）也存在显著的差异（表 6-2），其中九江的目标强度均值最大（－59.59 dB），神湾的目标强度最小（－63.29 dB），且站点和潮汐间存在显著的交互作用。进一步对各站点涨退潮目标强度进行 Kolmogorov - Smirnov 双样本检验和中值检验表明，南沙、神湾、南水和崖门站点涨退潮目标强度分布差异显著（$P<0.05$，图 6-5），涨潮时鱼类目标强度显著小于退潮，但上游三水、九江涨退潮的目标强度分布和中值均无显著性差异（$P>0.05$）。从 TS 分布图可知，涨退潮差异目标强度主要集中在－50 dB 左右，根据 Foote 等提出的有鳔鱼类的经验公式：$TS=20\log L-71.9$，当 TS＝－50 dB 时，鱼类体长为 12.5 cm，相当规格的鱼类主要为棱鲹、七丝鲚、花鰶等河海洄游性鱼类，珠江口鱼类潮汐差异主要是由这些鱼类引起的。通过第二章可知，洄游性鱼类自上游到口门呈梯度增加，说明上游站点较口门站点潮汐差异较小的原因除上游潮差较小外（三水 0.34 m、南沙 1.3 m），洄游性鱼类比例的减小也是一个重要原因。

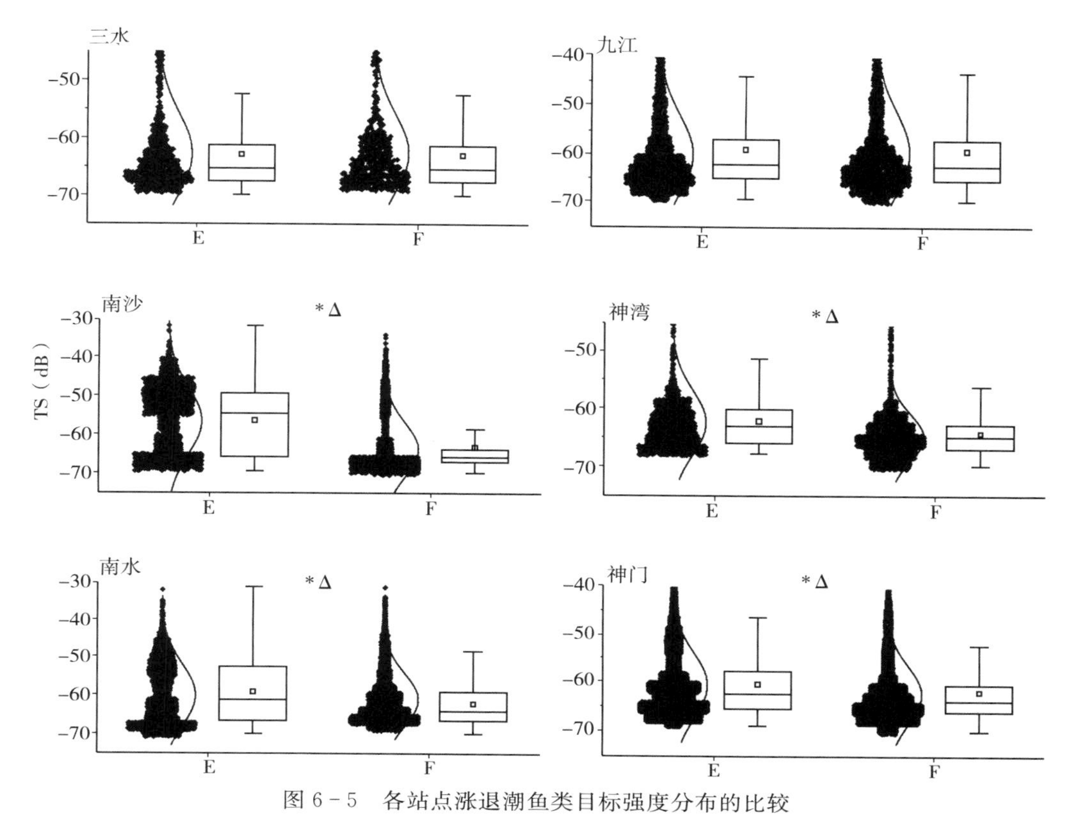


图 6-5　各站点涨退潮鱼类目标强度分布的比较

E. 退潮　F. 涨潮　*. 在 0.05 水平目标强度分布差异显著　△. 在 0.05 水平目标强度中值差异显著（Kolmogorov-Smirnov 双样本检验和中值检验）

# 第二节　鱼类资源密度的空间和季节差异

## 一、珠江口鱼类的水平分布特征及其季节差异

### （一）数据采集和分析结果

Simrad EY60 水声学系统采集的数据图像如图 6-6，A 所示，随着监测船的航行而数据在图像中自左向右延伸，最终获得连续、丰富的监测数据。将数据经转换后导入 Sonar 5 中相关模块进行分析，在经过 Bottom detecton、去噪和目标筛选和 Tracking 等一系列处理后，可以方便地识别出噪声、目标和底部，并可对鱼类密度、所处水深、目标强度等参数进行统计（图 6-6，B）。

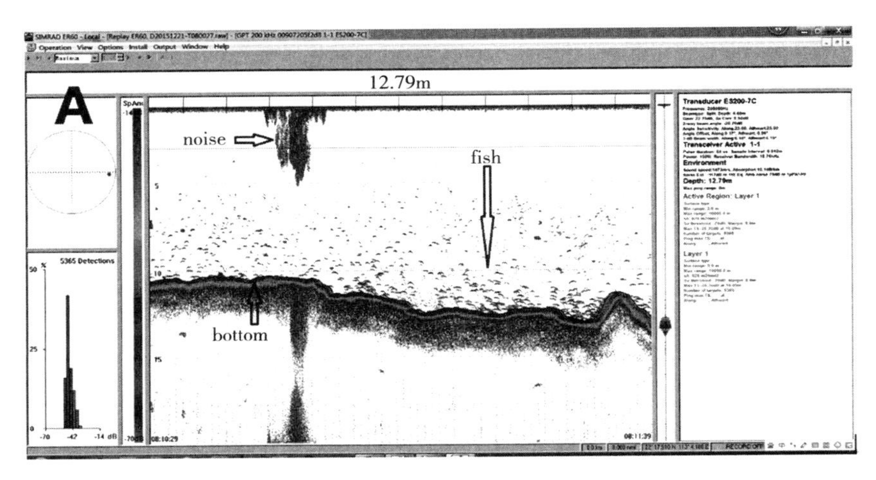


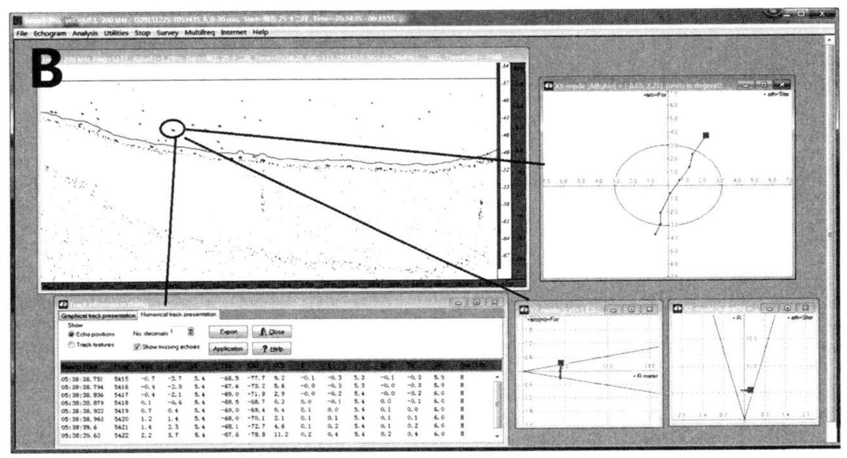


图 6－6　声学数据采集和处理界面

A. Simrad EY60 采集界面　B. Sonar5 处理界面

## （二）珠江口鱼类的水平分布

图 6－7 为 2014 年冬季至 2016 年秋季 8 航次调查的鱼类密度水平分布图，可以看出每次调查各江段鱼类分布都不均匀：2014 年冬季，鱼类密度最大在崖门站点，为 0.34 尾/m³，最小在九江站点，为 0.006 尾/m³；2015 年春季，鱼类密度最大在神湾站点，为 0.148 尾/m³，最小在三水站点，为 0.007 尾/m³；2015 年夏季鱼类密度最大在神湾站点，为 0.068 尾/m³，最小在九江站点，为 0.054 尾/m³；2015 年秋季，鱼类密度最大在崖门站点，为 0.359 尾/m³，最小在九江站点，为 0.033 尾/m³；2015 年冬季，鱼类密度最大在崖门站点，为 0.232 尾/m³，最小在九江站点，为 0.009 尾/m³；2016 年春季，鱼类密度最大在崖门站点，为 0.173 尾/m³，最小在九江站点，为 0.013 尾/m³；2016 年夏季，鱼类密度最大在崖门站点，为 0.534 尾/m³，最小在三水站点，

为 0.061 尾/m³；2016 年秋季，鱼类密度最大在崖门站点，为 0.381 尾/m³；最小在三水站点，为 0.020 尾/m³；珠江口各调查站点密度平均值为 0.148 尾/m³，其中，三水、九江、南沙、神湾、南水、崖门各航次调查平均值分别为 0.031、0.028、0.119、0.200、0.209、0.300 尾/m³（表 6-4）。可见，下游靠近口门的南沙、神湾、崖门、南水站点鱼类密度要大于上游站点三水和九江，且各航次分布各聚为一类（图 6-8），各航次平均密度崖门＞南水＞神湾＞南沙＞三水＞九江。

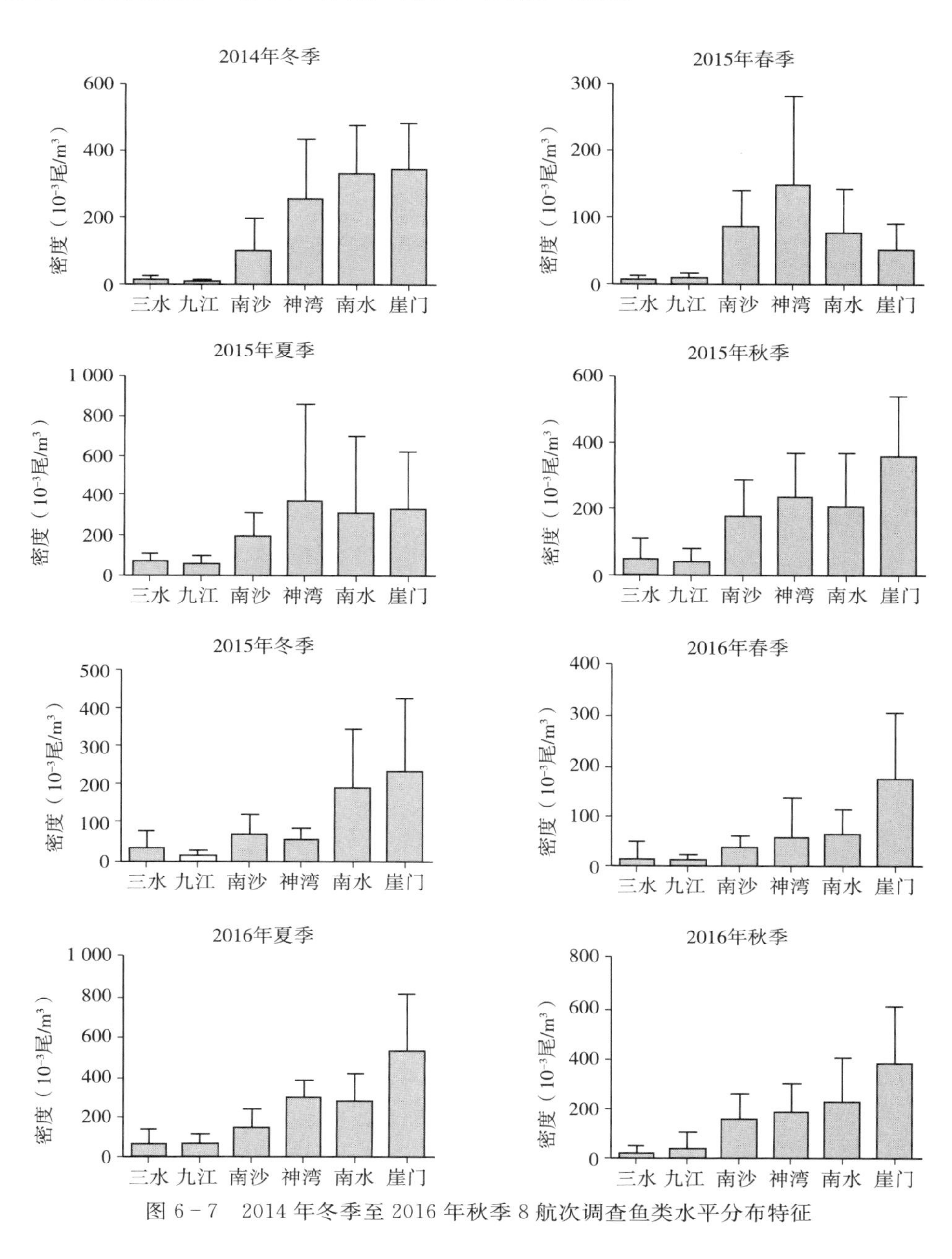


图 6-7 2014 年冬季至 2016 年秋季 8 航次调查鱼类水平分布特征

表 6-4　珠江口不同站点鱼类密度（$10^{-3}$尾/$m^3$）统计结果

| 站点 | 平均值 | 样本数 | 标准差 | 最小值 | 最大值 |
|---|---|---|---|---|---|
| 三水 | 31.30 | 8 | 22.18 | 6.61 | 62.83 |
| 九江 | 28.47 | 8 | 23.18 | 5.89 | 67.74 |
| 南沙 | 119.92 | 8 | 56.31 | 36.66 | 191.17 |
| 神湾 | 200.78 | 8 | 112.18 | 52.85 | 368.59 |
| 南水 | 209.22 | 8 | 97.38 | 65.20 | 327.74 |
| 崖门 | 300.99 | 8 | 145.98 | 53.18 | 534.05 |
| 合计 | 148.45 | 48 | 130.64 | 5.89 | 534.05 |

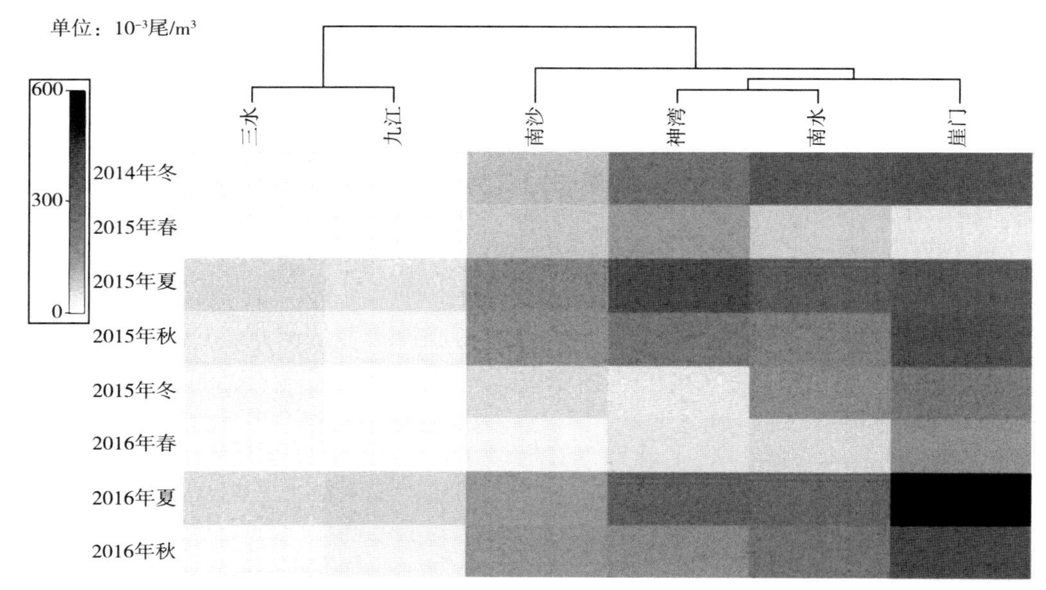


图 6-8　珠江口鱼类密度的时空分布

## （三）鱼类密度的季节变化

通过对比珠江口 2014—2016 年不同季节调查鱼类的密度平均值发现，鱼类密度夏季>秋季>冬季>春季，春季、夏季、秋季和冬季均值分别为 0.062、0.224、0.172、0.134 尾/$m^3$（图 6-9）。不同航次调查鱼类密度见表 6-5。

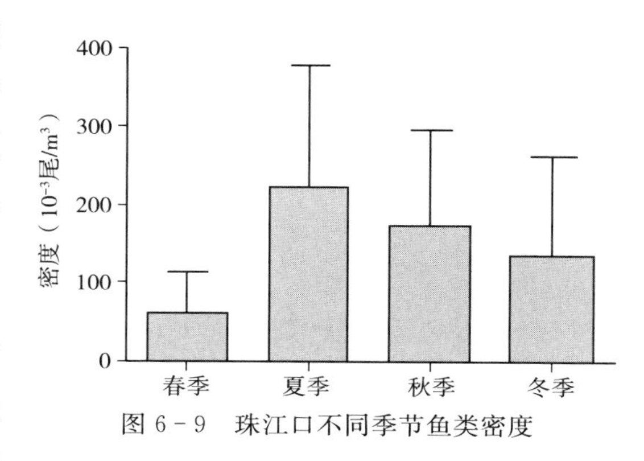


图 6-9　珠江口不同季节鱼类密度

由不同站点各航次调查（表 6-5；图 6-10）可知，三水站点，鱼类密度最大在 2015 夏季，为 0.062 尾/$m^3$，最小在 2015 年春季，为 0.006 尾/$m^3$。鱼类密度夏季>秋季>冬季>春季；九江站点，鱼类密度最大在 2016 年夏季，为 0.067 尾/m³，最小在 2014 年冬季，为 0.005 尾/m³。鱼类密度夏季>秋季>春季>冬季；南沙站点，鱼类密度最大在 2015 年夏季，为 0.191 尾/m³，最小在 2016 年春季，为 0.036 尾/m³。鱼类密度夏季>秋季>冬季>春季；神湾站点，鱼类密度最大在 2015 年夏季，为 0.368 尾/m³，最小在 2015 年冬季，为 0.052 尾/m³。鱼类密度夏季>秋季>冬季>春季；南水站点，鱼类密度最大在 2014 年冬季，为 0.327 尾/m³，最小在 2016 年春季，为 0.065 尾/m³。鱼类密度夏季>冬季>秋季>春季；崖门站点，鱼类密度最大在 2016 年夏季，为 0.534 尾/m³，最小在 2015 年春季，为 0.053 尾/m³。鱼类密度夏季>秋季>冬季>春季。

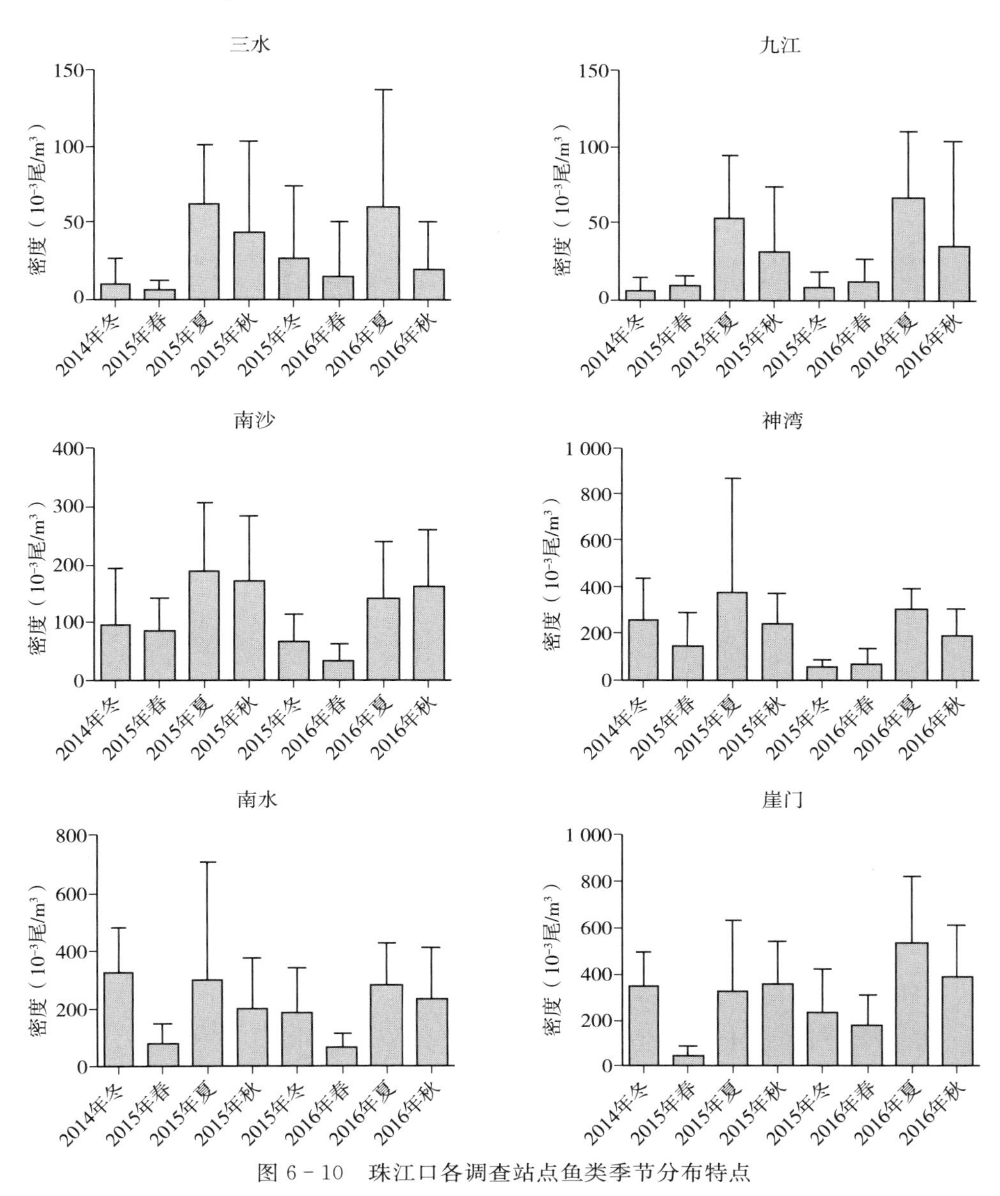

图 6-10 珠江口各调查站点鱼类季节分布特点

表 6－5 珠江口不同调查航次鱼类密度（$10^{-3}$尾/$m^3$）统计结果

| 航次 | 平均值 | 样本数 | 标准差 | 最小值 | 最大值 |
|---|---|---|---|---|---|
| 2014 年冬季 | 173.40 | 6 | 154.61 | 5.89 | 344.08 |
| 2015 年春季 | 63.80 | 6 | 53.31 | 6.61 | 148.24 |
| 2015 年夏季 | 217.49 | 6 | 136.52 | 54.16 | 368.59 |
| 2015 年秋季 | 175.41 | 6 | 123.08 | 33.01 | 359.99 |
| 2015 年冬季 | 95.06 | 6 | 91.02 | 9.00 | 232.62 |
| 2016 年春季 | 60.58 | 6 | 59.38 | 13.05 | 173.86 |
| 2016 年夏季 | 231.88 | 6 | 180.58 | 61.04 | 534.05 |
| 2016 年秋季 | 169.94 | 6 | 133.93 | 20.58 | 381.79 |
| 合计 | 148.45 | 48 | 130.64 | 5.89 | 534.05 |

不同年度鱼类密度比较如图 6－11 所示，除 2015 年冬季较 2014 年冬季降低外，其他季节的年度差异较小。

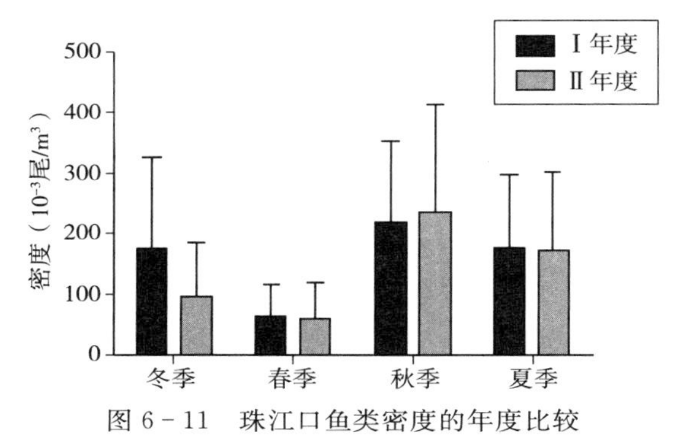


图 6－11 珠江口鱼类密度的年度比较

Ⅰ年度．2014 年冬季至 2015 年秋季航次调查 Ⅱ年度．2015 年冬季至 2016 年秋季航次调查

## （四）目标强度时空分布特征

珠江口各航次目标强度和百分比分布状况如图 6－12 所示，目标强度呈右偏分布。珠江口 8 个航次鱼类目标强度的平均值分别为－61.12、－62.08、－61.58、－60.25、－60.84、－62.41、－61.33 和－59.10 dB。可见目标强度值春季＜夏季＜冬季＜秋季。根据目标强度经验公式 TS＝20 logL－71.9，鱼类体长均值分别为 3.46、3.10、3.28、3.820、3.570、2.98、3.38、4.36 cm；根据目标强度经验公式 TS＝29.19 log$L$－93.62，春、夏、秋、冬 4 个季节鱼类体长均值分别为 12.98、12.04、12.52、13.90、13.28、11.73、12.77 和 15.22 cm。此外，鱼类目标强度在－70（1.24 或 6.44 cm）～－61 dB（3.51 或 13.11 cm）的鱼类各航次占比分别达 66.60％、71.48％、65.69％、59.61％、59.19％、75.54％、64.03％和 47.80％。表明珠江口声学监测到的鱼类以小型个体为主，同时春季

航次小型鱼类占比最高。这是因为春季为大部分鱼类的产卵期，补充群体的加入所致。但渔获物调查不同的是，渔获物个体均重最小值在夏季，这可能是由于春季的补充群体到夏季才成为可捕群体。

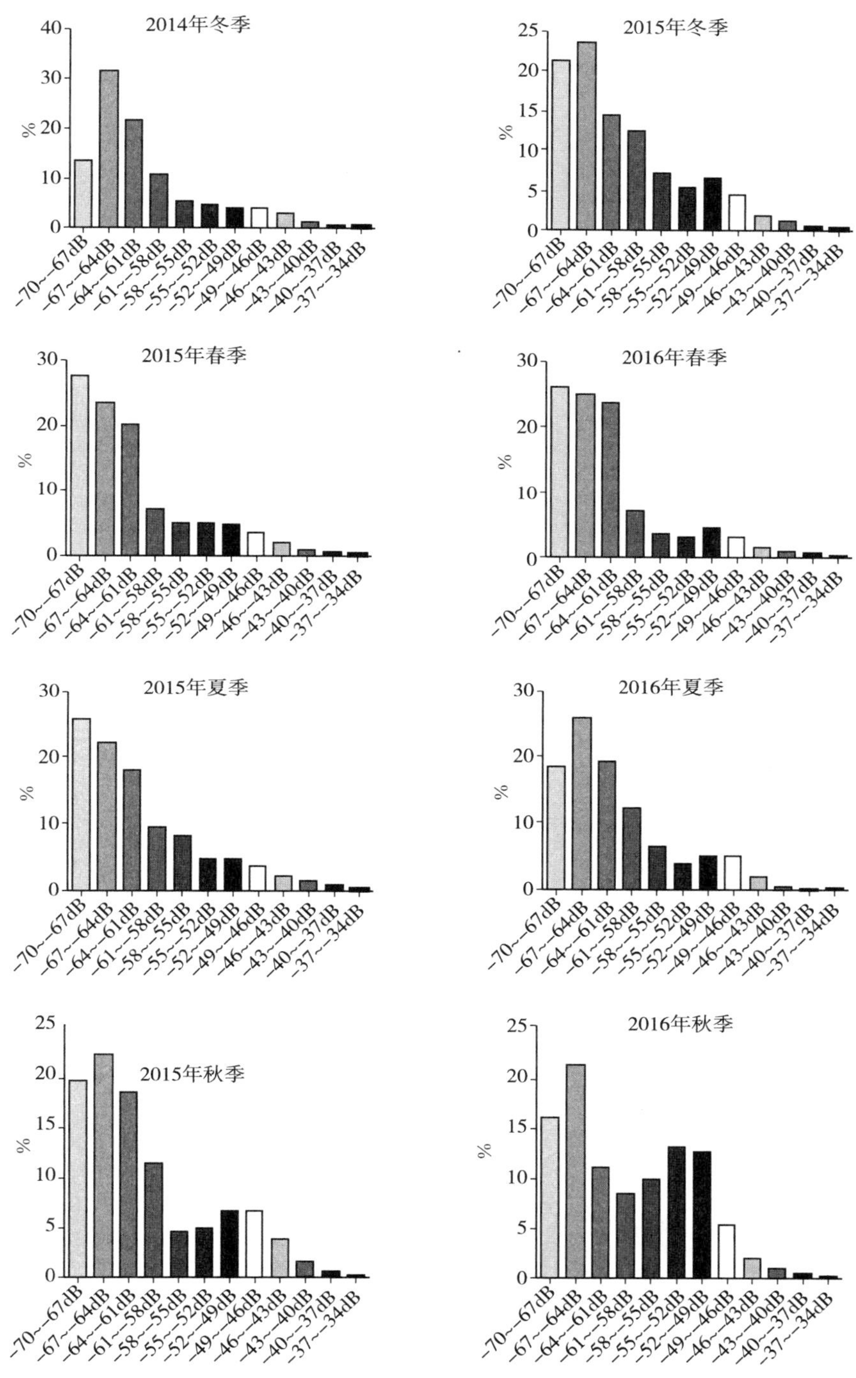


图 6-12 不同调查航次目标强度分布

珠江口各站点目标强度和百分比分布状况如图 6－13 所示，各站点目标强度均值为－60.77 dB（三水）、－59.66 dB（九江）、－63.48 dB（南沙）、－63.86 dB（神湾）、－62.49 dB（南水）、－58.82 dB（崖门），根据目标强度经验公式 $TS=20\log L-71.9$，鱼类体长均值分别为 3.60 cm、4.09 cm、2.64 cm、2.52 cm、2.95 cm 和 4.51 cm。根据目标强度经验公式 $TS=29.19\log L-93.62$，鱼类体长均值分别为 13.34 cm、14.57 cm、10.78 cm、10.46 cm、11.65 cm、15.56 cm。可见除崖门站点外，总体而言下游近口门站点鱼类目标强度和体长要小于上游站点。

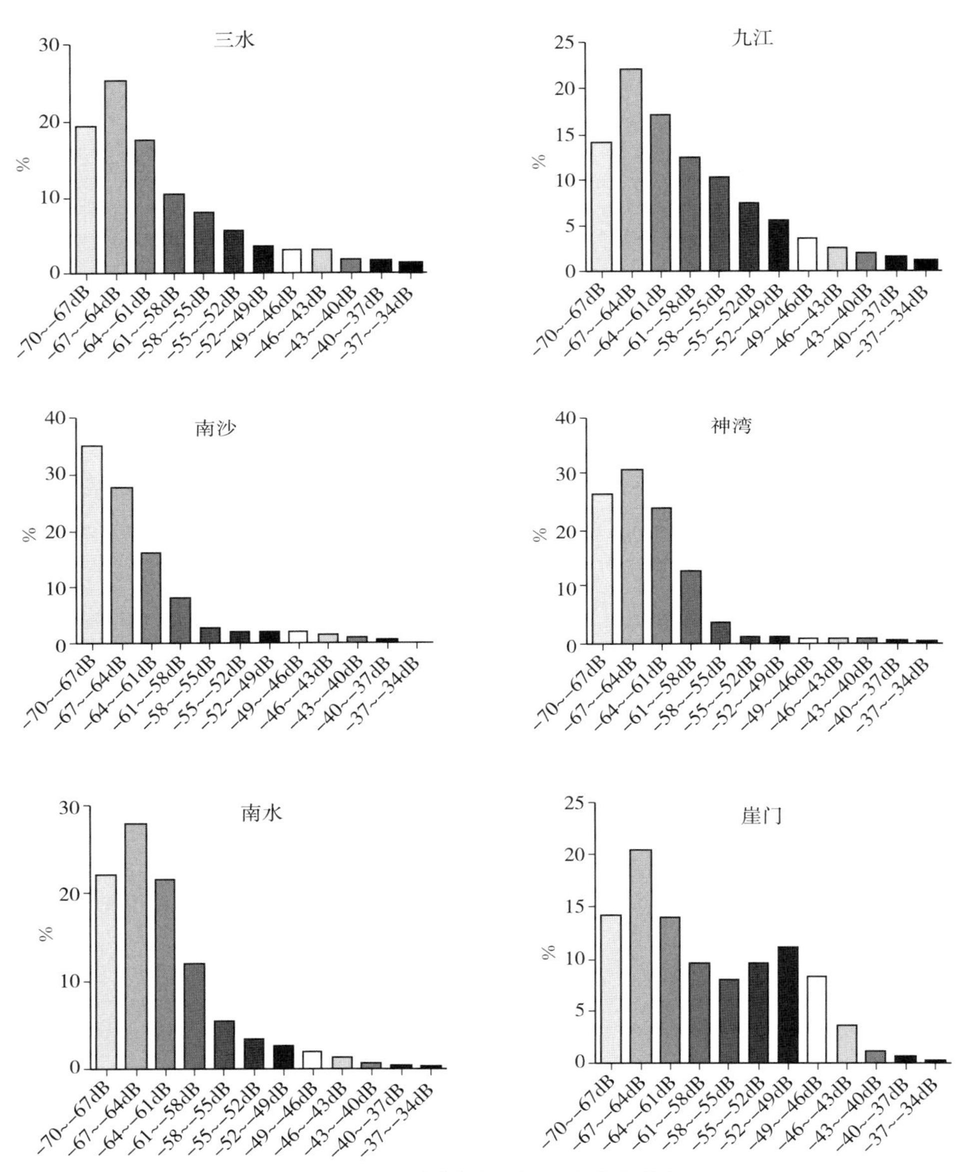


图 6－13　不同站点目标强度分布特征

目标强度与水深的关系如图 6－14 所示，由图可知目标强度大的鱼类往往栖息于更深的水域，Pearson 相关性分析表明，目标强度大小与水深存在显著的正相关关系（Pearson correlation＝0.368，$P$＝0.000）。可见珠江口不同大小的鱼类对水深具有一定的选择性。

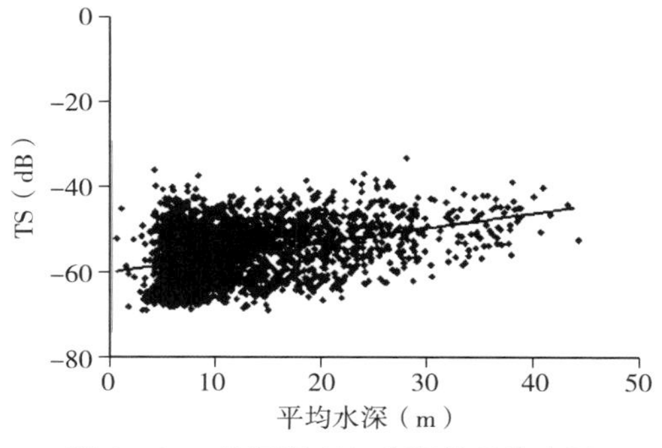


图 6－14　目标强度与水深关系散点图

## 二、珠江口鱼类的垂直分布特征及其季节变化

把垂直方向的水深分为三部分，0～33.4％为上层，33.4％～66.7％为中层，66.7％～100％为下层（图 6－15）。

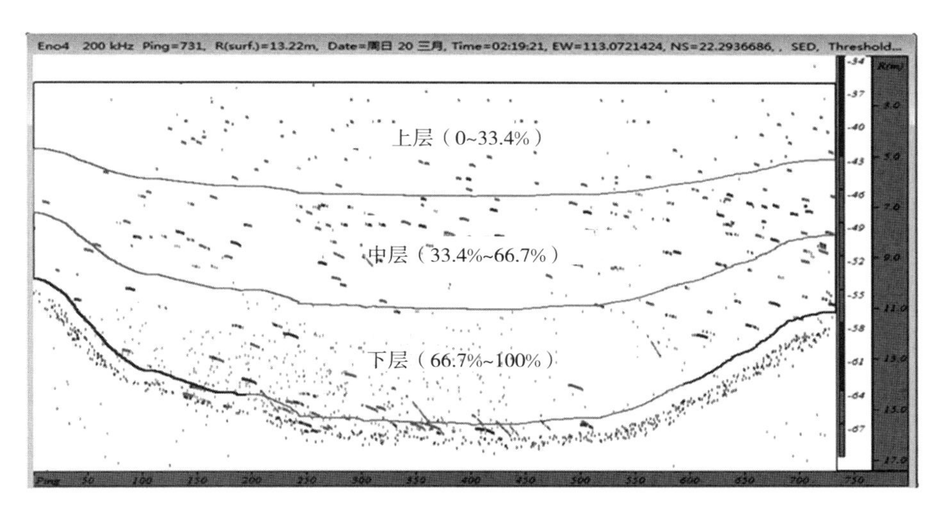


图 6－15　声学数据分层示意图

珠江口声学探测的鱼类垂直分布以中上层鱼类为主，下中上层鱼类占比分别为23.73％、39.93％和 36.34％。尽管无论哪个季节均以中上层鱼类为主，占比达 73％以上，但珠江口鱼类垂直分布仍存在明显的季节变化（表 6－6）。夏季和秋季中上层鱼类的比例增加，下层鱼类减少；而冬季和春季下层鱼类增加，中上层鱼类减少。夏秋季节水温升高，鱼类繁殖、索饵等活动也更加频繁，因此中上层鱼类密度增加。通过繁殖和生

长，此时水体中的鱼类密度也明显增加。冬季和初春鱼类随水温降低活动减少，进入水体底层越冬。同时伴随夏季和秋季的渔业捕捞，以及仔稚鱼的自然死亡，鱼类的密度逐渐下降，因此该时期鱼类资源量也逐渐减少。

**表 6－6　珠江口鱼类垂直分布季节变化**

| 季节 | 下层（%） | 中层（%） | 上层（%） | 中上层合计（%） |
|---|---|---|---|---|
| 春季 | 26.28 | 39.22 | 34.50 | 73.72 |
| 夏季 | 18.12 | 38.24 | 43.64 | 81.88 |
| 秋季 | 24.10 | 41.60 | 34.30 | 75.90 |
| 冬季 | 26.42 | 40.67 | 32.91 | 73.58 |

对于三水来说（图 6－16），各次调查均以中上层鱼类为主，表现为上层密度＞中层＞下层。季节性的垂直迁移比较明显的是冬季上层鱼类的减少和下层鱼类的增加。冬季上层鱼类从春夏秋季的 43.73％、41.48％和 39.78％降低为 27.59％，而下层鱼类从春夏秋季的 20.54％、22.84％和 20.76％，上升为 28.85％。

九江站点（图 6－17）与三水类似，各次调查均以中上层鱼类为主，表现为上层密度＞中层＞下层。所不同的是春季和冬季均表现为上层鱼类比例的减少和下层鱼类比例增加。

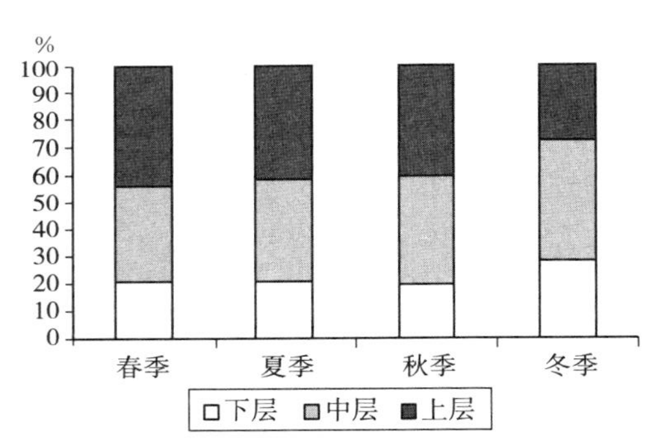


图 6－16　三水垂直方向鱼类密度百分比

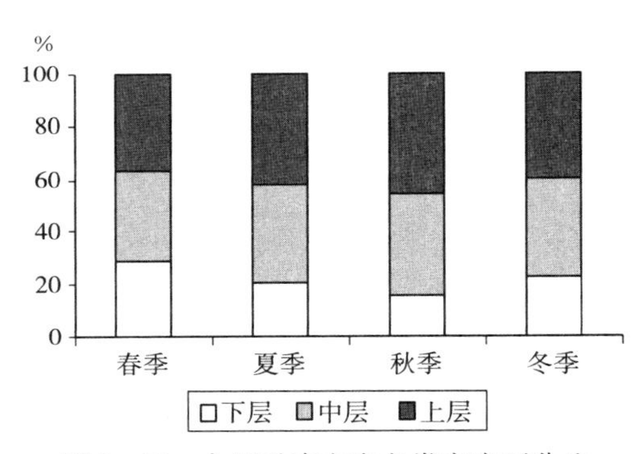


图 6－17　九江垂直方向鱼类密度百分比

南沙站点（图 6－18）以中层鱼类为主，达 44.28％；底层和上层鱼类大致相当，分别为 27.87％和 27.84％。夏秋季节中层鱼类的比例相比于春季和冬季有明显的提升，从冬季的 35.36％和夏季的 41.61％上升到夏季的 54.05％和秋季的 46.08％。

神湾站点以中层和上层鱼类为主，春季、夏季和冬季上层鱼类有很大的比例，分别达 47.49％、58.84％和 41.19％。而秋季以中层鱼类为主，占比 50.95％（图 6－19）。

南水站点上、中、下层鱼类比例分别为 24.27％、40.92％和 34.81％，也表现为夏季和秋季下层鱼类显著减少，上层鱼类显著增加（图 6－20）。

崖门站点中层鱼类密度大于上层鱼类密度，上层鱼类密度大于下层鱼类密度，上中下层分别为 26.32％、39.93％和 33.67％。夏季和秋季下层鱼类显著减少，上层鱼类显著增加（图 6－21）。

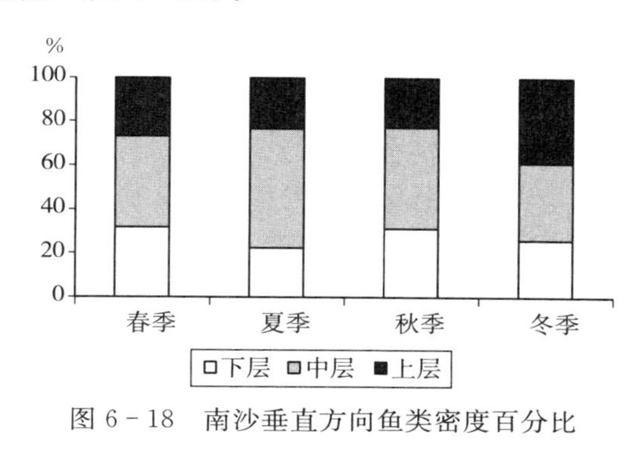


图 6－18　南沙垂直方向鱼类密度百分比

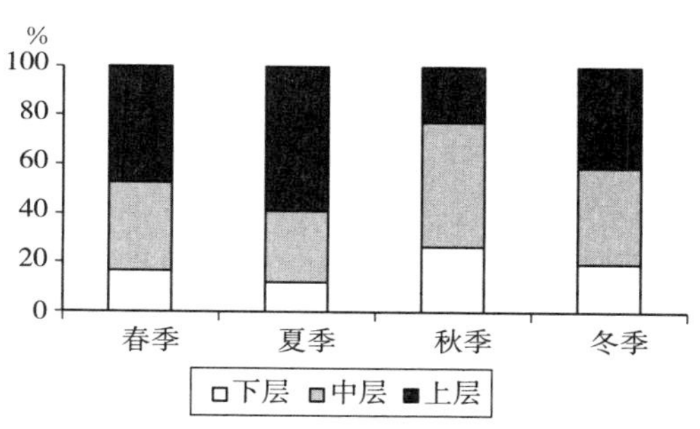


图 6－19　神湾垂直方向鱼类密度百分比

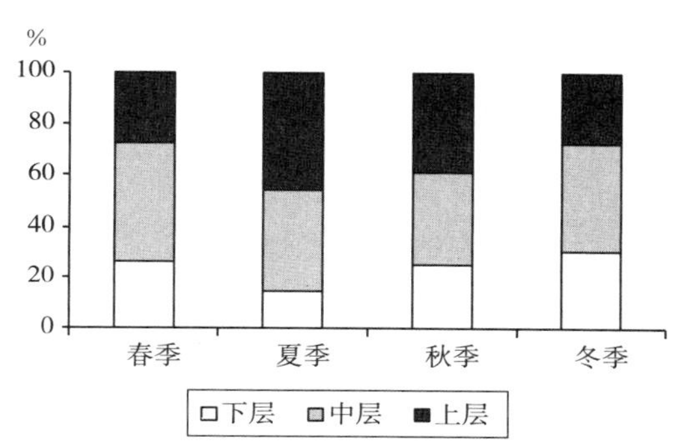


图 6－20　南水垂直方向鱼类密度百分比

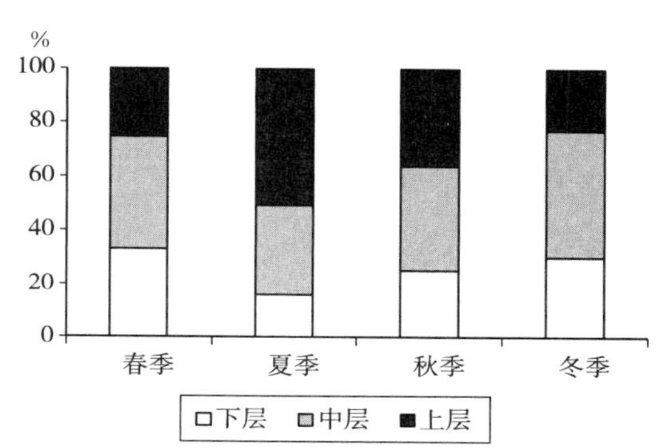


图 6－21　崖门垂直方向鱼类密度百分比

# 第三节　鱼类资源密度与环境因子的关系

## 一、珠江口水质时空变化

4 个季节的水质因子见表 6－7。分别对不同季节的水质因子进行方差分析显示，盐度、电导、总溶解固体、$NH_4^+$－N 季节差异不显著（$P>0.05$），而其他水质因子均存在显著的季节变化（$P<0.05$）。如图 6－22，pH 和溶解氧各季节变化范围较小，其他各项理化指标从 2014 年冬季至 2016 年秋季大致呈双峰变化趋势，具体表现为：温度和叶绿素水平夏、秋两季各项指标相对较高，春、冬两季相对较低；而盐度、电导、总溶解固体、$NH_4^+$－N、透明度夏、秋两季各项指标相对较低，春、冬两季相对较高。珠江口季节各站点平均水温变幅为 16.69～29.60 ℃；季节平均盐度变幅为 0.10～2.80；pH 变幅为 7.41～7.70；叶绿素浓度变幅为 2.92～9.21 μg/L；溶氧含量在 6.16～8.75 mg/L；电导在 0.22～4.68 mS；总溶解固体在 0.14～3.17 g/L；$NH_4^+$－N 变幅为 0.04～3.73 mg/L；透明度在 23.06～89.06 cm。

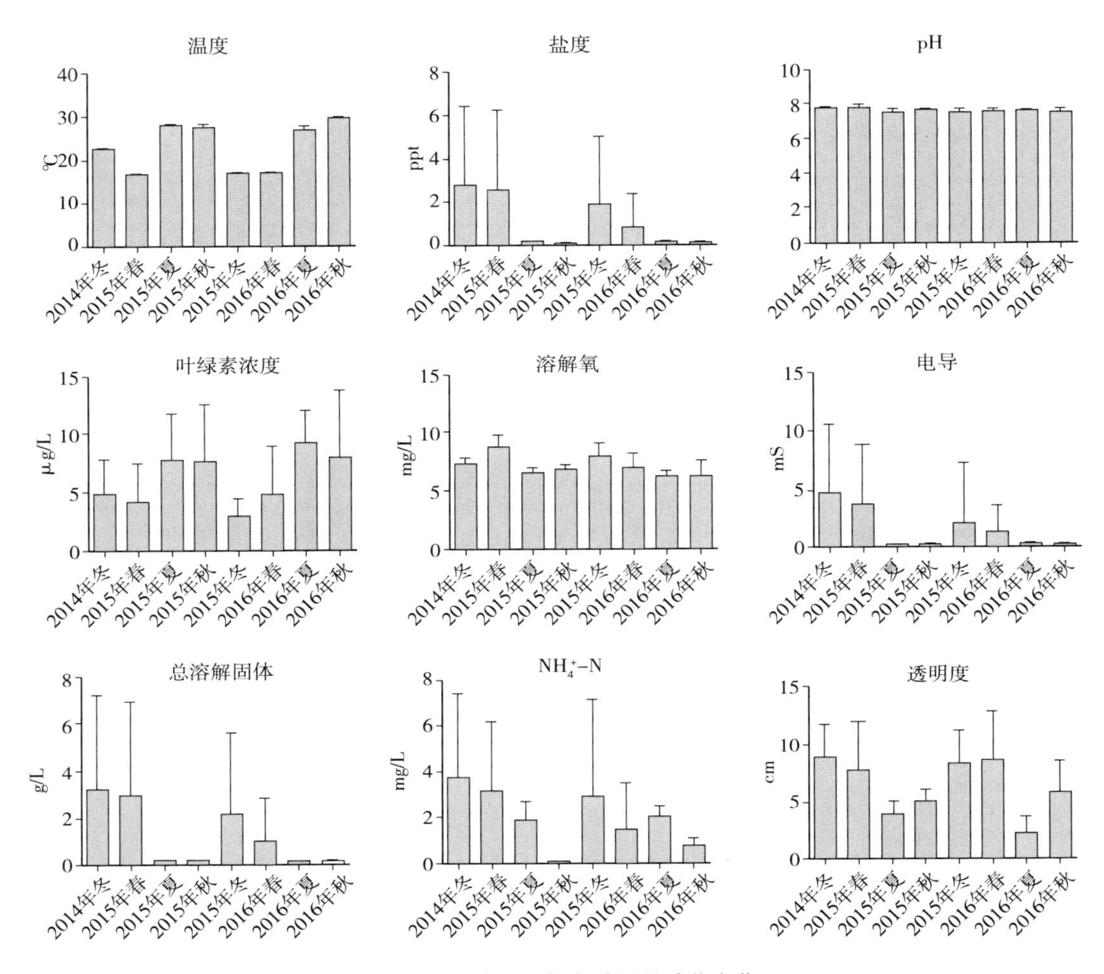


图 6-22　珠江口各水质因子季节变化

各站点水质因子分布如图 6-23 所示。分别对不同季节的水质因子进行方差分析显示，透明度、盐度、叶绿素浓度、电导、可溶解固体、$NH_4^+$-N 存在显著的空间差异（$P<0.05$），而温度、pH、溶解氧差异不明显（$P>0.05$）。透明度、盐度、叶绿素浓度、电导、可溶解固体、$NH_4^+$-N 沿上游至口门站点表现出一定的梯度变化特征。其中透明度下游站点较上游低，最低值为 42.53 cm（南水），最高值为 87.23 cm（三水）；盐度、叶绿素浓度、电导、可溶解固体、$NH_4^+$-N 下游站点较上游站点高。盐度最小值为 0.12（三水），最大值为 2.37（崖门）；叶绿素浓度最小值为 3.50 μg/L（九江），最大值为 10.84 μg/L（崖门）；电导最小值为 0.24 mS（九江），最大值为 3.58 mS（崖门）；总溶解固体最小值为 0.16 g/L（三水），最大值为 2.71 g/L（崖门），$NH_4^+$-N 最小值为 0.82 mg/L（三水），最大值为 4.06 mg/L（崖门）。各站点温度、pH、溶解氧之间变化较小，站点平均温度变幅在 22.32～24.49 ℃；pH 站点变幅在 7.46～7.58；溶解氧变幅在 6.31～7.46 mg/L。

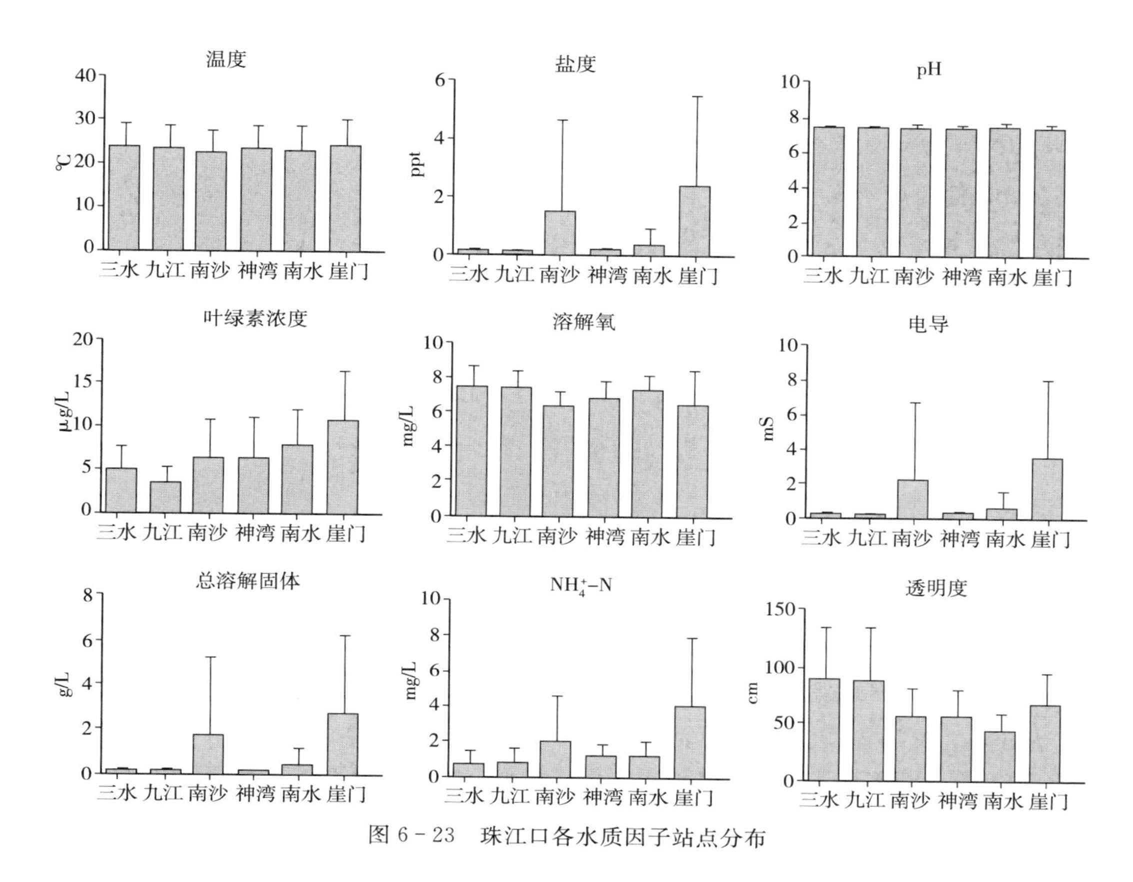


图 6－23　珠江口各水质因子站点分布

**表 6－7　珠江口不同站点 4 个季节水质因子**

| 站点 | 温度（℃） | | | | 盐度（ppt） | | | | pH | | | |
|---|---|---|---|---|---|---|---|---|---|---|---|---|
| | 春季 | 夏季 | 秋季 | 冬季 | 春季 | 夏季 | 秋季 | 冬季 | 春季 | 夏季 | 秋季 | 冬季 |
| 三水 | 16.80 | 26.33 | 28.84 | 17.13 | 0.13 | 0.11 | 0.12 | 0.12 | 7.65 | 7.55 | 7.56 | 7.55 |
| 九江 | 16.84 | 27.02 | 28.66 | 16.76 | 0.14 | 0.10 | 0.12 | 0.13 | 7.49 | 7.46 | 7.63 | 7.61 |
| 南沙 | 16.88 | 26.83 | 28.78 | 16.92 | 2.00 | 0.10 | 0.11 | 5.82 | 7.63 | 7.42 | 7.16 | 7.73 |
| 神湾 | 17.18 | 27.25 | 28.86 | 18.03 | 0.15 | 0.11 | 0.13 | 0.16 | 7.41 | 7.60 | 7.51 | 7.35 |
| 南水 | 16.68 | 27.62 | 28.87 | 17.59 | 0.64 | 0.11 | 0.13 | 0.30 | 7.72 | 7.74 | 7.35 | 7.25 |
| 崖门 | 17.03 | 28.70 | 29.45 | 17.42 | 6.21 | 0.11 | 0.12 | 5.37 | 7.65 | 7.41 | 7.39 | 7.33 |
| 平均 | 16.887 | 27.26 | 28.90 | 17.23 | 1.61 | 0.10 | 0.12 | 1.92 | 7.59 | 7.50 | 7.45 | 7.49 |

| 站点 | 叶绿素浓度（μg/L） | | | | 溶解氧（mg/L） | | | | 电导（mS） | | | |
|---|---|---|---|---|---|---|---|---|---|---|---|---|
| | 春季 | 夏季 | 秋季 | 冬季 | 春季 | 夏季 | 秋季 | 冬季 | 春季 | 夏季 | 秋季 | 冬季 |
| 三水 | 2.38 | 7.22 | 5.16 | 2.11 | 9.07 | 6.74 | 6.93 | 8.11 | 0.23 | 0.23 | 0.28 | 0.22 |
| 九江 | 1.86 | 5.56 | 3.72 | 2.37 | 8.60 | 6.53 | 6.65 | 8.45 | 0.24 | 0.21 | 0.28 | 0.22 |
| 南沙 | 5.89 | 7.50 | 7.46 | 3.19 | 6.14 | 5.98 | 6.48 | 7.24 | 2.99 | 0.21 | 0.22 | 8.49 |
| 神湾 | 2.20 | 10.62 | 8.78 | 4.17 | 7.93 | 6.34 | 5.83 | 7.28 | 0.27 | 0.25 | 0.30 | 0.29 |
| 南水 | 7.63 | 9.65 | 8.94 | 4.44 | 7.30 | 6.60 | 7.33 | 8.15 | 1.07 | 0.25 | 0.24 | 0.53 |
| 崖门 | 6.01 | 13.09 | 15.69 | 2.81 | 8.49 | 5.73 | 4.94 | 7.24 | 9.17 | 0.25 | 0.28 | 8.13 |
| 平均 | 4.47 | 8.54 | 7.87 | 3.09 | 7.74 | 6.31 | 6.38 | 7.82 | 2.43 | 0.23 | 0.27 | 2.88 |

（续）

| 站点 | 总溶解固体（g/L） | | | | $NH_4^+$－N（mg/L） | | | | 透明度（cm） | | | |
|---|---|---|---|---|---|---|---|---|---|---|---|---|
| | 春季 | 夏季 | 秋季 | 冬季 | 春季 | 夏季 | 秋季 | 冬季 | 春季 | 夏季 | 秋季 | 冬季 |
| 三水 | 0.18 | 0.15 | 0.17 | 0.17 | 0.64 | 1.64 | 0.32 | 0.52 | 135.00 | 32.83 | 67.80 | 118.00 |
| 九江 | 0.18 | 0.13 | 0.17 | 0.17 | 0.78 | 2.02 | 0.23 | 0.41 | 160.00 | 33.50 | 67.67 | 104.17 |
| 南沙 | 2.27 | 0.13 | 0.15 | 6.50 | 2.26 | 1.43 | 0.62 | 5.59 | 60.00 | 30.17 | 43.67 | 85.00 |
| 神湾 | 0.20 | 0.15 | 0.18 | 0.22 | 1.26 | 1.85 | 0.61 | 1.37 | 77.83 | 24.67 | 49.67 | 64.17 |
| 南水 | 0.80 | 0.15 | 0.18 | 0.38 | 1.49 | 1.49 | 0.77 | 0.97 | 47.70 | 19.20 | 46.44 | 47.50 |
| 崖门 | 7.05 | 0.15 | 0.17 | 6.15 | 7.12 | 2.85 | 0.55 | 9.83 | 62.83 | 40.00 | 62.17 | 97.50 |
| 平均 | 1.86 | 0.14 | 0.17 | 2.19 | 2.27 | 1.93 | 0.48 | 2.95 | 81.56 | 30.37 | 54.32 | 86.03 |

## 二、珠江口鱼类分布与水质因子关系分析

根据结果分析，综合4个季节数据，对珠江口鱼类分布影响最大的为叶绿素浓度、水温、溶解氧和透明度。温度、叶绿素浓度与鱼类密度呈显著正相关，而溶解氧、透明度与鱼类密度呈显著的负相关（表6－8）。

表6－8　2013—2016年主要环境因子和鱼类密度分布的相关性

| 参数 | 样本数 | Pearson相关性 | 显著性 |
|---|---|---|---|
| 温度（℃） | 48 | 0.464** | 0.001 |
| 盐度 | 48 | 0.118 | 0.424 |
| pH | 48 | −0.182 | 0.216 |
| 叶绿素浓度（μg/L） | 48 | 0.625** | 0.000 |
| 溶解氧（mg/L） | 48 | −0.545** | 0.000 |
| 电导（mS） | 48 | 0.131 | 0.375 |
| 总溶解固体（g/L） | 48 | 0.120 | 0.415 |
| $NH_4^+$－N（mg/L） | 48 | 0.237 | 0.104 |
| 透明度（cm） | 48 | −0.595** | 0.000 |

### （一）春季主要环境因子和鱼类密度分布之间的关系

由表6－9可知，春季仅透明度与鱼类分布呈显著的负相关。

表6－9　春季主要环境因子和鱼类密度分布之间的相关性

| 参数 | 样本数 | Pearson相关性 | 显著性 |
|---|---|---|---|
| 温度（℃） | 12 | 0.017 | 0.958 |
| 盐度 | 12 | 0.411 | 0.184 |
| pH | 12 | −0.072 | 0.825 |
| 叶绿素浓度（μg/L） | 12 | 0.334 | 0.288 |

（续）

| 参数 | 样本数 | Pearson 相关性 | 显著性 |
|---|---|---|---|
| 溶解氧（mg/L） | 12 | −0.385 | 0.217 |
| 电导（mS） | 12 | 0.423 | 0.171 |
| 总溶解固体（g/L） | 12 | 0.419 | 0.175 |
| $NH_4^+$ - N（mg/L） | 12 | 0.484 | 0.111 |
| 透明度（cm） | 12 | −0.687* | 0.014 |

## （二）夏季主要环境因子和鱼类密度分布之间的关系

夏季鱼类分布与水温、叶绿素浓度呈显著的正相关（表 6 - 10）。

表 6 - 10　夏季主要环境因子和鱼类密度分布之间的相关性

| 参数 | 样本数 | Pearson 相关性 | 显著性 |
|---|---|---|---|
| 温度（℃） | 12 | 0.641* | 0.025 |
| 盐度 | 12 | 0.411 | 0.184 |
| pH | 12 | 0.043 | 0.895 |
| 叶绿素浓度（μg/L） | 12 | 0.667* | 0.018 |
| 溶解氧（mg/L） | 12 | −0.459 | 0.133 |
| 电导（mS） | 12 | 0.456 | 0.136 |
| 总溶解固体（g/L） | 12 | 0.384 | 0.218 |
| $NH_4^+$ - N（mg/L） | 12 | 0.234 | 0.464 |
| 透明度（cm） | 12 | −0.028 | 0.932 |

## （三）秋季主要环境因子和鱼类密度分布之间的关系

秋季鱼类分布与叶绿素浓度呈显著的正相关（表 6 - 11）。

表 6 - 11　秋季主要环境因子和鱼类密度分布之间的相关性

| 参数 | 样本数 | Pearson 相关性 | 显著性 |
|---|---|---|---|
| 温度（℃） | 12 | 0.185 | 0.565 |
| 盐度 | 12 | −0.019 | 0.954 |
| pH | 12 | −0.423 | 0.171 |
| 叶绿素浓度（μg/L） | 12 | 0.692* | 0.013 |
| 溶解氧（mg/L） | 12 | −0.397 | 0.201 |
| 电导（mS） | 12 | −0.099 | 0.759 |
| 总溶解固体（g/L） | 12 | 0.031 | 0.924 |
| $NH_4^+$ - N（mg/L） | 12 | 0.274 | 0.388 |
| 透明度（cm） | 12 | −0.288 | 0.364 |

## （四）冬季主要环境因子和鱼类密度分布之间的关系

冬季检测的主要环境因子与叶绿素、$NH_4^+$ - N、透明度呈低度相关性，但均未达到显著水平（表 6 - 12）。

表 6 - 12　冬季主要环境因子和鱼类密度分布之间的相关性

| 参数 | 样本数 | Pearson 相关性 | 显著性 |
| --- | --- | --- | --- |
| 温度（℃） | 12 | 0.149 | 0.643 |
| 盐度 | 12 | 0.469 | 0.124 |
| pH | 12 | 0.013 | 0.967 |
| 叶绿素浓度（μg/L） | 12 | 0.546 | 0.066 |
| 溶解氧（mg/L） | 12 | −0.490 | 0.106 |
| 电导（mS） | 12 | 0.477 | 0.117 |
| 总溶解固体（g/L） | 12 | 0.476 | 0.118 |
| $NH_4^+$ - N（mg/L） | 12 | 0.536 | 0.072 |
| 透明度（cm） | 12 | −0.517 | 0.085 |

## 三、珠江口鱼类分布与水文因子（水深、流量）关系分析

珠江口各季节流量（马口站）如图 6 - 24 所示。珠江口各季节流量以夏季最高，2015 年和 2016 年夏季走航时期平均流量分别达 16 216.67 $m^3/s$ 和 23 366.67 $m^3/s$；秋季次之，2015 年和 2016 年秋季走航时期平均流量分别为 13 516.67 $m^3/s$ 和 10 050 $m^3/s$；春季和冬季流量最低，2015 年和 2016 年春季走航时期流量分别为 3 276.67 $m^3/s$ 和 7 655 $m^3/s$，2014 年和 2015 年冬季走航时期流量分别为 7 800 $m^3/s$ 和 7 205 $m^3/s$。

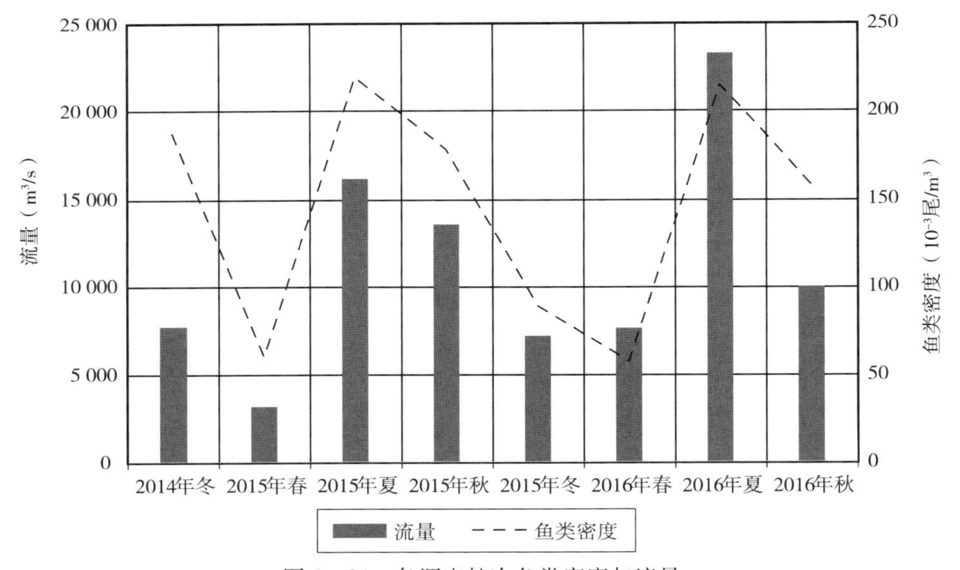


图 6 - 24　各调查航次鱼类密度与流量

鱼类密度与流量变化趋势一致，流量较大的季节鱼类密度也较大（图 6 - 24）。回归分析表明（图 6 - 25），鱼类密度与流量回归关系显著（$F=9.907$；$R^2=0.6228$；$P=$

0.02)，$y=0.0083x+53.374$，其中 $x$ 为流量，$y$ 为珠江口鱼类密度。

对水深和鱼类密度相关性分析显示，春夏秋冬各季节鱼类密度均与水深呈负相关（图 6－26、图 6－27，表 6－13）。

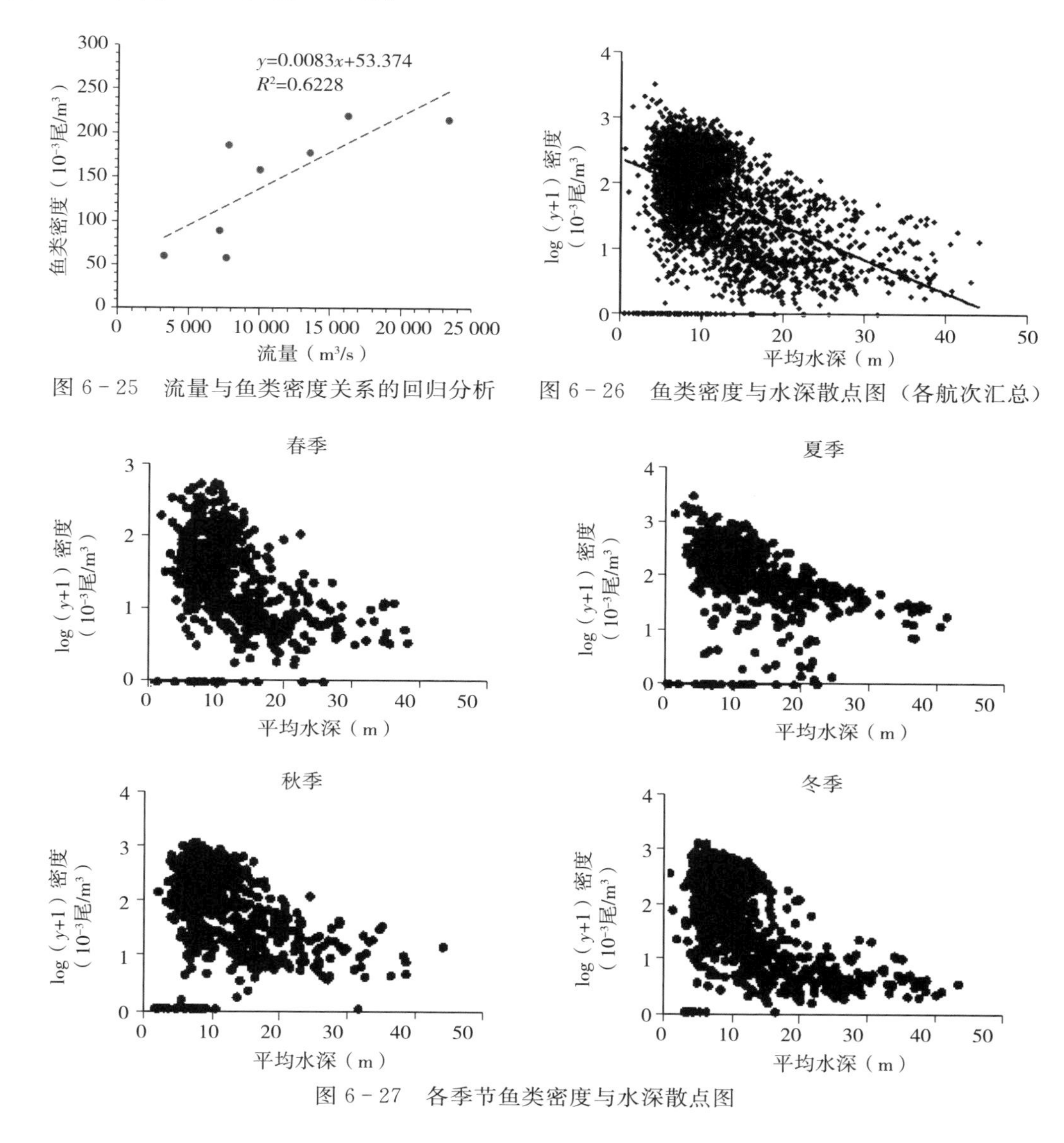


图 6－25　流量与鱼类密度关系的回归分析

图 6－26　鱼类密度与水深散点图（各航次汇总）

图 6－27　各季节鱼类密度与水深散点图

**表 6－13　鱼类密度和水深的关系**

| 季节 | 样本数 | Pearson 相关性 | 显著性 |
|---|---|---|---|
| 春季 | 625 | −0.516 | 0.000 |
| 夏季 | 676 | −0.343 | 0.000 |
| 秋季 | 722 | −0.436 | 0.000 |
| 冬季 | 921 | −0.628 | 0.000 |
| 合计 | 2 944 | −0.476 | 0.000 |

## 四、珠江口鱼类分布与鱼类多样性关系分析

从物种多样性指数来看（图 6-28，表 6-14），珠江口鱼类密度与物种数（Pearson correlation=0.650，$P=0.000$）和 Margalef 种类丰富度指数（Pearson correlation=0.683，$P=0.000$）存在极显著的正相关，而 Pielou 均匀度指数、Shannon-Wiener 多样性指数、Simpson 优势集中度指数与鱼类密度无显著的相关性（$P>0.05$）。

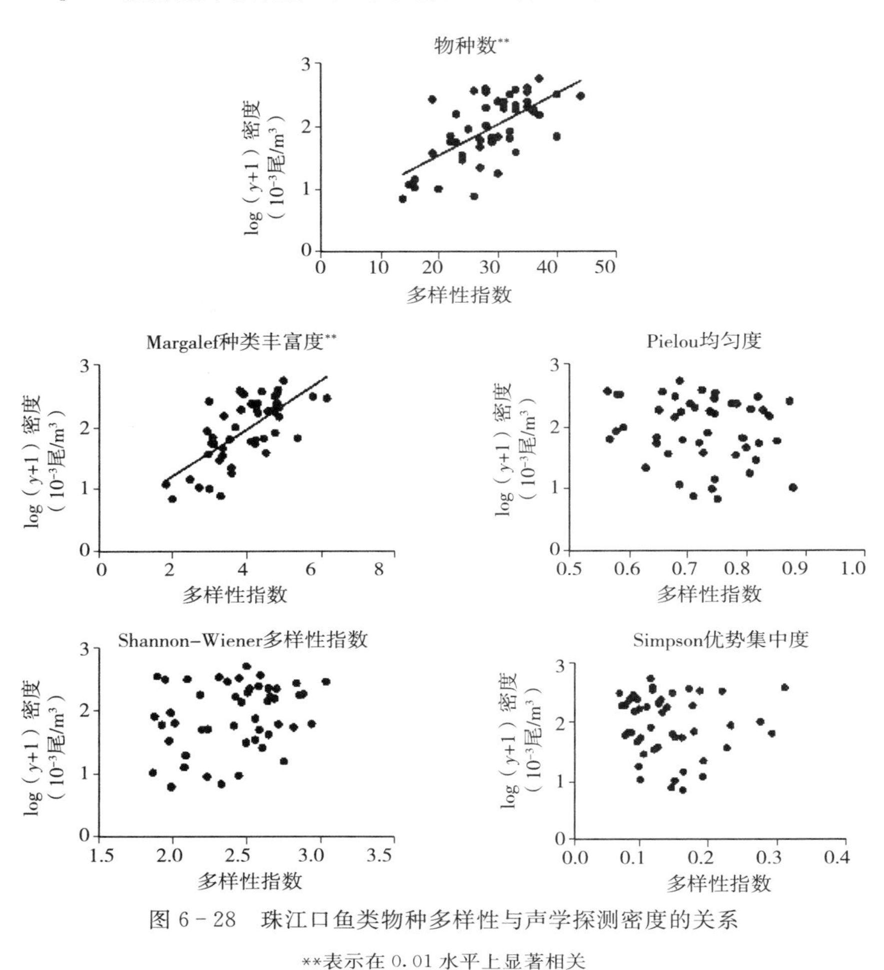


图 6-28 珠江口鱼类物种多样性与声学探测密度的关系

**表示在 0.01 水平上显著相关

与物种多样性不同的是，珠江口分类学多样性指数（分类多样性指数、分类差异指数、平均分类差异指数、分类差异变异指数）均与鱼类密度极显著相关（图 6-29，表 6-14）。其中分类多样性指数（Pearson correlation=0.547，$P=0.000$）、分类差异指数（Pearson correlation=0.608，$P=0.000$），平均分类差异指数（Pearson correlation=0.690，$P=0.000$）与鱼类密度显著正相关，分类差异变异指数（Pearson correlation=

−0.724，$P$=0.000）与鱼类密度呈显著的负相关。

从功能多样性指数来看（图6-30，表6-14），功能丰富度指数与珠江口鱼类密度呈极显著正相关（Pearson correlation=0.683，$P$=0.000），功能均匀度指数与鱼类密度呈显著正相关（Pearson correlation=0.305，$P$=0.035），功能离散度指数和功能熵指数与鱼类密度相关关系不显著（$P$>0.05）。

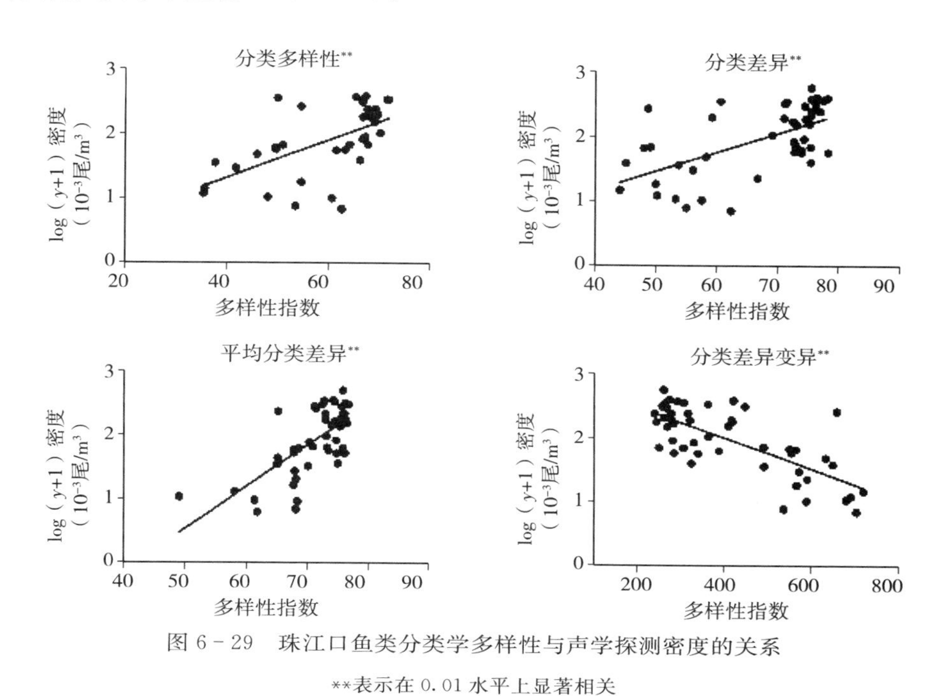


图6-29　珠江口鱼类分类学多样性与声学探测密度的关系

**表示在0.01水平上显著相关

**表6-14　珠江口鱼类多样性指数和水声学探测密度的Pearson相关性分析**

| 类　型 | 多样性指数 | 样本数 | Pearson相关性 | 显著性 |
|---|---|---|---|---|
| 物种多样性 | 物种数 | 48 | 0.650** | 0.000 |
| | Margalef种类丰富度 | 48 | 0.683** | 0.000 |
| | Pielou均匀度 | 48 | −0.180 | 0.220 |
| | Shannon-Wiener多样性指数 | 48 | 0.259 | 0.076 |
| | Simpson优势集中度 | 48 | −0.067 | 0.649 |
| 分类学多样性 | 分类多样性 Δ | 48 | 0.547** | 0.000 |
| | 分类差异 Δ* | 48 | 0.608** | 0.000 |
| | 平均分类差异 Δ+ | 48 | 0.690** | 0.000 |
| | 分类差异变异 Λ+ | 48 | −0.724** | 0.000 |
| 功能多样性 | 功能丰富度 | 48 | 0.683** | 0.000 |
| | 功能均匀度 | 48 | 0.305* | 0.035 |
| | 功能离散度 | 48 | 0.212 | 0.148 |
| | 功能熵 | 48 | 0.205 | 0.162 |

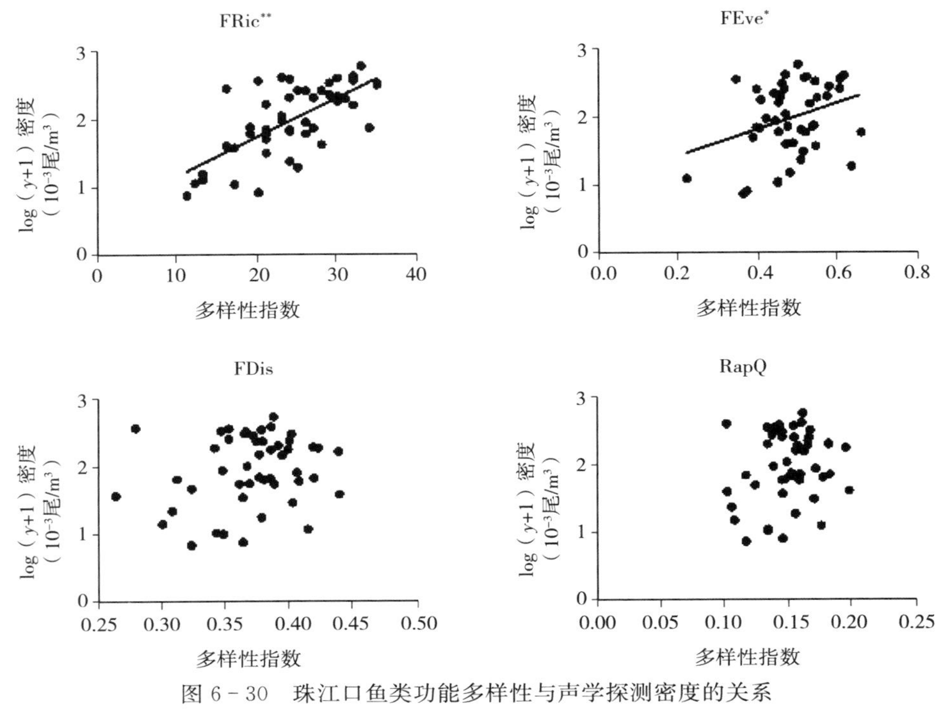


图 6-30　珠江口鱼类功能多样性与声学探测密度的关系

FRic. 功能丰富度指数　FEve. 功能均匀度指数　FDis. 功能离散度指数

RaoQ. 功能熵指数　**. 在 0.01 水平上显著相关　*. 在 0.05 水平上显著相关

# 第四节　研究结论

## 一、珠江口鱼类的水声学探测

水声学技术在渔业资源评估和生态学研究方面有着广泛的应用（Guillard et al，2004；Simmonds & MacLennan，2005；Koslow，2009；Lin et al，2013）。水声学方法能够较容易获得长期、连续和丰富的渔业资源数据，不会造成鱼体损伤、水域污染，且覆盖区域广，相比传统网捕的方法成本低、效率高，特别适用于大水面长期、大规模的调查（Elliott & Fletcher，2001；Close et al，2006；Jurvelius et al，2016）。水声学调查对鱼类资源量估计和分布来说是一种非常高效的手段，在变化较大的水域生态环境中，如河口环境和河流环境，这种方式能得到误差相对较小的估计值，提供了更为规律、可靠和可接受的数据（Simmonds & MacLennan，2005）。在水深小于 5 m 的浅水区内，相比于垂直探测，水平探测更好。这是由于鱼类分布与水面距离较近，换能器存在近场效应，垂直采样会因此失效（Tušer et al，2013）。当鱼类分布在水面最初的几米时，水平采样更加适用。否则，因为浅水区声波穿透水层的体积较小，鱼群也会对周围的船只产生一些躲避的行为，鱼群密度可能会被低估（Draštík & Kubečka，2005）。然而，垂直采样能得到高质量的实验数据，低噪的环境下背部探测结果能对鱼体信号有较为真实的反映，还能提供较好的鱼类水层分布图像。珠江口所选 6 个站点研究时期中最小平均水深都超过了 7 m，并且若采用较高频率声波进行调查，探测死角区域将非常小（Pollom & Rose，2015），因此本章的研究采用垂直探测方法。

航线设计均采用 Z 形航线，尽管根据实际情况如航船经过、由于涨退潮、季节水位变化等会略有偏移，但基本能满足有代表性、随机性、覆盖全面的采样要求，能够较好地反映珠江口调查区域鱼类的水平分布和垂直分布特征。由于珠江口鱼类种类丰富，且水声学设备较难鉴别种类，Misund（1997）指出，通过双波或裂波技术、宽波多频技术以及狭波回声信号分析技术能够鉴别鱼的种类，但是在实际运用时都存在着一定的局限性，因此在讨论鱼类资源量时空分布的变化上，主要倾向于整体密度分布，仅根据具体问题结合渔获物组成进行分析，而不涉及具体鱼类种类资源的区域分布情况。此外，根据珠江口涨退潮时鱼类空间分布，靠近上游的三水、九江站点涨退潮鱼类密度差异不显著（$P>0.05$），而靠近口门的站点如南水、崖门、神湾等涨潮密度显著大于退潮（$P<0.05$）。神湾站点的涨潮鱼类密度是退潮的 2.5 倍，南沙站点的涨潮密度是退潮的 2 倍，南水和崖门站点涨潮时鱼类密度分别上涨了 83.4%和 78.5%。珠江口靠近口门的站点涨潮时有明显的从近岸到河中的潮汐迁移行为，由于这种从声学盲区到河中的迁移，鱼类更容易被声学设备探测，密度更大，更能反映真实的鱼类资源情况，所以对珠江口鱼类资源量时空变动的探测均在涨潮时进行。

## 二、珠江口鱼类潮汐差异与迁移行为

本章的研究发现珠江口上下游潮汐差异模式并不一致。靠近口门的站点（南沙、神湾、南水和崖门）鱼类密度与 TS 大小分布存在显著的潮汐差异，涨潮时鱼类密度更大，而目标强度更小。而上游站点三水和九江在涨潮和退潮时的密度和 TS 分布差异不明显。由于三水和九江与河口距离超过 90 km，这两个站点的潮汐强度非常小，并且潮差远小于接近河口的站点（Zhang et al，2010）。以下几种情况可以解释靠近河口站点的鱼群密度与 TS 分布潮汐差异。首先，枯水季节，淡水流量减少，海洋的影响最高，盐度增加，以及潮汐影响增强，许多海洋性种类随潮汐而进入河口（Guillard et al，2004），使靠近河口的区域在涨潮时期鱼类空间密度显著升高。其次，这些鱼类在非涨潮时期潜伏在水声探测的盲区例如走航路线未能覆盖的河岸水域（Godlewska，2002）以及探测的河底区域

(Robinson & Gomez-Aguirre，2004)，Esteves 等（2000）研究发现河口鱼类的空间分布与饵料生物的水平和垂直迁移有关，而在涨潮时期这些鱼类依靠潮汐动力集中到河口的上层及河中进行觅食，这也解释了在涨潮时鱼类空间密度的升高、聚类区域的变化和鱼类密度中心往江段中心迁移的现象。第三，潮汐带来的某些环境变量的改变，也会对鱼类行为造成刺激，例如潮汐造成的温度变化、流速变化以及水流声波等也是造成鱼类空间分布变化的因素之一。鉴于目前的研究，为了避免水声学探测盲区以及花鰶、七丝鲚、鲻等洄游性鱼类和海洋性鱼类的潮汐行为引起探测结果偏差，建议在涨潮时对靠近河口的站点进行声学走航，并通过实地勘测的方法，如拖网捕捞、水下录像等方法来验证种类组成和声学目标。

涨退潮时期珠江口不同站点 TS 分布存在显著变化，TS 的平均值变化范围从神湾−63.29 dB到九江−59.59 dB，对应的鱼类体长是 2.69 cm 和 4.13 cm。这意味着尽管存在很多 TS 值大于−40 dB 大型鱼类，但珠江口鱼类主要是由小型个体组成。很多学者在其他河口系统也得到了类似的结果（Connolly，1994；Ikejima et al，2003；Boswell，2007）。本章的研究也验证了潘炯华（1991）指出的珠江三角洲及河口是水生生物最好的繁育地区的观点。珠江三角洲及河口水温较高，雨量充沛，河道稠密、水流较缓、潮水可侵入，河道底质少沙多泥，水生植物、底栖动物和浮游生物都极为丰富，是幼鱼最好的栖息和索饵场所。此外，幼鱼通常利用涨潮带来的推动力被运送到河口索饵场，这种节能的迁移方式是长期物种与环境适应进化的结果（Forward & Tankersley，2001）。这也说明靠近河口站点的鱼类密度和 TS 分布潮汐差异是由小型个体的选择性潮汐迁移所引起的。

## 三、非生物环境因子对珠江口鱼类资源变动的影响

环境因子的时空差异是造成鱼类资源时空变动的主要原因，环境因子大致可分为非生物环境因子和生物环境因子两大类。非生物环境因子主要指水体的性质、水的各种理化因子及人类活动所引起的各种非生物环境条件，包括水温、溶解氧、透明度、水深、盐度、底质、冲淡水和潮汐等，生物环境因子则主要包括捕食关系栖息地竞争、饵料竞争等（李思忠，1981；Esteves et al，2000；Fortier & Leggett，2011；黄良敏等，2013）。

鱼类往往沿着环境梯度有着对应的密度梯度分布特征（Prchalova et al，2008）。本研究发现，综合 4 个季节数据，对珠江口鱼类分布影响最大的水质因子为叶绿素浓度、水温、溶解氧和透明度。其中温度、叶绿素浓度与鱼类密度呈显著正相关，而溶解氧、透明度与鱼类密度呈显著的负相关。叶绿素浓度反映的是水体初级生产力的大小（蒋万祥等，2010），初级生产力高的水域有利于饵料生物的生长，叶绿素浓度与鱼类分布关系间

接反映了饵料生物与鱼类的分布的相关性。有研究表明水温在时间尺度上对鱼类群落影响最为显著，水温的季节变动直接导致了鱼类群落的季节差异（Ribeiro et al，2006）。Newton（1996）通过对 Hopkins 河口的研究发现，在一定的水温范围内，鱼类的丰度与水温大体成正相关关系。水温也是影响鱼类生长的主要因子，水温能改变代谢过程的速度。在鱼类生理限制的范围内，适当提高的水温有利于浮游动、植物等饵料生物的快速生长和繁殖，这为鱼类提供了充足的食物而有利于鱼类的存活和快速生长（Ribeiro et al，2006；黄良敏 等，2013）。此外，本研究发现透明度（浊度）在珠江口鱼类资源量的时空分布中也起着十分重要的作用，其影响主要体现在索饵与避敌两个方面（Cyrus & Blaber，1992）。在以鲻类和鲱类为优势种的澳大利亚昆士兰东部亚热带区的洛根-艾伯特河的声学调查也验证了透明度会影响鱼类的分布（Matveev & Steven，2014），鱼类利用较低的透明度来避免被捕食，增加河流中鱼群的生存能力（Whitfield，1999）。一般情况下，透明度较低的水域其底质的平均粒径相对较小，饵料生物的丰度相对较高，因而有利于鱼类的索饵（Islam et al，2006）。透明度较低的水域环境有利于降低非肉食性被捕食的概率，提高种群存活率（Cyrus & Blaber，1992），反之，增大了肉食性鱼类的捕食难度，因此，在低透明度水域小型鱼类或者仔、稚鱼丰度往往较高（North et al，2003）。本研究中溶解氧与鱼类密度呈负相关，一方面是因为溶解氧会随温度的升高而降低，与温度呈显著的负相关，而鱼类往往偏向于栖息水温更高的水域，鱼类密度与水温呈显著的正相关；另一方面是因为珠江口各站点溶解氧均较高，各季节各站点平均值均位于5.98 mg/L 以上，都能满足鱼类的需要。而鱼类密度大的水域，溶解氧消耗更大，造成溶解氧与鱼类密度呈负相关。大量研究表明盐度对鱼类群落空间结构的影响极为显著，盐度不仅影响了鱼类的生长和繁殖，也影响了种群的时空分布（Akin et al，2005；Boswell et al，2010；Matveev & Steven，2014），本研究并未发现盐浓度和鱼群分布间统计学上的关系。三水、九江、神湾虽然在潮汐的影响区域内，但盐度接近于 0。然而，这 3 个地区鱼群平均密度却有着很大差异，这 3 个淡水站点可能掩盖了盐浓度对鱼类空间分布的影响。

淡水径流量和水深等水文因子也是影响河口水域环境和鱼类分布的重要因素，对鱼类的生长活动具有重要影响（Guillard et al，2004；Djemali et al，2009）。本章的研究中，珠江口鱼类密度与上游站点马口的流量相关关系显著，鱼类密度与流量变化趋势一致，流量较大的季节鱼类密度也较大。在洪水季节，流入河口的冲淡水增多，最直接的影响是盐度的差异：盐度梯度变化变缓，半咸水水域扩大，海水远离河口，进而影响鱼类的分布。另外，淡水径流量的增多带来更多的陆源营养盐和悬浮物，常常改善河口的产卵条件和生存条件，有利于鱼类的繁殖和后代生长。本章的研究中珠江口鱼群密度与水深也呈负相关性。许多研究已经报道了水深和鱼类密度的相关性（Djemali et al，2009；陶江平 等，2008；Wang et al，2013）。幼鱼往往偏好栖息于浅水区，浅水区饵料生物更丰富，并且天敌也比较少（Blaber & Blaber，1980）。Linehan et al（2001）通过实验证明，增加水深会增加1龄鳕鱼被肉食性鱼类捕食的风险。作为小规格个体占主导地位的珠江口水域，浅水区不仅可以为其提供栖息地，也会使得它们免受掠食者的捕食。

## 四、生物因子对珠江口鱼类资源变动的影响

除水质、水文调控鱼类资源季节变动和空间分布外，本章的研究表明生物因子如鱼类索饵、逃避敌害、繁殖等生态习性也会影响鱼类的空间分布（Rose，1993；DeBlois & Rose，1996；Lilja et al，2003）。珠江口靠近入海口鱼类密度高于上游，相关性分析表明，随着水深增加鱼类密度呈逐渐降低的趋势，这和Power等（2000）论述的鱼类密度和水深呈负相关的观点一致。珠江口鱼类呈此种分布格局的一个重要原因是捕食压力，珠江口以小型鱼类为主，肉食性鱼类中鳡、丝鳍海鲇、海南鲌、胡子鲇等会对其造成较大威胁，水面加宽，水深增大，小型鱼类面临着更大的被捕食风险。其次是饵料资源，珠江口靠近入海口水深较上游更浅，而生活污水排放会直接带来饵料资源，入海口加上汇入的污水，饵料往往比上游更丰富，使水体营养水平升高，加速浮游生物水平的提高。而饵料资源间接造成水深和鱼类密度的负相关关系。珠江口夏季水声学探测的鱼类密度要高于秋季，夏季是大多数鱼类的繁殖时期，通过繁殖与生长，水体中的鱼类密度会大大增加，在夏季鱼类密度会达到高峰。在此之后，经过夏季和秋季的渔业捕捞，以及仔稚鱼的自然死亡，鱼类的密度会逐渐下降。冬季和初春随水温降低鱼类各自逐步进入越冬场，如深水区的水底，或者水下洞穴、石堆等水声学探测的盲区，从而不利于水声学探测。此外，珠江口鱼类密度呈不均匀分布，且从上游到河口密度逐渐增加。影响这一分布特征的重要原因是洄游性鱼类的上溯能力不同（Hayes et al，1989）。短吻鲾、硬头鲻、凤鲚只出现在近河口水域，而花鰶、鲻鱼、七丝鲚尽管迁移到珠三角的所有区域，但上游地区的丰度远远小于下游。因此，站点距河口的远近对鱼类密度空间分布来说是一个重要的决定因素。

## 五、生物多样性与鱼类资源

研究发现珠江口鱼类资源与鱼类多样性状况存在显著的相关关系。从物种多样性指数来看，珠江口鱼类密度与物种数和Margalef种类丰富度指数存在极显著的正相关。物种数和Margalef种类丰富度指数均反映了群落种类的多样性，由此可知珠江口种类越丰富的水域，往往资源密度越高。王淼等（2016）在杭州湾口门区也发现春季Shannon-Wiener多样性指数与鱼类密度呈显著正相关的现象，并指出这主要是受上游冲淡水的影响。冲淡水带来的营养物质为仔稚鱼和前来育肥的海洋性种类提供丰富的饵料，造成种

类多样性和资源密度的同步提高。从功能多样性指数来看，珠江口功能丰富度指数与鱼类密度呈极显著正相关，功能均匀度指数与鱼类密度呈显著正相关，功能离散度指数和功能熵指数与鱼类密度相关关系不显著。功能丰富度指数是指物种在群落中所占据的功能空间的大小，一个群落的功能丰富度不仅取决于功能性状值的范围，还取决于物种所占据的功能生态位大小（Villéger et al，2008），功能均匀度指数是指群落内物种功能性状在生态位空间分布的均匀程度，物种多度分布越均匀或物种间功能距离越均匀时候，功能均匀度指数越大（Nicolas et al，2010；Baptista et al，2015）。珠江口功能丰富度指数和均匀度指数较高的水域，意味着生态位互补程度大，潜在的有效资源利用率较高，从而使生产力水平增加（Laliberté & Legendre et al，2010），导致珠江口鱼类功能多样性与资源密度的显著正相关。珠江口分类学多样性指数（分类多样性指数、分类差异指数、平均分类差异指数和分类差异变异指数）均与鱼类密度极显著相关。分类多样性指数、分类差异指数、平均分类差异指数数值越高，表明分类学多样性越高。分类差异变异指数为平均分类差异指数的偏离程度，其值越小，表明群落物种之间的分类学关系越均匀（Warwick &Clarke，1998；Bevilacqua et al，2012）。由此可知珠江口鱼类分类学多样性越高、分类学关系越均匀的水域，则鱼类资源密度越大。Tilman 等（1997）指出，在当前人类活动影响和环境变化的扰动下，群落的分类学范围对维持系统的稳定是十分重要的。基于物种分类关系的分类学多样性指数，如等级多样性指数和分类差异变异指数，由于其平均值不依赖于样本大小和取样性质，而适合开展不同采样区样本，不同生境间，以及历史数据的比较研究，甚至其他取样性质不一致或未知情况下的研究（Warwick & Clark，1995；Costa et al，2010）。本研究发现分类学多样性等多样性指数不仅可以衡量鱼类群落抵抗变化的能力（张金屯和范丽宏，2011；Tonetto et al，2016），由于其与鱼类资源的高相关性，对理解鱼类资源密度的变化也具有一定的作用，珠江口多样性越高的水域，对有效资源的利用越充分，使得鱼类资源密度越大。因此可通过对鱼类分类学多样性等指数的研究，监测珠江口鱼类多样性水平、群落稳定性、鱼类资源状况，保护并使珠江口渔业资源达到可持续利用。

# 附　　录

# 附录一　珠江口水域2013—2016年与20世纪80年代调查鱼类名录

| 种　类 | 20世纪80年代调查 | | | | 2013—2016年调查 |
|---|---|---|---|---|---|
| | 广东淡水鱼类志 | 珠江口鱼类资源 | 珠江水系渔业资源 | 珠江鱼类志 | 珠江及其河口渔业调查行业专项 |
| 条纹斑竹鲨 *Chiloscyllium plagiosum* | | √ | √ | | |
| 宽尾斜齿鲨 *Scoliodon laticaudus* | | √ | √ | | √ |
| 赤魟 *Dasyatis akajei* | √ | | √ | √ | √ |
| 古氏新魟 *Neotrygon kuhlii* | | √ | | | |
| 花点无刺鲼 *Aetomylaeus maculatus* | | √ | | | |
| 无斑鹞鲼 *Aetobatus flagellum* | | | √ | | |
| 中华鲟 *Acipenser sinensis* | √ | | √ | √ | |
| 大眼海鲢 *Elops machnata* | √ | | | √ | √ |
| 大海鲢 *Megalops cyprinoides* | √ | | √ | | √ |
| 黄带圆腹鲱 *Dussumieria hasseltii* | | √ | | | |
| 沙丁脂眼鲱 *Etrumeus sadina* | | √ | | | |
| 金色小沙丁鱼 *Sardinella aurita* | | | | | √ |
| 缝鳞小沙丁鱼 *Sardinella fimbriata* | | √ | | | |
| 裘氏小沙丁鱼 *Sardinella jussieu* | | √ | | | √ |
| 黄泽小沙丁鱼 *Sardinella lemuru* | | √ | √ | | √ |
| 大眼似青鳞鱼 *Herklotsichthys ovalis* | | √ | | | √ |
| 花点鲥 *Hilsa kelee* | | √ | | | |
| 鲥 *Tenualosa reevesii* | √ | √ | √ | √ | |
| 云鲥 *Tenualosa ilisha* | | √ | | | |
| 斑鰶 *Konosirus punctatus* | √ | √ | √ | | √ |
| 花鰶 *Clupanodon thrissa* | √ | √ | √ | √ | √ |
| 鳓 *Ilisha elongata* | √ | √ | √ | | √ |
| 印度鳓 *Ilisha indica* | | √ | | | √ |
| 后鳍鱼 *Opisthopterus tardoore* | | | √ | | |
| 康氏侧带小公鱼 *Stolephorus commersonnii* | | √ | √ | | √ |
| 日本鳀 *Engraulis japonicus* | | √ | | | |
| 中华侧带小公鱼 *Stolephorus chinensis* | | √ | √ | | √ |
| 赤鼻棱鳀 *Thryssa kammalensis* | √ | √ | √ | | √ |
| 杜氏棱鳀 *Thryssa dussumieri* | | √ | √ | | √ |
| 汉氏棱鳀 *Thryssa hamiltonii* | | √ | √ | | √ |
| 黄吻棱鳀 *Thryssa vitirostris* | | √ | √ | | √ |
| 长颌棱鳀 *Thryssa setirostris* | | √ | | | √ |
| 中颌棱鳀 *Thryssa mystax* | √ | √ | √ | | √ |
| 黄鲫 *Setipinna tenuifilis* | √ | √ | √ | | √ |
| 凤鲚 *Coilia mystus* | √ | √ | √ | √ | √ |
| 七丝鲚 *Coilia grayii* | √ | √ | √ | √ | √ |
| 长颌宝刀鱼 *Chirocentrus nudus* | | √ | | | √ |
| 遮目鱼 *Chanos chanos* | √ | | | | |

（续）

| 种　　类 | 20 世纪 80 年代调查 | | | | 2013—2016 年调查 |
|---|---|---|---|---|---|
| | 广东淡水鱼类志 | 珠江口鱼类资源 | 珠江水系渔业资源 | 珠江鱼类志 | 珠江及其河口渔业调查行业专项 |
| 白肌银鱼 *Leucosoma chinensis* | √ | √ | √ | √ | √ |
| 居氏银鱼 *Salanx cuvieri* | √ | | √ | √ | √ |
| 有明银鱼 *Salanx ariakensis* | | √ | √ | √ | √ |
| 陈氏新银鱼 *Neosalanx tangkahkei* | √ | | √ | √ | √ |
| 短吻新银鱼 *Neosalanx brevirostris* | | | | √ | |
| 花鳗鲡 *Anguilla marmorata* | √ | | √ | √ | √ |
| 尖尾鳗 *Uroconger lepturus* | | √ | | | √ |
| 日本鳗鲡 *Anguilla japonica* | √ | √ | √ | √ | √ |
| 乌耳鳗鲡 *Anguilla nigricans* | √ | | √ | | √ |
| 海鳗 *Muraenesox cinereus* | | √ | √ | | √ |
| 山口海鳗 *Muraenesox yamaguchiensis* | | | | √ | √ |
| 裸鳍虫鳗 *Muraenichthys gymnopterus* | √ | √ | √ | | |
| 马拉邦虫鳗 *Muraenichthys malabonensis* | | √ | √ | | √ |
| 中华须鳗 *Cirrhimuraena chinensis* | √ | √ | √ | | |
| 食蟹豆齿鳗 *Pisodonophis cancrivorous* | | √ | | | √ |
| 杂食豆齿鳗 *Pisodonophis boro* | √ | | √ | | √ |
| 尖吻蛇鳗 *Ophichthus apicalis* | √ | √ | √ | √ | √ |
| 大鳍蚓鳗 *Moringua macrochir* | | √ | √ | | |
| 大头蚓鳗 *Moringua macrocephalus* | √ | | | | |
| 前肛鳗 *Dysomma anguillare* | | | | | √ |
| 长海鳝 *Strophidon sathete* | | | | √ | |
| 大头狗母鱼 *Trachinocephalus myops* | | √ | | | √ |
| 多齿蛇鲻 *Saurida tumbil* | | √ | | | √ |
| 花斑蛇鲻 *Saurida undosquamis* | | √ | | | √ |
| 长蛇鲻 *Saurida elongata* | | √ | | | √ |
| 龙头鱼 *Harpadon nehereus* | | √ | √ | | √ |
| 纹唇鱼 *Osteochilus salsburyi* | | | | | √ |
| 露斯塔野鲮 *Labeo rohita* | √ | | | | √ |
| 鲮 *Cirrhinus molitorella* | √ | √ | | | √ |
| 麦瑞加拉鲮 *Cirrhinus mrigala* | | | | | √ |
| 卷口鱼 *Ptychidio jordani* | √ | | | | √ |
| 墨头鱼 *Garra imberba* | | | √ | | |
| 四须盘鮈 *Discogobio tetrabarbatus* | | | √ | | |
| 麦穗鱼 *Pseudorasbora parva* | | | | | √ |
| 银鮈 *Squalidus argentatus* | | | | | √ |
| 蛇鮈 *Saurogobio dabryi* | | | √ | | √ |
| 鲤 *Cyprinus carpio* | √ | | | | √ |
| 须鲫 *Carassioides acuminatus* | √ | | √ | | √ |
| 鲫 *Carassius auratus* | √ | | | | √ |
| 鳙 *Aristichthys nobilis* | √ | √ | √ | | √ |
| 鲢 *Hypophthalmichthys molitrix* | √ | √ | √ | | √ |
| 泉水鱼 *Pseudogyrinocheilus prochilus* | | | √ | | |
| 白云山波鱼 *Rasbora volzii* | √ | | | | |
| 侧条波鱼 *Rasbora laternstriata* | √ | | | | |
| 异鱲 *Parazacco spilurus* | √ | | | | |
| 宽鳍鱲 *Zacco platypus* | √ | | | | |

（续）

| 种　类 | 20世纪80年代调查 | | | | 2013—2016年调查 |
|---|---|---|---|---|---|
| | 广东淡水鱼类志 | 珠江口鱼类资源 | 珠江水系渔业资源 | 珠江鱼类志 | 珠江及其河口渔业调查行业专项 |
| 马口鱼 *Opsariichthys bidens* | √ | | | | √ |
| 唐鱼 *Tanichthys albonubes* | √ | | | | |
| 拟细鲫 *Nicholsicypris normalis* | | | √ | | |
| 青鱼 *Mylopharyngodon piceus* | √ | √ | √ | | √ |
| 草鱼 *Ctenopharyngodon idella* | √ | √ | √ | | √ |
| 赤眼鳟 *Squaliobarbus curriculus* | √ | | √ | | √ |
| 鳤 *Ochetobius elongatus* | √ | | | | |
| 鳡 *Elopichthys bambusa* | √ | | | | √ |
| 蒙古鲌 *Culter mongolicus mongolicus* | √ | | | | √ |
| 大眼近红鲌 *Ancherythroculter lini* | | | | | √ |
| 南方拟䱗 *Pseudohemiculter dispar* | | | √ | | √ |
| 三角鲂 *Megalobrama terminalis* | √ | √ | | | √ |
| 团头鲂 *Megalobrama amblycephala* | √ | | | | √ |
| 细鳊 *Rasborinus lineatus* | √ | | √ | | |
| 鳊 *Parabramis pekinensis* | | | | | √ |
| 海南鲌 *Culter recurviceps* | √ | √ | | | √ |
| 翘嘴鲌 *Culter alburnus* | | | | | √ |
| 红鳍原鲌 *Cultrichthys erythropterus* | √ | | | | √ |
| 海南似鲚 *Toxabramis houdemeri* | √ | | | | √ |
| 䱗 *Hemiculter leucisculus* | √ | | √ | | √ |
| 油䱗 *Hemiculter bleekeri* | | | √ | | |
| 寡鳞飘鱼 *Pseudolaubuca engraulis* | √ | | √ | | |
| 银飘鱼 *Pseudolaubuca sinensis* | √ | | √ | | √ |
| 黄尾鲴 *Xenocypris davidi* | | | | | √ |
| 银鲴 *Xenocypris argentea* | √ | | | | √ |
| 高体鳑鲏 *Rhodeus ocellatus* | √ | | | | √ |
| 条纹小鲃 *Puntius semifasciolatus* | √ | | | | √ |
| 美丽小条鳅 *Traccatichthys pulcher* | | | √ | | |
| 平头岭鳅 *Oreonectes platycephalus* | √ | | | | |
| 花斑副沙鳅 *Parabotia fasciata* | √ | | | | |
| 泥鳅 *Misgurnus anguillicaudatus* | √ | | √ | | √ |
| 拟平鳅 *Liniparhomaloptera disparis* | √ | | | | |
| 麦氏拟腹吸鳅 *Pseudogastromyzon myersi* | √ | | | | |
| 短盖巨脂鲤 *Piaractus brachypomus* | | | | | √ |
| 条纹鲮脂鲤 *Prochilodus lineatus* | | | | | √ |
| 黄颡鱼 *Tachysurus fulvidraco* | √ | | | | √ |
| 瓦氏拟鲿 *Pseudobagrus vachellii* | √ | | √ | | √ |
| 斑鳠 *Mystus guttatus* | | | √ | | √ |
| 粗唇拟鲿 *Pseudobagrus crassilabris* | | | | | √ |
| 多辐翼甲鲇 *Pterygoplichthys multiradiatus* | | | | | √ |
| 革胡子鲇 *Clarias gariepinus* | | | | | √ |
| 胡子鲇 *Clarias fuscus* | √ | | √ | | √ |
| 鳗鲇 *Plotosus anguillaris* | √ | √ | √ | | √ |
| 鲇 *Silurus asotus* | √ | | √ | | √ |
| 越南隐鳍鲇 *Pterocryptis cochinchinensis* | √ | | | | √ |
| 中国长臀鮠 *Cranoglanis bouderius* | | | √ | | √ |

（续）

| 种　类 | 20 世纪 80 年代调查 | | | | 2013—2016 年调查 |
|---|---|---|---|---|---|
| | 广东淡水鱼类志 | 珠江口鱼类资源 | 珠江水系渔业资源 | 珠江鱼类志 | 珠江及其河口渔业调查行业专项 |
| 内尔褶囊海鲇 *Plicofollis nella* | | | √ | | √ |
| 丝鳍海鲇 *Arius arius* | √ | √ | √ | √ | √ |
| 斑点叉尾鮰 *Ictalurus punctatus* | | | | | √ |
| 青鳉 *Oryzias latipes* | √ | | | | |
| 食蚊鱼 *Gambusia affinis* | √ | | | | √ |
| 凡氏下银汉鱼 *Hypoatherina valenciennei* | √ | √ | | | √ |
| 尾斑柱颌针鱼 *Strongylura strongylura* | √ | | | | √ |
| 无斑柱颌针鱼 *Strongylura leiura* | | | √ | | |
| 间下鱵 *Hyporhamphus intermedius* | √ | | | √ | √ |
| 简牙下鱵 *Hyporhamphus gernaerti* | √ | | | | |
| 乔氏吻鱵 *Rhynchorhamphus georgii* | √ | | √ | | √ |
| 少耙下鱵 *Hyporhamphus paucirastris* | √ | | | | |
| 麦氏犀鳕 *Bregmaceros mcclellandi* | | √ | | | |
| 鳞烟管鱼 *Fistularia petimba* | | √ | | | √ |
| 锯粗吻海龙 *Trachyrhamphus serratus* | | √ | | | |
| 尖海龙 *Syngnathus acus* | √ | √ | √ | √ | √ |
| 黄带冠海龙 *Corythoichthys flavofasciatus* | | √ | | | |
| 前鳍多环海龙 *Hippichthys heptagonus* | √ | | | | |
| 斑条魣 *Sphyraena jello* | | √ | | | √ |
| 油魣 *Sphyraena pinguis* | | √ | | | √ |
| 前鳞鲮 *Chelon affinis* | | √ | √ | | √ |
| 鲻 *Mugil cephalus* | √ | √ | √ | | √ |
| 粗鳞鲮 *Chelon subviridis* | √ | | | | √ |
| 大鳞鲮 *Chelon macrolepis* | | √ | | √ | √ |
| 黄鲻 *Ellochelon vaigiensis* | | √ | | | |
| 灰鳍鲮 *Chelon melinopterus* | √ | | | | √ |
| 棱鲮 *Chelon carinatus* | √ | √ | √ | √ | √ |
| 鲮 *Chelon haematocheilus* | √ | √ | √ | √ | √ |
| 硬头鲻 *Moolgarda cunnesius* | √ | √ | | | √ |
| 四指马鲅 *Eleutheronema tetradactylum* | √ | √ | √ | | √ |
| 黑斑多指马鲅 *Polydactylus sextarius* | | √ | √ | | √ |
| 五指多指马鲅 *Polydactylus plebeius* | | | | | √ |
| 黄鳝 *Monopterus albus* | √ | | | | √ |
| 眶棘双边鱼 *Ambassis gymnocephalus* | √ | √ | √ | √ | √ |
| 大口黑鲈 *Micropterus salmoides* | | | | | √ |
| 蓝鳃太阳鱼 *Lepomis macrochirus* | | | | | √ |
| 双带黄鲈 *Diploprion bifasciatum* | | | √ | | √ |
| 大眼鳜 *Siniperca knerii* | √ | | | | √ |
| 尖吻鲈 *Lates calcarifer* | | | √ | | √ |
| 花鲈 *Lateolabrax japonicus* | √ | √ | √ | √ | √ |
| 云纹石斑鱼 *Epinephelus moara* | | | | | √ |
| 叶鲷 *Glaucosoma buergeri* | | √ | | | |
| 短尾大眼鲷 *Priacanthus macracanthus* | | √ | | | √ |
| 长尾大眼鲷 *Priacanthus tayenus* | | √ | | | √ |
| 斑鳍天竺鱼 *Jaydia carinatus* | | √ | | | √ |
| 黑边天竺鱼 *Jaydia ellioti* | | √ | | | |

（续）

| 种 类 | 20 世纪 80 年代调查 | | | | 2013—2016 年调查 |
| --- | --- | --- | --- | --- | --- |
| | 广东淡水鱼类志 | 珠江口鱼类资源 | 珠江水系渔业资源 | 珠江鱼类志 | 珠江及其河口渔业调查行业专项 |
| 宽条天竺鱼 *Jaydia striata* | | √ | | | √ |
| 细条天竺鱼 *Jaydia lineata* | | √ | | | √ |
| 半线天竺鲷 *Ostorhinchus semilineatus* | | √ | | | |
| 四线天竺鲷 *Ostorhinchus fasciatus* | | √ | | | √ |
| 中线天竺鲷 *Ostorhinchus kiensis* | | √ | | | √ |
| 拟双带天竺鲷 *Apogonichthyoides pseudotaeniatus* | | | | | √ |
| 乳香鱼 *Lactarius lactarius* | | √ | | | √ |
| 斑鱚 *Sillago maculata* | | | | | √ |
| 多鳞鱚 *Sillago sihama* | √ | √ | √ | | √ |
| 少鳞鱚 *Sillago japonica* | √ | √ | | | |
| 斑鳍方头鱼 *Branchiostegus auratus* | | | | | √ |
| 六带鲹 *Caranx sexfasciatus* | √ | | √ | | |
| 金带细鲹 *Selaroides leptolepis* | | | | | √ |
| 牛眼凹肩鲹 *Selar boops* | | √ | | | |
| 蓝圆鲹 *Decapterus maruadsi* | | √ | | | √ |
| 大甲鲹 *Megalaspis cordyla* | | √ | √ | | √ |
| 竹筴鱼 *Trachurus japonicus* | | √ | | | √ |
| 卵形鲳鲹 *Trachinotus ovatus* | | | | | √ |
| 黑纹条鰤 *Seriolina nigrofasciata* | | √ | | | |
| 长颌鲹鲹 *Scomberoides lysan* | | √ | | | √ |
| 丽副叶鲹 *Alepes kalla* | | √ | √ | | √ |
| 马拉巴若鲹 *Carangoides malabaricus* | | √ | √ | | |
| 眼镜鱼 *Mene maculata* | | √ | | | √ |
| 乌鲳 *Parastromateus niger* | | √ | | | √ |
| 棘头梅童鱼 *Collichthys lucidus* | √ | √ | √ | √ | √ |
| 大黄鱼 *Larimichthys crocea* | | √ | | | √ |
| 红牙鰔 *Otolithes ruber* | | √ | √ | | √ |
| 白氏叫姑鱼 *Johnius carutta* | | | √ | | |
| 杜氏叫姑鱼 *Johnius dussumieri* | | √ | | | √ |
| 叫姑鱼 *Johnius belangerii* | | √ | √ | √ | √ |
| 条纹叫姑鱼 *Johnius fasciatus* | √ | | | | √ |
| 黄姑鱼 *Nibea albiflora* | | | | | √ |
| 斜纹大棘鱼 *Macrospinosa cuja* | | √ | | | √ |
| 印度白姑鱼 *Argyrosomus indicus* | | √ | | | |
| 斑鳍彭纳石首鱼 *Pennahia pawak* | √ | √ | | | √ |
| 大头彭纳石首鱼 *Pennahia macrocephalus* | | √ | | | √ |
| 黄唇鱼 *Bahaba taipingensis* | √ | √ | √ | √ | √ |
| 灰鳍彭纳石首鱼 *Pennahia anea* | √ | √ | | | √ |
| 尖头黄鳍牙鰔 *Chrysochir aureus* | | √ | | | √ |
| 勒氏枝鳔石首鱼 *Dendrophysa russelii* | √ | √ | √ | | √ |
| 眼斑拟石首鱼 *Sciaenops ocellatus* | | | | | √ |
| 银彭纳石首鱼 *Pennahia argentata* | | | √ | | √ |
| 粗纹鲾 *Leiognathus lineolatus* | √ | √ | | | √ |
| 短棘鲾 *Leiognathus equulus* | | | √ | | √ |

（续）

| 种　　类 | 20 世纪 80 年代调查 | | | | 2013—2016 年调查 |
|---|---|---|---|---|---|
| | 广东淡水鱼类志 | 珠江口鱼类资源 | 珠江水系渔业资源 | 珠江鱼类志 | 珠江及其河口渔业调查行业专项 |
| 短吻鲾 *Leiognathus brevirostris* | √ | √ | √ | √ | √ |
| 黑斑鲾 *Leiognathus daura* | | | √ | | |
| 黄斑鲾 *Leiognathus bindus* | | √ | | | √ |
| 颈斑鲾 *Leiognathus nuchalis* | | | | | √ |
| 条鲾 *Leiognathus rivulatus* | | | | | √ |
| 细纹鲾 *Leiognathus berbis* | | √ | | | √ |
| 长鲾 *Leiognathuse longatus* | | √ | √ | | |
| 静仰口鲾 *Secutor insidiator* | √ | √ | | | √ |
| 鹿斑仰口鲾 *Secutor ruconius* | | √ | | | √ |
| 短棘银鲈 *Gerres limbatus* | √ | √ | | | √ |
| 十棘银鲈 *Gerres decacanthus* | √ | | | | √ |
| 长棘银鲈 *Gerres filamentosus* | | √ | | √ | √ |
| 长体银鲈 *Gerres oblongus* | | | | | √ |
| 金焰笛鲷 *Lutjanus fulviflamma* | | | | | √ |
| 勒氏笛鲷 *Lutjanus russellii* | | √ | | | √ |
| 紫红笛鲷 *Lutianus argentimaculatus* | √ | | | | √ |
| 黄牙鲷 *Dentex tumifrons* | | | | | √ |
| 真鲷 *Pagrus major* | | √ | | | √ |
| 二长棘鲷 *Parargyrops edita* | √ | √ | | √ | √ |
| 平鲷 *Rhabdosargus sarba* | | √ | | | √ |
| 黑鲷 *Acanthopagrus schlegelii* | | | | | √ |
| 黄鳍鲷 *Acanthopagrus latus* | √ | √ | √ | √ | √ |
| 灰鳍鲷 *Acanthopagrus berda* | √ | | | | √ |
| 金线鱼 *Nemipterus virgatus* | | | | | √ |
| 日本金线鱼 *Nemipterus japonicus* | | √ | | | √ |
| 深水金线鱼 *Nemipterus bathybius* | | √ | | | √ |
| 线尾鲷 *Pentapodus setosus* | | | √ | | |
| 断斑石鲈 *Pomadasys argenteus* | √ | √ | | | √ |
| 三线矶鲈 *Parapristipoma trilineatum* | | | | | √ |
| 尖吻鯻 *Rhynchopelates oxyrhynchus* | | | √ | √ | √ |
| 鯻 *Terapon theraps* | | √ | √ | | √ |
| 细鳞鯻 *Terapon jarbua* | √ | √ | | √ | √ |
| 四带牙鯻 *Pelates quadrilineatus* | | | √ | | √ |
| 黑斑绯鲤 *Upeneus tragula* | | | | | √ |
| 黄带绯鲤 *Upeneus sulphureus* | | √ | | | √ |
| 吕宋绯鲤 *Upeneus luzonius* | | √ | | | |
| 马六甲绯鲤 *Upeneus moluccensis* | | √ | √ | | |
| 双带副绯鲤 *Parupeneus ciliatus* | | √ | | | |
| 印度副绯鲤 *Parupeneus indicus* | | | | | √ |
| 单鳍鱼 *Pempheris molucca* | | | | | √ |
| 斑点鸡笼鲳 *Drepane punctata* | | √ | | | √ |
| 条纹鸡笼鲳 *Drepane longimana* | | √ | √ | | √ |
| 金钱鱼 *Scatophagus argus* | √ | | | √ | √ |
| 奥利亚罗非鱼 *Oreochromis aureus* | | | | | √ |
| 莫桑比克罗非鱼 *Oreochromis mossambicus* | √ | | | | √ |
| 尼罗罗非鱼 *Oreochromis niloticus* | √ | | | | √ |

（续）

| 种　类 | 20 世纪 80 年代调查 | | | | 2013—2016 年调查 |
|---|---|---|---|---|---|
| | 广东淡水鱼类志 | 珠江口鱼类资源 | 珠江水系渔业资源 | 珠江鱼类志 | 珠江及其河口渔业调查行业专项 |
| 细刺鱼 *Microcanthus strigatus* | | | | | √ |
| 朴蝴蝶鱼 *Chaetodon modestus* | | √ | | | √ |
| 印度棘赤刀鱼 *Acanthocepola indica* | | √ | | | |
| 惠琪豆娘鱼 *Abudefduf vaigiensis* | | | | | √ |
| 云斑海猪鱼 *Halichoeres nigrescens* | | | | | √ |
| 鳄齿䲢 *Champsodon capensis* | | √ | | | |
| 海氏䲗 *Callionymus hindsii* | √ | | | | |
| 丝棘美尾䲗 *Callionymus doryssus* | | √ | | | |
| 丝棘䲗 *Callionymus flagris* | | √ | | | |
| 弯棘䲗 *Callionymus curvicornis* | √ | √ | √ | | √ |
| 香斜棘䲗 *Repomucenus olidus* | √ | | | | |
| 点篮子鱼 *Siganus guttatus* | | | | | √ |
| 褐篮子鱼 *Siganus fuscescens* | | √ | √ | | √ |
| 黄斑篮子鱼 *Siganus canaliculatus* | √ | √ | √ | | √ |
| 攀鲈 *Anabas testudineus* | √ | | | | √ |
| 叉尾斗鱼 *Macropodus opercularis* | √ | | | | √ |
| 斑鳢 *Channa maculata* | √ | | | | √ |
| 乌鳢 *Channa argus* | | | | | √ |
| 月鳢 *Channa asiatica* | | | | | √ |
| 大刺鳅 *Mastacembelus armatus* | | | | | √ |
| 带鱼 *Trichiurus lepturus* | | √ | √ | | √ |
| 小带鱼 *Eupleurogrammus muticus* | | √ | √ | | √ |
| 沙带鱼 *Lepturacanthus savala* | | √ | | | √ |
| 鲐 *Pneumatophorus japonica* | | √ | | | √ |
| 羽鳃鲐 *Rastrelliger kanagurta* | | √ | | | √ |
| 斑点马鲛 *Scomberomorus guttatus* | | √ | √ | | √ |
| 康氏马鲛 *Scomberomorus commerson* | | √ | | | √ |
| 燕尾鲳 *Pampus nozawac* | | √ | √ | | √ |
| 银鲳 *Pampus argenteus* | | √ | √ | | √ |
| 中国鲳 *Pampus chinensis* | | √ | | | √ |
| 刺鲳 *Psenopsis anomala* | | √ | | | √ |
| 印度无齿鲳 *Ariomma indicum* | | √ | | | |
| 乌塘鳢 *Bostrychus sinensis* | √ | | √ | √ | √ |
| 嵴塘鳢 *Butis butis* | √ | √ | √ | √ | √ |
| 锯嵴塘鳢 *Butis koilomatodon* | | √ | √ | | √ |
| 褐塘鳢 *Eleotris fusca* | √ | | √ | √ | |
| 黑体塘鳢 *Eleotris melanosoma* | √ | | √ | √ | √ |
| 尖头塘鳢 *Eleotris oxycephala* | √ | | √ | √ | √ |
| 海南新沙塘鳢 *Neodontobutis hainanensis* | √ | | | | |
| 中华沙塘鳢 *Odontobutis sinensis* | | | √ | √ | |
| 深虾虎鱼 *Bathygobius fuscus* | | √ | | | |
| 斑纹舌虾虎鱼 *Glossogobius olivaceus* | √ | | √ | √ | √ |
| 舌虾虎鱼 *Glossogobius giuris* | √ | √ | √ | √ | √ |
| 溪吻虾虎鱼 *Rhinogobius duospilus* | √ | | √ | | √ |
| 子陵吻虾虎鱼 *Rhinogobius giurinus* | √ | | √ | | √ |
| 红丝虾虎鱼 *Cryptocentrus russus* | | √ | | | |

（续）

| 种　类 | 20世纪80年代调查 | | | | 2013—2016年调查 |
|---|---|---|---|---|---|
| | 广东淡水鱼类志 | 珠江口鱼类资源 | 珠江水系渔业资源 | 珠江鱼类志 | 珠江及其河口渔业调查行业专项 |
| 长丝虾虎鱼 *Cryptocentrus filifer* | | √ | | | √ |
| 斑鳍刺虾虎鱼 *Acanthogobius stigmothonus* | | √ | √ | | |
| 斑尾刺虾虎鱼 *Synechogobius ommturus* | √ | | | | √ |
| 马都拉叉牙虾虎鱼 *Apocryptodon madurensis* | | | √ | | |
| 大鳞孔虾虎鱼 *Trypauchen taenia* | | | √ | | |
| 孔虾虎鱼 *Trypauchen vagina* | √ | √ | √ | √ | √ |
| 阿部鲻虾虎鱼 *Mugilogobius abei* | √ | | | | √ |
| 巴布亚沟虾虎鱼 *Oxyurichthys papuensis* | | √ | √ | | |
| 大鳞鳍虾虎鱼 *Gobiopterus macrolepis* | √ | | | √ | |
| 拉氏狼牙虾虎鱼 *Odontamblyopus lacepedii* | √ | √ | √ | √ | √ |
| 鳗形鳗虾虎鱼 *Taenioides anguillaris* | √ | √ | √ | | √ |
| 绿斑细棘虾虎鱼 *Acentrogobius chlorostigmatoides* | √ | √ | √ | √ | √ |
| 矛尾虾虎鱼 *Chaeturichthys stigmatias* | √ | √ | √ | | √ |
| 拟矛尾虾虎鱼 *Parachaeturichthys polynema* | | √ | | | √ |
| 黏皮鲻虾虎鱼 *Mugilogobius myxodermus* | √ | | | √ | |
| 青斑细棘虾虎鱼 *Acentrogobius viridipunctatus* | | | √ | | |
| 犬齿背眼虾虎鱼 *Oxuderces dentatus* | √ | | √ | √ | √ |
| 犬牙细棘虾虎鱼 *Acentrogobius caninus* | √ | √ | | | √ |
| 三角捷虾虎鱼 *Drombus triangularis* | | √ | | | |
| 纹缟虾虎鱼 *Tridentiger trigonocephalus* | √ | √ | √ | | √ |
| 蜥形副平牙虾虎鱼 *Parapocryptes serperaster* | √ | √ | √ | √ | √ |
| 小鳞沟虾虎鱼 *Oxyurichthys microlepis* | √ | √ | | | |
| 须鳗虾虎鱼 *Taenioides cirratus* | √ | | | | √ |
| 眼瓣沟虾虎鱼 *Oxyurichthys ophthalmonema* | | √ | | | |
| 妆饰衔虾虎鱼 *Istigobius ornatus* | | √ | | | |
| 髭缟虾虎鱼 *Tridentiger barbatus* | √ | √ | √ | √ | √ |
| 弹涂鱼 *Periophthalmus modestus* | √ | | √ | √ | √ |
| 大弹涂鱼 *Boleophthalmus pectinirostris* | √ | | √ | √ | √ |
| 青弹涂鱼 *Scartelaos histophorus* | √ | √ | √ | | √ |
| 褐菖鲉 *Sebastiscus marmoratus* | | √ | | | √ |
| 勒氏蓑鲉 *Pterois russelli* | | √ | | | |
| 膽头鲉 *Polycaulus uranoscopa* | | √ | | | √ |

（续）

| 种 类 | 20世纪80年代调查 | | | | 2013—2016年调查 |
|---|---|---|---|---|---|
| | 广东淡水鱼类志 | 珠江口鱼类资源 | 珠江水系渔业资源 | 珠江鱼类志 | 珠江及其河口渔业调查行业专项 |
| 绿鳍鱼 *Chelidonichthys kumu* | | √ | | | √ |
| 翼红娘鱼 *Lepidotrigla alata* | | √ | | | |
| 日本瞳鲬 *Inegocia japonica* | | | | | √ |
| 鳄鲬 *Cociella crocodilus* | | √ | | | |
| 鲬 *Platycephalus indicus* | √ | √ | √ | √ | √ |
| 东方豹鲂鮄 *Dactyloptena orientalis* | | | | | √ |
| 花鲆 *Tephrinectes sinensis* | √ | | √ | √ | √ |
| 斑鲆 *Pseudorhombus arsius* | | √ | | | |
| 五点斑鲆 *Pseudorhombus quinquocellatus* | √ | | | | √ |
| 青缨鲆 *Crossorhombus azureus* | | √ | | | √ |
| 冠鲽 *Samaris cristatus* | √ | | | | |
| 卵鳎 *Solea ovata* | | √ | √ | | √ |
| 条鳎 *Zebrias zebra* | | √ | | | √ |
| 斑头舌鳎 *Cynoglossus puncticeps* | | √ | √ | | √ |
| 半滑舌鳎 *Cynoglossus semilaevis* | | √ | | | √ |
| 大鳞舌鳎 *Cynoglossus melampetalus* | √ | √ | | | √ |
| 短吻红舌鳎 *Cynoglossus joyneri* | | √ | | | |
| 宽体舌鳎 *Cynoglossus robustus* | | √ | | | √ |
| 三线舌鳎 *Cynoglossus trigrammus* | √ | √ | √ | √ | √ |
| 双线舌鳎 *Cynoglossus bilineatus* | | √ | | | |
| 线纹舌鳎 *Cynoglossus lineolatus* | | √ | | | √ |
| 中华舌鳎 *Cynoglossus sinicus* | √ | √ | √ | | √ |
| 三刺鲀 *Triacanthus biaculeatus* | | √ | | | |
| 尖吻假三刺鲀 *Pseudotriacanthus strigilifer* | | √ | | | |
| 黄鳍马面鲀 *Thamnaconus hypargyreus* | | √ | | | √ |
| 棕斑兔头鲀 *Lagocephalus spadiceus* | | √ | | | √ |
| 暗纹东方鲀 *Takifugu fasciatus* | | | | √ | √ |
| 虫纹东方鲀 *Takifugu vermicularis* | | | | | √ |
| 弓斑东方鲀 *Takifugu ocellatus* | √ | √ | √ | √ | √ |
| 横纹东方鲀 *Takifugu oblongus* | √ | | | | √ |
| 铅点东方鲀 *Takifugu alboplumbeus* | | | | | √ |
| 双斑东方鲀 *Takifugu bimaculatus* | | √ | √ | √ | √ |
| 条斑东方鲀 *Takifugu xanthopterus* | | √ | √ | √ | √ |
| 星点东方鲀 *Takifugu niphobles* | | | | √ | √ |
| 圆斑东方鲀 *Takifugu orbimaculatus* | √ | √ | √ | | √ |
| 月腹刺鲀 *Gastrophysus lunaris* | | √ | | | √ |

# 附录二 珠江口鱼类丰度百分比组成（%）

| 种类 | 季节 | | | | 区域 | | 总丰度 |
|---|---|---|---|---|---|---|---|
| | 春季 | 夏季 | 秋季 | 冬季 | 三角洲 | 河口 | |
| 花鰶 *Clupanodon thrissa* | 11.92 | 9.80 | 9.22 | 5.94 | 8.59 | 9.64 | 9.18 |
| 棘头梅童鱼 *Collichthys lucidus* | 9.54 | 4.91 | 6.49 | 11.61 | 0.00 | 14.31 | 8.14 |
| 三角鲂 *Megalobrama terminalis* | 6.24 | 7.54 | 9.74 | 6.01 | 13.26 | 2.87 | 7.35 |
| 鲮 *Cirrhinus molitorella* | 4.32 | 6.58 | 9.58 | 5.99 | 14.31 | 0.74 | 6.59 |
| 七丝鲚 *Coilia grayii* | 4.25 | 5.00 | 7.95 | 4.28 | 5.20 | 5.44 | 5.33 |
| 鳌 *Hemiculter leucisculus* | 4.48 | 9.28 | 1.60 | 4.52 | 11.66 | 0.06 | 5.07 |
| 短吻鲾 *Leiognathus brevirostris* | 4.37 | 1.37 | 4.65 | 6.22 | 0.53 | 6.86 | 4.13 |
| 凤鲚 *Coilia mystus* | 2.57 | 4.15 | 3.60 | 5.53 | 0.05 | 6.98 | 3.99 |
| 拉氏狼牙虾虎鱼 *Odontamblyopus lacepedii* | 4.79 | 2.86 | 3.73 | 3.97 | 0.01 | 6.71 | 3.82 |
| 赤眼鳟 *Squaliobarbus curriculus* | 3.45 | 4.19 | 3.91 | 2.75 | 7.46 | 0.63 | 3.57 |
| 舌虾虎鱼 *Glossogobius giuris* | 3.15 | 5.39 | 1.87 | 3.37 | 5.19 | 2.20 | 3.49 |
| 鲻 *Mugil cephalus* | 3.69 | 0.89 | 3.36 | 3.38 | 2.16 | 3.29 | 2.80 |
| 尼罗罗非鱼 *Oreochromis niloticus* | 3.87 | 1.35 | 2.49 | 3.52 | 5.36 | 0.85 | 2.79 |
| 丽副叶鲹 *Alepes kalla* | 0.21 | 2.85 | 1.40 | 5.89 | 0.00 | 4.64 | 2.64 |
| 棱鲮 *Chelon carinatus* | 1.86 | 1.16 | 1.19 | 3.08 | 0.17 | 3.09 | 1.83 |
| 鲢 *Hypophthalmichthys molitrix* | 1.82 | 1.86 | 1.36 | 1.27 | 2.95 | 0.54 | 1.58 |
| 麦瑞加拉鲮 *Cirrhinus mrigala* | 1.20 | 1.10 | 2.26 | 1.47 | 3.16 | 0.23 | 1.50 |
| 须鳗虾虎鱼 *Taenioides cirratus* | 0.73 | 1.35 | 1.67 | 1.18 | 0.02 | 2.15 | 1.23 |
| 黄尾鲴 *Xenocypris davidi* | 2.27 | 0.85 | 0.56 | 0.99 | 2.69 | 0.01 | 1.16 |
| 泥鳅 *Misgurnus anguillicaudatus* | 0.77 | 1.50 | 0.83 | 1.02 | 2.32 | 0.07 | 1.04 |
| 鲫 *Carassius auratus* | 1.60 | 0.71 | 1.07 | 0.56 | 1.94 | 0.25 | 0.98 |
| 叫姑鱼 *Johnius belangerii* | 0.87 | 2.20 | 0.15 | 0.51 | 0.00 | 1.68 | 0.96 |
| 孔虾虎鱼 *Trypauchen vagina* | 1.36 | 1.55 | 0.85 | 0.04 | 0.00 | 1.67 | 0.95 |
| 前鳞鲮 *Chelon affinis* | 0.37 | 1.48 | 0.34 | 1.11 | 0.00 | 1.48 | 0.84 |
| 尖头塘鳢 *Eleotris oxycephala* | 0.89 | 1.66 | 0.48 | 0.09 | 1.80 | 0.02 | 0.79 |
| 鲮 *Chelon haematocheilus* | 1.41 | 0.17 | 0.82 | 0.77 | 0.38 | 1.09 | 0.78 |
| 康氏侧带小公鱼 *Stolephorus commersonnii* | 2.40 | 0.00 | 0.13 | 0.22 | 0.00 | 1.18 | 0.67 |
| 丝鳍海鲇 *Arius arius* | 0.83 | 0.34 | 1.26 | 0.28 | 0.05 | 1.12 | 0.66 |
| 银鲳 *Pampus argenteus* | 0.75 | 0.28 | 0.58 | 0.99 | 0.00 | 1.14 | 0.65 |
| 鲤 *Cyprinus carpio* | 0.78 | 0.70 | 0.54 | 0.50 | 1.23 | 0.18 | 0.63 |
| 龙头鱼 *Harpadon nehereus* | 0.98 | 0.13 | 0.36 | 0.84 | 0.00 | 1.01 | 0.57 |
| 黄鳍鲷 *Acanthopagrus latus* | 0.36 | 0.60 | 0.56 | 0.72 | 0.14 | 0.88 | 0.56 |
| 花鲈 *Lateolabrax japonicus* | 0.44 | 0.66 | 0.61 | 0.35 | 0.58 | 0.46 | 0.51 |
| 草鱼 *Ctenopharyngodon idella* | 0.35 | 0.51 | 0.44 | 0.51 | 0.99 | 0.05 | 0.46 |

（续）

| 种 类 | 季节 | | | | 区域 | | 总丰度 |
|---|---|---|---|---|---|---|---|
| | 春季 | 夏季 | 秋季 | 冬季 | 三角洲 | 河口 | |
| 斑鰶 *Konosirus punctatus* | 1.54 | 0.08 | 0.22 | 0.01 | 0.00 | 0.79 | 0.45 |
| 斑纹舌虾虎鱼 *Glossogobius olivaceus* | 0.03 | 0.08 | 1.24 | 0.44 | 0.62 | 0.29 | 0.44 |
| 海南鲌 *Culter recurviceps* | 0.41 | 0.64 | 0.32 | 0.20 | 0.88 | 0.03 | 0.40 |
| 鳓 *Ilisha elongata* | 0.25 | 0.49 | 0.43 | 0.39 | 0.00 | 0.69 | 0.39 |
| 带鱼 *Trichiurus lepturus* | 0.46 | 0.51 | 0.31 | 0.13 | 0.00 | 0.62 | 0.35 |
| 鳙 *Aristichthys nobilis* | 0.46 | 0.27 | 0.23 | 0.45 | 0.60 | 0.17 | 0.35 |
| 莫桑比克罗非鱼 *Oreochromis mossambicus* | 0.28 | 0.29 | 0.50 | 0.35 | 0.78 | 0.03 | 0.35 |
| 三线舌鳎 *Cynoglossus trigrammus* | 0.23 | 0.13 | 0.81 | 0.26 | 0.06 | 0.57 | 0.35 |
| 杜氏棱鳀 *Thryssa dussumieri* | 0.00 | 0.32 | 0.07 | 0.97 | 0.00 | 0.61 | 0.35 |
| 多鳞鱚 *Sillago sihama* | 0.14 | 0.21 | 0.27 | 0.75 | 0.00 | 0.61 | 0.35 |
| 褐篮子鱼 *Siganus fuscescens* | 0.48 | 0.44 | 0.16 | 0.19 | 0.01 | 0.55 | 0.32 |
| 勒氏枝鳔石首鱼 *Dendrophysa russelii* | 0.29 | 0.11 | 0.09 | 0.72 | 0.00 | 0.54 | 0.30 |
| 胡子鲇 *Clarias fuscus* | 0.36 | 0.37 | 0.28 | 0.18 | 0.64 | 0.03 | 0.30 |
| 中华侧带小公鱼 *Stolephorus chinensis* | 0.43 | 0.03 | 0.13 | 0.56 | 0.00 | 0.51 | 0.29 |
| 弓斑东方鲀 *Takifugu ocellatus* | 0.11 | 0.30 | 0.43 | 0.25 | 0.11 | 0.39 | 0.27 |
| 斑鳢 *Channa maculata* | 0.23 | 0.28 | 0.32 | 0.22 | 0.50 | 0.08 | 0.26 |
| 硬头鲻 *Moolgarda cunnesius* | 0.13 | 0.20 | 0.60 | 0.15 | 0.00 | 0.46 | 0.26 |
| 刺鲳 *Psenopsis anomala* | 0.01 | 0.54 | 0.46 | 0.00 | 0.00 | 0.44 | 0.25 |
| 陈氏新银鱼 *Neosalanx tangkahkei* | 0.06 | 0.81 | 0.00 | 0.00 | 0.13 | 0.30 | 0.23 |
| 条纹鲮脂鲤 *Prochilodus lineatus* | 0.16 | 0.28 | 0.30 | 0.14 | 0.50 | 0.00 | 0.22 |
| 金带细鲹 *Selaroides leptolepis* | 0.14 | 0.12 | 0.28 | 0.32 | 0.00 | 0.38 | 0.22 |
| 黄颡鱼 *Tachysurus fulvidraco* | 0.30 | 0.22 | 0.20 | 0.14 | 0.47 | 0.02 | 0.21 |
| 白肌银鱼 *Leucosoma chinensis* | 0.01 | 0.42 | 0.22 | 0.15 | 0.12 | 0.27 | 0.20 |
| 赤鼻棱鳀 *Thryssa kammalensis* | 0.13 | 0.49 | 0.09 | 0.01 | 0.00 | 0.33 | 0.19 |
| 海鳗 *Muraenesox cinereus* | 0.07 | 0.09 | 0.29 | 0.28 | 0.00 | 0.32 | 0.18 |
| 斑头舌鳎 *Cynoglossus puncticeps* | 0.30 | 0.15 | 0.27 | 0.02 | 0.00 | 0.32 | 0.18 |
| 大弹涂鱼 *Boleophthalmus pectinirostris* | 0.34 | 0.24 | 0.07 | 0.06 | 0.14 | 0.21 | 0.18 |
| 鲬 *Platycephalus indicus* | 0.13 | 0.15 | 0.10 | 0.30 | 0.02 | 0.29 | 0.17 |
| 细鳞鯻 *Terapon jarbua* | 0.14 | 0.16 | 0.07 | 0.24 | 0.00 | 0.27 | 0.15 |
| 金色小沙丁鱼 *Sardinella aurita* | 0.00 | 0.51 | 0.00 | 0.00 | 0.00 | 0.24 | 0.13 |
| 竹筴鱼 *Trachurus japonicus* | 0.00 | 0.51 | 0.00 | 0.00 | 0.00 | 0.24 | 0.13 |
| 金钱鱼 *Scatophagus argus* | 0.13 | 0.16 | 0.10 | 0.15 | 0.03 | 0.21 | 0.13 |
| 露斯塔野鲮 *Labeo rohita* | 0.08 | 0.13 | 0.22 | 0.11 | 0.31 | 0.00 | 0.13 |
| 长棘银鲈 *Gerres filamentosus* | 0.11 | 0.24 | 0.01 | 0.15 | 0.01 | 0.22 | 0.13 |
| 黄斑篮子鱼 *Siganus canaliculatus* | 0.23 | 0.03 | 0.03 | 0.23 | 0.00 | 0.23 | 0.13 |
| 鳊 *Parabramis pekinensis* | 0.11 | 0.19 | 0.17 | 0.00 | 0.27 | 0.00 | 0.12 |
| 条斑东方鲀 *Takifugu xanthopterus* | 0.00 | 0.00 | 0.49 | 0.00 | 0.00 | 0.21 | 0.12 |
| 中华舌鳎 *Cynoglossus sinicus* | 0.00 | 0.06 | 0.33 | 0.08 | 0.00 | 0.20 | 0.11 |

（续）

| 种　类 | 季节 | | | | 区域 | | 总丰度 |
|---|---|---|---|---|---|---|---|
| | 春季 | 夏季 | 秋季 | 冬季 | 三角洲 | 河口 | |
| 燕尾鲳 *Pampus nozawac* | 0.00 | 0.26 | 0.15 | 0.00 | 0.00 | 0.18 | 0.11 |
| 黄斑鲾 *Leiognathus bindus* | 0.04 | 0.36 | 0.00 | 0.00 | 0.00 | 0.18 | 0.10 |
| 灰鳍彭纳石首鱼 *Pennahia anea* | 0.00 | 0.26 | 0.14 | 0.00 | 0.00 | 0.18 | 0.10 |
| 眶棘双边鱼 *Ambassis gymnocephalus* | 0.02 | 0.01 | 0.37 | 0.02 | 0.00 | 0.17 | 0.10 |
| 短棘银鲈 *Gerres limbatus* | 0.01 | 0.21 | 0.09 | 0.04 | 0.00 | 0.16 | 0.09 |
| 黑斑多指马鲅 *Polydactylus sextarius* | 0.03 | 0.05 | 0.25 | 0.03 | 0.00 | 0.15 | 0.09 |
| 尖吻鯻 *Rhynchopelates oxyrhynchus* | 0.04 | 0.09 | 0.13 | 0.10 | 0.00 | 0.15 | 0.09 |
| 多辐翼甲鲇 *Pterygoplichthys multiradiatus* | 0.04 | 0.13 | 0.12 | 0.04 | 0.14 | 0.04 | 0.08 |
| 蓝圆鲹 *Decapterus maruadsi* | 0.05 | 0.10 | 0.07 | 0.08 | 0.00 | 0.13 | 0.08 |
| 鯻 *Terapon theraps* | 0.02 | 0.02 | 0.00 | 0.24 | 0.00 | 0.13 | 0.07 |
| 纹缟虾虎鱼 *Tridentiger trigonocephalus* | 0.06 | 0.03 | 0.17 | 0.01 | 0.02 | 0.10 | 0.07 |
| 四带牙鯻 *Pelates quadrilineatus* | 0.05 | 0.00 | 0.07 | 0.14 | 0.00 | 0.11 | 0.06 |
| 鲇 *Silurus asotus* | 0.14 | 0.03 | 0.06 | 0.03 | 0.14 | 0.00 | 0.06 |
| 黄吻棱鳀 *Thryssa vitirostris* | 0.06 | 0.00 | 0.15 | 0.04 | 0.00 | 0.11 | 0.06 |
| 子陵吻虾虎鱼 *Rhinogobius giurinus* | 0.02 | 0.04 | 0.11 | 0.07 | 0.14 | 0.00 | 0.06 |
| 须鲫 *Carassioides acuminatus* | 0.17 | 0.04 | 0.02 | 0.01 | 0.14 | 0.00 | 0.06 |
| 长颌棱鳀 *Thryssa setirostris* | 0.00 | 0.02 | 0.23 | 0.00 | 0.00 | 0.10 | 0.06 |
| 点篮子鱼 *Siganus guttatus* | 0.07 | 0.02 | 0.11 | 0.04 | 0.00 | 0.10 | 0.06 |
| 乌塘鳢 *Bostrychus sinensis* | 0.10 | 0.13 | 0.00 | 0.00 | 0.00 | 0.10 | 0.06 |
| 卵形鲳鲹 *Trachinotus ovatus* | 0.08 | 0.05 | 0.04 | 0.06 | 0.00 | 0.10 | 0.06 |
| 间下鱵 *Hyporhamphus intermedius* | 0.03 | 0.07 | 0.10 | 0.02 | 0.06 | 0.05 | 0.05 |
| 居氏银鱼 *Salanx cuvieri* | 0.01 | 0.20 | 0.00 | 0.00 | 0.00 | 0.09 | 0.05 |
| 黄鳝 *Monopterus albus* | 0.04 | 0.13 | 0.02 | 0.01 | 0.12 | 0.00 | 0.05 |
| 日本金线鱼 *Nemipterus japonicus* | 0.07 | 0.11 | 0.01 | 0.01 | 0.00 | 0.09 | 0.05 |
| 静仰口鲾 *Secutor insidiator* | 0.06 | 0.13 | 0.00 | 0.00 | 0.00 | 0.09 | 0.05 |
| 红鳍原鲌 *Cultrichthys erythropterus* | 0.03 | 0.10 | 0.05 | 0.00 | 0.11 | 0.00 | 0.05 |
| 大黄鱼 *Larimichthys crocea* | 0.05 | 0.05 | 0.07 | 0.02 | 0.00 | 0.08 | 0.05 |
| 斑点马鲛 *Scomberomorus guttatus* | 0.00 | 0.18 | 0.00 | 0.00 | 0.00 | 0.08 | 0.05 |
| 黑体塘鳢 *Eleotris melanosoma* | 0.00 | 0.12 | 0.05 | 0.01 | 0.10 | 0.00 | 0.05 |
| 大眼海鲢 *Elops machnata* | 0.12 | 0.01 | 0.02 | 0.04 | 0.00 | 0.08 | 0.05 |
| 大鳞舌鳎 *Cynoglossus melampetalus* | 0.00 | 0.00 | 0.17 | 0.00 | 0.00 | 0.07 | 0.04 |
| 眼镜鱼 *Mene maculata* | 0.00 | 0.16 | 0.00 | 0.00 | 0.00 | 0.07 | 0.04 |
| 四指马鲅 *Eleutheronema tetradactylum* | 0.10 | 0.02 | 0.03 | 0.01 | 0.00 | 0.07 | 0.04 |
| 斑点鸡笼鲳 *Drepane punctata* | 0.00 | 0.08 | 0.03 | 0.03 | 0.00 | 0.07 | 0.04 |
| 平鲷 *Rhabdosargus sarba* | 0.01 | 0.00 | 0.03 | 0.10 | 0.00 | 0.06 | 0.04 |
| 弹涂鱼 *Periophthalmus modestus* | 0.12 | 0.01 | 0.00 | 0.00 | 0.00 | 0.06 | 0.03 |
| 拟矛尾虾虎鱼 *Parachaeturichthys polynema* | 0.00 | 0.02 | 0.10 | 0.00 | 0.00 | 0.05 | 0.03 |
| 条纹叫姑鱼 *Johnius fasciatus* | 0.10 | 0.02 | 0.00 | 0.00 | 0.00 | 0.05 | 0.03 |

（续）

| 种　类 | 季节 | | | | 区域 | | 总丰度 |
|---|---|---|---|---|---|---|---|
| | 春季 | 夏季 | 秋季 | 冬季 | 三角洲 | 河口 | |
| 麦穗鱼 *Pseudorasbora parva* | 0.11 | 0.00 | 0.00 | 0.00 | 0.06 | 0.00 | 0.03 |
| 革胡子鲇 *Clarias gariepinus* | 0.05 | 0.02 | 0.03 | 0.01 | 0.06 | 0.00 | 0.03 |
| 颈斑鲾 *Leiognathus nuchalis* | 0.00 | 0.10 | 0.00 | 0.00 | 0.00 | 0.05 | 0.03 |
| 鳗形鳗虾虎鱼 *Taenioides anguillaris* | 0.00 | 0.00 | 0.00 | 0.10 | 0.00 | 0.05 | 0.03 |
| 乔氏吻鱵 *Rhynchorhamphus georgii* | 0.00 | 0.10 | 0.00 | 0.00 | 0.00 | 0.05 | 0.03 |
| 鲐 *Pneumatophorus japonica* | 0.04 | 0.00 | 0.07 | 0.00 | 0.00 | 0.05 | 0.03 |
| 银飘鱼 *Pseudolaubuca sinensis* | 0.00 | 0.10 | 0.00 | 0.00 | 0.06 | 0.00 | 0.03 |
| 犬齿背眼虾虎鱼 *Oxuderces dentatus* | 0.00 | 0.03 | 0.07 | 0.00 | 0.00 | 0.04 | 0.03 |
| 日本鳗鲡 *Anguilla japonica* | 0.02 | 0.04 | 0.02 | 0.01 | 0.03 | 0.02 | 0.02 |
| 灰鳍鲮 *Chelon melinopterus* | 0.01 | 0.00 | 0.03 | 0.04 | 0.00 | 0.04 | 0.02 |
| 金线鱼 *Nemipterus virgatus* | 0.09 | 0.00 | 0.00 | 0.00 | 0.00 | 0.04 | 0.02 |
| 宽尾斜齿鲨 *Scoliodon laticaudus* | 0.04 | 0.00 | 0.04 | 0.00 | 0.00 | 0.04 | 0.02 |
| 花鲆 *Tephrinectes sinensis* | 0.02 | 0.02 | 0.02 | 0.01 | 0.00 | 0.03 | 0.02 |
| 阿部鲻虾虎鱼 *Mugilogobius abei* | 0.08 | 0.00 | 0.00 | 0.00 | 0.00 | 0.03 | 0.02 |
| 瓦氏拟鲿 *Pseudobagrus vachellii* | 0.01 | 0.02 | 0.04 | 0.00 | 0.04 | 0.00 | 0.02 |
| 勒氏笛鲷 *Lutjanus russellii* | 0.01 | 0.03 | 0.02 | 0.01 | 0.00 | 0.03 | 0.02 |
| 蜥形副平牙虾虎鱼 *Parapocryptes serperaster* | 0.00 | 0.04 | 0.02 | 0.00 | 0.00 | 0.03 | 0.02 |
| 条鳎 *Zebrias zebra* | 0.02 | 0.00 | 0.05 | 0.00 | 0.00 | 0.03 | 0.02 |
| 圆斑东方鲀 *Takifugu orbimaculatus* | 0.00 | 0.02 | 0.04 | 0.00 | 0.00 | 0.03 | 0.02 |
| 斑鳍方头鱼 *Branchiostegus auratus* | 0.06 | 0.00 | 0.00 | 0.00 | 0.00 | 0.03 | 0.02 |
| 有明银鱼 *Salanx ariakensis* | 0.00 | 0.06 | 0.00 | 0.00 | 0.00 | 0.03 | 0.02 |
| 卵鳎 *Solea ovata* | 0.03 | 0.00 | 0.00 | 0.02 | 0.00 | 0.03 | 0.02 |
| 绿斑细棘虾虎鱼 *Acentrogobius chlorostigmatoides* | 0.00 | 0.05 | 0.00 | 0.00 | 0.00 | 0.03 | 0.02 |
| 黄姑鱼 *Nibea albiflora* | 0.03 | 0.03 | 0.00 | 0.00 | 0.00 | 0.03 | 0.01 |
| 五指多指马鲅 *Polydactylus plebeius* | 0.00 | 0.05 | 0.00 | 0.00 | 0.00 | 0.03 | 0.01 |
| 长蛇鲻 *Saurida elongata* | 0.00 | 0.01 | 0.04 | 0.01 | 0.00 | 0.03 | 0.01 |
| 黑斑绯鲤 *Upeneus tragula* | 0.00 | 0.01 | 0.01 | 0.03 | 0.00 | 0.02 | 0.01 |
| 线纹舌鳎 *Cynoglossus lineolatus* | 0.00 | 0.00 | 0.06 | 0.00 | 0.00 | 0.02 | 0.01 |
| 红牙鰔 *Otolithes ruber* | 0.01 | 0.02 | 0.00 | 0.01 | 0.00 | 0.02 | 0.01 |
| 食蚊鱼 *Gambusia affinis* | 0.04 | 0.01 | 0.00 | 0.00 | 0.03 | 0.00 | 0.01 |
| 黄泽小沙丁鱼 *Sardinella lemuru* | 0.00 | 0.04 | 0.01 | 0.00 | 0.00 | 0.02 | 0.01 |
| 髭缟虾虎鱼 *Tridentiger barbatus* | 0.01 | 0.01 | 0.03 | 0.00 | 0.00 | 0.02 | 0.01 |
| 紫红笛鲷 *Lutianus argentimaculatus* | 0.00 | 0.01 | 0.00 | 0.04 | 0.02 | 0.01 | 0.01 |
| 斑尾刺虾虎鱼 *Synechogobius ommturus* | 0.01 | 0.00 | 0.03 | 0.01 | 0.00 | 0.02 | 0.01 |
| 尖吻鲈 *Lates calcarifer* | 0.02 | 0.01 | 0.00 | 0.02 | 0.01 | 0.02 | 0.01 |
| 斑鳠 *Mystus guttatus* | 0.01 | 0.01 | 0.00 | 0.03 | 0.03 | 0.00 | 0.01 |
| 海南似稣 *Toxabramis houdemeri* | 0.03 | 0.00 | 0.01 | 0.00 | 0.03 | 0.00 | 0.01 |

（续）

| 种　　类 | 季节 | | | | 区域 | | 总丰度 |
|---|---|---|---|---|---|---|---|
| | 春季 | 夏季 | 秋季 | 冬季 | 三角洲 | 河口 | |
| 矛尾虾虎鱼 *Chaeturichthys stigmatias* | 0.00 | 0.00 | 0.04 | 0.00 | 0.00 | 0.02 | 0.01 |
| 银鲴 *Xenocypris argentea* | 0.00 | 0.01 | 0.00 | 0.04 | 0.03 | 0.00 | 0.01 |
| 粗纹鲾 *Leiognathus lineolatus* | 0.00 | 0.00 | 0.00 | 0.04 | 0.00 | 0.02 | 0.01 |
| 鳡 *Elopichthys bambusa* | 0.00 | 0.00 | 0.04 | 0.00 | 0.02 | 0.01 | 0.01 |
| 灰鳍鲷 *Acanthopagrus berda* | 0.01 | 0.00 | 0.00 | 0.02 | 0.00 | 0.02 | 0.01 |
| 恵琪豆娘鱼 *Abudefduf vaigiensis* | 0.00 | 0.00 | 0.04 | 0.00 | 0.00 | 0.02 | 0.01 |
| 青弹涂鱼 *Scartelaos histophorus* | 0.00 | 0.04 | 0.00 | 0.00 | 0.00 | 0.02 | 0.01 |
| 银彭纳石首鱼 *Pennahia argentata* | 0.00 | 0.04 | 0.00 | 0.00 | 0.00 | 0.02 | 0.01 |
| 长尾大眼鲷 *Priacanthus tayenus* | 0.04 | 0.00 | 0.00 | 0.00 | 0.00 | 0.02 | 0.01 |
| 乌鲳 *Parastromateus niger* | 0.01 | 0.01 | 0.02 | 0.00 | 0.00 | 0.02 | 0.01 |
| 大海鲢 *Megalops cyprinoides* | 0.00 | 0.01 | 0.00 | 0.03 | 0.00 | 0.02 | 0.01 |
| 裘氏小沙丁鱼 *Sardinella jussieu* | 0.00 | 0.00 | 0.03 | 0.00 | 0.00 | 0.02 | 0.01 |
| 短棘鲾 *Leiognathus equulus* | 0.00 | 0.00 | 0.04 | 0.00 | 0.00 | 0.02 | 0.01 |
| 尖头黄鳍牙鰔 *Chrysochir aureus* | 0.00 | 0.00 | 0.00 | 0.03 | 0.00 | 0.02 | 0.01 |
| 中颌棱鳀 *Thryssa mystax* | 0.01 | 0.01 | 0.01 | 0.00 | 0.00 | 0.02 | 0.01 |
| 粗鳞鲅 *Chelon subviridis* | 0.00 | 0.00 | 0.00 | 0.03 | 0.00 | 0.01 | 0.01 |
| 鳗鲇 *Plotosus anguillaris* | 0.01 | 0.01 | 0.00 | 0.02 | 0.00 | 0.01 | 0.01 |
| 攀鲈 *Anabas testudineus* | 0.00 | 0.02 | 0.01 | 0.01 | 0.01 | 0.01 | 0.01 |
| 青鱼 *Mylopharyngodon piceus* | 0.01 | 0.01 | 0.00 | 0.01 | 0.02 | 0.00 | 0.01 |
| 杜氏叫姑鱼 *Johnius dussumieri* | 0.01 | 0.02 | 0.00 | 0.00 | 0.00 | 0.01 | 0.01 |
| 拟双带天竺鲷 *Apogonichthyoides pseudotaeniatus* | 0.00 | 0.01 | 0.02 | 0.00 | 0.00 | 0.01 | 0.01 |
| 乌鳢 *Channa argus* | 0.03 | 0.00 | 0.00 | 0.00 | 0.01 | 0.00 | 0.01 |
| 斑条魣 *Sphyraena jello* | 0.00 | 0.00 | 0.03 | 0.00 | 0.00 | 0.01 | 0.01 |
| 尾斑柱颌针鱼 *Strongylura strongylura* | 0.00 | 0.00 | 0.01 | 0.02 | 0.00 | 0.01 | 0.01 |
| 大眼鳜 *Siniperca knerii* | 0.01 | 0.00 | 0.00 | 0.01 | 0.01 | 0.00 | 0.01 |
| 大头彭纳石首鱼 *Pennahia macrocephalus* | 0.00 | 0.02 | 0.00 | 0.00 | 0.00 | 0.01 | 0.01 |
| 高体鳑鲏 *Rhodeus ocellatus* | 0.00 | 0.02 | 0.00 | 0.00 | 0.00 | 0.01 | 0.01 |
| 四线天竺鲷 *Ostorhinchus fasciatus* | 0.00 | 0.00 | 0.02 | 0.00 | 0.00 | 0.01 | 0.01 |
| 细刺鱼 *Microcanthus strigatus* | 0.00 | 0.00 | 0.00 | 0.02 | 0.00 | 0.01 | 0.01 |
| 月鳢 *Channa asiatica* | 0.00 | 0.00 | 0.02 | 0.00 | 0.01 | 0.00 | 0.01 |
| 大头狗母鱼 *Trachinocephalus myops* | 0.00 | 0.00 | 0.02 | 0.00 | 0.00 | 0.01 | 0.01 |
| 纹唇鱼 *Osteochilus salsburyi* | 0.00 | 0.02 | 0.00 | 0.00 | 0.01 | 0.00 | 0.01 |
| 暗纹东方鲀 *Takifugu fasciatus* | 0.00 | 0.00 | 0.00 | 0.02 | 0.00 | 0.01 | 0.01 |
| 叉尾斗鱼 *Macropodus opercularis* | 0.02 | 0.00 | 0.00 | 0.00 | 0.01 | 0.00 | 0.01 |
| 二长棘鲷 *Parargyrops edita* | 0.00 | 0.02 | 0.00 | 0.00 | 0.00 | 0.01 | 0.01 |
| 黑鲷 *Acanthopagrus schlegelii* | 0.01 | 0.00 | 0.01 | 0.01 | 0.00 | 0.01 | 0.01 |
| 黄带绯鲤 *Upeneus sulphureus* | 0.00 | 0.00 | 0.02 | 0.00 | 0.00 | 0.01 | 0.01 |

（续）

| 种　类 | 季节 | | | | 区域 | | 总丰度 |
|---|---|---|---|---|---|---|---|
| | 春季 | 夏季 | 秋季 | 冬季 | 三角洲 | 河口 | |
| 蛇鮈 *Saurogobio dabryi* | 0.02 | 0.00 | 0.00 | 0.00 | 0.01 | 0.00 | 0.01 |
| 小带鱼 *Eupleurogrammus muticus* | 0.00 | 0.02 | 0.00 | 0.00 | 0.00 | 0.01 | 0.01 |
| 长体银鲈 *Gerres oblongus* | 0.00 | 0.00 | 0.02 | 0.00 | 0.00 | 0.01 | 0.01 |
| 锯嵴塘鳢 *Butis koilomatodon* | 0.00 | 0.01 | 0.00 | 0.00 | 0.00 | 0.01 | 0.00 |
| 斑鱚 *Sillago maculata* | 0.00 | 0.01 | 0.00 | 0.00 | 0.00 | 0.01 | 0.00 |
| 凡氏下银汉鱼 *Hypoatherina valenciennei* | 0.00 | 0.01 | 0.00 | 0.01 | 0.00 | 0.01 | 0.00 |
| 沙带鱼 *Lepturacanthus savala* | 0.00 | 0.02 | 0.00 | 0.00 | 0.00 | 0.01 | 0.00 |
| 五点斑鲆 *Pseudorhombus quinquocellatus* | 0.00 | 0.02 | 0.00 | 0.00 | 0.00 | 0.01 | 0.00 |
| 杂食豆齿鳗 *Pisodonophis boro* | 0.01 | 0.01 | 0.00 | 0.00 | 0.00 | 0.01 | 0.00 |
| 中线天竺鲷 *Ostorhinchus kiensis* | 0.00 | 0.01 | 0.01 | 0.00 | 0.00 | 0.01 | 0.00 |
| 奥利亚罗非鱼 *Oreochromis aureus* | 0.00 | 0.00 | 0.02 | 0.00 | 0.01 | 0.00 | 0.00 |
| 赤魟 *Dasyatis akajei* | 0.00 | 0.01 | 0.00 | 0.00 | 0.00 | 0.01 | 0.00 |
| 短盖巨脂鲤 *Piaractus brachypomus* | 0.00 | 0.00 | 0.01 | 0.00 | 0.01 | 0.00 | 0.00 |
| 南方拟䱗 *Pseudohemiculter dispar* | 0.00 | 0.01 | 0.00 | 0.00 | 0.01 | 0.00 | 0.00 |
| 半滑舌鳎 *Cynoglossus semilaevis* | 0.00 | 0.00 | 0.01 | 0.00 | 0.00 | 0.01 | 0.00 |
| 大刺鳅 *Mastacembelus armatus* | 0.00 | 0.01 | 0.01 | 0.00 | 0.01 | 0.00 | 0.00 |
| 黄鳍马面鲀 *Thamnaconus hypargyreus* | 0.00 | 0.01 | 0.00 | 0.00 | 0.00 | 0.01 | 0.00 |
| 尖海龙 *Syngnathus acus* | 0.00 | 0.01 | 0.00 | 0.00 | 0.00 | 0.01 | 0.00 |
| 铅点东方鲀 *Takifugu alboplumbeus* | 0.00 | 0.00 | 0.01 | 0.00 | 0.00 | 0.01 | 0.00 |
| 团头鲂 *Megalobrama amblycephala* | 0.01 | 0.00 | 0.00 | 0.00 | 0.00 | 0.00 | 0.00 |
| 细纹鲾 *Leiognathus berbis* | 0.00 | 0.01 | 0.00 | 0.00 | 0.00 | 0.01 | 0.00 |
| 中国长臀鮠 *Cranoglanis bouderius* | 0.00 | 0.01 | 0.00 | 0.00 | 0.01 | 0.00 | 0.00 |
| 斑点叉尾鮰 *Ictalurus punctatus* | 0.01 | 0.00 | 0.00 | 0.00 | 0.01 | 0.00 | 0.00 |
| 大眼近红鲌 *Ancherythroculter lini* | 0.00 | 0.01 | 0.00 | 0.00 | 0.01 | 0.00 | 0.00 |
| 多齿蛇鲻 *Saurida tumbil* | 0.00 | 0.01 | 0.00 | 0.00 | 0.00 | 0.00 | 0.00 |
| 汉氏棱鳀 *Thryssa hamiltonii* | 0.00 | 0.00 | 0.00 | 0.01 | 0.00 | 0.00 | 0.00 |
| 花鳗鲡 *Anguilla marmorata* | 0.01 | 0.00 | 0.00 | 0.00 | 0.00 | 0.00 | 0.00 |
| 嵴塘鳢 *Butis butis* | 0.00 | 0.01 | 0.00 | 0.00 | 0.00 | 0.00 | 0.00 |
| 蓝鳃太阳鱼 *Lepomis macrochirus* | 0.01 | 0.00 | 0.00 | 0.00 | 0.00 | 0.00 | 0.00 |
| 鹿斑仰口鲾 *Secutor ruconius* | 0.00 | 0.00 | 0.01 | 0.00 | 0.00 | 0.00 | 0.00 |
| 马口鱼 *Opsariichthys bidens* | 0.00 | 0.00 | 0.01 | 0.00 | 0.01 | 0.00 | 0.00 |
| 马拉邦虫鳗 *Muraenichthys malabonensis* | 0.00 | 0.01 | 0.00 | 0.00 | 0.00 | 0.00 | 0.00 |
| 三线矶鲈 *Parapristipoma trilineatum* | 0.00 | 0.01 | 0.00 | 0.00 | 0.00 | 0.00 | 0.00 |
| 条纹鸡笼鲳 *Drepane longimana* | 0.00 | 0.01 | 0.00 | 0.00 | 0.00 | 0.00 | 0.00 |
| 溪吻虾虎鱼 *Rhinogobius duospilus* | 0.00 | 0.00 | 0.01 | 0.00 | 0.00 | 0.00 | 0.00 |
| 羽鳃鲐 *Rastrelliger kanagurta* | 0.00 | 0.00 | 0.01 | 0.00 | 0.00 | 0.00 | 0.00 |
| 斑鳍彭纳石首鱼 *Pennahia pawak* | 0.00 | 0.01 | 0.00 | 0.00 | 0.00 | 0.00 | 0.00 |
| 东方豹鲂鮄 *Dactyloptena orientalis* | 0.00 | 0.00 | 0.00 | 0.01 | 0.00 | 0.00 | 0.00 |

（续）

| 种　　类 | 季节 | | | | 区域 | | 总丰度 |
|---|---|---|---|---|---|---|---|
| | 春季 | 夏季 | 秋季 | 冬季 | 三角洲 | 河口 | |
| 褐菖鲉 *Sebastiscus marmoratus* | 0.00 | 0.00 | 0.01 | 0.00 | 0.00 | 0.00 | 0.00 |
| 黄鲫 *Setipinna tenuifilis* | 0.00 | 0.00 | 0.01 | 0.00 | 0.00 | 0.00 | 0.00 |
| 翘嘴鲌 *Culter alburnus* | 0.00 | 0.00 | 0.00 | 0.00 | 0.00 | 0.00 | 0.00 |
| 弯棘䲗 *Callionymus curvicornis* | 0.00 | 0.00 | 0.00 | 0.00 | 0.00 | 0.00 | 0.00 |
| 星点东方鲀 *Takifugu niphobles* | 0.00 | 0.01 | 0.00 | 0.00 | 0.00 | 0.00 | 0.00 |
| 印度鳓 *Ilisha indica* | 0.00 | 0.01 | 0.00 | 0.00 | 0.00 | 0.00 | 0.00 |
| 月腹刺鲀 *Gastrophysus lunaris* | 0.00 | 0.00 | 0.00 | 0.00 | 0.00 | 0.00 | 0.00 |
| 粗唇拟鲿 *Pseudobagrus crassilabris* | 0.00 | 0.00 | 0.00 | 0.00 | 0.00 | 0.00 | 0.00 |
| 大口黑鲈 *Micropterus salmoides* | 0.00 | 0.01 | 0.00 | 0.00 | 0.00 | 0.00 | 0.00 |
| 大鳞鲮 *Chelon macrolepis* | 0.00 | 0.00 | 0.00 | 0.01 | 0.00 | 0.00 | 0.00 |
| 大眼似青鳞鱼 *Herklotsichthys ovalis* | 0.00 | 0.01 | 0.00 | 0.00 | 0.00 | 0.00 | 0.00 |
| 黄唇鱼 *Bahaba taipingensis* | 0.00 | 0.01 | 0.00 | 0.00 | 0.00 | 0.00 | 0.00 |
| 黄牙鲷 *Dentex tumifrons* | 0.00 | 0.01 | 0.00 | 0.00 | 0.00 | 0.00 | 0.00 |
| 尖尾鳗 *Uroconger lepturus* | 0.00 | 0.00 | 0.00 | 0.00 | 0.00 | 0.00 | 0.00 |
| 朴蝴蝶鱼 *Chaetodon modestus* | 0.00 | 0.00 | 0.01 | 0.00 | 0.00 | 0.00 | 0.00 |
| 青缨鲆 *Crossorhombus azureus* | 0.00 | 0.01 | 0.00 | 0.00 | 0.00 | 0.00 | 0.00 |
| 乳香鱼 *Lactarius lactarius* | 0.00 | 0.00 | 0.00 | 0.00 | 0.00 | 0.00 | 0.00 |
| 双带黄鲈 *Diploprion bifasciatum* | 0.00 | 0.00 | 0.00 | 0.00 | 0.00 | 0.00 | 0.00 |
| 条鲾 *Leiognathus rivulatus* | 0.00 | 0.00 | 0.01 | 0.00 | 0.00 | 0.00 | 0.00 |
| 条纹小鲃 *Puntius semifasciolatus* | 0.00 | 0.01 | 0.00 | 0.00 | 0.00 | 0.00 | 0.00 |
| 乌耳鳗鲡 *Anguilla nigricans* | 0.00 | 0.00 | 0.01 | 0.00 | 0.00 | 0.00 | 0.00 |
| 细条天竺鱼 *Jaydia lineata* | 0.00 | 0.00 | 0.00 | 0.00 | 0.00 | 0.00 | 0.00 |
| 油魣 *Sphyraena pinguis* | 0.00 | 0.00 | 0.00 | 0.00 | 0.00 | 0.00 | 0.00 |
| 云斑海猪鱼 *Halichoeres nigrescens* | 0.00 | 0.00 | 0.01 | 0.00 | 0.00 | 0.00 | 0.00 |
| 云纹石斑鱼 *Epinephelus moara* | 0.00 | 0.00 | 0.00 | 0.00 | 0.00 | 0.00 | 0.00 |
| 棕斑兔头鲀 *Lagocephalus spadiceus* | 0.00 | 0.01 | 0.00 | 0.00 | 0.00 | 0.00 | 0.00 |
| 斑鳍天竺鱼 *Jaydia carinatus* | 0.00 | 0.00 | 0.00 | 0.00 | 0.00 | 0.00 | 0.00 |
| 大甲鲹 *Megalaspis cordyla* | 0.00 | 0.00 | 0.00 | 0.00 | 0.00 | 0.00 | 0.00 |
| 短尾大眼鲷 *Priacanthus macracanthus* | 0.00 | 0.00 | 0.00 | 0.00 | 0.00 | 0.00 | 0.00 |
| 断斑石鲈 *Pomadasys argenteus* | 0.00 | 0.00 | 0.00 | 0.00 | 0.00 | 0.00 | 0.00 |
| 金焰笛鲷 *Lutjanus fulviflamma* | 0.00 | 0.00 | 0.00 | 0.00 | 0.00 | 0.00 | 0.00 |
| 宽体舌鳎 *Cynoglossus robustus* | 0.00 | 0.00 | 0.00 | 0.00 | 0.00 | 0.00 | 0.00 |
| 日本瞳鲬 *Inegocia japonica* | 0.00 | 0.00 | 0.00 | 0.00 | 0.00 | 0.00 | 0.00 |
| 深水金线鱼 *Nemipterus bathybius* | 0.00 | 0.00 | 0.00 | 0.00 | 0.00 | 0.00 | 0.00 |
| 十棘银鲈 *Gerres decacanthus* | 0.00 | 0.00 | 0.00 | 0.00 | 0.00 | 0.00 | 0.00 |
| 食蟹豆齿鳗 *Pisodonophis cancrivorous* | 0.00 | 0.00 | 0.00 | 0.00 | 0.00 | 0.00 | 0.00 |
| 臆头鲉 *Polycaulus uranoscopa* | 0.00 | 0.00 | 0.00 | 0.00 | 0.00 | 0.00 | 0.00 |
| 银鮈 *Squalidus argentatus* | 0.00 | 0.00 | 0.00 | 0.00 | 0.00 | 0.00 | 0.00 |

（续）

| 种 类 | 季节 | | | | 区域 | | 总丰度 |
|---|---|---|---|---|---|---|---|
| | 春季 | 夏季 | 秋季 | 冬季 | 三角洲 | 河口 | |
| 印度副绯鲤 *Parupeneus indicus* | 0.00 | 0.00 | 0.00 | 0.00 | 0.00 | 0.00 | 0.00 |
| 内尔褶囊海鲇 *Plicofollis nella* | 0.00 | 0.00 | 0.00 | 0.00 | 0.00 | 0.00 | 0.00 |
| 越南隐鳍鲇 *Pterocryptis cochinchinensis* | 0.00 | 0.00 | 0.00 | 0.00 | 0.00 | 0.00 | 0.00 |
| 长颌鲳鲹 *Scomberoides lysan* | 0.00 | 0.00 | 0.00 | 0.00 | 0.00 | 0.00 | 0.00 |
| 真鲷 *Pagrus major* | 0.00 | 0.00 | 0.00 | 0.00 | 0.00 | 0.00 | 0.00 |
| 虫纹东方鲀 *Takifugu vermicularis* | 0.00 | 0.00 | 0.00 | 0.00 | 0.00 | 0.00 | 0.00 |
| 单鳍鱼 *Pempheris molucca* | 0.00 | 0.00 | 0.00 | 0.00 | 0.00 | 0.00 | 0.00 |
| 横纹东方鲀 *Takifugu oblongus* | 0.00 | 0.00 | 0.00 | 0.00 | 0.00 | 0.00 | 0.00 |
| 花斑蛇鲻 *Saurida undosquamis* | 0.00 | 0.00 | 0.00 | 0.00 | 0.00 | 0.00 | 0.00 |
| 尖吻蛇鳗 *Ophichthus apicalis* | 0.00 | 0.00 | 0.00 | 0.00 | 0.00 | 0.00 | 0.00 |
| 卷口鱼 *Ptychidio jordani* | 0.00 | 0.00 | 0.00 | 0.00 | 0.00 | 0.00 | 0.00 |
| 康氏马鲛 *Scomberomorus commerson* | 0.00 | 0.00 | 0.00 | 0.00 | 0.00 | 0.00 | 0.00 |
| 宽条天竺鱼 *Jaydia striata* | 0.00 | 0.00 | 0.00 | 0.00 | 0.00 | 0.00 | 0.00 |
| 鳞烟管鱼 *Fistularia petimba* | 0.00 | 0.00 | 0.00 | 0.00 | 0.00 | 0.00 | 0.00 |
| 绿鳍鱼 *Chelidonichthys kumu* | 0.00 | 0.00 | 0.00 | 0.00 | 0.00 | 0.00 | 0.00 |
| 眼斑拟石首鱼 *Sciaenops ocellatus* | 0.00 | 0.00 | 0.00 | 0.00 | 0.00 | 0.00 | 0.00 |
| 蒙古鲌 *Culter mongolicus mongolicus* | 0.00 | 0.00 | 0.00 | 0.00 | 0.00 | 0.00 | 0.00 |
| 前肛鳗 *Dysomma anguillare* | 0.00 | 0.00 | 0.00 | 0.00 | 0.00 | 0.00 | 0.00 |
| 犬牙细棘虾虎鱼 *Acentrogobius caninus* | 0.00 | 0.00 | 0.00 | 0.00 | 0.00 | 0.00 | 0.00 |
| 山口海鳗 *Muraenesox yamaguchiensis* | 0.00 | 0.00 | 0.00 | 0.00 | 0.00 | 0.00 | 0.00 |
| 双斑东方鲀 *Takifugu bimaculatus* | 0.00 | 0.00 | 0.00 | 0.00 | 0.00 | 0.00 | 0.00 |
| 斜纹大棘鱼 *Macrospinosa cuja* | 0.00 | 0.00 | 0.00 | 0.00 | 0.00 | 0.00 | 0.00 |
| 长颌宝刀鱼 *Chirocentrus nudus* | 0.00 | 0.00 | 0.00 | 0.00 | 0.00 | 0.00 | 0.00 |
| 长丝虾虎鱼 *Cryptocentrus filifer* | 0.00 | 0.00 | 0.00 | 0.00 | 0.00 | 0.00 | 0.00 |
| 中国鲳 *Pampus chinensis* | 0.00 | 0.00 | 0.00 | 0.00 | 0.00 | 0.00 | 0.00 |

# 附录三　珠江口鱼类生物量百分比组成（%）

| 种　类 | 季节 | | | | 区域 | | 总生物量百分比 |
|---|---|---|---|---|---|---|---|
| | 春季 | 夏季 | 秋季 | 冬季 | 三角洲 | 河口 | |
| 三角鲂 *Megalobrama terminalis* | 12.13 | 16.86 | 19.50 | 14.04 | 19.30 | 9.22 | 15.64 |
| 赤眼鳟 *Squaliobarbus curriculus* | 8.70 | 8.77 | 8.92 | 6.55 | 11.58 | 2.31 | 8.21 |
| 鲻 *Mugil cephalus* | 8.64 | 2.74 | 7.64 | 12.84 | 4.59 | 14.28 | 8.11 |
| 鲮 *Cirrhinus molitorella* | 3.94 | 9.02 | 10.22 | 6.45 | 10.86 | 1.37 | 7.41 |
| 鲢 *Hypophthalmichthys molitrix* | 8.65 | 9.06 | 5.85 | 5.85 | 8.41 | 5.32 | 7.28 |
| 尼罗罗非鱼 *Oreochromis niloticus* | 8.79 | 3.82 | 5.10 | 9.03 | 8.77 | 3.20 | 6.75 |
| 花鲦 *Clupanodon thrissa* | 5.74 | 6.65 | 5.64 | 2.93 | 4.03 | 7.19 | 5.18 |
| 鲤 *Cyprinus carpio* | 6.07 | 4.40 | 2.68 | 2.80 | 5.57 | 1.09 | 3.94 |
| 麦瑞加拉鲮 *Cirrhinus mrigala* | 1.93 | 2.71 | 4.31 | 2.53 | 4.13 | 0.71 | 2.88 |
| 鳙 *Aristichthys nobilis* | 2.13 | 2.98 | 1.48 | 3.13 | 2.47 | 2.35 | 2.43 |
| 棱鲅 *Chelon carinatus* | 1.71 | 1.39 | 0.81 | 4.44 | 0.17 | 5.53 | 2.12 |
| 棘头梅童鱼 *Collichthys lucidus* | 1.60 | 1.16 | 1.93 | 3.55 | 0.00 | 5.77 | 2.10 |
| 草鱼 *Ctenopharyngodon idella* | 2.16 | 1.46 | 1.60 | 2.14 | 2.66 | 0.42 | 1.85 |
| 黄尾鲴 *Xenocypris davidi* | 3.31 | 1.02 | 0.62 | 1.11 | 2.35 | 0.01 | 1.50 |
| 𩾌 *Hemiculter leucisculus* | 1.34 | 3.23 | 0.22 | 1.34 | 2.33 | 0.02 | 1.49 |
| 花鲈 *Lateolabrax japonicus* | 0.78 | 1.30 | 1.86 | 1.06 | 0.70 | 2.23 | 1.26 |
| 鲫 *Carassius auratus* | 1.75 | 0.97 | 1.26 | 0.88 | 1.63 | 0.48 | 1.21 |
| 海南鲌 *Culter recurviceps* | 1.21 | 2.34 | 0.85 | 0.52 | 1.83 | 0.09 | 1.20 |
| 鲅 *Chelon haematocheilus* | 1.49 | 0.26 | 0.82 | 1.30 | 0.48 | 1.86 | 0.98 |
| 斑鳢 *Channa maculata* | 1.00 | 1.03 | 1.07 | 0.75 | 1.23 | 0.48 | 0.96 |
| 黄鳍鲷 *Acanthopagrus latus* | 0.52 | 0.94 | 1.04 | 1.19 | 0.13 | 2.32 | 0.93 |
| 龙头鱼 *Harpadon nehereus* | 1.12 | 0.29 | 0.48 | 1.59 | 0.00 | 2.44 | 0.89 |
| 丝鳍海鲇 *Arius arius* | 0.68 | 0.45 | 1.69 | 0.22 | 0.05 | 2.02 | 0.77 |
| 前鳞鲅 *Chelon affinis* | 0.26 | 0.69 | 0.23 | 1.56 | 0.00 | 1.91 | 0.70 |
| 胡子鲇 *Clarias fuscus* | 0.61 | 0.92 | 0.79 | 0.39 | 1.00 | 0.08 | 0.67 |
| 海鳗 *Muraenesox cinereus* | 0.28 | 0.39 | 0.68 | 1.07 | 0.00 | 1.69 | 0.62 |
| 七丝鲚 *Coilia grayii* | 0.75 | 0.51 | 0.60 | 0.50 | 0.37 | 0.98 | 0.59 |
| 丽副叶鲹 *Alepes kalla* | 0.14 | 0.77 | 0.39 | 1.03 | 0.00 | 1.61 | 0.59 |
| 拉氏狼牙虾虎鱼 *Odontamblyopus lacepedii* | 0.85 | 0.36 | 0.36 | 0.53 | 0.00 | 1.44 | 0.52 |
| 鳓 *Ilisha elongata* | 0.33 | 0.63 | 0.54 | 0.52 | 0.00 | 1.38 | 0.50 |
| 舌虾虎鱼 *Glossogobius giuris* | 0.41 | 0.92 | 0.15 | 0.37 | 0.39 | 0.56 | 0.45 |
| 叫姑鱼 *Johnius belangerii* | 0.40 | 1.08 | 0.06 | 0.26 | 0.00 | 1.20 | 0.44 |
| 莫桑比克罗非鱼 *Oreochromis mossambicus* | 0.12 | 0.20 | 1.09 | 0.28 | 0.67 | 0.02 | 0.43 |
| 短吻鲾 *Leiognathus brevirostris* | 0.29 | 0.13 | 0.60 | 0.42 | 0.03 | 0.97 | 0.37 |

（续）

| 种　类 | 季节 | | | | 区域 | | 总生物量百分比 |
|---|---|---|---|---|---|---|---|
| | 春季 | 夏季 | 秋季 | 冬季 | 三角洲 | 河口 | |
| 凤鲚 *Coilia mystus* | 0.33 | 0.36 | 0.30 | 0.44 | 0.01 | 0.98 | 0.36 |
| 鲇 *Silurus asotus* | 0.89 | 0.20 | 0.20 | 0.15 | 0.53 | 0.06 | 0.36 |
| 露斯塔野鲮 *Labeo rohita* | 0.08 | 0.38 | 0.68 | 0.11 | 0.49 | 0.00 | 0.31 |
| 褐篮子鱼 *Siganus fuscescens* | 0.70 | 0.27 | 0.11 | 0.11 | 0.00 | 0.80 | 0.29 |
| 黄颡鱼 *Tachysurus fulvidraco* | 0.28 | 0.36 | 0.30 | 0.23 | 0.44 | 0.02 | 0.29 |
| 革胡子鲇 *Clarias gariepinus* | 0.62 | 0.09 | 0.27 | 0.03 | 0.39 | 0.01 | 0.25 |
| 斑鰶 *Konosirus punctatus* | 0.88 | 0.06 | 0.07 | 0.00 | 0.00 | 0.68 | 0.25 |
| 硬头鲻 *Moolgarda cunnesius* | 0.07 | 0.17 | 0.56 | 0.15 | 0.00 | 0.66 | 0.24 |
| 卵形鲳鲹 *Trachinotus ovatus* | 0.35 | 0.23 | 0.12 | 0.25 | 0.00 | 0.66 | 0.24 |
| 条纹鲮脂鲤 *Prochilodus lineatus* | 0.10 | 0.31 | 0.40 | 0.14 | 0.37 | 0.00 | 0.24 |
| 银鲳 *Pampus argenteus* | 0.25 | 0.23 | 0.35 | 0.11 | 0.00 | 0.65 | 0.24 |
| 泥鳅 *Misgurnus anguillicaudatus* | 0.10 | 0.34 | 0.15 | 0.34 | 0.36 | 0.01 | 0.23 |
| 金钱鱼 *Scatophagus argus* | 0.21 | 0.29 | 0.14 | 0.30 | 0.04 | 0.57 | 0.23 |
| 条斑东方鲀 *Takifugu xanthopterus* | 0.00 | 0.00 | 0.75 | 0.00 | 0.00 | 0.54 | 0.19 |
| 须鳗虾虎鱼 *Taenioides cirratus* | 0.11 | 0.31 | 0.17 | 0.18 | 0.00 | 0.52 | 0.19 |
| 弓斑东方鲀 *Takifugu ocellatus* | 0.08 | 0.20 | 0.33 | 0.11 | 0.05 | 0.41 | 0.18 |
| 细鳞鯻 *Terapon jarbua* | 0.11 | 0.14 | 0.06 | 0.34 | 0.00 | 0.45 | 0.16 |
| 勒氏枝鳔石首鱼 *Dendrophysa russelii* | 0.13 | 0.10 | 0.02 | 0.35 | 0.00 | 0.42 | 0.15 |
| 带鱼 *Trichiurus lepturus* | 0.09 | 0.14 | 0.15 | 0.22 | 0.00 | 0.42 | 0.15 |
| 三线舌鳎 *Cynoglossus trigrammus* | 0.12 | 0.09 | 0.17 | 0.18 | 0.01 | 0.36 | 0.14 |
| 多辐翼甲鲇 *Pterygoplichthys multiradiatus* | 0.09 | 0.32 | 0.12 | 0.05 | 0.18 | 0.07 | 0.14 |
| 刺鲳 *Psenopsis anomala* | 0.01 | 0.34 | 0.18 | 0.00 | 0.00 | 0.35 | 0.13 |
| 金带细鲹 *Selaroides leptolepis* | 0.19 | 0.06 | 0.03 | 0.22 | 0.00 | 0.34 | 0.12 |
| 须鲫 *Carassioides acuminatus* | 0.42 | 0.05 | 0.01 | 0.01 | 0.19 | 0.00 | 0.12 |
| 鳊 *Parabramis pekinensis* | 0.08 | 0.26 | 0.14 | 0.00 | 0.18 | 0.00 | 0.12 |
| 乔氏吻鱵 *Rhynchorhamphus georgii* | 0.00 | 0.49 | 0.00 | 0.00 | 0.00 | 0.31 | 0.11 |
| 孔虾虎鱼 *Trypauchen vagina* | 0.23 | 0.14 | 0.07 | 0.01 | 0.00 | 0.31 | 0.11 |
| 大黄鱼 *Larimichthys crocea* | 0.14 | 0.11 | 0.12 | 0.04 | 0.00 | 0.28 | 0.10 |
| 金色小沙丁鱼 *Sardinella aurita* | 0.00 | 0.41 | 0.00 | 0.00 | 0.00 | 0.26 | 0.10 |
| 尖头塘鳢 *Eleotris oxycephala* | 0.08 | 0.23 | 0.07 | 0.01 | 0.15 | 0.01 | 0.10 |
| 日本鳗鲡 *Anguilla japonica* | 0.12 | 0.15 | 0.04 | 0.08 | 0.07 | 0.14 | 0.09 |
| 中华舌鳎 *Cynoglossus sinicus* | 0.00 | 0.13 | 0.09 | 0.16 | 0.00 | 0.26 | 0.09 |
| 四指马鲅 *Eleutheronema tetradactylum* | 0.26 | 0.03 | 0.07 | 0.01 | 0.00 | 0.25 | 0.09 |
| 大眼海鲢 *Elops machnata* | 0.21 | 0.02 | 0.02 | 0.11 | 0.00 | 0.25 | 0.09 |
| 黄斑篮子鱼 *Siganus canaliculatus* | 0.13 | 0.03 | 0.03 | 0.16 | 0.00 | 0.25 | 0.09 |
| 鲬 *Platycephalus indicus* | 0.13 | 0.07 | 0.05 | 0.12 | 0.01 | 0.22 | 0.09 |
| 斑点马鲛 *Scomberomorus guttatus* | 0.00 | 0.37 | 0.00 | 0.00 | 0.00 | 0.24 | 0.09 |
| 点篮子鱼 *Siganus guttatus* | 0.19 | 0.01 | 0.09 | 0.03 | 0.00 | 0.22 | 0.08 |

（续）

| 种类 | 季节 | | | | 区域 | | 总生物量百分比 |
|---|---|---|---|---|---|---|---|
| | 春季 | 夏季 | 秋季 | 冬季 | 三角洲 | 河口 | |
| 鯻 *Terapon theraps* | 0.03 | 0.04 | 0.00 | 0.23 | 0.00 | 0.21 | 0.08 |
| 蓝圆鲹 *Decapterus maruadsi* | 0.21 | 0.02 | 0.05 | 0.03 | 0.00 | 0.21 | 0.08 |
| 多鳞鱚 *Sillago sihama* | 0.04 | 0.07 | 0.06 | 0.12 | 0.00 | 0.21 | 0.08 |
| 尖吻鯻 *Rhynchopelates oxyrhynchus* | 0.04 | 0.11 | 0.07 | 0.08 | 0.00 | 0.21 | 0.07 |
| 日本金线鱼 *Nemipterus japonicus* | 0.13 | 0.13 | 0.01 | 0.03 | 0.00 | 0.20 | 0.07 |
| 长蛇鲻 *Saurida elongata* | 0.01 | 0.05 | 0.19 | 0.03 | 0.00 | 0.20 | 0.07 |
| 燕尾鲳 *Pampus nozawac* | 0.00 | 0.18 | 0.11 | 0.00 | 0.00 | 0.19 | 0.07 |
| 青鱼 *Mylopharyngodon piceus* | 0.09 | 0.09 | 0.01 | 0.07 | 0.09 | 0.02 | 0.06 |
| 斑纹舌虾虎鱼 *Glossogobius olivaceus* | 0.01 | 0.02 | 0.15 | 0.08 | 0.06 | 0.07 | 0.06 |
| 宽尾斜齿鲨 *Scoliodon laticaudus* | 0.14 | 0.00 | 0.09 | 0.00 | 0.00 | 0.16 | 0.06 |
| 鳡 *Elopichthys bambusa* | 0.02 | 0.04 | 0.15 | 0.02 | 0.07 | 0.03 | 0.06 |
| 黑斑多指马鲅 *Polydactylus sextarius* | 0.00 | 0.04 | 0.13 | 0.04 | 0.00 | 0.15 | 0.06 |
| 黄鳝 *Monopterus albus* | 0.06 | 0.10 | 0.02 | 0.03 | 0.08 | 0.00 | 0.05 |
| 斑点鸡笼鲳 *Drepane punctata* | 0.00 | 0.14 | 0.03 | 0.03 | 0.00 | 0.13 | 0.05 |
| 杜氏棱鳀 *Thryssa dussumieri* | 0.00 | 0.10 | 0.01 | 0.08 | 0.00 | 0.13 | 0.05 |
| 斑鳠 *Mystus guttatus* | 0.03 | 0.09 | 0.00 | 0.07 | 0.07 | 0.00 | 0.05 |
| 竹筴鱼 *Trachurus japonicus* | 0.00 | 0.19 | 0.00 | 0.00 | 0.00 | 0.12 | 0.04 |
| 红牙鰔 *Otolithes ruber* | 0.04 | 0.07 | 0.01 | 0.05 | 0.00 | 0.11 | 0.04 |
| 尖吻鲈 *Lates calcarifer* | 0.08 | 0.03 | 0.00 | 0.05 | 0.01 | 0.09 | 0.04 |
| 红鳍原鲌 *Cultrichthys erythropterus* | 0.04 | 0.06 | 0.06 | 0.00 | 0.06 | 0.00 | 0.04 |
| 短盖巨脂鲤 *Piaractus brachypomus* | 0.00 | 0.01 | 0.13 | 0.00 | 0.05 | 0.01 | 0.04 |
| 大头狗母鱼 *Trachinocephalus myops* | 0.00 | 0.01 | 0.13 | 0.00 | 0.00 | 0.10 | 0.04 |
| 鲐 *Pneumatophorus japonica* | 0.05 | 0.00 | 0.09 | 0.00 | 0.00 | 0.09 | 0.03 |
| 大海鲢 *Megalops cyprinoides* | 0.01 | 0.04 | 0.00 | 0.08 | 0.00 | 0.08 | 0.03 |
| 四带牙鯻 *Pelates quadrilineatus* | 0.02 | 0.00 | 0.05 | 0.05 | 0.00 | 0.09 | 0.03 |
| 灰鳍鲛 *Chelon melinopterus* | 0.00 | 0.00 | 0.05 | 0.06 | 0.00 | 0.09 | 0.03 |
| 平鲷 *Rhabdosargus sarba* | 0.01 | 0.00 | 0.02 | 0.09 | 0.00 | 0.09 | 0.03 |
| 大眼鳜 *Siniperca knerii* | 0.10 | 0.01 | 0.00 | 0.01 | 0.01 | 0.06 | 0.03 |
| 乌塘鳢 *Bostrychus sinensis* | 0.07 | 0.05 | 0.00 | 0.00 | 0.00 | 0.08 | 0.03 |
| 大弹涂鱼 *Boleophthalmus pectinirostris* | 0.03 | 0.06 | 0.01 | 0.02 | 0.02 | 0.04 | 0.03 |
| 条纹叫姑鱼 *Johnius fasciatus* | 0.11 | 0.01 | 0.00 | 0.00 | 0.00 | 0.08 | 0.03 |
| 康氏侧带小公鱼 *Stolephorus commersonnii* | 0.08 | 0.00 | 0.02 | 0.01 | 0.00 | 0.07 | 0.03 |
| 赤魟 *Dasyatis akajei* | 0.00 | 0.09 | 0.00 | 0.02 | 0.00 | 0.07 | 0.03 |
| 金线鱼 *Nemipterus virgatus* | 0.10 | 0.00 | 0.00 | 0.00 | 0.00 | 0.07 | 0.03 |
| 长棘银鲈 *Gerres filamentosus* | 0.01 | 0.04 | 0.00 | 0.04 | 0.00 | 0.06 | 0.03 |
| 长尾大眼鲷 *Priacanthus tayenus* | 0.10 | 0.00 | 0.00 | 0.00 | 0.00 | 0.07 | 0.03 |
| 鳗鲇 *Plotosus anguillaris* | 0.04 | 0.02 | 0.00 | 0.04 | 0.00 | 0.07 | 0.02 |
| 尖头黄鳍牙鰔 *Chrysochir aureus* | 0.00 | 0.01 | 0.00 | 0.09 | 0.00 | 0.07 | 0.02 |

（续）

| 种　类 | 季节 | | | | 区域 | | 总生物量百分比 |
|---|---|---|---|---|---|---|---|
| | 春季 | 夏季 | 秋季 | 冬季 | 三角洲 | 河口 | |
| 勒氏笛鲷 *Lutjanus russellii* | 0.01 | 0.05 | 0.02 | 0.02 | 0.00 | 0.07 | 0.02 |
| 斑鳍方头鱼 *Branchiostegus auratus* | 0.09 | 0.00 | 0.00 | 0.00 | 0.00 | 0.06 | 0.02 |
| 眼镜鱼 *Mene maculata* | 0.00 | 0.10 | 0.00 | 0.00 | 0.00 | 0.06 | 0.02 |
| 紫红笛鲷 *Lutianus argentimaculatus* | 0.00 | 0.01 | 0.01 | 0.06 | 0.01 | 0.04 | 0.02 |
| 灰鳍彭纳石首鱼 *Pennahia anea* | 0.00 | 0.07 | 0.02 | 0.00 | 0.00 | 0.06 | 0.02 |
| 乌鳢 *Channa argus* | 0.08 | 0.00 | 0.00 | 0.00 | 0.03 | 0.01 | 0.02 |
| 赤鼻棱鳀 *Thryssa kammalensis* | 0.01 | 0.06 | 0.01 | 0.00 | 0.00 | 0.05 | 0.02 |
| 大鳞舌鳎 *Cynoglossus melampetalus* | 0.00 | 0.00 | 0.07 | 0.00 | 0.00 | 0.05 | 0.02 |
| 花鳗鲡 *Anguilla marmorata* | 0.07 | 0.00 | 0.00 | 0.00 | 0.00 | 0.05 | 0.02 |
| 瓦氏拟鲿 *Pseudobagrus vachellii* | 0.01 | 0.04 | 0.02 | 0.00 | 0.03 | 0.00 | 0.02 |
| 斑头舌鳎 *Cynoglossus puncticeps* | 0.02 | 0.02 | 0.03 | 0.00 | 0.00 | 0.05 | 0.02 |
| 短棘银鲈 *Gerres limbatus* | 0.00 | 0.03 | 0.03 | 0.01 | 0.00 | 0.05 | 0.02 |
| 黑斑绯鲤 *Upeneus tragula* | 0.00 | 0.01 | 0.00 | 0.04 | 0.00 | 0.04 | 0.02 |
| 长颌棱鳀 *Thryssa setirostris* | 0.00 | 0.01 | 0.05 | 0.00 | 0.00 | 0.04 | 0.02 |
| 灰鳍鲷 *Acanthopagrus berda* | 0.01 | 0.00 | 0.00 | 0.03 | 0.00 | 0.04 | 0.01 |
| 中国长臀鮠 *Cranoglanis bouderius* | 0.00 | 0.06 | 0.00 | 0.00 | 0.02 | 0.00 | 0.01 |
| 黄吻棱鳀 *Thryssa vitirostris* | 0.01 | 0.00 | 0.03 | 0.01 | 0.00 | 0.04 | 0.01 |
| 五指多指马鲅 *Polydactylus plebeius* | 0.00 | 0.05 | 0.00 | 0.00 | 0.00 | 0.04 | 0.01 |
| 斑点叉尾鮰 *Ictalurus punctatus* | 0.03 | 0.00 | 0.02 | 0.00 | 0.02 | 0.00 | 0.01 |
| 银鲴 *Xenocypris argentea* | 0.00 | 0.00 | 0.00 | 0.04 | 0.02 | 0.00 | 0.01 |
| 中华侧带小公鱼 *Stolephorus chinensis* | 0.02 | 0.00 | 0.00 | 0.02 | 0.00 | 0.03 | 0.01 |
| 粗鳞鲛 *Chelon subviridis* | 0.00 | 0.00 | 0.00 | 0.04 | 0.00 | 0.03 | 0.01 |
| 圆斑东方鲀 *Takifugu orbimaculatus* | 0.00 | 0.01 | 0.04 | 0.00 | 0.00 | 0.03 | 0.01 |
| 多齿蛇鲻 *Saurida tumbil* | 0.00 | 0.05 | 0.00 | 0.00 | 0.00 | 0.03 | 0.01 |
| 黄姑鱼 *Nibea albiflora* | 0.03 | 0.02 | 0.00 | 0.00 | 0.00 | 0.03 | 0.01 |
| 细刺鱼 *Microcanthus strigatus* | 0.00 | 0.00 | 0.00 | 0.04 | 0.00 | 0.03 | 0.01 |
| 黄斑蝠 *Leiognathus bindus* | 0.00 | 0.04 | 0.00 | 0.00 | 0.00 | 0.03 | 0.01 |
| 乌鲳 *Parastromateus niger* | 0.01 | 0.01 | 0.03 | 0.00 | 0.00 | 0.03 | 0.01 |
| 团头鲂 *Megalobrama amblycephala* | 0.02 | 0.00 | 0.02 | 0.00 | 0.00 | 0.03 | 0.01 |
| 花鲆 *Tephrinectes sinensis* | 0.02 | 0.01 | 0.00 | 0.01 | 0.00 | 0.02 | 0.01 |
| 月鳢 *Channa asiatica* | 0.00 | 0.00 | 0.03 | 0.00 | 0.01 | 0.00 | 0.01 |
| 眶棘双边鱼 *Ambassis gymnocephalus* | 0.00 | 0.00 | 0.03 | 0.00 | 0.00 | 0.02 | 0.01 |
| 杂食豆齿鳗 *Pisodonophis boro* | 0.02 | 0.02 | 0.00 | 0.00 | 0.00 | 0.02 | 0.01 |
| 黑鲷 *Acanthopagrus schlegelii* | 0.01 | 0.00 | 0.01 | 0.01 | 0.00 | 0.02 | 0.01 |
| 翘嘴鲌 *Culter alburnus* | 0.00 | 0.01 | 0.00 | 0.02 | 0.01 | 0.00 | 0.01 |
| 纹缟虾虎鱼 *Tridentiger trigonocephalus* | 0.01 | 0.01 | 0.01 | 0.00 | 0.00 | 0.02 | 0.01 |
| 白肌银鱼 *Leucosoma chinensis* | 0.00 | 0.02 | 0.00 | 0.01 | 0.00 | 0.01 | 0.01 |
| 黑体塘鳢 *Eleotris melanosoma* | 0.00 | 0.02 | 0.01 | 0.00 | 0.01 | 0.00 | 0.01 |

（续）

| 种　类 | 季节 | | | | 区域 | | 总生物量百分比 |
|---|---|---|---|---|---|---|---|
| | 春季 | 夏季 | 秋季 | 冬季 | 三角洲 | 河口 | |
| 间下鱵 *Hyporhamphus intermedius* | 0.00 | 0.01 | 0.01 | 0.00 | 0.01 | 0.00 | 0.01 |
| 陈氏新银鱼 *Neosalanx tangkahkei* | 0.01 | 0.02 | 0.00 | 0.00 | 0.00 | 0.01 | 0.01 |
| 大刺鳅 *Mastacembelus armatus* | 0.00 | 0.01 | 0.02 | 0.00 | 0.01 | 0.00 | 0.01 |
| 子陵吻虾虎鱼 *Rhinogobius giurinus* | 0.00 | 0.00 | 0.01 | 0.01 | 0.01 | 0.00 | 0.01 |
| 静仰口鲾 *Secutor insidiator* | 0.01 | 0.02 | 0.00 | 0.00 | 0.00 | 0.02 | 0.01 |
| 攀鲈 *Anabas testudineus* | 0.00 | 0.01 | 0.00 | 0.01 | 0.00 | 0.01 | 0.01 |
| 弹涂鱼 *Periophthalmus modestus* | 0.02 | 0.00 | 0.00 | 0.00 | 0.00 | 0.01 | 0.00 |
| 条鳎 *Zebrias zebra* | 0.01 | 0.00 | 0.01 | 0.00 | 0.00 | 0.01 | 0.00 |
| 短棘鲾 *Leiognathus equulus* | 0.00 | 0.00 | 0.02 | 0.00 | 0.00 | 0.01 | 0.00 |
| 恵琪豆娘鱼 *Abudefduf vaigiensis* | 0.00 | 0.00 | 0.02 | 0.00 | 0.00 | 0.01 | 0.00 |
| 蓝鳃太阳鱼 *Lepomis macrochirus* | 0.02 | 0.00 | 0.00 | 0.00 | 0.00 | 0.01 | 0.00 |
| 鲡形鳗虾虎鱼 *Taenioides anguillaris* | 0.00 | 0.00 | 0.00 | 0.02 | 0.00 | 0.01 | 0.00 |
| 五点斑鲆 *Pseudorhombus quinquocellatus* | 0.00 | 0.02 | 0.00 | 0.00 | 0.00 | 0.01 | 0.00 |
| 银飘鱼 *Pseudolaubuca sinensis* | 0.00 | 0.02 | 0.00 | 0.00 | 0.01 | 0.00 | 0.00 |
| 羽鳃鲐 *Rastrelliger kanagurta* | 0.00 | 0.00 | 0.02 | 0.00 | 0.00 | 0.01 | 0.00 |
| 拟矛尾虾虎鱼 *Parachaeturichthys polynema* | 0.00 | 0.00 | 0.02 | 0.00 | 0.00 | 0.01 | 0.00 |
| 东方豹鲂鮄 *Dactyloptena orientalis* | 0.00 | 0.01 | 0.00 | 0.01 | 0.00 | 0.01 | 0.00 |
| 斑条魣 *Sphyraena jello* | 0.00 | 0.00 | 0.01 | 0.00 | 0.00 | 0.01 | 0.00 |
| 汉氏棱鳀 *Thryssa hamiltonii* | 0.00 | 0.00 | 0.00 | 0.01 | 0.00 | 0.01 | 0.00 |
| 斑尾刺虾虎鱼 *Synechogobius ommturus* | 0.00 | 0.00 | 0.01 | 0.00 | 0.00 | 0.01 | 0.00 |
| 暗纹东方鲀 *Takifugu fasciatus* | 0.00 | 0.00 | 0.00 | 0.01 | 0.00 | 0.01 | 0.00 |
| 奥利亚罗非鱼 *Oreochromis aureus* | 0.00 | 0.00 | 0.01 | 0.00 | 0.01 | 0.00 | 0.00 |
| 大眼近红鲌 *Ancherythroculter lini* | 0.00 | 0.01 | 0.00 | 0.00 | 0.01 | 0.00 | 0.00 |
| 眼斑拟石首鱼 *Sciaenops ocellatus* | 0.00 | 0.00 | 0.01 | 0.00 | 0.00 | 0.01 | 0.00 |
| 拟双带天竺鲷 *Apogonichthyoides pseudotaeniatus* | 0.00 | 0.00 | 0.01 | 0.00 | 0.00 | 0.01 | 0.00 |
| 线纹舌鳎 *Cynoglossus lineolatus* | 0.00 | 0.00 | 0.01 | 0.00 | 0.00 | 0.01 | 0.00 |
| 长颌鲹鲹 *Scomberoides lysan* | 0.00 | 0.01 | 0.00 | 0.00 | 0.00 | 0.01 | 0.00 |
| 黄泽小沙丁鱼 *Sardinella lemuru* | 0.00 | 0.01 | 0.00 | 0.00 | 0.00 | 0.01 | 0.00 |
| 黄带绯鲤 *Upeneus sulphureus* | 0.00 | 0.00 | 0.01 | 0.00 | 0.00 | 0.01 | 0.00 |
| 云纹石斑鱼 *Epinephelus moara* | 0.00 | 0.00 | 0.00 | 0.01 | 0.00 | 0.01 | 0.00 |
| 黄鳍马面鲀 *Thamnaconus hypargyreus* | 0.00 | 0.01 | 0.00 | 0.00 | 0.00 | 0.01 | 0.00 |
| 三线矶鲈 *Parapristipoma trilineatum* | 0.00 | 0.01 | 0.00 | 0.00 | 0.00 | 0.01 | 0.00 |
| 粗唇拟鲿 *Pseudobagrus crassilabris* | 0.00 | 0.00 | 0.00 | 0.01 | 0.00 | 0.00 | 0.00 |
| 犬齿背眼虾虎鱼 *Oxuderces dentatus* | 0.00 | 0.00 | 0.00 | 0.00 | 0.00 | 0.01 | 0.00 |
| 斑鳍彭纳石首鱼 *Pennahia pawak* | 0.00 | 0.01 | 0.00 | 0.00 | 0.00 | 0.01 | 0.00 |
| 粗纹鲾 *Leiognathus lineolatus* | 0.00 | 0.00 | 0.00 | 0.01 | 0.00 | 0.01 | 0.00 |
| 大口黑鲈 *Micropterus salmoides* | 0.00 | 0.01 | 0.00 | 0.00 | 0.00 | 0.01 | 0.00 |
| 大鳞鲅 *Chelon macrolepis* | 0.00 | 0.00 | 0.00 | 0.01 | 0.00 | 0.01 | 0.00 |

（续）

| 种　　类 | 季节 | | | | 区域 | | 总生物量百分比 |
|---|---|---|---|---|---|---|---|
| | 春季 | 夏季 | 秋季 | 冬季 | 三角洲 | 河口 | |
| 短尾大眼鲷 *Priacanthus macracanthus* | 0.00 | 0.01 | 0.00 | 0.00 | 0.00 | 0.01 | 0.00 |
| 黄牙鲷 *Dentex tumifrons* | 0.00 | 0.01 | 0.00 | 0.00 | 0.00 | 0.01 | 0.00 |
| 颈斑鲾 *Leiognathus nuchalis* | 0.00 | 0.01 | 0.00 | 0.00 | 0.00 | 0.01 | 0.00 |
| 康氏马鲛 *Scomberomorus commerson* | 0.00 | 0.01 | 0.00 | 0.00 | 0.00 | 0.01 | 0.00 |
| 卵鳎 *Solea ovata* | 0.00 | 0.00 | 0.00 | 0.00 | 0.00 | 0.01 | 0.00 |
| 铅点东方鲀 *Takifugu alboplumbeus* | 0.00 | 0.00 | 0.01 | 0.00 | 0.00 | 0.01 | 0.00 |
| 青弹涂鱼 *Scartelaos histophorus* | 0.00 | 0.01 | 0.00 | 0.00 | 0.00 | 0.01 | 0.00 |
| 山口海鳗 *Muraenesox yamaguchiensis* | 0.00 | 0.01 | 0.00 | 0.00 | 0.00 | 0.01 | 0.00 |
| 星点东方鲀 *Takifugu niphobles* | 0.00 | 0.01 | 0.00 | 0.00 | 0.00 | 0.01 | 0.00 |
| 真鲷 *Pagrus major* | 0.00 | 0.00 | 0.00 | 0.01 | 0.00 | 0.00 | 0.00 |
| 纹唇鱼 *Osteochilus salsburyi* | 0.00 | 0.01 | 0.00 | 0.00 | 0.00 | 0.00 | 0.00 |
| 斜纹大棘鱼 *Macrospinosa cuja* | 0.00 | 0.00 | 0.00 | 0.01 | 0.00 | 0.01 | 0.00 |
| 髭缟虾虎鱼 *Tridentiger barbatus* | 0.00 | 0.00 | 0.00 | 0.00 | 0.00 | 0.01 | 0.00 |
| 绿斑细棘虾虎鱼 *Acentrogobius chlorostigmatoides* | 0.00 | 0.01 | 0.00 | 0.00 | 0.00 | 0.01 | 0.00 |
| 卷口鱼 *Ptychidio jordani* | 0.00 | 0.01 | 0.00 | 0.00 | 0.00 | 0.00 | 0.00 |
| 条纹鸡笼鲳 *Drepane longimana* | 0.00 | 0.01 | 0.00 | 0.00 | 0.00 | 0.01 | 0.00 |
| 印度鳓 *Ilisha indica* | 0.00 | 0.01 | 0.00 | 0.00 | 0.00 | 0.01 | 0.00 |
| 中颌棱鳀 *Thryssa mystax* | 0.00 | 0.00 | 0.00 | 0.00 | 0.00 | 0.00 | 0.00 |
| 麦穗鱼 *Pseudorasbora parva* | 0.01 | 0.00 | 0.00 | 0.00 | 0.00 | 0.00 | 0.00 |
| 阿部鲻虾虎鱼 *Mugilogobius abei* | 0.01 | 0.00 | 0.00 | 0.00 | 0.00 | 0.00 | 0.00 |
| 杜氏叫姑鱼 *Johnius dussumieri* | 0.00 | 0.00 | 0.00 | 0.00 | 0.00 | 0.00 | 0.00 |
| 二长棘鲷 *Parargyrops edita* | 0.00 | 0.01 | 0.00 | 0.00 | 0.00 | 0.00 | 0.00 |
| 黄鲫 *Setipinna tenuifilis* | 0.00 | 0.00 | 0.01 | 0.00 | 0.00 | 0.00 | 0.00 |
| 朴蝴蝶鱼 *Chaetodon modestus* | 0.00 | 0.00 | 0.01 | 0.00 | 0.00 | 0.00 | 0.00 |
| 月腹刺鲀 *Gastrophysus lunaris* | 0.00 | 0.00 | 0.00 | 0.00 | 0.00 | 0.00 | 0.00 |
| 尾斑柱颌针鱼 *Strongylura strongylura* | 0.00 | 0.00 | 0.00 | 0.00 | 0.00 | 0.00 | 0.00 |
| 斑鱚 *Sillago maculata* | 0.00 | 0.00 | 0.00 | 0.00 | 0.00 | 0.00 | 0.00 |
| 居氏银鱼 *Salanx cuvieri* | 0.00 | 0.00 | 0.00 | 0.00 | 0.00 | 0.00 | 0.00 |
| 乌耳鳗鲡 *Anguilla nigricans* | 0.00 | 0.00 | 0.01 | 0.00 | 0.00 | 0.00 | 0.00 |
| 矛尾虾虎鱼 *Chaeturichthys stigmatias* | 0.00 | 0.00 | 0.00 | 0.00 | 0.00 | 0.00 | 0.00 |
| 大眼似青鳞鱼 *Herklotsichthys ovalis* | 0.00 | 0.00 | 0.00 | 0.00 | 0.00 | 0.00 | 0.00 |
| 尖尾鳗 *Uroconger lepturus* | 0.00 | 0.00 | 0.00 | 0.00 | 0.00 | 0.00 | 0.00 |
| 金焰笛鲷 *Lutjanus fulviflamma* | 0.00 | 0.00 | 0.00 | 0.00 | 0.00 | 0.00 | 0.00 |
| 南方拟䱗 *Pseudohemiculter dispar* | 0.00 | 0.00 | 0.00 | 0.00 | 0.00 | 0.00 | 0.00 |
| 沙带鱼 *Lepturacanthus savala* | 0.00 | 0.00 | 0.00 | 0.00 | 0.00 | 0.00 | 0.00 |
| 蛇鮈 *Saurogobio dabryi* | 0.00 | 0.00 | 0.00 | 0.00 | 0.00 | 0.00 | 0.00 |
| 深水金线鱼 *Nemipterus bathybius* | 0.00 | 0.00 | 0.00 | 0.00 | 0.00 | 0.00 | 0.00 |
| 食蟹豆齿鳗 *Pisodonophis cancrivorous* | 0.00 | 0.00 | 0.00 | 0.00 | 0.00 | 0.00 | 0.00 |

（续）

| 种　类 | 季节 | | | | 区域 | | 总生物量百分比 |
|---|---|---|---|---|---|---|---|
| | 春季 | 夏季 | 秋季 | 冬季 | 三角洲 | 河口 | |
| 条鲾 *Leiognathus rivulatus* | 0.00 | 0.00 | 0.00 | 0.00 | 0.00 | 0.00 | 0.00 |
| 蜥形副平牙虾虎鱼 *Parapocryptes serperaster* | 0.00 | 0.00 | 0.00 | 0.00 | 0.00 | 0.00 | 0.00 |
| 小带鱼 *Eupleurogrammus muticus* | 0.00 | 0.00 | 0.00 | 0.00 | 0.00 | 0.00 | 0.00 |
| 印度副绯鲤 *Parupeneus indicus* | 0.00 | 0.00 | 0.00 | 0.00 | 0.00 | 0.00 | 0.00 |
| 越南隐鳍鲇 *Pterocryptis cochinchinensis* | 0.00 | 0.00 | 0.00 | 0.00 | 0.00 | 0.00 | 0.00 |
| 长体银鲈 *Gerres oblongus* | 0.00 | 0.00 | 0.00 | 0.00 | 0.00 | 0.00 | 0.00 |
| 中国鲳 *Pampus chinensis* | 0.00 | 0.00 | 0.00 | 0.00 | 0.00 | 0.00 | 0.00 |
| 裘氏小沙丁鱼 *Sardinella jussieu* | 0.00 | 0.00 | 0.00 | 0.00 | 0.00 | 0.00 | 0.00 |
| 海南似鲚 *Toxabramis houdemeri* | 0.00 | 0.00 | 0.00 | 0.00 | 0.00 | 0.00 | 0.00 |
| 锯嵴塘鳢 *Butis koilomatodon* | 0.00 | 0.00 | 0.00 | 0.00 | 0.00 | 0.00 | 0.00 |
| 大头彭纳石首鱼 *Pennahia macrocephalus* | 0.00 | 0.00 | 0.00 | 0.00 | 0.00 | 0.00 | 0.00 |
| 断斑石鲈 *Pomadasys argenteus* | 0.00 | 0.00 | 0.00 | 0.00 | 0.00 | 0.00 | 0.00 |
| 褐菖鲉 *Sebastiscus marmoratus* | 0.00 | 0.00 | 0.00 | 0.00 | 0.00 | 0.00 | 0.00 |
| 双带黄鲈 *Diploprion bifasciatum* | 0.00 | 0.00 | 0.00 | 0.00 | 0.00 | 0.00 | 0.00 |
| 半滑舌鳎 *Cynoglossus semilaevis* | 0.00 | 0.00 | 0.00 | 0.00 | 0.00 | 0.00 | 0.00 |
| 大甲鲹 *Megalaspis cordyla* | 0.00 | 0.00 | 0.00 | 0.00 | 0.00 | 0.00 | 0.00 |
| 凡氏下银汉鱼 *Hypoatherina valenciennei* | 0.00 | 0.00 | 0.00 | 0.00 | 0.00 | 0.00 | 0.00 |
| 食蚊鱼 *Gambusia affinis* | 0.00 | 0.00 | 0.00 | 0.00 | 0.00 | 0.00 | 0.00 |
| 油魣 *Sphyraena pinguis* | 0.00 | 0.00 | 0.00 | 0.00 | 0.00 | 0.00 | 0.00 |
| 花斑蛇鲻 *Saurida undosquamis* | 0.00 | 0.00 | 0.00 | 0.00 | 0.00 | 0.00 | 0.00 |
| 马口鱼 *Opsariichthys bidens* | 0.00 | 0.00 | 0.00 | 0.00 | 0.00 | 0.00 | 0.00 |
| 马拉邦虫鳗 *Muraenichthys malabonensis* | 0.00 | 0.00 | 0.00 | 0.00 | 0.00 | 0.00 | 0.00 |
| 双斑东方鲀 *Takifugu bimaculatus* | 0.00 | 0.00 | 0.00 | 0.00 | 0.00 | 0.00 | 0.00 |
| 银彭纳石首鱼 *Pennahia argentata* | 0.00 | 0.00 | 0.00 | 0.00 | 0.00 | 0.00 | 0.00 |
| 内尔褶囊海鲇 *Plicofollis nella* | 0.00 | 0.00 | 0.00 | 0.00 | 0.00 | 0.00 | 0.00 |
| 长颌宝刀鱼 *Chirocentrus nudus* | 0.00 | 0.00 | 0.00 | 0.00 | 0.00 | 0.00 | 0.00 |
| 嵴塘鳢 *Butis butis* | 0.00 | 0.00 | 0.00 | 0.00 | 0.00 | 0.00 | 0.00 |
| 宽体舌鳎 *Cynoglossus robustus* | 0.00 | 0.00 | 0.00 | 0.00 | 0.00 | 0.00 | 0.00 |
| 蒙古鲌 *Culter mongolicus mongolicus* | 0.00 | 0.00 | 0.00 | 0.00 | 0.00 | 0.00 | 0.00 |
| 前肛鳗 *Dysomma anguillare* | 0.00 | 0.00 | 0.00 | 0.00 | 0.00 | 0.00 | 0.00 |
| 日本瞳鲬 *Inegocia japonica* | 0.00 | 0.00 | 0.00 | 0.00 | 0.00 | 0.00 | 0.00 |
| 十棘银鲈 *Gerres decacanthus* | 0.00 | 0.00 | 0.00 | 0.00 | 0.00 | 0.00 | 0.00 |
| 四线天竺鲷 *Ostorhinchus fasciatus* | 0.00 | 0.00 | 0.00 | 0.00 | 0.00 | 0.00 | 0.00 |
| 弯棘䲗 *Callionymus curvicornis* | 0.00 | 0.00 | 0.00 | 0.00 | 0.00 | 0.00 | 0.00 |
| 细纹鲾 *Leiognathus berbis* | 0.00 | 0.00 | 0.00 | 0.00 | 0.00 | 0.00 | 0.00 |
| 云斑海猪鱼 *Halichoeres nigrescens* | 0.00 | 0.00 | 0.00 | 0.00 | 0.00 | 0.00 | 0.00 |
| 棕斑兔头鲀 *Lagocephalus spadiceus* | 0.00 | 0.00 | 0.00 | 0.00 | 0.00 | 0.00 | 0.00 |
| 斑鳍天竺鱼 *Jaydia carinatus* | 0.00 | 0.00 | 0.00 | 0.00 | 0.00 | 0.00 | 0.00 |

（续）

| 种　类 | 季节 | | | | 区域 | | 总生物量百分比 |
|---|---|---|---|---|---|---|---|
| | 春季 | 夏季 | 秋季 | 冬季 | 三角洲 | 河口 | |
| 尖海龙 *Syngnathus acus* | 0.00 | 0.00 | 0.00 | 0.00 | 0.00 | 0.00 | 0.00 |
| 黄唇鱼 *Bahaba taipingensis* | 0.00 | 0.00 | 0.00 | 0.00 | 0.00 | 0.00 | 0.00 |
| 高体鳑鲏 *Rhodeus ocellatus* | 0.00 | 0.00 | 0.00 | 0.00 | 0.00 | 0.00 | 0.00 |
| 鹿斑仰口鲾 *Secutor ruconius* | 0.00 | 0.00 | 0.00 | 0.00 | 0.00 | 0.00 | 0.00 |
| 叉尾斗鱼 *Macropodus opercularis* | 0.00 | 0.00 | 0.00 | 0.00 | 0.00 | 0.00 | 0.00 |
| 虫纹东方鲀 *Takifugu vermicularis* | 0.00 | 0.00 | 0.00 | 0.00 | 0.00 | 0.00 | 0.00 |
| 单鳍鱼 *Pempheris molucca* | 0.00 | 0.00 | 0.00 | 0.00 | 0.00 | 0.00 | 0.00 |
| 横纹东方鲀 *Takifugu oblongus* | 0.00 | 0.00 | 0.00 | 0.00 | 0.00 | 0.00 | 0.00 |
| 鳞烟管鱼 *Fistularia petimba* | 0.00 | 0.00 | 0.00 | 0.00 | 0.00 | 0.00 | 0.00 |
| 乳香鱼 *Lactarius lactarius* | 0.00 | 0.00 | 0.00 | 0.00 | 0.00 | 0.00 | 0.00 |
| 騰头鲉 *Polycaulus uranoscopa* | 0.00 | 0.00 | 0.00 | 0.00 | 0.00 | 0.00 | 0.00 |
| 溪吻虾虎鱼 *Rhinogobius duospilus* | 0.00 | 0.00 | 0.00 | 0.00 | 0.00 | 0.00 | 0.00 |
| 银鮈 *Squalidus argentatus* | 0.00 | 0.00 | 0.00 | 0.00 | 0.00 | 0.00 | 0.00 |
| 有明银鱼 *Salanx ariakensis* | 0.00 | 0.00 | 0.00 | 0.00 | 0.00 | 0.00 | 0.00 |
| 中线天竺鲷 *Ostorhinchus kiensis* | 0.00 | 0.00 | 0.00 | 0.00 | 0.00 | 0.00 | 0.00 |
| 尖吻蛇鳗 *Ophichthus apicalis* | 0.00 | 0.00 | 0.00 | 0.00 | 0.00 | 0.00 | 0.00 |
| 绿鳍鱼 *Chelidonichthys kumu* | 0.00 | 0.00 | 0.00 | 0.00 | 0.00 | 0.00 | 0.00 |
| 青缨鲆 *Crossorhombus azureus* | 0.00 | 0.00 | 0.00 | 0.00 | 0.00 | 0.00 | 0.00 |
| 条纹小鲃 *Puntius semifasciolatus* | 0.00 | 0.00 | 0.00 | 0.00 | 0.00 | 0.00 | 0.00 |
| 宽条天竺鱼 *Jaydia striata* | 0.00 | 0.00 | 0.00 | 0.00 | 0.00 | 0.00 | 0.00 |
| 细条天竺鱼 *Jaydia lineata* | 0.00 | 0.00 | 0.00 | 0.00 | 0.00 | 0.00 | 0.00 |
| 犬牙细棘虾虎鱼 *Acentrogobius caninus* | 0.00 | 0.00 | 0.00 | 0.00 | 0.00 | 0.00 | 0.00 |
| 长丝虾虎鱼 *Cryptocentrus filifer* | 0.00 | 0.00 | 0.00 | 0.00 | 0.00 | 0.00 | 0.00 |

# 附录四　珠江口鱼类组成与分布

| 种　　类 | 三水 | 高明 | 九江 | 江门 | 斗门 | 神湾 | 南沙 | 崖门 | 南水 | 伶仃洋 | 万山 |
|---|---|---|---|---|---|---|---|---|---|---|---|
| 宽尾斜齿鲨 *Scoliodon laticaudus* | | | | | | | | | | | + |
| 赤魟 *Dasyatis akajei* | | | | | | | + | | + | | + |
| 大眼海鲢 *Elops machnata* | | | | | | | + | + | + | + | |
| 大海鲢 *Megalops cyprinoides* | + | | | | | | | + | + | | |
| 金色小沙丁鱼 *Sardinella aurita* | | | | | | | | | | | + |
| 裘氏小沙丁鱼 *Sardinella jussieu* | | | | | | | | | | | + |
| 黄泽小沙丁鱼 *Sardinella lemuru* | | | | | | | | | | | + |
| 大眼似青鳞鱼 *Herklotsichthys ovalis* | | | | | | | | + | | | |
| 斑鰶 *Konosirus punctatus* | | | | | | | + | + | + | + | + |
| 花鰶 *Clupanodon thrissa* | + | + | + | + | + | + | + | + | + | + | + |
| 鳓 *Ilisha elongata* | | | | | | | + | + | + | + | + |
| 印度鳓 *Ilisha indica* | | | | | | | | + | | | + |
| 康氏侧带小公鱼 *Stolephorus commersonii* | | | | | | | + | + | | + | + |
| 中华侧带小公鱼 *Stolephorus chinensis* | | | | | | | | + | + | + | + |
| 赤鼻棱鳀 *Thryssa kammalensis* | | | | | | | | + | + | + | + |
| 杜氏棱鳀 *Thryssa dussumieri* | | | | | | | | | | | + |
| 汉氏棱鳀 *Thryssa hamiltonii* | | | | | | | | | | | + |
| 黄吻棱鳀 *Thryssa vitirostris* | | | | | | | + | + | + | + | + |
| 长颌棱鳀 *Thryssa setirostris* | | | | | | | | | + | + | |
| 中颌棱鳀 *Thryssa mystax* | | | | | | | | + | + | + | |
| 黄鲫 *Setipinna tenuifilis* | | | | | | | | | | + | + |
| 凤鲚 *Coilia mystus* | | | | | | + | + | + | + | + | + |
| 七丝鲚 *Coilia grayii* | + | + | + | + | + | + | + | + | + | + | + |
| 长颌宝刀鱼 *Chirocentrus nudus* | | | | | | | | + | | | |
| 白肌银鱼 *Leucosoma chinensis* | | | | | + | | + | + | + | + | |
| 居氏银鱼 *Salanx cuvieri* | | | | | | | + | | | | |
| 有明银鱼 *Salanx ariakensis* | | | | | | | | + | | | |
| 陈氏新银鱼 *Neosalanx tangkahkei* | | | | | + | | + | | | + | |
| 花鳗鲡 *Anguilla marmorata* | | | | | | | | | | + | |
| 尖尾鳗 *Uroconger lepturus* | | | | | | | | | | | + |
| 日本鳗鲡 *Anguilla japonica* | | + | + | + | + | + | + | + | + | + | + |
| 乌耳鳗鲡 *Anguilla nigricans* | | + | | | | | | | | | + |
| 海鳗 *Muraenesox cinereus* | | | | | | | + | + | + | + | + |
| 山口海鳗 *Muraenesox yamaguchiensis* | | | | | | | | + | | | |
| 马拉邦虫鳗 *Muraenichthys malabonensis* | | | | | | | | | + | | |
| 食蟹豆齿鳗 *Pisodonophis cancrivorous* | | | | | | | + | | | | |

（续）

| 种　类 | 三水 | 高明 | 九江 | 江门 | 斗门 | 神湾 | 南沙 | 崖门 | 南水 | 伶仃洋 | 万山 |
|---|---|---|---|---|---|---|---|---|---|---|---|
| 杂食豆齿鳗 *Pisodonophis boro* | | | | | | + | | + | | + | + |
| 尖吻蛇鳗 *Ophichthus apicalis* | | | | | | | | + | | | |
| 前肛鳗 *Dysomma anguillare* | | | | | | | | | | | + |
| 大头狗母鱼 *Trachinocephalus myops* | | | | | | | | | | | + |
| 多齿蛇鲻 *Saurida tumbil* | | | | | | | | | | | + |
| 花斑蛇鲻 *Saurida undosquamis* | | | | | | | | | | | + |
| 长蛇鲻 *Saurida elongata* | | | | | | | | | | | + |
| 龙头鱼 *Harpadon nehereus* | | | | | | | | + | + | + | + |
| 纹唇鱼 *Osteochilus salsburyi* | + | | | + | + | | | | | | |
| 露斯塔野鲮 *Labeo rohita* | + | + | + | + | | + | | | | | |
| 鲮 *Cirrhinus molitorella* | + | + | + | + | + | + | + | + | | + | |
| 麦瑞加拉鲮 *Cirrhinus mrigala* | + | + | + | + | + | + | + | + | + | + | |
| 卷口鱼 *Ptychidio jordani* | | | + | | | | | | | | |
| 麦穗鱼 *Pseudorasbora parva* | | | | + | | + | | | | | |
| 银鮈 *Squalidus argentatus* | | + | | | | | | | | | |
| 蛇鮈 *Saurogobio dabryi* | + | | | | | | | | | | |
| 鲤 *Cyprinus carpio* | + | + | + | + | + | + | + | + | + | + | |
| 须鲫 *Carassioides acuminatus* | + | + | | | | | | | | | |
| 鲫 *Carassius auratus* | + | + | + | + | + | + | + | + | + | + | + |
| 鳙 *Aristichthys nobilis* | + | + | + | + | + | + | + | + | + | + | + |
| 鲢 *Hypophthalmichthys molitrix* | + | + | + | + | + | + | + | + | + | + | |
| 马口鱼 *Opsariichthys bidens* | + | | | | | | | | | | |
| 青鱼 *Mylopharyngodon piceus* | + | + | + | | + | + | | + | | | |
| 草鱼 *Ctenopharyngodon idella* | + | + | + | + | + | + | + | + | + | + | |
| 赤眼鳟 *Squaliobarbus curriculus* | + | + | + | + | + | + | + | + | + | + | |
| 鳡 *Elopichthys bambusa* | + | + | | | + | + | + | + | + | | |
| 蒙古鲌 *Culter mongolicus mongolicus* | + | | | | | | | | | | |
| 大眼近红鲌 *Ancherythroculter lini* | | | | | | + | | | | | |
| 南方拟鳘 *Pseudohemiculter dispar* | | | | | | + | | | | | |
| 三角鲂 *Megalobrama terminalis* | + | + | + | + | + | + | + | + | + | + | + |
| 团头鲂 *Megalobrama amblycephala* | + | | | | | | + | | | | |
| 鳊 *Parabramis pekinensis* | + | + | + | + | + | + | | | | | |
| 海南鲌 *Culter recurviceps* | + | + | + | + | + | + | + | + | | | |
| 翘嘴鲌 *Culter alburnus* | + | | | | + | | | | | | |
| 红鳍原鲌 *Cultrichthys erythropterus* | + | + | | + | + | + | + | | | | |
| 海南似鱎 *Toxabramis houdemeri* | | + | | + | + | | | | | | |
| 鳘 *Hemiculter leucisculus* | + | + | + | + | + | + | + | | | + | |
| 银飘鱼 *Pseudolaubuca sinensis* | + | | | | | | | | | | |
| 黄尾鲴 *Xenocypris davidi* | + | + | + | + | + | + | + | + | | | |
| 银鲴 *Xenocypris argentea* | + | | | | | | | | | | |

| 种　　类 | 三水 | 高明 | 九江 | 江门 | 斗门 | 神湾 | 南沙 | 崖门 | 南水 | 伶仃洋 | 万山 |
|---|---|---|---|---|---|---|---|---|---|---|---|
| 高体鳑鲏 *Rhodeus ocellatus* | | | | | + | | | + | | | |
| 条纹小鲃 *Puntius semifasciolatus* | | | | | | + | | | | | |
| 泥鳅 *Misgurnus anguillicaudatus* | + | + | + | + | + | + | + | + | + | + | |
| 短盖巨脂鲤 *Piaractus brachypomus* | + | | | | | | | + | | | |
| 条纹鲮脂鲤 *Prochilodus lineatus* | + | + | + | + | | + | | | | + | |
| 黄颡鱼 *Tachysurus fulvidraco* | + | + | + | + | + | + | + | + | + | | |
| 瓦氏拟鲿 *Pseudobagrus vachellii* | + | + | + | + | + | | | + | | | |
| 斑鳠 *Mystus guttatus* | + | + | + | | | | | | | | |
| 粗唇拟鲿 *Pseudobagrus crassilabris* | | | + | | | | | | | | |
| 多辐翼甲鲇 *Pterygoplichthys multiradiatus* | + | + | + | + | | + | + | | | + | |
| 革胡子鲇 *Clarias gariepinus* | + | + | + | + | + | + | | | + | | |
| 胡子鲇 *Clarias fuscus* | + | + | + | + | + | + | + | + | + | + | |
| 鳗鲇 *Plotosus anguillaris* | | | | | | | + | | + | + | + |
| 鲇 *Silurus asotus* | + | + | + | + | + | + | + | + | | + | |
| 越南隐鳍鲇 *Pterocryptis cochinchinensis* | + | | | | | | | | | | |
| 中国长臀鮠 *Cranoglanis bouderius* | + | | + | | | | | | | | |
| 内尔褶囊海鲇 *Plicofollis nella* | | | | | | | | + | | | |
| 丝鳍海鲇 *Arius arius* | | | | | | + | + | + | + | + | + |
| 斑点叉尾鮰 *Ictalurus punctatus* | + | | | | + | | | | | | |
| 食蚊鱼 *Gambusia affinis* | | | | | | + | | | | | |
| 凡氏下银汉鱼 *Hypoatherina valenciennei* | | | | | | | | + | + | | |
| 尾斑柱颌针鱼 *Strongylura strongylura* | | | | | | | + | | + | + | |
| 间下鱵 *Hyporhamphus intermedius* | + | + | | | + | | + | + | | + | |
| 乔氏吻鱵 *Rhynchorhamphus georgii* | | | | | | | | + | | | |
| 鳞烟管鱼 *Fistularia petimba* | | | | | | | | + | | | |
| 尖海龙 *Syngnathus acus* | | | | | | | | + | | | + |
| 斑条魣 *Sphyraena jello* | | | | | | | | + | | | + |
| 油魣 *Sphyraena pinguis* | | | | | | | | | | | + |
| 前鳞鲮 *Chelon affinis* | | | | | | | + | + | + | + | + |
| 鲻 *Mugil cephalus* | + | + | + | + | + | + | + | + | + | + | + |
| 粗鳞鲮 *Chelon subviridis* | | | | | | | | | + | | |
| 大鳞鲮 *Chelon macrolepis* | | | | | | | | | | | + |
| 灰鳍鲮 *Chelon melinopterus* | | | | | | | + | | + | | |
| 棱鲮 *Chelon carinatus* | | | | | + | + | + | + | + | + | + |
| 鲮 *Chelon haematocheilus* | + | + | | + | + | + | + | + | + | + | + |
| 硬头鲻 *Moolgarda cunnesius* | | | | | | | + | + | + | + | + |
| 四指马鲅 *Eleutheronema tetradactylum* | | | | | | | | + | + | + | + |
| 黑斑多指马鲅 *Polydactylus sextarius* | | | | | | | | + | + | + | + |
| 五指多指马鲅 *Polydactylus plebeius* | | | | | | | | + | + | + | |
| 黄鳝 *Monopterus albus* | + | + | + | + | + | + | | | | | |

（续）

| 种　类 | 三水 | 高明 | 九江 | 江门 | 斗门 | 神湾 | 南沙 | 崖门 | 南水 | 伶仃洋 | 万山 |
|---|---|---|---|---|---|---|---|---|---|---|---|
| 眶棘双边鱼 *Ambassis gymnocephalus* | | | | | | | + | | + | | + |
| 大口黑鲈 *Micropterus salmoides* | | | | | | | + | | | | |
| 蓝鳃太阳鱼 *Lepomis macrochirus* | | | | | | | | | | + | |
| 双带黄鲈 *Diploprion bifasciatum* | | | | | | | | | | | + |
| 大眼鳜 *Siniperca knerii* | + | + | | | + | | + | | | | |
| 尖吻鲈 *Lates calcarifer* | | | | | + | | | | + | + | + |
| 花鲈 *Lateolabrax japonicus* | + | + | + | + | + | + | + | + | + | + | + |
| 云纹石斑鱼 *Epinephelus moara* | | | | | | | | + | | | + |
| 短尾大眼鲷 *Priacanthus macracanthus* | | | | | | | | | | | + |
| 长尾大眼鲷 *Priacanthus tayenus* | | | | | | | | | + | + | |
| 斑鳍天竺鱼 *Jaydia carinatus* | | | | | | | | | | | + |
| 宽条天竺鱼 *Jaydia striata* | | | | | | | | | | | + |
| 细条天竺鱼 *Jaydia lineata* | | | | | | | | | | | + |
| 四线天竺鲷 *Ostorhinchus fasciatus* | | | | | | | | + | | | |
| 中线天竺鲷 *Ostorhinchus kiensis* | | | | | | | | | | | + |
| 拟双带天竺鲷 *Apogonichthyoides pseudotaeniatus* | | | | | | | | | | | + |
| 乳香鱼 *Lactarius lactarius* | | | | | | | | + | | | + |
| 斑鱚 *Sillago maculata* | | | | | | | | | | | + |
| 多鳞鱚 *Sillago sihama* | | | | | | | + | + | + | + | + |
| 斑鳍方头鱼 *Branchiostegus auratus* | | | | | | | | | | | + |
| 金带细鲹 *Selaroides leptolepis* | | | | | | | | | | + | + |
| 蓝圆鲹 *Decapterus maruadsi* | | | | | | | | | | + | + |
| 大甲鲹 *Megalaspis cordyla* | | | | | | | | | | | + |
| 竹筴鱼 *Trachurus japonicus* | | | | | | | | | | | + |
| 卵形鲳鲹 *Trachinotus ovatus* | | | | | | | + | + | + | + | + |
| 长颌䲠鲹 *Scomberoides lysan* | | | | | | | | + | | | |
| 丽副叶鲹 *Alepes kalla* | | | | | | | | + | + | + | + |
| 眼镜鱼 *Mene maculata* | | | | | | | | | + | | |
| 乌鲳 *Parastromateus niger* | | | | | | | | + | | | + |
| 棘头梅童鱼 *Collichthys lucidus* | | | | | | | + | + | + | + | + |
| 大黄鱼 *Larimichthys crocea* | | | | | | | | + | + | + | + |
| 红牙鰔 *Otolithes ruber* | | | | | | | | | + | | + |
| 杜氏叫姑鱼 *Johnius dussumieri* | | | | | | | | + | | | + |
| 叫姑鱼 *Johnius belangerii* | | | | | | | + | + | + | + | + |
| 条纹叫姑鱼 *Johnius fasciatus* | | | | | | | + | | + | | |
| 黄姑鱼 *Nibea albiflora* | | | | | | | | | | | + |
| 斜纹大棘鱼 *Macrospinosa cuja* | | | | | | | | + | | | |
| 斑鳍彭纳石首鱼 *Pennahia pawak* | | | | | | | | | | | + |
| 大头彭纳石首鱼 *Pennahia macrocephalus* | | | | | | | | | | | + |
| 黄唇鱼 *Bahaba taipingensis* | | | | | | | + | | | | |

（续）

| 种　　类 | 三水 | 高明 | 九江 | 江门 | 斗门 | 神湾 | 南沙 | 崖门 | 南水 | 伶仃洋 | 万山 |
|---|---|---|---|---|---|---|---|---|---|---|---|
| 灰鳍彭纳石首鱼 *Pennahia anea* | | | | | | | | | | + | + |
| 尖头黄鳍牙鰔 *Chrysochir aureus* | | | | | | | | + | | | + |
| 勒氏枝鳔石首鱼 *Dendrophysa russelii* | | | | | | | + | + | + | + | + |
| 眼斑拟石首鱼 *Sciaenops ocellatus* | | | | | | | | | | + | |
| 银彭纳石首鱼 *Pennahia argentata* | | | | | | | | | | | + |
| 粗纹鲾 *Leiognathus lineolatus* | | | | | | | | | | | + |
| 短棘鲾 *Leiognathus equulus* | | | | | | | | | + | | + |
| 短吻鲾 *Leiognathus brevirostris* | | | | | + | + | + | + | + | + | + |
| 黄斑鲾 *Leiognathus bindus* | | | | | | | | + | | | + |
| 颈斑鲾 *Leiognathus nuchalis* | | | | | | | | | + | | |
| 条鲾 *Leiognathus rivulatus* | | | | | | | | | + | | |
| 细纹鲾 *Leiognathus berbis* | | | | | | | | | | | + |
| 静仰口鲾 *Secutor insidiator* | | | | | | | | | + | | + |
| 鹿斑仰口鲾 *Secutor ruconius* | | | | | | | | | | | + |
| 短棘银鲈 *Gerres limbatus* | | | | | | | | + | + | + | + |
| 十棘银鲈 *Gerres decacanthus* | | | | | | | | | + | | |
| 长棘银鲈 *Gerres filamentosus* | | | | | + | + | | + | + | | + |
| 长体银鲈 *Gerres oblongus* | | | | | | | | | + | | |
| 金焰笛鲷 *Lutjanus fulviflamma* | | | | | | | | | + | | |
| 勒氏笛鲷 *Lutjanus russellii* | | | | | | | | | + | | + |
| 紫红笛鲷 *Lutianus argentimaculatus* | | + | | | | + | | | + | + | + |
| 黄牙鲷 *Dentex tumifrons* | | | | | | | | | | | + |
| 真鲷 *Pagrus major* | | | | | | + | | | | | |
| 二长棘鲷 *Parargyrops edita* | | | | | | | | | | + | + |
| 平鲷 *Rhabdosargus sarba* | | | | | | | + | | | | + |
| 黑鲷 *Acanthopagrus schlegelii* | | | | | | | | | + | + | + |
| 黄鳍鲷 *Acanthopagrus latus* | + | | | + | + | + | + | + | + | + | + |
| 灰鳍鲷 *Acanthopagrus berda* | | | | | | | | | + | + | + |
| 金线鱼 *Nemipterus virgatus* | | | | | | | | | + | + | + |
| 日本金线鱼 *Nemipterus japonicus* | | | | | | | | + | + | | + |
| 深水金线鱼 *Nemipterus bathybius* | | | | | | | | | | | + |
| 断斑石鲈 *Pomadasys argenteus* | | | | | | | | | + | | |
| 三线矶鲈 *Parapristipoma trilineatum* | | | | | | | | | + | | + |
| 尖吻鯻 *Rhynchopelates oxyrhynchus* | | | | | | | + | | + | + | + |
| 鯻 *Terapon theraps* | | | | | | | | | + | + | + |
| 细鳞鯻 *Terapon jarbua* | | | | | | | + | + | + | + | + |
| 四带牙鯻 *Pelates quadrilineatus* | | | | | | | | | + | | + |
| 黑斑绯鲤 *Upeneus tragula* | | | | | | | | + | | | + |
| 黄带绯鲤 *Upeneus sulphureus* | | | | | | | | + | | | + |
| 印度副绯鲤 *Parupeneus indicus* | | | | | | | | | + | | |

（续）

| 种　类 | 三水 | 高明 | 九江 | 江门 | 斗门 | 神湾 | 南沙 | 崖门 | 南水 | 伶仃洋 | 万山 |
|---|---|---|---|---|---|---|---|---|---|---|---|
| 单鳍鱼 *Pempheris molucca* | | | | | | | | | | | + |
| 斑点鸡笼鲳 *Drepane punctata* | | | | | | | | | + | + | + |
| 条纹鸡笼鲳 *Drepane longimana* | | | | | | | | | | | + |
| 金钱鱼 *Scatophagus argus* | | | | | + | + | + | + | + | + | + |
| 奥利亚罗非鱼 *Oreochromis aureus* | | | | | + | + | | | | | |
| 莫桑比克罗非鱼 *Oreochromis mossambicus* | + | + | + | + | + | + | + | + | | | |
| 尼罗罗非鱼 *Oreochromis niloticus* | + | + | + | + | + | + | + | + | + | + | |
| 细刺鱼 *Microcanthus strigatus* | | | | | | | | | | | + |
| 朴蝴蝶鱼 *Chaetodon modestus* | | | | | | | | | | | + |
| 惠琪豆娘鱼 *Abudefduf vaigiensis* | | | | | | | | | + | | |
| 云斑海猪鱼 *Halichoeres nigrescens* | | | | | | | | | + | | |
| 弯棘鰤 *Callionymus curvicornis* | | | | | | | | | | | + |
| 点篮子鱼 *Siganus guttatus* | | | | | | | | | + | + | + |
| 褐篮子鱼 *Siganus fuscescens* | | | | | | + | | | + | + | + |
| 黄斑篮子鱼 *Siganus canaliculatus* | | | | | | | | + | + | + | + |
| 攀鲈 *Anabas testudineus* | + | + | | + | + | | | + | + | | |
| 叉尾斗鱼 *Macropodus opercularis* | + | | | | | | | | | | |
| 斑鳢 *Channa maculata* | + | + | | + | + | + | + | + | + | + | |
| 乌鳢 *Channa argus* | + | + | | + | | | | | + | | |
| 月鳢 *Channa asiatica* | + | + | | | | | | | | | |
| 大刺鳅 *Mastacembelus armatus* | + | | | | + | | | | | | |
| 带鱼 *Trichiurus lepturus* | | | | | | | | | + | + | + |
| 小带鱼 *Eupleurogrammus muticus* | | | | | | | | | | | + |
| 沙带鱼 *Lepturacanthus savala* | | | | | | | | | | + | |
| 鲐 *Pneumatophorus japonica* | | | | | | | | | | + | + |
| 羽鳃鲐 *Rastrelliger kanagurta* | | | | | | | | | | | + |
| 斑点马鲛 *Scomberomorus guttatus* | | | | | | | | | | | + |
| 康氏马鲛 *Scomberomorus commerson* | | | | | | | | | | | + |
| 燕尾鲳 *Pampus nozawae* | | | | | | | | + | + | + | + |
| 银鲳 *Pampus argenteus* | | | | | | | | | + | + | + |
| 中国鲳 *Pampus chinensis* | | | | | | | | | | | + |
| 刺鲳 *Psenopsis anomala* | | | | | | | | + | + | + | + |
| 乌塘鳢 *Bostrychus sinensis* | | | | | | | + | + | + | + | + |
| 峰塘鳢 *Butis butis* | | | | | | | | + | | | |
| 锯峰塘鳢 *Butis koilomatodon* | | | | | | | + | + | + | | + |
| 黑体塘鳢 *Eleotris melanosoma* | + | + | + | | | + | + | | | | |
| 尖头塘鳢 *Eleotris oxycephala* | + | + | + | + | + | + | + | | + | + | |
| 斑纹舌虾虎鱼 *Glossogobius olivaceus* | + | + | + | + | + | + | + | + | + | + | + |
| 舌虾虎鱼 *Glossogobius giuris* | + | + | + | + | + | + | + | + | + | + | + |
| 溪吻虾虎鱼 *Rhinogobius duospilus* | | | | | | | | + | | | |

（续）

| 种　　类 | 三水 | 高明 | 九江 | 江门 | 斗门 | 神湾 | 南沙 | 崖门 | 南水 | 伶仃洋 | 万山 |
|---|---|---|---|---|---|---|---|---|---|---|---|
| 子陵吻虾虎鱼 *Rhinogobius giurinus* | | + | | | + | + | | | | | |
| 长丝虾虎鱼 *Cryptocentrus filifer* | | | | | | | | | | | + |
| 斑尾刺虾虎鱼 *Synechogobius ommturus* | | | | | | + | + | + | + | + | |
| 孔虾虎鱼 *Trypauchen vagina* | | | | | | | + | + | + | + | + |
| 阿部鲻虾虎鱼 *Mugilogobius abei* | | | | | | | + | | | | |
| 拉氏狼牙虾虎鱼 *Odontamblyopus lacepedii* | | | | | | + | + | + | + | + | + |
| 鳗形鳗虾虎鱼 *Taenioides anguillaris* | | | | | | | + | | | | |
| 绿斑细棘虾虎鱼 *Acentrogobius chlorostigmatoides* | | | | | | | + | + | + | + | + |
| 矛尾虾虎鱼 *Chaeturichthys stigmatias* | | | | | | | | + | | | + |
| 拟矛尾虾虎鱼 *Parachaeturichthys polynema* | | | | | | | | | | | + |
| 犬齿背眼虾虎鱼 *Oxuderces dentatus* | | | | | | | + | + | | + | |
| 犬牙细棘虾虎鱼 *AAcentrogobius caninus* | | | | | | + | | | | | |
| 纹缟虾虎鱼 *Tridentiger trigonocephalus* | | + | | | | | + | + | + | + | + |
| 蜥形副平牙虾虎鱼 *Parapocryptes serperaster* | | | | | | + | + | | | + | |
| 须鳗虾虎鱼 *Taenioides cirratus* | | | | + | | + | + | + | | + | + |
| 髭缟虾虎鱼 *Tridentiger barbatus* | | | | | | | + | | + | + | + |
| 弹涂鱼 *Periophthalmus modestus* | | | | | | | + | + | | + | |
| 大弹涂鱼 *Boleophthalmus pectinirostris* | | | | | + | | | | + | + | |
| 青弹涂鱼 *Scartelaos histophorus* | | | | | | | + | | | | |
| 褐菖鲉 *Sebastiscus marmoratus* | | | | | | | | | | | + |
| 髅头鲉 *Polycaulus uranoscopa* | | | | | | | | + | | | |
| 绿鳍鱼 *Chelidonichthys kumu* | | | | | | | | + | | | |
| 日本瞳鲬 *Inegocia japonica* | | | | | | | | | | | + |
| 鲬 *Platycephalus indicus* | | | | | + | + | + | + | + | + | + |
| 东方豹鲂鮄 *Dactyloptena orientalis* | | | | | | | | | | | + |
| 花鲆 *Tephrinectes sinensis* | | + | | + | | + | + | | + | + | + |
| 五点斑鲆 *Pseudorhombus quinquocellatus* | | | | | | | | | + | | |
| 青缨鲆 *Crossorhombus azureus* | | | | | | | | | | | + |
| 卵鳎 *Solea ovata* | | | | | | | | + | + | + | + |
| 条鳎 *Zebrias zebra* | | | | | | | | | | + | + |
| 斑头舌鳎 *Cynoglossus puncticeps* | | | | | | | + | + | | + | + |
| 半滑舌鳎 *Cynoglossus semilaevis* | | | | | | | | + | | | + |
| 大鳞舌鳎 *Cynoglossus melampetalus* | | | | | | | | | | | + |
| 宽体舌鳎 *Cynoglossus robustus* | | | | | | | | + | | | |
| 三线舌鳎 *Cynoglossus trigrammus* | | | | + | | + | + | + | | + | + |
| 线纹舌鳎 *Cynoglossus lineolatus* | | | | | | | | | | | + |
| 中华舌鳎 *Cynoglossus sinicus* | | | | | | | | | + | + | + |
| 黄鳍马面鲀 *Thamnaconus hypargyreus* | | | | | | | | | | | + |
| 棕斑兔头鲀 *Lagocephalus spadiceus* | | | | | | | | | | | + |
| 暗纹东方鲀 *Takifugu fasciatus* | | | | | | | | | | + | |

（续）

| 种　类 | 三水 | 高明 | 九江 | 江门 | 斗门 | 神湾 | 南沙 | 崖门 | 南水 | 伶仃洋 | 万山 |
| --- | --- | --- | --- | --- | --- | --- | --- | --- | --- | --- | --- |
| 虫纹东方鲀 *Takifugu vermicularis* | | | | | | | | | | + | |
| 弓斑东方鲀 *Takifugu ocellatus* | + | + | + | + | + | + | + | + | + | + | + |
| 横纹东方鲀 *Takifugu oblongus* | | | | | | | + | | | | |
| 铅点东方鲀 *Takifugu alboplumbeus* | | | | | | | | | | | + |
| 双斑东方鲀 *Takifugu bimaculatus* | | | | | | | | | | + | |
| 条斑东方鲀 *Takifugu xanthopterus* | | | | | | | + | | + | + | |
| 星点东方鲀 *Takifugu niphobles* | | | | | | | | | | | + |
| 圆斑东方鲀 *Takifugu orbimaculatus* | | | | | | | + | | | + | |
| 月腹刺鲀 *Gastrophysus lunaris* | | | | | | | | | | | + |

# 参考文献

常国芳，2013. 九龙江河口区鱼类群落生态学研究［D］. 集美大学.

陈德荫，2013. 中国南方野生鲮鱼（Cirrhinus molitorella）遗传多样性研究［D］. 暨南大学.

陈方灿，2015. 西江赤眼鳟群体多样性研究［D］. 上海海洋大学.

陈国宝，李永振，陈丕茂，等，2008. 鱼类最佳体长频率分析组距研究［J］. 中国水产科学，15（4）：659-666.

陈国宝，李永振，陈新军，2007. 南海主要珊瑚礁水域的鱼类物种多样性研究［J］. 生物多样性，15（4）：373-381.

陈吉余，陈沈良，2003. 长江口生态环境变化及对河口治理的意见［J］. 水利水电技术，34（1）：19-25.

陈素芝，1998. 我国引进的养殖鱼类［J］. 生物学通报，33（5）：16-17.

陈亚瞿，徐兆礼，1999. 长江河口生态渔业和资源合理利用研究［J］. 中国水产科学（s1）：83-86.

陈宜瑜，1998. 中国动物志，硬骨鱼纲，鲤形目（中）［M］. 北京：科学出版社.

陈渊泉，1995. 长江口河口锋区及邻近水域渔业［J］. 中国水产科学（1）：91-103.

崔伟中，2006. 珠江口水环境的时空变异及对生态系统的影响［D］. 河海大学.

单秀娟，线薇薇，武云飞，2005. 三峡工程蓄水前后秋季长江口鱼类浮游生物群落结构的动态变化初探［J］. 中国海洋大学学报自然科学版，35（6）：936-940.

邓孺孺，何执兼，陈晓翔，等，2002. 珠江口水域水污染遥感定量分析［J］. 中山大学学报（自然科学版），03：99-103.

狄效斌，SUN Ji-chao，荆继红，等，2008. 珠江三角洲地区水环境污染特点及其相关因素探讨［J］. 南水北调与水利科技，6（4）：60-62.

丁慧萍，2014. 茶巴朗湿地外来鱼类的生物学及其对土著鱼类的胁迫［D］. 华中农业大学.

丁建清，解炎，1996. 中国外来种入侵机制及对策保护中国的生物多样性（二）［M］. 北京：中国环境科学出版社.

窦寅，吴军，黄成，2011. 外来鱼类入侵风险评估体系及方法［J］. 生态与农村环境学报，27（1）：12-16.

方宏达，朱艾嘉，董燕红，等，2009. 2005—2006 年珠江口浮游动物群落变化研究［J］. 台湾海峡 01：30-37.

方平，徐竹青，胡隐昌，2011. 我国外来水生物种入侵的对策研究［J］. 中国渔业经济（29）：93-97.

费鸿年，张诗全，1990. 水产资源学［M］. 北京：中国科学技术出版社.

费鸿年，1983. 广东大陆架鱼类生态学参数和生活史类型. 水产科技文集第二集［M］. 北京：农业出版社.

冯广朋，2008. 鱼类群落多样性研究的理论与方法［J］. 生态科学，27（6）：506-514.

冯启新，王金潮，尤炳赞，等，1986. 广东鲂产卵场调查报告［J］. 淡水渔业（6）：1-5.

GB/T 12763.6—2007 海洋调查规范 第 6 部分 海洋生物调查.

高春霞，田思泉，戴小杰，2014. 淀山湖刀鲚的生物学参数估算及其相对单位补充量渔获量［J］. 应用生态学报，25（5）.

高广银，2015. 基于珠江河网—河口一体化三维模型的污染物通量研究［D］. 中山大学 .

高倩，2008. 长江口北港和北支浮游动物群落生态学比较研究［J］. 应用生态学报，19（9）：2049－2055.

高增祥，季荣，徐汝梅，等，2003. 外来种入侵的过程机理和预测［J］. 生态学报，23（3）：559－570.

顾党恩，牟希东，罗渡，等，2012. 广东省主要水系罗非鱼的建群状况［J］. 生物安全学报，21（4）：277－282.

顾洪静，2014. 福建九龙江口水域鱼类群落及其资源的研究［D］. 集美大学 .

顾嗣明，1987. 探鱼仪的应用和维修［M］. 北京：农业出版社 .

国家海洋局，国家测绘局，1989. 浮游动物图集［A］. 中国海岸带和海涂资源综合调查图集，广东省珠江口分册［M］. 广州：广东省地图出版社 .

国家质量监督检验检疫总局，国家标准化委员会，2007. 海洋调查规范第 6 部分：海洋生物调查［M］. 北京：中国标准出版社：56－62.

韩瑞，2013. 基于生态行为学的鱼类动态模拟［J］. 城市与区域生态国家重点实验室 .

何宝全，李辉权，1998. 珠江口棘头梅童鱼的资源评估［J］. 水产学报，12（2）：124－134.

侯磊，2011. 珠江广州河段和磨刀门河口轮虫的群落特征［D］. 暨南大学 .

胡芬，严利平，李圣法，2006. 东海区刺鲳生长、死亡及资源利用状况评价［J］. 水产学报，30（5）：662－668.

胡艳，张涛，杨刚，等，2015. 长江口近岸水域棘头梅童鱼资源现状的评估［J］. 应用生态学报，26（9）：2867－2873.

黄冰，2012. 浅谈稀疏标准化方法（Rarefaction）及其在群落多样性研究中的应用［J］. 古生物学报，51（2）：200－208.

黄建辉，韩兴国，杨亲二，白永飞，2003. 外来种入侵的生物学与生态学基础的若干问题［J］. 生物多样性，11：240－247.

黄良敏，李军，谢仰杰，等，2010. 闽江口及其附近水域棘头梅童鱼资源的研究［J］. 应用海洋学学报，29（2）：250－256.

黄良敏，谢仰杰，李军，等，2013. 厦门水域鱼类群落分类学多样性的研究［J］. Acta Oceanologica Sinica，35（2）：126－132.

黄良敏，张会军，张雅芝，等，2013. 入海河口鱼类生物与水环境关系的研究现状与进展［J］. 海洋湖沼通报（1）：61－68.

黄良敏，2011. 闽江口和九龙江口及其邻近水域渔业资源现状与鱼类多样性［D］. 中国海洋大学 .

黄小平，田磊，彭勃，等，2010. 珠江口水域环境污染研究进展［J］. 热带海洋学报，01：1－7.

黄小平，2007. 中国南海珠江口污染防治与生态保护［M］. 广州：广东经济出版社 .

黄玉玲，周解，何安尤，等，2009. 广西江河鱼类资源生态保护刍议［J］. 广西水产科技（3）：13－38.

黄真理，常剑波，1999. 鱼类体长与体重关系中的分形特征［J］. 水生生物学报，23（4）：330－336.

季文荣，2008. 围垦对滩涂生态环境的影响［J］. 硅谷（15）：11.

贾后磊，谢健，吴桑云，等，2011. 近年来珠江口盐度时空变化特征［J］. 海洋湖沼通报（2）：142－146.

江小雷，张卫国，2010. 功能多样性及其研究方法［J］. 生态学报，30（10）：2766－2773.

姜海萍，朱远生，刘斌，等，2016. 浅析西江干流开展生态调度的必要性［J］. 人民珠江，37（6）：28-31.
姜涛，刘洪波，黄洪辉，等，2015. 珠江口七丝鲚耳石微化学初报［J］. 水生生物学报（04）：816-821.
蒋陈娟，2007. 珠江三角洲网河潮汐空间特征［J］. 中山大学研究生学刊：自然科学与医学版（3）：78-90.
蒋万祥，赖子尼，庞世勋，等，2010. 珠江口叶绿素 a 时空分布及初级生产力［J］. 生态与农村环境学报，26（2）：132-136.
蒋文志，曹文志，冯砚艳，等，2010. 我国区域间生物入侵的现状及防治［J］. 生态学杂志，29（7）：1451-1457.
焦玉木，李会新，1998. 黄河断流对河口水域鱼类多样性的影响［J］. 海洋湖沼通报（4）：48-53.
解玉浩，唐作鹏，解涵，等，2001. 鸭绿江河口区鱼虾群落研究［J］. 中国水产科学，8（3）：20-26.
金斌松，2010. 长江口盐沼潮沟鱼类多样性时空分布格局［D］. 复旦大学.
金显仕，单秀娟，郭学武，等，2009. 长江口及其邻近水域渔业生物的群落结构特征［J］. 生态学报，29（9）：4761-4772.
金鑫波，2006. 中国动物志. 硬骨鱼纲. 鲉形目［M］. 北京：科学出版社.
柯东胜，关志斌，余汉生，等，2007. 珠江口水域污染及其研究趋势［J］. 海洋环境科学，26（5）：488-491.
赖瑞芳，张秀杰，李艳和，等，2014. 鲂属鱼类线粒体基因组的比较及其系统发育分析［J］. 水产学报，38（01）：1-14.
乐佩琦，2000. 中国动物志 硬骨鱼纲 鲤形目 下卷［M］. 北京：科学出版社.
雷光英，曹俊明，万忠，等，2011. 2010 年广东省罗非鱼产业发展现状分析［J］. 广东农业科 学（8）：12-14.
冷永智，何立太，魏清和，1984. 葛洲坝水利枢纽截流后长江上游铜鱼的种群生物学及资源量估算［J］. 淡水渔业（5）：21-25.
李桂峰，2013. 广东淡水鱼类资源调查与研究［M］. 北京：科学出版社.
李宏，许惠，2016. 外来物种入侵科学导论［M］. 北京：科学出版社.
李洪远，1999. 巢湖设置人工鱼巢效益显著［J］. 中国水产（2）：53.
李捷，李新辉，谭细畅，等，2009. 广东肇庆西江珍稀鱼类省级自然保护区鱼类多样性［J］. 湖泊科学，21（4）：556-562.
李连健，2002. 珠江口水域溢油信息系统的研究［D］. 大连海事大学.
李敏，纪毓鹏，徐宾铎，等，2016. 黄河口及邻近水域小型鳀鲱鱼类数量分布及其与环境因子的关系［J］. 海洋学报，38（10）：52-61.
李强，2008. 森林抚育与生物多样性［J］. 山西煤炭管理干部学院学报，21（1）：212-213.
李圣法，2005. 东海大陆架鱼类群落生态学研究——空间格局及其多样性［D］. 华东师范大学.
李圣法，2008. 以数量生物量比较曲线评价东海鱼类群落的状况［J］. 中国水产科学，15（1）：136-144.
李思发，吕国庆，L. 贝纳切兹，1998. 长江中下游鲢鳙草青四大家鱼线粒体 DNA 多样性分析［J］. 动物学报（01）：83-94.
李思忠，王惠民，1995. 中国动物志：硬骨鱼纲 鲽形目［M］. 北京：科学出版社.
李思忠，1981. 中国淡水鱼类的分布区划［M］. 北京：科学出版社.
李威，申安华，刘跃天，2013. 功果桥水电站人工鱼巢施置调查研究［J］. 现代农业科技（23）：268-269.

李新，董丹，2012. 重复测量资料的广义估计方程分析及 SPSS 实现［J］. 数理医药学杂志，25（5）：549-551.

李新辉，谭细畅，李跃飞，等，2009. 珠江中下游鱼类增殖放流策略探讨［J］. 中国渔业经济，27（6）：94-100.

李秀丽，2013. 珠江三角洲渔业水域多氯联苯残留及污染评价［D］. 上海海洋大学.

李因强，2008. 珠江口水域鱼类群落结构研究［D］. 广东海洋大学.

李永振，陈国宝，2002. 珠江口游泳生物组成的多元统计分析［J］. 中国水产科学，9（4）：328-334.

李跃飞，李新辉，谭细畅，等，2008. 西江肇庆江段渔业资源现状及其变化［J］. 水生态学杂志，28（2）：80-83.

李振基，陈圣宾，2011. 群落生态学［M］. 北京：气象出版社.

李振宇，解焱，2002. 中国外来入侵种［M］. 北京：中国农业出版社.

郦珊，陈家宽，王小明，2016. 淡水鱼类入侵种的分布、入侵途径、机制与后果［J］. 生物多样性，24（6）：672-685.

林蔼亮，1985. 珠江口棘头梅童鱼、七丝鲚资源初步评估［J］. 海洋渔业（1）：3-5.

林越赳，1988. 九龙江口七丝鲚和凤鲚的比较研究［J］. 海洋湖沼通报，（03）：89-94.

林祖亨，梁舜华，1996. 珠江口水域的潮流分析［J］. 海洋通报（2）：11-12.

刘伯胜，雷家煜，1997. 水声学原理. 哈尔滨：哈尔滨工程大学出版社，7-8.

刘凯，徐东坡，张敏莹，等，2005. 崇明北滩鱼类群落生物多样性初探. 长江水域资源与环境，14（4）：418-421.

刘士辉，2008. 植物功能群多样性对实验群落生产力的影响［D］. 兰州大学.

刘文亮，2007. 长江河口大型底栖动物及其优势种探讨［D］. 华东师范大学.

刘晴，2003. 规范水产苗种引进. 防止外来物种入侵［J］. 中国水产（3）：26-28.

刘玉，李适宇，董燕红，等，2011. 珠江口伶仃水道浮游生物及底栖动物群落特征分析［J］. 中山大学学报，40（2）：114-118.

卢伟华，叶普仁，2002. 东莞水域黄唇鱼资源调查［J］. 江西水产科技（3）：8-11.

卢振彬，陈骁，2008. 福建沿海几种鲱、鳀科鱼类生长与死亡参数及其变化［J］. 厦门大学学报：自然科学版，47（2）：279-285.

楼允东，2000. 我国鱼类引种研究的现状与对策［J］. 水产学报，24（2）：185-192.

陆奎贤，1990. 珠江水系渔业资源［M］. 广州：广东科技出版社.

陆庆光，2001. 世界种恶性外来入侵生物［J］. 世界环境，4：42-43.

罗民波，2008. 长江河口底栖动物群落对大型工程的响应与生态修复研究［D］. 华东师范大学.

马志明，顾党恩，牟希东，等，2014. “灭非灵”对外来鱼类尼罗罗非鱼的毒杀效果［J］. 生态学杂志，33（9）：2442-2447.

门国文，1983. 设置人工鱼巢增殖水库渔业资源［J］. 河北渔业（2）.

牟希东，胡隐昌，汪学杰，等，2008. 中国外来观赏鱼的常见种类与影响探析［J］. 热带农业科学，2：34-76.

倪勇，伍汉霖，2006. 江苏鱼类志［M］. 北京：中国农业出版社.

潘炯华，钟麟，郑慈英，等，1991. 广东淡水鱼类志［M］. 广州：广东科技出版社.

潘澎，李跃飞，李新辉，2016. 西江人工鱼巢增殖鲤鱼效果评估［J］. 淡水渔业，46（6）：45-49.

潘勇，曹文宣，徐立蒲，等，2006. 国内外鱼类入侵的历史与途径［J］. 大连水产学院学报，21（1）：72-78.

潘勇，曹文宣，徐立蒲，等，2007. 鱼类入侵的过程、机制及研究方法［J］. 应用生态学报，18（3）：687-692.

彭松耀，赖子尼，蒋万祥，等，2010. 珠江口大型底栖动物的群落结构及影响因子研究［J］. 水生生物学报，34（6）：1179-1189.

齐相贞，林振山，2005. 外来种入侵的不确定性动态模拟闭［J］. 生态学报，25（9）：2434-2439.

全为民，倪勇，施利燕，等，2009. 游泳动物对长江口新生盐沼湿地潮沟生境的利用［J］. 生态学杂志，28（3）：560-564.

任玉芹，陈大庆，刘绍平，等，2012. 三峡库区澎溪河鱼类时空分布特征的水声学研究［J］. 生态学报，32（6）：1734-1744.

茹鹏凌，王庆，杨宇峰，2007. 广州城市河段和湖泊轮虫群落结构研究［J］. 暨南大学学报：自然科学版，28（5）：524-536.

Ricker W E. 著，1984. 鱼类种群生物统计量的计算和分析［M］. 费鸿年，袁蔚文译. 北京：科学出版社.

沈盎绿，徐兆礼，2008. 瓯江口水域夏秋季鱼类初步调查［J］. 海洋渔业，30（3）：285-290.

沈国英，施并章，2002. 海洋生态学［M］. 2版. 北京：科学出版社.

史赟荣，2012. 长江口鱼类群落多样性及基于多元排序方法群落动态的研究［D］. 上海海洋大学.

帅方敏，李智泉，刘国文，等，2015. 珠江口日本鳗鲡种苗资源状况研究［J］. 南方水产科学（2）：85-89.

宋琪，2012. 福建泉州湾与晋江盆地OCPs的迁移通量研究［D］. 中国地质大学（武汉）.

孙典荣，陈铮，2013. 南海鱼类检索. 上册［M］. 北京：海洋出版社.

孙鹏飞，2014. 莱州湾及黄河口水域渔业资源结构特征与渔业生态系统健康评价的初步分析［D］. 上海海洋大学.

孙儒泳，2001. 动物生态学原理［M］. 北京：北京师范大学出版社.

孙世伟，诸裕良，张蔚，等，2012. 珠江三角洲平面二维盐水入侵数值模型研究［J］. 水运工程（3）：7-13.

谭细畅，常剑波，陶江平，等，2008. 三峡库首鱼类分布格局的水声学探测评估［J］. 生态科学，27（5）：329-334.

谭细畅，李新辉，赖子尼，等，2008. 青皮塘产卵场三角鲂繁殖群体的水声学探测研究. 生态学杂志，27（5）：785-790.

谭细畅，李新辉，李跃飞，等，2012. 尼罗罗非鱼早期发育形态及其在珠江水系的空间分布［J］. 生物安全学报，21（4）：295-299.

谭细畅，史建全，张宏，等，2009. EY60回声探测仪在青海湖鱼类资源量评估中的应用［J］. 湖泊科学，21（6）：865-872.

谭细畅，夏立启，立川贤一，等，2002. 东湖放养鱼类时空分布的水声学研究［J］. 水生生物学报，26（6）：585-590

陶江平，陈永柏，乔晔，等，2008. 三峡水库成库期间鱼类空间分布的水声学研究［J］. 水生态学杂志，1（5）：25－33.

陶江平，2009. 基于水声学的长江葛洲坝江段鱼类时空分布研究及GIS建模［D］. 武汉：中国科学院水生生物研究所.

万方浩，郭建英，王德辉，2002. 中国外来入侵生物的危害与管理对策［J］. 生物多样性，10（1）：119－125.

汪振华，2011. 多元生境中的鱼类群落格局［D］. 上海海洋大学.

王超，李新辉，赖子尼，等，2013. 珠三角河网浮游植物生物量的时空特征［J］. 生态学报，33（18）：5835－5847.

王迪，林昭进，2006. 珠江口鱼类群落结构的时空变化［J］. 南方水产科学，2（4）：37－45.

王迪，2006. 珠江口鱼类群落及物种多样性研究［D］. 上海水产大学 上海海洋大学.

王迪，吴军，窦寅，等，2009. 中国境内异地引种鱼类环境风险研究［J］. 安徽农业科学，37（18）：8544－8546.

王红，2012. 低头坝对青弋江河源溪流局域栖息地、鱼类多样性及其群落结构的影响［D］. 安徽师范大学.

王建中，王道席，可素娟，等，2007. 黄河河口地区生态流量调度初步研究［C］// 黄河国际论坛.

王金潮，黄毅文，1990. 珠江三角鲂的年龄、生长及其最大持续渔获量［J］. 水产学报（4）：313－320.

王靖，张超，王丹，等，2010. 清河水库鲢鳙鱼类资源声学评估——回波计数与回波积分法的比较［J］. 南方水产科学，06（5）：50－55.

王珂，段辛斌，刘绍平，等，2009. 三峡库区大宁河鱼类的时空分布特征［J］. 水生生物学报，33（3）：516－521

王珂，2013. 三峡库区鱼类时空分布特征与相关因子关系分析［D］. 中国水利水电科学研究院.

王磊，唐衍力，黄洪亮，等，2008. 关于人工鱼礁的基本设计与管理问题的探讨［J］. 渔业信息与战略，23（4）：18－20.

王淼，洪波，孙振中，2016. 春、夏季杭州湾口门区鱼类资源数量与多样性的时空分布特征［J］. 中国农学通报，32（20）：11－16.

王庆，杨宇峰，2007. 珠江广州河段轮虫群落结构的初步研究［J］. 水生生物学报，31（2）：233－239.

王雪辉，邱永松，杜飞雁，2004. 珠江口水域鰳鱼生长和死亡参数估算［J］. 热带海洋学报，23（4）：42－48.

王悦，2015. 定殖于人工底质的大型底栖动物群落结构的研究［D］. 东北师范大学.

王忠卫，2005. 遗传标记在鱼类育种和生态研究中的应用［D］. 中国科学院研究生院（水生生物研究所）.

吴建坤，蒋增平，2009. 江河野生鱼类资源人工增殖技术［J］. 科学养鱼（12）：10－11.

吴昊，丁建清，2014. 入侵生态学最新研究动态［J］科学通报，59（6）：438－448

吴宗耀，2014. 人工鱼巢在固化河堤河道中提升鱼的繁殖能力的作用［J］. 基层农技推广（10）.

伍汉霖，钟俊生，2008. 中国动物志：硬骨鱼纲．鲈形目．虾虎鱼亚目［M］. 北京：科学出版社.

线薇薇，刘瑞玉，罗秉征，2004. 三峡水库蓄水前长江口生态与环境［J］. 长江流域资源与环境，13（2）：119－123.

肖瑜璋，王蓉，张保学，2010. 珠江口水域海洋渔业资源现状分析与建议［J］. 黑龙江科技信息

（28）：233.

肖瑜璋，王蓉，郑琰晶，等，2013. 珠江口鱼类浮游生物种类组成与数量分布 [J]. 热带海洋学报，32（6）：80-87.

邢勇，马丽红，任素梅，2003. 生态过渡带及其边际效应 [J]. 生物学教学，28（12）：53-54.

熊昀，2010. 广西郁江老口枢纽工程与鱼类资源保护 [J]. 企业科技与发展（6）：89-91.

熊鹰，2015. 中国淡水鱼类功能多样性方法与格局的研究 [D]. 华中农业大学.

徐宾铎，金显仕，梁振林，2005. 黄海鱼类群落分类学多样性的研究 [J]. 中国海洋大学学报自然科学版，35（4）：629-634.

徐炳庆，吕振波，李凡，等，2011. 山东半岛南部近岸水域夏季游泳动物的组成特征 [J]. 海洋渔业，33（1）：59-65.

徐薇，刘宏高，唐会元，等，2014. 三峡水库生态调度对沙市江段鱼卵和仔鱼的影响 [J]. 水生态学杂志，35（2）：1-8.

许则滩，2015. 浙江沿岸海域幼鱼期鲻科鱼类的分子鉴定和系统发育研究 [D]. 浙江海洋学院.

薛长青，2001. 浅谈影响样本容量大小的因素和对调查误差的认识 [J]. 工业技术经济（4）：53-54.

杨刚，2012. 长江口鱼类群落结构及其与重要环境因子的相关性 [D]. 上海海洋大学.

杨慧荣，赵会宏，蒙子宁，等，2012. 赤眼鳟线粒体 D-loop 和 Cytb 基因序列的对比分析 [J]. 中山大学学报（自然科学版），51（05）：100-106+136.

杨志普，孔运梅，梁建锋，2012. 珠江口海洋生态文明建设思路 [J]. 海洋开发与管理，29（7）：89-92.

叶昌臣，黄斌等，1990. 渔业生物数学 [M]. 北京：农业出版社.

叶昌臣，1978. 剩余产量模式的简单介绍 [J]. 水产科技情报（6）：7-10.

叶少文，连玉喜，杨洪斌，等，2013. 一种调查水库鱼类资源量的多网目复合刺网采样装置 [J]. 淡水生态学研究中心.

叶婷，王迎宾，周丛羽，2014. 鱼类体长频率数据结构对生长参数估算的影响分析 [J]. 水产科学（5）：277-282.

殷名称，1995，鱼类生态学 [M]. 北京：中国农业出版社.

应一平，杨巧莉，高天翔，2011. 基于 16S rRNA 和 Cytb 基因序列的鲽亚科系统发育研究 [J]. 动物分类学报，36（04）：911-918.

于海成，2008. 长江口及邻近水域鱼类群落结构分析 [D]. 中国科学院海洋研究所.

于海婷，2013. 山东近海典型海湾河口渔业资源调查与生物群落结构分析 [D]. 中国海洋大学.

于雪南，1982，回声探测仪 [M]. 北京：农业出版社.

袁传宓，秦安黔，刘仁华，等，1980. 关于长江中下游及东南沿海各省的鲚属鱼类种下分类的探讨 [J]. 南京大学学报（自然科学版）（03）：67-82.

袁丹妮，2014. 珠江口广州—珠海水域浮游动物群落结构及其环境特征 [D]. 暨南大学.

袁国明，2005. 珠江三角洲经济发展对珠江口水环境的影响 [D]. 中国海洋大学.

袁俏君，苗素英，李恒翔，等，2012. 珠江口水域夏季小型底栖生物群落结构 [J]. 生态学报，19：5962-5971.

詹秉义，1995. 渔业资源评估［M］. 北京：中国农业出版社.
詹海刚，1998. 珠江口及邻近水域鱼类群落结构研究［J］. 海洋学报，20（3）：91－97.
曾雷，2016. 珠江主要江河及百色水库渔业资源与鱼类群落结构研究［D］. 中山大学.
张邦杰，莫介化，麦家柏，等，2015. 虎门口邻近水域鱼类群落组成与历史变化［J］. 淡水渔业，45（5）：50－58.
张传寿，吴建坤，吴海贵，2012. 江河野生鱼类资源人工增殖技术研究试验报告［J］. 广西水产科技（1）：20－25.
张春光，赵亚辉，2016. 中国内陆鱼类物种与分布［M］. 北京：科学出版社.
张春光，2010. 中国动物志·硬骨鱼纲·鳗鲡目 背棘鱼目［M］. 北京：科学出版社.
张衡，2007. 长江河口湿地鱼类群落的生态学特征［D］. 华东师范大学.
张慧杰，杨德国，危起伟，等，2007. 葛洲坝至古老背江段鱼类的水声学调查［J］. 长江流域资源与环境，16（1）：86－91.
张觉民，何志辉，1991. 内陆水域渔业自然资源调查手册［M］. 北京：农业出版社.
张金屯，范丽宏，2011. 物种功能多样性及其研究方法［J］. 山地学报，29（5）：513－519.
张景平，黄小平，江志坚，等，2010. 珠江口水域污染的水质综合污染指数和生物多样性指数评价［J］. 热带海洋学报，01：69－76.
张景平，黄小平，江志坚，等，2009. 2006—2007 年珠江口富营养化水平的季节性变化及其与环境因子的关系［J］. 海洋学报，31（3）：113－120.
张敬怀，高阳，方宏达，等，2009. 珠江口大型底栖生物群落生态特征［J］. 生态学报，06：2989－2999.
张敬怀，2014. 珠江口及邻近水域大型底栖动物多样性随盐度、水深的变化趋势［J］. 生物多样性，03：302－310.
张林艳，许凯扬，黄红娟，2003. 生物入侵—理论与实践［M］. 北京：科学出版社.
张萍，2012. 内陆水域浮游生物检测关键技术［J］. 河北渔业（3）：12－13.
张其永，张雅芝，1983. 闽南-台湾浅滩二长棘鲷食性研究［J］. 海洋学报（中文版），3：349－362.
张青田，胡桂坤，杨若然，2016. 分类学多样性指数评价生态环境的研究进展［J］. 中国环境监测，32（3）.
张青田，胡桂坤，2016. 生物多样性指数及其应用中的问题［J］. 生物学教学，41（7）：59－60.
张世义，2001. 中国动物志·硬骨鱼纲 鲟形目 海鲢目 鲱形目 鼠鱚目［M］. 北京：科学出版社.
张堂林，2016. 筑巢引凤人工鱼巢试验［J］. 人与生物圈（3）.
张信，2005. 青海湖裸鲤资源量的水声学评估［D］. 华中农业大学.
张旭，2009. 黄河口水域渔业资源调查及现状评价的初步研究［D］. 中国海洋大学.
张亚南，贺青，陈金民，等，2013. 珠江口及其邻近水域重金属的河口过程和沉积物污染风险评价［J］. 海洋学报（中文版），02：178－186.
章淑珍，1993. 浮游动物［A］. //珠江口海岛资源综合调查报告［R］. 广州：广东科技出版社.
赵焕庭，1989. 珠江口的水文和泥沙特征［J］. 热带地理（03）：201－212.
赵爽，乐小亮，章群，2009. 华南 3 个赤眼鳟群体 Cytb 基因的遗传变异［J］. 生态科学，28（06）：528－531.
赵淑江，张晓举，李崇德，等，2006. 中国海水养殖鱼类中的外来物种［J］. 海洋科学，30

(10)：75－80.
郑慈英，1989. 珠江鱼类志 [M]. 北京：科学出版社.
郑亮，2014. 黄河口水域鱼类群落结构初步研究 [D]. 上海海洋大学.
中国海湾志编纂委员会，1998. 中国海湾志. 第十四分册，重要河口 [M]. 北京：海洋出版社.
周国法，徐汝梅，1997. 生物地理统计 [M]. 北京：科学出版社：40－51.
周辉明，刘引兰，李飞，2011. 广西右江鱼类资源研究 [J]. 江西水产科技 (3)：22－25.
周解，张春光，甘西，2006. 广西淡水鱼类志 [M]. 第二版，南宁：广西人民出版社.
周雪瑞，2011. 增殖放流与生态修复 [J]. 生物学教学，36 (9)：7－9.
朱芬萌，安树青，关保华，等，2007. 生态交错带及其研究进展 [J]. 生态学报，27 (7)：3032－3042.
朱文锦，介子林，胡亚东，等，2012. 人工鱼巢作为黄河鱼类增殖措施试验研究 [J]. 河南水产 (2)：29－30.
朱鑫华，缪锋，刘栋，等，2001. 黄河口及邻近水域鱼类群落时空格局与优势种特征研究 [J]. 海洋科学集刊，43 (43)：141－151.
朱鑫华，2000. 河口生态系统动力学与生物资源持续发展生态学研究 [J]. 海洋科学，24 (6)：55.
朱玉，王静，何倩，2011. 广义估计方程在SPSS统计软件中的实现 [J]. 中国卫生统计，28 (2)：199－201.
朱元鼎，张春霖，成庆泰，1962. 南海鱼类志 [M]. 北京：科学出版杜.
朱赟杰，2016. 外来鱼类革胡子鲇在华南地区的分布和种群生物学研究 [D]. 上海海洋大学.
庄平，2012. 长江口生境与水生动物资源 [J]. 科学，64 (2)：19－24.
庄平，2006. 长江口鱼类 [M]. 上海：上海科学技术出版社.
祖国掌，汪敦铭，李安全，1985. 响洪甸水库大规模人工鱼巢增殖效果的检测初报 [J]. 水生态学杂志 (4)：45－47.
Akin S，Buhan E，Winemiller K O，et al，2005. Fish assemblage structure of Koycegiz Lagoon－Estuary，Turkey：Spatial and temporal distribution patterns in relation to environmental variation [J]. Estuarine Coastal and Shelf Science，64 (4)：671－684.
Akin S，Winemiller K O，Gelwick F P，2003. Seasonal and spatial variations in fish and macrocrustacean assemblage structure in Mad Island Marsh Estuary，Texas [J]. Estuarine Coastal & Shelf Science，57 (1)：269－282.
Amara R & Paul C，2003. Seasonal patterns in the fish and epibenthic crustaceans community of an intertidal zone with particular reference to the population dynamics of plaice and brown shrimp [J]. Estuarine Coastal & Shelf Science，56 (3－4)：807－818.
Arbačiauskas K，Lesutienė J，Gasiūnaitė Z R，2013. Feeding strategies and elemental composition in Ponto－Caspian peracaridans from contrasting environments：can stoichiometric plasticity promote invasion success [J]. Freshwater Biology，58 (5)：1052－1068.
Arthington A H & Bluhdorn D R，1994. Distribution，genetics，ecology and status of the introduced cichlid，Oreochromis mossambicus in Australia. Dudgeon D，Lam PKS，eds. Schweizerbart’sche Verlagsbuchhandl. Stuttgart (FRG)：53－62.
Attayde J L，Brasil J，Menescal R A，2011. Impacts of introducing Nile tilapia on the fisheries of a tropi-

cal reservoir in North - eastern Brazil [J]. Fisheries Management & Ecology, 18 (6): 437 - 443.

Baptista J, Martinho F, Nyitrai D, et al, 2015. Long - term functional changes in an estuarine fish assemblage [J]. Marine Pollution Bulletin, 97 (1 - 2): 125 - 134.

Balk H, 2001. Development of hydroacoustic methods for fish detection in shallow water [D]. PhD thesis, University of Oslo.

Barletta M, Barletta - Bergan A, Saint - Paul U, et al, 2003. Seasonal changes in density, biomass and diversity of estuarine fishes in tidal mangrove creeks of the lower Caeté Estuary (Northern Brazilian coast, East Amazon) [J]. Marine Ecology Progress, 256 (16): 217 - 228.

Barletta M, Barletta - Bergan A, Saint - Paul U, et al, 2005. The role of salinity in structuring the fish assemblages in a tropical estuary [J]. Journal of Fish Biology, 66 (1): 45 - 72.

Barnhart H X & Williamson J M, 1998. Goodness - of - fit tests for GEE modeling with binary responses. [J]. Biometrics, 54 (2): 720.

Baxter R, Brown L R, Castillo G, et al, 2015. An updated conceptual model of Delta Smelt biology: our evolving understanding of an estuarine fish [R]. California Department of Water Resources.

Begon M, Harper J L, Townsend C R, et al, 1996. Ecology: individuals, populations and communities [J]. Journal of Ecology, 75 (4).

Bellido J M, Pierce G J, Romero J L, et al, 2000. Use of frequency analysis methods to estimate growth of anchovy (Engraulis encrasicolus L. 1758) in the Gulf of Cadiz (SW Spain). Fisheries Research, 48: 107 - 115.

Bernard D R, 1981. Multivariate Analysis as a Means of Comparing Growth in Fish [J]. Canadian Journal of Fisheries & Aquatic Sciences, 38 (38): 233 - 236.

Bertalanffy L V, 1938. A quantitative theory of organic growth (Inquiries in Growth Laws II) [J]. Human Biology, 10 (2): 181 - 213.

Beverton R J H & Holt S J, 1957. On the dynamics of exploited fish populations. U. K Min. Aqric. Fish. Fish. Invest. (Ser. 2), 19: 1 - 533.

Bevilacqua S, Fraschetti S, Musco L, et al, 2011. Low sensitiveness of taxonomic distinctness indices to human impacts: Evidences across marine benthic organisms and habitat types [J]. Ecological Indicators, 11 (2): 448 - 455.

Bevilacqua S, Sandulli R, Plicanti A, et al, 2012. Taxonomic distinctness in Mediterranean marine nematodes and its relevance for environmental impact assessment [J]. Marine Pollution Bulletin, 64 (7): 1409.

Blaber S J & Blaber T G, 1980. Factors affecting the distribution of juvenile estuarine and inshore fish [J]. Journal of Fish Biology, 17 (2): 143 - 162.

Blaber S J, 1997. Fish and Fisheries in Tropical Estuaries [M]. Springer Science & Business Media.

Bolding B, Bonar S A, Divens M, et al, 2010. Use of Artificial Structure to Enhance Angler Benefits in Lakes, Ponds, and Reservoirs: A Literature Review [J]. Reviews in Fisheries Science, 12 (1): 75 - 96.

Borcard D, Legendre P, 2002. All - scale spatial analysis of ecological data by means of principal coordinates of neighbour matrices [J]. Ecological Modelling, 153 (1 - 2): 51 - 68.

Borcard D, Legendre P, Avois - Jacquet C, et al, 2004. Dissecting the spatial structure of ecological data at multiple scales [J]. Ecology, 85 (7): 1826 - 1832.

Boswell K M, Kaller M D, Jr J H C, et al, 2008. Evaluation of target strength - fish length equation choices for estimating estuarine fish biomass [J]. Hydrobiologia, 610 (1): 113 - 123.

Boswell K M, Wilson M P, Macrae P S, et al, 2010. Seasonal Estimates of Fish Biomass and Length Distributions Using Acoustics and Traditional Nets to Identify Estuarine Habitat Preferences in Barataria Bay, Louisiana [J]. Marine and Coastal Fisheries: Dynamics, Management, and Ecosystem Science, 2 (1): 83 - 97.

Boswell K M, Wilson M P, Wilson C A, 2007. Hydroacoustics as a tool for assessing fish biomass and size distribution associated with discrete shallow water estuarine habitats in Louisiana [J]. Estuaries and Coasts, 30 (4): 607 - 617.

Braak C J F T & Verdonschot P F M, 1995. Canonical correspondence analysis and related multivariate methods in aquatic ecology. Aquatic Sciences, 57 (3): 255 - 289.

Braak T & Smilauer P N, 2002. CANOCO Reference Manual and CanoDraw for Windows User's Guide: Software for Canonical Community Ordination (ver. 4. 5). Ithaca Ny Usa Www.

Bray J R & Curtis J T, 1957. An ordination of the upland forest communities of southern Wisconsin. Ecological Monographs, 27 (4): 325 - 349.

Brazner J C & Beals E W, 2013. Patterns in fish assemblages from coastal wetland and beach habitats in Green Bay, Lake Michigan: a multivariate analysis of abiotic and biotic forcing factors. Canadian Journal of Fisheries & Aquatic Sciences, 62 (1): 109 - 111.

Bremner J, 2008. Species traits and ecological functioning in marine conservation and management. Journal of Experimental Marine Biology and Ecology, 366: 37 - 47.

Brouha P & C E von Geldern, Jr, 1979. Habitat manipulation for centrarchid production in western reservoirs. pp. 11 - 17. In: Response of fish to habitat structure in standing water (D. L. Johnson and R. A. Stein, Eds. ). North Central Division American Fisheries Society Special Publication 6.

Brown W Y, 2011. Conserving Biological Diversity [R]. Global Economy and Development Program, Brookings Institution.

Bruce M O, Jeffery L M, 2002. Use of Split - beam Sonar to Enumerate Chandalar River Fall Chum Salmon, 2000. Alaska Fisheries Technical Report, Number 61.

Canonico G C, Arthington A, Mccrary J K, et al, 2005. The effects of introduced tilapias on native biodiversity [J]. Aquatic Conservation Marine & Freshwater Ecosystems, 15 (5): 463 - 483.

Cech M, Vejřik L, Peterka J, et al, 2012. The use of artificial spawning substrates in order to understand the factors influencing the spawning site selection, depth of egg strands deposition and hatching time of perch (Perca fluviatilis L. ) [J]. Journal of Limnology, 71 (1).

Chen D, Li S, Wang K, 2012. Enhancement and conservation of inland fisheries resources in China [J].

Environmental Biology of Fishes, 93 (4): 531 - 545.

Cheng Q Q, Lu D R, Ma L, 2005. Morphological differences between close populations discernible by multivariate analysis: a case study of genus Coilia (Teleostei: Clupeiforms) [J]. Aquatic Living Resources, 18 (2): 187 - 192.

Cheng Q, Han J, 2004. Morphological variations and discriminant analysis of two populations of Coilia ectenes [J]. Journal of Lake Sciences, 16 (4): 356 - 364.

Cheng Q, Ma C, Cheng H, et al, 2008. Mitochondrial DNA diversity of *Coilia mystus* (Clupeiformes: Engraulidae) in three Chinese estuaries [J]. Environmental biology of fishes, 83 (3): 277 - 282.

Chícharo M A, Chícharo L, Morais P, 2006. Inter - annual differences of ichthyofauna structure of the Guadiana estuary and adjacent coastal area (SE Portugal/SW Spain): Before and after Alqueva dam construction [J]. Estuarine Coastal & Shelf Science, 70 (1 - 2): 39 - 51.

Giery S T, Layman C A, Langerhans R B, 2015. Anthropogenic ecosystem fragmentation drives shared and unique patterns of sexual signal divergence among three species of Bahamian mosquitofish [J]. Evolutionary Applications, 8: 679 - 691.

Clark C W, 1994. Application of U. S. Navy underwater hydrophone arrays for scientific research on whales. Science Report, 44: 1 - 12.

Clark R D, Minello T J, Christensen J D, et al, 1999. Modeling Nekton Habitat Use in Galveston Bay, Texas. An Approach to Define Essential Fish Habitat (EFH) [J]. Native Plants Journal, 14 (2): 1 - 532.

Clarke K R & Warwick R M, 1998. A Taxonomic Distinctness Index and its Statistical Properties [J]. Journal of Applied Ecology, 35 (4): 523 - 531.

Clarke K R & Warwick R M, 2003. A Taxonomic Index and its Statistical Properties [J]. Journal of Applied Ecology, 35 (4): 523 - 531.

Clarke K R & Warwick R M, 2001. Clarke KR, Warwick RM. Change in Marine Communities: An Approach to Statistical Analysis and Interpretation [M]. Primer - E Ltd: Plymouth, UK.

Clarke K R, Gorley, R N, Somerfield et al, 2014. Changes in Marine Communities: An Approach to Statistical Analysis and Interpretation [M]. 3nd Edition. Primer - E, Plymouth.

Clavero M, Blanco - Garrido F, Prenda J, 2006. Monitoring small fish populations in streams: A comparison of four passive methods [J]. Fisheries Research, 78 (2 - 3): 243 - 251.

Close T L, Dan Y, Siesennop G D, 2006. Hydroacoustic methods to estimate stream trout abundance in Minnesota lakes [M]. Minnesoca Department of Natural Resources, Policy Section, Division of Fish and Wildlife Section of Fisheries.

Close T L, Yule D, Siesennop G D, 2006. Hydroacoustic methods to estimate stream trout abundance in Minnesota lakes. Minnesota Department of natural resources, Investigation report, 534.

Coll C, Morais L T D, Laë R, et al, 2007. Use and limits of three methods for assessing fish size spectra and fish abundance in two tropical man - made lakes [J]. Fisheries Research, 83 (2 - 3): 306 - 318.

Comeau S & Boisclair D, 1998. Day - to - day variation in fish horizontal migration and its potential consequence on estimates of trophic interactions in lakes. Fisheries Research, 35: 73 - 79.

Connolly RM, 1994. A comparison of fish assemblages from seagrass and unvegetated areas of a southern Australian estuary [J]. Marine & Freshwater Research, 45 (6): 1033 - 1044.

Conti S G, Roux P, Fauvel C, et al, 2006. Acoustical monitoring of fish density, behavior, and growth rate in a tank [J]. Aquaculture, 251 (2 - 4): 314 - 323.

Costa T L, O'Hara T D, Keough M J, 2010. Measures of taxonomic distinctness do not reliably assess anthropogenic impacts on intertidal mollusc communities. [J]. Marine Ecology Progress, 413 (12): 81 - 93.

Covich A P, Austen M C, Barlocher F, et al, 2004. The role of biodiversity in the functioning of freshwater and marine benthic ecosystems. Bioscience, 54: 767 - 775.

Gozlan R E, Newton A C, Hulme P E, et al, 2008. Biological invasions: benefits versus risks [J]. Science, 324: 015.

Gozlan R E, Britton J R, Cowx I, et al, 2010. Current knowledge on non - native freshwater fish introductions [J]. Journal of Fish Biology, 76: 751 - 786.

Cushing D H, 1964. The counting of fish with an echo sounder. ICES Journal of Marine Science, 155: 190 - 195.

Cyrus D P & Blaber S J M, 1992. Turbidity and salinity in a tropical northern Australian estuary and their influence on fish distribution [J]. Estuarine Coastal & Shelf Science, 35 (6): 545 - 563.

Das A, Debnath B, Choudhury T G, et al, 2013. Indigenous technical knowledge for pond maintenance, fish health management and fish seed in Tripura, India. [J]. Indian Journal of Traditional Knowledge, 12 (1): 66 - 71.

Dauble D D, Page T L, Hanf R W, et al, 1989. Spatial distribution of juvenile salmonids in the Hanford reach, Columbia River. Fishery Bulletin; (United States), 87, 4 (4): 775 - 790.

Deblois E M & Rose G A, 1996. Cross - shoal variability in the feeding habits of migrating Atlantic cod (Gadus morhua). Oecologia, 108 (1): 192 - 196.

Defries R S, Foley J A, Asner G P, et al, 2004. Land - use choices: balancing human needs and ecosystem function [J]. Frontiers in Ecology and the Environment, 2 (5): 249 - 257.

Dickson, W, 1974. A review of the efficiency of bottom trawls. Bergen, Norwy, Institute of Fisheries Technology and Research, 30.

Djemali I, Toujani R, Guillard J, 2009. Hydroacoustic fish biomass assessment in man - made lakes in Tunisia: horizontal beaming importance and diel effect. Aquatic Ecology, 43: 1121 - 1131.

Draštík V & Kubečka J, 2005. Fish avoidance of acoustic survey boat in shallow waters. Fish Res, 72: 219 - 228.

Drastik V, Kubecka J, Cech M, et al, 2009. Hydroacoustic estimates of fish stocks in temperate reservoirs: day or night surveys? [J]. Aquatic Living Resources, 22 (1): 69 - 77.

Dynesius M & Nilsson C, 1994. Fragmentation and Flow Regulation of River Systems in the Northern Third of the World [J]. Science, 266 (5186): 753 - 762.

Ecoutin J M, Simier M, Albaret J J, et al, 2010. Changes over a decade in fish assemblages exposed to both environmental and fishing constraints in the Sine Saloum estuary (Senegal). [J]. Estuarine Coastal & Shelf Science, 87 (2): 284 - 292.

Elliott J M & Fletcher J M, 2001. A comparison of three methods for assessing the abundance of Arctic charr, Salvelinus alpinus, in Windermere (northwest England) [J]. Fisheries Research, 53 (1): 39 - 46.

Elliott M & Dewailly F, 1995. The structure and components of European estuarine fish assemblages [J]. Netherland Journal of Aquatic Ecology, 29 (3 - 4): 397 - 417.

Elliott M, Whitfield A K, Potter I C, et al, 2007. The guild approach to categorizing estuarine fish assemblages: a global review [J]. Fish & Fisheries, 8 (3): 241 - 268.

Elton C, 1927. Animal ecology [M] . London : Sidgwick and Jackon.

Enzenhofer, Hermann J, Olsen, et al, 1998. Fixed - location riverine hydroacoustics as a method of enumerating migrating adult Pacific salmon: comparison of split - beam acoustics vs. visual counting [J]. Aquatic Living Resources, 11 (2): 61 - 74.

Eshenroder R L & Burnham - Curtis M K, 1999. Species succession and sustainability of the Great Lakes Fish Community [J]. Great Lakes Fisheries Policy & Management A Binational.

Esteves E, Pina T, Ch M A, et al, 2000. The distribution of estuarine fish larvae: Nutritional condition andco - occurrence with predators and prey. Acta Oecologica, 21 (3): 161 - 173.

Evans D O, Henderson B A, Bax N J, et al, 1987. Concepts and Methods of Community Ecology Applied to Freshwater Fisher. [J]. Canadian Journal of Fisheries & Aquatic Sciences, 44 (1): 448 - 470.

Fabi G & Sala A, 2002. An assessment of biomass and diel activity of fish at an artificial reef (Adriatic sea) using a stationary hydroacoustic technique [J]. Ices Journal of Marine Science, 59 (2): 411 - 420.

Fang J, Wang Z, Zhao S, et al, 2006. Biodiversity changes in the lakes of the Central Yangtze [J]. Frontiers in Ecology and the Environment, 4 (7): 369 - 377.

Feyrer F & Healey M P, 2003. Fish community structure and environmental correlates in the highly altered southern Sacramento - San Joaquin Delta [J]. Environmental Biology of Fishes, 66 (2): 123 - 132.

Foote K G, 1987. Calibration of Acoustic Instruments for Fish Density Estimation: A Practical Guide [M]. International Council for the Exploration of the Sea.

Foote K G, 1980. Effects of fish behaviour on echo energy: the need for measurements of orientation distributions. ICES Journal of Marine Science, 39: 193 - 201.

Foote K G, 1987. Fish target strengths for use in echo integrator surveys. Journal of the Acoustical Society of America, 82 (3): 981 - 987.

Fortier L & Leggett W C, 2011. Small - Scale Covariability in the Abundance of Fish Larvae and Their Prey. Canadian Journal of Fisheries & Aquatic Sciences, 41 (3): 502 - 512.

Forward R B, Tankersley R A, 2001. Selective tidal - stream transport of marine animals. In: Oceanography and Marine Biology: an Annual Review, 39: 305 - 353.

Francesco F G, Luigi M, Alessandra F, et al, 2010. Knowing the past to predict the future: land - use change and the distribution of invasive bullfrogs. Global Change Biology, 16 (2): 528 - 537.

Freitas, C E C & M Petrere, 2001. Influence of artificial reefs on fish assemblage of the Barra Bonita Reservoir (São Paulo, Brazil). Lakes & Reservoirs: Research & Management 6: 273 - 278.

Freitas, C E C, M. Petrere & M. A. Abuabara, 2002. Artificial reefs and their effects on fish assemblages in a Brazilian reservoir and tailrace. Ecohydrology & hydrobiology, 2 (1 - 4): 305 - 313.

Freitas, C E C, M Petrere & W Barrella, 2005. Natural and artificially - induced habitat complexity and freshwater fish species composition. Fisheries Management and Ecology, 12 (1): 63 - 67.

Froese, R & D Pauly. Editors, 2016. FishBase. World Wide Web electronic publication. www. fishbase. org, version (10/2016).

Frouzova J, Kubecka J, 2004. Changes of acoustic target strength during juvenile perch development. Fisheries Research, 66: 355 - 361.

Fu Y Y, Yin J Q, Chen Q C, et al, 1995. Distribution and seasonality of marine zooplankton in the Pearl River estuary [A]. Environmental Research in Pearl River and Coastal Areas [C]. Guangzhou: Guangdong Higher Education Press, 25 - 33.

Gaston K J, 2000. Global patterns in biodiversity. Nature, 405: 220 - 228.

Gause G F, 1934. The struggle for existence [M] . Baltimore : Williams & Wilkins.

Gause, G F, 2010. Competitive Exclusion Principle. [J]. Science, 133 (345): 85 - 89.

Gayanilo F C, Sparre P, Pauly D, 2005. FAO - ICLARM Stock Assessment Tools II (Fisat II): User's Guide (Revised Version). Rome: Food and Agriculture Organization of the United Nations.

Gessner M O, Inchausti P P, Raffaelli D G, et al, 2004. Biodiversity effects on ecosystem functioning: insights from aquatic systems. Oikos, 104 (3): 419 - 422.

Gillet C & Dubois J P, 1995. A survey of the spawning of perch ( Perca fluviatilis), pike ( Esox lucius), and roach ( Rutilus rutilus), using artificial spawning substrates in lakes [J]. Hydrobiologia, 300 - 301 (1): 409 - 415.

Godlewska M, Dlugoszewski B, Doroszczyk L, et al, 2009. The relationship between sampling intensity and sampling error - empirical results from acoustic surveys in Polish vendace lakes [J]. Fisheries Research, 96 (1): 17 - 22.

Godlewska M, 2002. The Effect of Fish Migration Patterns on the Acoustical Estimates of Fish Stocks [J]. Acta Acustica United with Acustica, 88 (5): 748 - 751.

Godlewska M & Świerzowski A, 2003. Hydroacoustical parameters of fish in reservoirs with contrasting levels of eutrophication [J]. Aquatic Living Resources, 16 (3): 167 - 173.

Gois, K. S. , R. R. Antonio, L. C. Gomes, et al, 2012. The role of submerged trees in structuring fish assemblages in reservoirs: two case studies in South America. Hydrobiologia 685 (1): 109 - 119.

Grabowska J, 2005. Reproductive biology of racer goby *Neogobius gymnotrachelus* in the Włocławski Reservoir (Vistula River, Poland) [J]. Journal of Applied Ichthyology, 21: 296 - 299.

Grammer, G. L. , W. T. Slack, M. S. Peterson et al, 2012. Nile tilapia Oreochromis niloticus (Linnaeus, 1758) establishment in temperate Mississippi, USA: multi - year survival confirmed by otolith ages. Aquatic Invasions, 7 (3): 367 - 376.

Green M J B, 2009. The importance of monitoring biological diversity and its application in Sri Lanka. [J]. Biochimica Et Biophysica Acta, 154 (2): 342 - 351.

Grubb P J, 1977. The maintenance of speci es - richness in plant communities : the importance of regeneration niche [ J] . Biol , 52: 107 - 145.

Guillard J, Albaret J J, Simier M, et al, 2004. Spatio - temporal variability of fish assemblages in the Gambia Estuary (West Africa) observed by two vertical hydroacoustic methods: Moored and mobile sampling. Aquatic Living Resources, 17 (1): 47 - 55.

Guillard J, Simier M, Albaret J J, et al, 2012. Fish biomass estimates along estuaries: A comparison of vertical acoustic sampling at fixed stations and purse seine catches [J]. Estuarine Coastal & Shelf Science, 107 (2): 105 - 111.

Gulland J A, 1983. Fish stock assessment: A manual of basic methods. FAO / Wiley Series on Food and Agriculture New York: FAO.

Hagan S M & Able K W, 2003. Seasonal changes of the pelagic fish assemblage in a temperate estuary [J]. Estuarine Coastal & Shelf Science, 56 (1): 15 - 29.

Hamley J M, 2011. Review of Gillnet Selectivity [J]. Journal of the Fisheries Research Board of Canada, 32 (11): 1943 - 1969.

Hardin J W & Hilbe J M, 2002. Generalized Estimating Equations [M] // Generalized Linear Models: With Applications in Engineering and the Sciences, Second Edition. John Wiley & Sons, Inc.

Harding W R & Quick A, 1994. Management of a shallow estuarine lake for recreation and as a fish nursery: Zandvlei, Cape Town, South Africa [J]. Water S A, 20 (4): 289.

Hartman K J & Titus J L, 2010. Fish use of artificial dike structures in a navigable river [J]. River Research and Applications, 26 (9): 1170 - 1186.

Hayes J W, Leathwick J R, Hanchet S M, et al, 2010. Fish distribution patterns and their association with environmental factors in the Mokau River catchment, New Zealand [J]. New Zealand Journal of Marine and Freshwater Research, 23 (2): 171 - 180.

Hilborn R & Walters C J, 1992. Role of Stock Assessment in Fisheries Management [M]. Springer US.

Hill J M, Jones R W, Hill M P, et al, 2015. Comparisons of isotopic niche widths of some invasive and indigenous fauna in a South African river [J]. Freshwater Biology, 60: 893 - 902.

Höjesjö J, Gunve E, Bohlin T, et al, 2015. Addition of structural complexity - contrasting effect on juvenile brown trout in a natural stream [J]. Ecology of Freshwater Fish, 24 (4): 608 - 615.

Hooper D U, Iii F S C, Ewel J J, et al, 2005. Effects of Biodiversity on Ecosystem Functioning: A Consensus of Current Knowledge [J]. Ecological Monographs, 75 (1): 3 - 35.

Howson T J, Robson B J, Mitchell B D, 2010. Patch - specific spawning is linked to restoration of a sediment - disturbed lowland river, south - eastern Australia [J]. Ecological Engineering, 36 (7): 920 - 929.

Hu Z, Wang S, Wu H, et al, 2014. Temporal and spatial variation of fish assemblages in Dianshan Lake,

Shanghai, China [J]. Chinese Journal of Oceanology and Limnology, 32 (4): 799 - 809.

Hughes S, 1998. A mobile horizontal hydroacoustic fisheries survey of the River Thames, United Kingdom. Fisheries Resarch, 35: 91 - 97.

Ikejima K, Tongnunui P, Medej T, et al, 2003. Juvenile and small fishes in a mangrove estuary in Trang province, Thailand: seasonal and habitat differences [J]. Estuarine Coastal & Shelf Science, 56 (3 - 4): 447 - 457.

Islam M S, Hibino M, Tanaka M, 2006. Distribution and diets of larval and juvenile fishes: Influence of salinity gradient and turbidity maximum in a temperate estuary in upper Ariake Bay, Japan. Estuarine Coastal & Shelf Science, 68 (s 1 - 2): 62 - 74.

Jin B S, Fu C Z, Zhong J S, et al, 2007. Fish utilization of a salt marsh intertidal creek in the Yangtze River estuary, China. Estuarine, Coastal and Shelf Science, 73: 844 - 852.

Jin B S, Qin H M, Xu W, et al, 2010. Nekton use of intertidal creek edges in low salinity salt marshes of the Yangtze River estuary along a stream - order gradient. Estuarine, Coastal and Shelf Science, 88: 419 - 428.

Jones R & Lab A M, 1981. The use of length composition data in fish stock assessments (with notes on VPA and cohort analysis) [J]. Food & Agriculture Organization of the United Nations, 14 (2): 128 - 135.

Jones R, 1979. Analysis of a Nephrops stock using length composition data [J]. J Cons Int Explor Mer, 175: 259 - 269.

Jones R, 1984. Assessing the effects of changes in exploitation pattern using length composition data (with notes on VPA [Virtual Population Analysis] and cohort analysis). FAO Fisheries Technical Paper. New York: FAO.

Jones R, 1974. Assessing the long term effects of changes in fishing effort and mesh size from length composition data. International Council for the Exploration of the Sea Council Meeting. Copenhagen, Denmark.

Jurvelius J, Marjomäki T J, Peltonen H, et al, 2016. Fish density and target strength distribution of single fish echoes in varying light conditions with single and split beam echosounding and trawling [J]. Hydrobiologia, 780 (1): 1 - 12.

Karr J R, 1981. Assessment of Biotic Integrity Using Fish Communities. Fisheries, 6 (6): 21 - 27.

Knaepkens G, Bruyndoncx L, Coeck J, et al, 2004. Spawning habitat enhancement in the European bullhead (Cottus gobio), an endangered freshwater fish in degraded lowland rivers. [J]. Biodiversity and Conservation, 13 (13): 2443 - 2452.

Koslow J A, 2009. The role of acoustics in ecosystem - based fishery management [J]. Ices Journal of Marine Science, 66, (6): 966 - 973.

Kubecka J & Duncan A, 1998. Acoustic size vs. real size relationships for common species of riverine fish. Fisheries Research, 35: 115 - 125.

Kubecka J & Wittingerova M, 1998. Horizontal beaming as a crucial component of acoustic fish stock assessment in freshwater reservoirs. Fisheries Research, 35: 99 - 106.

Kubecka J, 1994. Simple model on the relationship between fish acoustical target strength and aspect for high-frequency sonar in shallow waters. Journal of Applied Ichthyology, 10: 75-81.

Laliberté E & Legendre P, 2010. A distance-based framework for measuring functional diversity from multiple traits. [J]. Ecology, 91 (1): 299-305.

Legendre, P., Borcard, D., Blanchet, G., et al, 2010. PCNM: PCNM spatial eigenfunction and principal coordinate analyses. R package version 2. 1/r82.

Leibold M A, 1995. The niche concept revisited : mechanist ic models and community context [J]. Ecology, 76 (5): 1371-1382 .

Leitão R, Martinho F, Cabral H N, et al, 2007. The fish assemblage of the Mondego estuary: composition, structure and trends over the past two decades [J]. Hydrobiologia, 587 (1): 269-279.

Liang K & Zeger S L, 1986. Longitudinal data analysis using generalized linear models [J]. Biometrika, 73 (1): 13-22.

Lilja J, Keskinen T, Marjomaki T J, et al, 2003. Upstream migration activity of cyprinids and percids in a channel, monitored by a horizontal split-beam echosounder [J]. Aquatic Living Resources, 16 (3): 185-190.

Lin PC, Gao X, Zhu QG, et al, 2013. Hydroacoustic survey on the spatial distribution pattern and day-night rhythmic behaviour of fishes in the Xiaonanhai reach of the upper Yangtze River. J Appl Ichthyol 29: 402-1407.

Lindberg, W J, 1997. Can science resolve the attraction-production issue? Fisheries, 22 (4): 10-13.

Linehan J E, Gregory R S, Schneider D C, et al, 2001. Predation risk of age-0 cod (Gadus) relative to depth and substrate in coastal waters [J]. Journal of Experimental Marine Biology and Ecology, 263 (1): 25-44.

Link J S, 2002. Ecological Considerations in Fisheries Management: When Does it Matter? [J]. Fisheries, 27 (4): 10-17.

Liti D, Cherop L, Munguti J, et al, 2005. Growth and economic performance of Nile tilapia (Oreochromis niloticus L.) fed on two formulated diets and two locally available feeds in fertilized ponds. Aquaculture Research, 36 (8): 746-752.

Love R H, 1977. Target strength of an individual fish at any aspect. Journal of the Acoustical Society of America, 62: 1397-1403.

Lyashevska O & Farnsworth K D, 2012. How many dimensions of biodiversity do we need? [J]. Ecological Indicators, 18 (18): 485-492.

MacNeil C, Prenter J, 2000. Differential micro distributions and interspecific interactions in coexisting native and introduced Gammarus spp. (Crustacea: Amphipoda) [J]. Journal of Zoology, 251: 377-384.

Maes J, Stevens M, Ollevier F, 2005. The composition and community structure of the ichthyofauna of the upper Scheldt estuary: synthesis of a 10-year data collection (1991-2001) [J]. Journal of Applied Ichthyology, 21 (2): 86-93.

Magurran A E, 1988. Ecological diversity and its measurement [M]. Princeton University Press, 81-99.

Mansor M I & Khairun Y, 2012. Temporal and Spatial Variations in Fish Assemblage Structures in Relation to the Physicochemical Parameters of the Merbok Estuary, Kedah [J]. Journal of Natural Sciences Research.

Marchetti M P, Lockwood J L, Light T, 2006. Effects of urbanization on California's fish diversity: Differentiation, homogenization and the influence of spatial scale. Biological Conservation, 127, 310 - 318.

Margalef, R, 1958. Information theory in Ecology. International Journal of General Systems, 3, 36 - 71.

Marshall N, 1980. Fishery yields of coral reefs and adjacent shallow - water environments. P: 10 - 109 In s. B. Saila and p. Roedel (eds.) Marine Conservation, Washington, D. C. , USA.

Martin C W, Valentine M M, Valentine J F, 2010. Competitive interactions between invasive Nile tilapia and native fish: The potential for altered trophic exchange and modification of food webs. PLoS ONE, 5: e14395.

Martinho F, Cabral H N, Azeiteiro U M, et al, 2012. Estuarine nurseries for marine fish: connecting recruitment variability with sustainable fisheries management. [J]. Management of Environmental Quality An International Journal, 23 (4): 414 - 433.

Martino E J & Able K W, 2003. Fish assemblages across the marine to low salinity transition zone of a temperate estuary [J]. Estuarine Coastal & Shelf Science, 56 (5): 969 - 987.

Mason D M, Johnson T B, Harvey C J, et al, 2005. Hydroacoustic Estimates of Abundance and Spatial Distribution of Pelagic Prey Fishes in Western Lake Superior [J]. Journal of Great Lakes Research, 31 (4): 426 - 438.

Matveev V F & Steven A, 2014. The effects of salinity, turbidity and flow on fish biomass estimated acoustically in two tidal rivers [J]. Marine and Freshwater Research, 65 (3): 267 - 274.

Mckinney M L, 2006. Urbanization as a major cause of biotic homogenization. Biological Conservation, 127 (3): 247 - 260.

Mehanna S F, 2007. Stock assessment and management of the Egyptian sole Solea aegyptiaca chabanaud, 1927 (Osteichthyes: Soleidae), in the Southeastern Mediterranean, Egypt [J]. Turkish Journal of Zoology, 31 (4): 379 - 388.

Misund O A, 1997. Underwater acoustics in marine fisheries and fisheries research. Reviews in Fish Biology & Fisheries, 7 (7): 1 - 34.

Mitson R B & Wood R J, 1961. An automatic method of counting fish echoes. ICES Journal of Marine Science, 26 (3): 281 - 291.

Moring, J. R. , M. T. Negus, R. D. McCullough, et al, 1989. Large concentrations of submerged pulpwood logs as fish attraction structures in a reservoir. Bulletin of Marine Science, 44 (2): 609 - 615.

Morita K, Morita S H, Yamamoto S, 2009. Effects of habitat fragmentation by damming on salmonid fishes: lessons from white - spotted charr in Japan. Ecological Research, 24 (4): 711 - 722.

Mowbray F K, 2002. Changes in the vertical distribution of capelin (Mallotus villosus) off Newfoundland [J]. Ices Journal of Marine Science, 59 (59): 942 - 949.

Mukherjee S, Chaudhuri A, Kundu N, et al, 2013. Comprehensive Analysis of Fish Assemblages in Relation to Seasonal Environmental Variables in an Estuarine River of Indian Sundarbans [J]. Estuaries & Coasts, 36 (1): 192 - 202.

Nash K T, Hendry K A, Cragghine D, et al, 1999. The use of brushwood bundles as fish spawning media [J]. Fisheries Management and Ecology, 6 (5): 349 - 356.

Neira F J, Potter I C, Bradley J S, 1992. Seasonal and spatial changes in the larval fish fauna within a large temperate Australian estuary [J]. Marine Biology, 112 (1): 1 - 16.

Newton G M, 1996. Estuarine Ichthyoplankton Ecology in Relation to Hydrology and Zooplankton Dynamics in salt - wedge Estuary. Marine & Freshwater Research, 47 (2): 99 - 111.

Nicholson M D & Jennings S, 2004. Testing candidate indicators to support ecosystem - based management: The power of monitoring surveys to detect temporal trends in fish community metrics. Ices Journal of Marine Science, 61 (1): 35 - 42.

Nicolas D, Lobry J, Pape O L, et al, 2010. Functional diversity in European estuaries: Relating the composition of fish assemblages to the abiotic environment [J]. Estuarine Coastal & Shelf Science, 88 (3): 329 - 338.

North E W, 2003. Linking ETM physics, zooplankton prey, and fish early - life histories to striped bass Morone saxatilis and white perch M. americana recruitment. Marine Ecology Progress, 260 (1): 219 - 236.

Omand D N, 1951. A study populations of fish based on catch - effort statistics, 15: 88 - 98.

Ona E, 2003. An expanded target - strength relationship for herring. ICES Journal of Marine Science, 60: 493 - 499.

Pandolfi J M, Bradbury R H, Sala E, et al, 2003. Global trajectories of long - term decline of coral reef ecosystems. Science, 301: 955 - 958.

Paramo J, Quiñones R A, Ramirez A, et al, 2003. Relationship between abundance of small pelagic fishes and environmental factors in the Colombian Caribbean Sea: an analysis based on hydroacoustic information [J]. Aquatic Living Resources, 16 (3): 239 - 245.

Pardue, G B, 1973. Production response of the bluegill sunfish, Lepomis macrochirus Rafinesque, to added attachment surface for fish - food organisms. Transactions of the American Fisheries Society, 3: 622 - 626.

Pauly D & Soriano M L, 1986. Some practical extensions to Beverton and Holt's relative yield - per - recruit model. In: Maclean JL, eds. The First Asian Fisheries Forum. Manila: Asian Fisheries Society: 491 - 496.

Pauly D, 1990. Length - converted catch curves and the seasonal growth of fishes [J]. Fishbyte, 8: 33 - 38.

Pauly D, 1980. On the interrelationships between natural mortality, growth parameters, and mean environmental temperature in 175 fish stocks [J]. Ices Journal of Marine Science, 39 (2): 175 - 192.

Paulyand D & David N, 1981. ELEFAN I, a basic program for the objective extraction of growth parameters from length - frequency data [J]. 28.

Paxton K O & Stevenson F, 1979. Influence of artificial structure on angler harvest from Killdeer Reservoir, Ohio. pp. 70 - 76. In: Response of Fish to Habitat Structure in Standing Water (D. L. Johnson and

R. A. Stein, Eds. ). North Central Division American Fisheries Society Special Publication 6.

Peltonen H & Balk H, 2005. The acoustic target strength of herring (Clupea harengus L. ) in the northern Baltic Sea. ICES Journal of Marine Science, 62: 803 - 808.

Peña H & Foote K G, 2008. Modelling the target strength of Trachurus symmetricus murphyi based on high - resolution swimbladder morphometry using an MRI scanner. ICES Journal of Marine Science, 65: 1751 - 1761.

Peterson A T, Robert D, 2003. Holt R D. Niche differentiation in Mexican birds: using point occurrences to detect ecological innovation [J]. Ecology Letters, 6 (8): 774 - 782.

Peterson M S & Ross S T, 1991. Dynamics of littoral fishes and decapods along a coastal river - estuarine gradient [J]. Estuarine Coastal & Shelf Science, 33 (5): 467 - 483.

Peterson M S, Slack W T, Waggy G L, et al, 2006. Foraging in Non - Native Environments: Comparison of Nile Tilapia and Three Co - Occurring Native Centrarchids in Invaded Coastal Mississippi Watersheds [J]. Environmental Biology of Fishes, 76 (2): 283 - 301.

Peterson M S, 2003. A conceptual view of environment - habitat - production linkages in tidal river estuaries [J]. Reviews in Fisheries Science, 11 (4): 291 - 313.

Pielou, E C, 1966. The measurement of diversity in different types of biological collections. Journal of theoretical biology, 13: 131 - 144.

Pienkowski M W, Watkinson A R, Kerby G, et al, 1998. A taxonomic distinctness index and its statistical properties [J]. Journal of Applied Ecology, 35 (35): 523 - 531.

Piet G J & Jennings S, 2005. Response of potential fish community indicators to fishing [J]. Ices Journal of Marine Science, 62 (2): 214 - 225.

Pinkas L, Oliphant M S, Iverson I L K, 1971. Food habits of albacore, bluefin tuna and bonito in California waters. Fish. Bulletin, 152: 1 - 105.

Pollom R A & Rose G A, 2015. Size - Based Hydroacoustic Measures of Within - Season Fish Abundance in a Boreal Freshwater Ecosystem [J]. PLOS ONE, 10 (4).

Polovina J J, 1991. Fisheries applications and biological impacts of artificial habitats. pp. 153 - 176. In: Artificial Habitats for Marine and Freshwater Fisheries (W. Seaman, Jr. and L. M. Sprague, Eds. ). Academic Press, Inc. San Diego, CA.

Pope J G & Shepherd J G, 1982. A simple method for the consistent interpretation of catch - at - age data [J]. Ices Journal of Marine Science, 40 (2): 176 - 184.

Pope J G, 1972. An investigation of the accuracy of virtual population analysis. Int. Comm. Northwest. Atl. Fish Res Bull, 9: 65 - 74.

Potter I C & Hyndes G A, 1999. Characteristics of the ichthyofaunas of southwestern Australian estuaries, including comparisons with holarctic estuaries and estuaries elsewhere in temperate Australia: A review [J]. Austral Ecology, 24 (4): 395 - 421.

Power M, Attrill M J, Thomas R M, 2000. Environmental factors and interactions affecting the temporal abundance of juvenile flatfish in the Thames Estuary. Journal of Sea Research, 43 (2): 135 - 149.

Prchalova M, Kubecka J, Vasek M, et al, 2008. Distribution patterns of fishes in a canyon - shaped reservoir [J]. Journal of Fish Biology, 73 (1): 54 - 78.

Prince E D & Maughan O E, 1978. Freshwater artificial reefs: biology and economics. [J]. Fisheries, 3 (1): 5 - 9.

Prince, E D, O E Maughan, P Brouha, 1986. Summary and update of the Smith Mountain Lake artificial reef project. pp. 401 - 430. In: Artificial Reefs Marine and Freshwater Applications (F. M. D'Itri, Ed.). Second printing. Lewis Publishers, Inc. Chelsea, MI.

Radhakrishnan K V, Lan Z J, Zhao J, et al, 2011. Invasion of the African sharp - tooth catfish Clarias gariepinus, (Burchell, 1822) in South China [J]. Biological Invasions, 13 (8): 1723 - 1727.

Rees C A, 2004. Measuring Biological Diversity (Book) [J]. Southeastern Naturalist.

Reid D, Orlova M I, 2002. Geological and evolutionary underpinnings for the success of Ponto - Caspian species invasions in the Baltic Sea and North American Great Lakes [J]. Canadian Journal of Fisheries and Aquatic Sciences, 59, 1144 - 1158.

Ribeiro J, Bentes L, Rui C, et al, 2006. Seasonal, tidal and diurnal changes in fish assemblages in the Ria Formosa lagoon (Portugal) [J]. Estuarine Coastal & Shelf Science, 67 (3): 461 - 474.

Rice J C, 2000. Evaluating fishery impacts using metrics of community structure [J]. Ices Journal of Marine Science, 57 (3): 682 - 688.

Rice J, 2003. Environmental health indicators [J]. Ocean & Coastal Management, 46 (3): 235 - 259.

Richards, T A, 1997. Placement and monitoring of synthetic and evergreen tree fish attracting devices. Massachusetts Division of Fisheries and Wildlife. Technical Report. Westborough.

Ricker W E, 1975. Computation and interpretation of biological statistics of fish populations. Bulletion of the Fisheries Research Board of Canada. Beijing: Science Press, 141 - 163.

Ricker W E, 1973. Linear Regressions in Fishery Research [J]. Journal of the Fisheries Board of Canada, 30 (3): 409 - 434.

Rizvi A F, Deshmukh V D, Chakraborty SK, 2010. Stock assessment of Lepturacanthus sávala (Cuvier, 1829) along north - west sector of Mumbai coast in Arabian Sea [J]. Indian Journal of Fisheries, 57 (2): 1 - 6.

Robinson C J, Gomez - Aguirre S, 2004. Tidal stream use by the red crab Pleuroncodes planipes in Bahía Magdalena, Mexico. J Exp Mar Biol Ecol, 308: 237 - 252.

Rocchini D, Ricotta C, Chiarucci A, et al, 2009. Relating spectral and species diversity through rarefaction curves. [J]. International Journal of Remote Sensing, 30 (10): 2705 - 2711.

Rose G A, 1993. Cod spawning on a migration highway in the north - west Atlantic. Nature International Weekly Journal of Science, 366 (6454): 458 - 461.

Rosenberg D M, Berkes F, Bodaly R A, et al, 1997. Large - scale impacts of hydroelectric development [J]. Environmental Reviews, 5 (1): 27 - 54.

Russell B C, 1978. Collection and sampling of reef fishes. In D. R. Stoddart and R. E. Johannes (eds). Coral reefs: Research methods. UNESCO. Paris, 329 - 345.

Ryther J H, 1976. Photosynthesis and fish production in the sea. In marine ecology: Selected readings, ed. by J. Stanley Cobb and Marilyn M. Harlin. Univ. Park Press.

Sabates A, Olivar M P, Salat J, et al, 2007. Physical and biological processes controlling the distribution of fish larvae in the NW Mediterranean. Progress in Oceanography, 74 (2 - 3): 355 - 376.

Sandstrom A & Karas P, 2002. Tests of artificial substrata as nursery habitat for young fish [J]. Journal of Applied Ichthyology, 18 (2): 102 - 105.

Santos, L. N. , Agostinho, A. A. , Alcaraz, C. , et al, 2011. Artificial macrophytes as fish habitat in a Mediterranean reservoir subjected to seasonal water level disturbances. Aquatic Sciences, 73 (1), 43 - 52.

Santos L N, Araújo F G, & Brotto D S, 2008. Artificial structures as tools for fish habitat rehabilitation in a neotropical reservoir. Aquatic conservation: marine and freshwater ecosystems, 18 (6), 896 - 908.

Santos L N. , García - Berthou E, Agostinho, et al, 2011. Fish colonization of artificial reefs in a large Neotropical reservoir: material type and successional changes. Ecological Applications, 21 (1), 251 - 262.

Sarvala J, Helminen H, Auvinen H, 1998. Portrait of a flourishing freshwater fishery: Pyhäjärvi, a lake in SW - Finland [J]. Boreal Environment Research, 3: 329 - 345.

Scherrer B. 1984. Biostatistique. 1 st Edn. Morin, Montreal, Paris, ISBN 9782891050937.

Schmolcke U & Ritchie K, 2010. A new method in palaeoecology: fish community structure indicates environmental changes. International Journal of Earth Sciences, 99 (8): 1763 - 1772.

Schofield P J, Peterson M S, Lowe M R, et al, 2011. Survival, growth and reproduction of non - indigenous Nile tilapia, Oreochromis niloticus (Linnaeus 1758). I. Physiological capabilities in various temperatures and salinities. [J]. Marine & Freshwater Research, 62 (5): 1 - 11.

Sekharan K V, 1974. Estimates of the stocks of oil sardine and mackerel in the present fishing grounds off the west coast of India. Indian J Fish. 21 (1): 177 - 182.

Selleslagh, Jonathan, Amara, et al, 2008. Environmental factors structuring fish composition and assemblages in a small macrotidal estuary (Eastern English Channel) [J]. Estuarine Coastal & Shelf Science, 79 (3): 507 - 517.

Shaffer J A, Beirne M, Ritchie T, et al, 2009. Erratum to: Fish habitat use response to anthropogenic induced changes of physical processes in the Elwha estuary, Washington, USA. Hydrobiologia, 636 (1): 179 - 190.

Shannon, C E & Weaver W, 1949. The mathematical theory of communication. University of Illinois press, Urbana, Illinois, USA.

Siemers B M & Schnitzler H U, 2004. Echolocation signals reflect niche differentiation in five sympatric congeneric bat species. [J]. Nature, 429 (6992): 657 - 661.

Silvano R A & Amaral B D, Oyakawa O T, 2000. Spatial and Temporal Patterns of Diversity and Distribution of the Upper Juruá River Fish Community (Brazilian Amazon). Environmental Biology of Fishes, 57 (1): 25 - 35.

Simier M, Laurent C, Ecoutin J M, et al, 2006. The Gambia River estuary: A reference point for estuarine fish assemblages studies in West Africa [J]. Estuarine Coastal & Shelf Science, 69 (3 - 4): 615 - 628.

Simmonds J & MacLennan D, 2005. Fisheries acoustics: theory and practice, seconded. Blackwell Science,

Oxford, U K.

Simpson, E H. 1949. Measurement of diveristy. Nature, 163: 688.

Šmilauer P & Lepš J, 2005. Multivariate Analysis of Ecological Data Using CANOCO [J]. Bulletin of the Ecological Society of America, 86 (2006): 193.

Somerfield P J, Clarke K R, Warwick R M, 2008. Simpson Index [J]. Encyclopedia of Ecology: 3252 - 3255.

Staub B P, Hopkins W A, Novak J, Congdon J D, 2004. Respiratory and reproductive characteristics of eastern mosquitofish (*Gambusia holbrooki*) inhabiting a coal ash settling basin [J]. Archives of Environmental Contamination and Toxicology, 46: 96 - 101.

Suen J P, Herricks E E, 2006. Investigating the causes of fish community change in the Dahan River (Taiwan) using an autecology matrix [J]. Hydrobiologia, 568 (1): 317 - 330.

Sund O, 1935. Echo sounding in fishery research. Nature, 135 (3423): 953.

Tan X, Kang M, Tao J, et al, 2011. Hydroacoustic survey of fish density, spatial distribution, and behavior upstream and downstream of the Changzhou Dam on the Pearl River, China [J]. Fisheries Science, 77 (6): 891 - 901.

Tan X, Li X, Lek S, et al, 2010. Annual dynamics of the abundance of fish larvae and its relationship with hydrological variation in the Pearl River [J]. Environmental Biology of Fishes, 88 (3): 217 - 225.

Tan Y H, Huang L M, Chen Q C, et al, 2004. Seasonal variation in zooplankton composition and grazing impactonphytoplanktonst andingstock in the Pearl River Estuary, China [J]. Continental Shelf Research, 24 (16): 1949 - 1968.

Tang F J, Brown A, Keerjiang A, 2012. Fish community successions in Lake Ulungur: a case of fish invasions in fragile oasis. [J]. Russian Journal of Biological Invasions, 3 (1): 76 - 80.

Thiel R & Potter I C, 2001. The ichthyofaunal composition of the Elbe Estuary: an analysis in space and time [J]. Marine Biology, 138 (3): 603 - 616.

Tilman D, Knops J, Wedin D, et al, 1997. The Influence of Functional Diversity and Composition on Ecosystem Processes [J]. Science, 277 (5330): 1300 - 1302.

Tonetto A F, Bispo P C, Branco C C Z, et al, 2016. Diversity Assessment of Lotic Macroalgal Flora by the Application of Taxonomic Distinctness Index [J]. Biota Neotropica, 16 (1).

Torgersen T & Kaartvedt S, 2001. In situ swimming behaviour of individual mesopelagic fish studied by split - beam echo target tracking. ICES Journal of Marine Science, 58: 346 - 354.

Toussaint A, Charpin N, Brosse S, et al, 2016. Global functional diversity of freshwater fish is concentrated in the Neotropics while functional vulnerability is widespread [J]. Scientific Reports, 6.

Tušer M, Prchalová M, Mrkvička T, et al, 2013. A simple method to correct the results of acoustic surveys for fish hidden in the dead zone. J Appl Ichthyol 29: 358 - 363.

Vanmiddlesworth T D, Mcclelland N N, Sass G G, et al, 2016. Fish community succession and biomanipulation to control two common aquatic ecosystem stressors during a large - scale floodplain lake restoration [J]. Hydrobiologia: 1 - 16.

Villéger S, Mason N W H, Mouillot D, 2008. New multidimensional functional diversity indices for a multifaceted framework in functional ecology [J]. Ecology, 89 (8): 2290 - 2301.

Villéger S, Miranda J R, Hernández D F, et al, 2010. Contrasting changes in taxonomic vs. functional diversity of tropical fish communities after habitat degradation [J]. Ecological Applications A Publication of the Ecological Society of America, 20 (6): 1512 - 1522.

Villéger S, Ramos M J, Flores H D, et al, 2010. Contrasting changes in taxonomic vs. functional diversity of tropical fish communities after habitat degradation. [J]. Ecological Applications A Publication of the Ecological Society of America, 20 (6): 1512.

Walker K R, 1972. Community Ecology of the Middle Ordovician Black River Group of New York State [J]. Geological Society of America Bulletin, 83 (8): 2499 - 2524.

Wang K, Duan X B, Liu S P, et al, 2013. Acoustic assessment of the fish spatio - temporal distribution during the initial filling of the Three Gorges Reservoir, Yangtze River (China), from 2006 to 2010 [J]. Journal of Applied Ichthyology, 29 (6): 1395 - 1401.

Ward J V, Tockner K, Schiemer F, et al, 1999. Biodiversity of floodplain river ecosystems: ecotones and connectivity1 [J]. Regulated Rivers - research & Management: 125 - 139.

Warwick R M & Clarke K R, 1994. Relearning the ABC: taxonomic changes and abundance/biomass relationships in disturbed benthic communities. Marine Biology, 118 (4): 739 - 744.

Warwick R M & Clarke K R, 1995. New 'biodiversity' measures reveal a decrease in taxonomic distinctness with increasing stress [J]. Marine Ecology Progress, 129 (1 - 3): 301 - 305.

Wege G J & Anderson R O, 1979. Influence of artificial structure on largemouth bass and bluegills in small ponds. pp. 59 - 69. In: Response of Fish to Habitat Structure in Standing Water (D. L. Johnson and R. A. Stein, Eds. ). North Central Division American Fisheries Society Special Publication 6.

Welcomme R L, 2002. An evaluation of tropical brush and vegetation park fisheries [J]. Fisheries Management & Ecology, 9 (3): 175 - 188.

Westhoff J T, A V Watts & H T Mattingly, 2013. Efficacy of artificial refuge to enhance survival of young Barrens topminnows exposed to western mosquitofish. Aquatic Conservation: Marine and Freshwater Ecosystems, 23: 65 - 76.

Whitfield A K, Elliott M, Basset A, et al, 2012. Paradigms in estuarine ecology - A review of the Remane diagram with a suggested revised model for estuaries [J]. Estuarine Coastal & Shelf Science, 97 (1): 78 - 90.

Whitfield A K, Taylor R H, Fox C, et al, 2006. Fishes and salinities in the St Lucia estuarine system—a review [J]. Reviews in Fish Biology and Fisheries, 16 (1): 1 - 20.

Whitfield A K, 1999. Biology and ecology of fishes in Southern African estuaries [J]. Estuaries, 22 (1).

Whitfield A K, 1999. Ichthyofaunal assemblages in estuaries: A South African case study [J]. Reviews in Fish Biology and Fisheries.

William J M, 1998. Patterns in freshwater fish ecology. New York, Chapman and Hall Publishers.

Williamson M H, Fitter A, 1996. The characters of success invaders [J]. Biological Conservation, 78 (1 -

2)：163－170.

Wills T C，Bremigan M T，Hayes D B，2004. Variable effects of habitat enhancement structures across species and habitats in Michigan reservoirs. [J]. Transactions of the American Fisheries Society，133 (2)：399－411.

Wu J，Wang J，He Y，et al，2011. Fish assemblage structure in the Chishui River，a protected tributary of the Yangtze River. [J]. Knowledge & Management of Aquatic Ecosystems，65 (400)：170－181.

Yamamoto K C，de Carvalho Freitas C E，Zuanon J，et al，2014. Fish diversity and species composition in small－scale artificial reefs in Amazonian floodplain lakes：Refugia for rare species? . Ecological Engineering，67，165－170.

Yonekura R，Kohmatsu Y，Yuma M，2007. Difference in the predation impact enhanced by morphological divergence between introduced fish populations. Biological Journal of the Linnean Society，91，601－610.

Zalewski M，Frankiewicz P，Cowx I G，2007. Chapter 17. The Potential to Control Fish Community Structure Using Preference for Different Spawning Substrates in a Temperate Reservoir [M] // Management and Ecology of Lake and Reservoir Fisheries. Blackwell Publishing Ltd：217－222.

Zengeya T A，Robertson M P，Booth A J，et al，2013. Ecological niche modeling of the invasive potential of Nile tilapia Oreochromis niloticus in African river systems：concerns and implications for the conservation of indigenous congenerics. [J]. Biological Invasions，15 (7)：1507－1521.

Zhang W，Ruan X，Zheng J，et al，2010. Long－term change in tidal dynamics and its cause in the Pearl River Delta，China. [J]. Geomorphology，120 (3)：209－223.

Ziegler A & M Vens，2010. Generalized estimating equations. Methods Inf Med，49 (5)：421－425.

Zimmerman J K H，Vondracek B，2006. Interactions of slimy sculpin (Cottus cognatus) with native and nonnative trout：consequences for growth. Canadian Journal of Fisheries and Aquatic Sciences，63，1526－1535.

Zwanenburg K C T，2000. The effects of fisA236：A271 hing on demersal fish communities of the Scotian Shelf [J]. Ices Journal of Marine Science，57 (3)：503－509.

Xiong W，Sui X，Liang S H，et al，2015. Non－native freshwater fish species in China [J]. Reviews in fish biology and fisheries，25 (4)：651－687.

Yang J，Arai T，Liu H B，et al，2006. Reconstructing habitat use of *Coilia mystus* and *Coilia ectenes* of the Yangtza River estuary，and of *Coilia ectenes* of Taihu Lake，based on otolith strontium and calcium [J]. Journal of Fish Biology，69 (4)：1120－1135

# 作者简介

**李桂峰** 男，博士，中山大学教授，博士研究生导师，国家公益性行业（农业）科研专项经费项目“珠江及其河口渔业资源评价和增殖养护技术研究与示范”首席专家。主要从事河口与内陆水域鱼类资源与利用研究。主持国家和省部级项目20余项，在国内外期刊发表学术论文50余篇，出版专著2部。